示范性高等职业院校重点建设专业

建筑工程技术专业课程改革系列教材

土方与地基基础工程施工

主　编　刘汾涛

主　审　张　原

U0397539

中国水利水电出版社

www.waterpub.com.cn

内 容 提 要

本书主要基于《建筑工程施工质量验收统一标准》（GB 50300—2001）、《建筑地基基础工程施工质量验收规范》（GB 50202—2002）编写而成。全书共包括工程地质勘察报告识读、土方工程施工、基坑工程施工、地基处理施工、浅基础施工、桩基工程施工6个学习情境，其中每个学习情境包含2～3个工作任务。

本书在内容编排上打破了传统的按学科体系编写教材的模式，而以建筑基础工程的施工及施工顺序为主线进行编写，同时融入了每一学习情境所涉及的相关知识及拓展知识，以满足学生技能训练要求及可持续能力发展的需要。

本书可作为高职高专院校建筑工程技术、建筑工程监理等相近专业的教学用书，也可供建筑工程技术人员自学参考。

图书在版编目（C I P）数据

土方与地基基础工程施工 / 刘汾涛主编. -- 北京：
中国水利水电出版社，2012.9（2021.8重印）
　示范性高等职业院校重点建设专业　建筑工程技术专业课程改革系列教材
　ISBN 978-7-5170-0139-3

Ⅰ．①土… Ⅱ．①刘… Ⅲ．①土方工程－工程施工－
高等学校－教材②地基－基础（工程）－工程施工－高等
职业教育－教材 Ⅳ．①TU75

中国版本图书馆CIP数据核字(2012)第207020号

书　名	示范性高等职业院校重点建设专业 建筑工程技术专业课程改革系列教材 **土方与地基基础工程施工**
作　者	主编　刘汾涛　　主审　张原
出版发行	中国水利水电出版社 （北京市海淀区玉渊潭南路1号D座　100038） 网址：www. waterpub. com. cn E-mail：sales@waterpub. com. cn 电话：(010) 68367658（营销中心）
经　售	北京科水图书销售中心（零售） 电话：(010) 88383994、63202643、68545874 全国各地新华书店和相关出版物销售网点
排　版	中国水利水电出版社微机排版中心
印　刷	清淞永业（天津）印刷有限公司
规　格	184mm×260mm　16开本　20.25印张　480千字
版　次	2012年9月第1版　2021年8月第4次印刷
印　数	7001—9000册
定　价	**54.00元**

前言

QIANYAN

　　本教材依据高职高专土建类建筑工程技术专业、工程监理专业人才培养方案和相应的"地基与基础工程施工课程标准"要求编写，以满足高等职业技术院校技能型人才培养的需求。在课程内容编排上，根据土方与地基基础工程的施工顺序，将原有"工程地质"、"土力学与地基基础"与"建筑施工技术"课程的相关知识进行整合优化，同时紧密结合区域土方地基基础的特点，设置了6个学习情境，介绍了地基基础各分项工程的施工、工程质量验收及工程质量控制等内容。每个学习情境以具有代表性的工程项目为载体，以"做项目"为主线组织教材内容，将工程项目的前后关联性和专业知识的系统性结合起来，以"用"导"学"。教材以适用、突出重点及能力培养为理念，特别注重对学生专业技能及可持续发展能力的培养，便于案例教学、实践教学。

　　本教材编写分工如下：刘汾涛（广东水利电力职业技术学院，副教授）编写学习情境1、学习情境3、学习情境4、学习情境6；王龙（广州建设集团有限公司，教授级高级工程师）编写学习情境2；董光敏（黄河水土保持天水治理监督局，工程师）编写学习情境5；曾燕（广东水利电力职业技术学院，高级工程师）为本教材提供了部分案例。全书由刘汾涛统稿并定稿，张原（华南理工大学，教授级高级工程师）担任主审。

　　本教材编写过程参照了最新修订的建筑工程相关规范、标准以及其他大量出版文献及资料，在此谨表衷心的感谢。由于编者水平所限，再加上当今我国建筑业施工水平的飞速发展，书中难免存在疏漏或不足，敬请读者、专家及同行批评指正。

编者

2012年3月

目 录

MULU

学习情境1 工程地质勘察报告识读

【教学目标】

工程地质勘察报告是地基基础设计与施工的重要依据。通过该学习情境的学习训练，要求学生能够熟悉土的物理力学性质，具有识读、分析和使用工程地质勘察报告的能力。

【教学要求】

1. 能力要求

🔹 会阅读工程地质勘察报告，并根据其内容正确应用工程地质勘察报告。

🔹 能够通过常规土工试验测定土的最基本物理力学性质指标，熟练填写试验报告，并根据试验结果进一步阐述土的物理力学性质。

2. 知识要求

🔹 能陈述土的工程性质、工程地质勘察的有关规定及勘察报告的内容。

🔹 掌握土的颗粒级配、塑限液限、抗剪强度指标的试验测定方法及其在工程上的应用。

工程地质与建筑物的关系十分密切。工程地质条件的优劣，将直接影响建筑物地基与基础设计方案的类型、施工工期的长短和工程投资的大小。因此，在对建筑物进行设计和施工之前，必须按基本建设程序进行建筑场地的岩土工程勘察，为设计和施工提供可靠的工程地质资料。

土木工程设计、施工与监理的技术人员，应对岩土工程勘察的任务、内容和方法有所掌握，以便向勘察单位正确提出勘察任务的技术要求，并且能熟练阅读和理解、全面分析和正确应用岩土工程勘察资料；结合工程实践经验，使建筑地基基础设计方案、施工组织设计和监理规划建立在科学的基础之上。

任务1　识读工程地质勘察报告

【工作任务】

阅读工程地质勘察报告，明白工程地质勘察的目的与工作任务；根据工程地质勘察相关资料提出地基与基础方案设计的初步建议，推荐地基持力层；对工程地质勘察报告内容作出评价。

1.1.1　岩土工程勘察报告的内容

岩土工程勘察报告是建设场地勘察最终成果的书面形式。当现场勘察工作（如调查、勘探、测试等）和室内土工试验结束后，将岩土工程勘察纲要、勘探孔平面布置图、钻孔记录表、原位测试记录表、土的物理力学性质试验成果，连同勘察任务委托书、建筑物平面布置图及地形图等有关资料汇总，并进行整理、检查、归纳、统计、分析、评价，然后编制成正式的岩土工程勘察成果报告，提供给建设单位、设计单位与施工单位使用，并作为存档长期保存的技术文件。

岩土工程勘察报告由图表和文字阐述两部分组成，其中的图表部分给出场地的地层分布、岩土原位测试和室内试验的数据；文字阐述部分给出分析、评价和建议。

☎　根据《岩土工程勘察规范》（GB 50021—2001），一个单项工程的岩土工程勘察报告应根据任务要求、勘察阶段、工程特点和地质条件等具体情况编写。岩土工程勘察报告应资料完整、真实准确、数据无误、图标清晰、结论有据、建议合理、便于使用和适宜长期保存，并应因地制宜、重点突出，有明确的工程针对性。

1. 文字阐述部分

（1）勘察目的、任务要求和依据的技术标准。

（2）拟建工程概况。

（3）勘察方法和勘察工作布置。

（4）场地地形、地貌、地层、地质构造、岩土性质及其均匀性。

（5）各项岩土性质指标，岩土的强度参数、变形参数、地基承载力的建议值。

（6）地下水埋藏情况、类型、水位及其变化。

（7）土和水对建筑材料的腐蚀性。

☎　当有足够经验或充分资料认定工程场地的土或水（地下水或地表水）对建筑材料不具腐蚀性时，可不取样进行腐蚀性评价。

（8）可能影响工程稳定的不良地质作用的描述和对工程危害程度的评价。

（9）场地稳定性和适宜性的评价。

☎　对岩土的工程分析和评价，应根据岩土工程勘察等级区别进行：①对丙级岩土工程勘察，可根据邻近工程经验，结合触探和钻探取样试验资料进行；②对乙级岩土工程勘察，应在详细勘探、测试的基础上，结合邻近工程经验进行，并提供岩土的强度和变形指标；③对甲级岩土工程勘察，除按乙级要求进行外，尚宜提供载荷试验资料，必要时应对其中的复杂问题进行专门研究，并结合监测对评价结论进行检验。

岩土工程勘察报告应对岩土利用、整治和改造的方案进行分析论证，提出建议；对工程施工和使用期间可能发生的岩土工程问题进行预测，提出监控和预防措施的建议。

2. 图表部分

（1）勘探点平面布置图。在建筑场地的平面图上，先画出拟建工程的位置，再将钻孔、试坑、原位测试点等各类勘探点的位置用不同的图例标出，给予编号，注明各类勘探点的地面标高和探深，并且标明勘探剖面图的剖切位置。

（2）工程地质柱状图。根据现场钻探或井探记录、原位测试和室内试验结果整理出来的、用一定比例尺、图例和符号绘制的某一勘探点地层的竖向分布图，图中自上而下对地层编号，标出各地层的土类名称、地质年代、成因类型、层面及层底深度、地下水位、取样位置。柱状图上可附有土的主要物理力学性质指标及某些试验曲线。

（3）工程地质剖面图。根据勘察结果，用一定比例尺（水平方向和竖直方向可采用不同的比例尺）、图例和符号绘制的某一勘探线的地层竖向剖面图，勘探线的布置应与主要地貌单元或地质构造相垂直，或与拟建工程轴线一致。

（4）原位测试成果图表。由原位测试成果汇总列表，绘制原位测试曲线，如载荷试验曲线、静力触探试验曲线等。

（5）室内试验成果图表。各类工程均应以室内试验测定土的分类指标和物理及力学性质指标，将试验结果汇总列表，并绘制试验曲线，如土的压缩试验曲线、土的抗剪强度试验曲线。

　重大工程根据需要，尚应附上综合工程地质图、综合地质柱状图、地下水等水位线图、素描、照片、综合分析图表以及岩土利用、整治和改造方案的有关图表、岩土工程计算简图及计算成果图表等。

上述内容不是每个勘察报告必须全部具备的，应视具体要求和实际情况加以简化或详细说明。对丙级岩土工程勘察的成果报告内容可适当简化，采用以图表为主，辅以必要的文字说明；对甲级岩土工程勘察的成果报告除应符合上述规范规定外，尚可对专门性的岩土工程问题提交专门的试验报告、研究报告或监测报告。

1.1.2　岩土工程勘察报告的阅读和使用

1. 勘察报告的阅读

首先要细致地通读报告全文，读懂、读透，对建筑场地的工程地质和水文地质条件要有一个全面的认识，切忌只注重土的承载力等个别数据和结论的做法。

（1）根据工程设计阶段和工程特点，分析勘察工作量及深度、勘探点布局、钻孔数量、钻深、取样、原位测试和室内试验是否符合《岩土工程勘察规范》（GB 50021—2001）的规定；所提供的计算参数是否满足设计和施工的要求；勘察结论与建议是否对拟建工程具有针对性和关键性；有质疑或发现问题可与勘察单位沟通，必要时向建设单位（或业主）申请补充勘察。

（2）注意场地内及附近地区有无潜在的不良地质现象，如地震、滑坡、泥石流、岩溶等。

（3）注意场地的地形变化，如高低起伏、局部凹陷、地面坡度等。

（4）相邻钻孔之间的土层分界是根据钻孔中采取的土样性状推测出来的，当土层分布比较复杂，钻孔间距又较大时，可能与实际不符，设计与施工的技术人员对此应有足够的估计。注意土层厚度是否均匀，每一土层的物理力学性质指标是否悬殊；尖灭层的坡度，有无透镜体夹层等。

（5）注意地下水的埋藏条件，水位、水质是否与附近的地表水有联系，同时要注意勘察时间是在丰水季节还是在枯水季节，水位有无升降的可能及升降的幅度。

（6）注意报告中的结论和建议对拟建工程的适用及正确程度。从地基的强度和变形两个方面，对持力层的选择、基础类型及与上部结构共同工作进行综合考虑。

2. 勘察报告的分析与应用

建筑设计是以充分阅读和分析建筑场地的岩土工程勘察报告为前提的。建筑施工要实现建筑设计，一方面要深刻理解设计意图；另一方面也必须充分阅读和分析勘察报告，正确地应用勘察报告，针对工程项目的施工图纸，制定切实可行的建筑地基基础施工组织设计，对施工期间可能发生的岩土工程问题进行预测，提出监控、防范和解决问题的施工技术措施。

（1）场地的稳定性评价。首先是根据勘察报告所提供的场地所在区域的地震烈度及场地震害影响的类别，对饱和砂土和粉土地基的液化等级进行分析和评价；其次是根据勘察报告所提供的场地有无不良地质现象（泥石流、滑坡、崩塌、岩溶、塌陷等）潜在的地质灾害进行分析评价；对地震设防区域的建筑，必须按《建筑抗震设计规范》（GB 50011—2010）进行抗震设计，在施工中按施工图施工，保证工程质量；在不良地质现象发育、对场地稳定性有直接或潜在危害的，必须在设计与施工中采取可靠措施，防患于未然。

（2）地基地层的均匀性评价。施工的难与易，地基承载力高低和压缩性大小对建筑地基基础设计的影响，远不及地基土层均匀性的影响。从工程实践分析，造成上部结构梁柱节点开裂、墙体裂缝的原因，主要是地基的不均匀变形，而地基不均匀变形的原因，就地基条件而言即是地基土层的不均匀性，因此当地基中存在杂填土、软弱夹层及尖灭层，或各天然土层的厚度在平面分布上差异较大时，在地基基础设计与施工中，必须注意不均匀沉降的问题。

（3）地基中地下水的评价。当地基中存在地下水，且基础埋深低于地下水位时，对地基基础的设计与施工十分不利。地下水位以下的土方开挖及浅基础施工要求干作业施工条件，为此要考虑人工降低水位。采用明排水要考虑是否产生流砂；大幅度降水会导致周边原有建筑附加沉降和地表沉陷，为此要考虑是否设置挡水帷幕或回灌等技术措施。同时，基础设计要考虑地下水是否有腐蚀性，整体性空腹基础要考虑防水和抗浮等设计与施工技术措施。

（4）地基持力层的选择。建筑地基持力层选择的主要影响因素，首先是建筑设计是否有地下室，然后是地基土层的承载力和压缩性，在保证建筑安全稳定和满足建筑使用功能的前提下，天然地基上的浅基础设计，尤其是当地基中存在软弱下卧层的情况，持力层的选择宜使基础尽量浅埋。深基础持力层选择主要是坚实土层，不要过分在意该土层深度，桩尖或地下连续墙底部以下应有 5 倍以上桩径或地下连续墙厚度的坚实土层；地基变形特征由设计计算控制，同时辅以加强基础及上部结构刚度。

（5）地基基础施工的环境效应影响。工程建设中大挖大填、卸载加载、排水蓄水等施工活动，在不同程度上干扰了建筑场地原有的平衡状态，如果控制不利，对工程及其周边建筑将产生危害；建筑地基基础施工直接或间接地要对周边环境产生影响，因此在分析、研究建筑场地的岩土工程勘察报告和施工方案时，要论证、评价建筑地基基础施工方案的环境效应影响。例如，对于四面紧邻高层建筑物或马路的建筑场地进行岩土工程勘察时，除了按高层建筑岩土工程勘察规定的一般要求进行外，还应重点论证工程施工及运营时对周围环境的影响，但勘察报告中常常忽略这方面的工作，致使无法满足岩土工程施工及设计的要求。基坑开挖时使用的很多技术手段很难取得预期效果，反而造成很大的经济损失。

3. 注意事项

勘察报告的准确性容易受到勘察的详细程度、勘探手段的局限性、人为和仪器设备等因素的影响。使用勘察报告时，应注意所提供资料的可靠性，要求对资料进行比较和依据已掌握的经验进行判定。

1.1.3　岩土工程勘察报告实例

结合下面案例，阅读岩土工程勘察报告。

岩土工程详细勘察报告

工程名称：广东水利电力职业技术学院从化校区一期（B—4 卫生所）

委托单位：广东水利电力职业技术学院

勘察单位：广东有色工程勘察设计院

资质等级：综合甲级

一、工程概况

拟建的广东水利电力职业技术学院从化校区位于从化市江村地段 105 国道西侧、流溪河东面，交通便利。容积率为 0.9，总建筑密度 17%，绿地率 45.0%，公共绿地面积 716463.4m² 。一期 B—4 卫生所位于从化校区中部，为 5 层建筑，工程重要性等级为二级，场地等级为二级，地基等级为二级，勘察等级为乙级。

二、勘察目的、任务要求和依据的技术标准

1. 勘察目的

查明拟建场地范围内地基岩土层的分布状态及其物理力学性质，评价场地的稳定性，查明地下水埋藏条件及对混凝土的侵蚀性，为建筑物的地基基础设计提供工程地质依据。

2. 勘察要求

（1）本工程勘察按详细勘察要求进行。

（2）本工程勘察按二级工程进行。

（3）按规范要求查明场地及地基的稳定性、地层结构、持力层和下卧层的工程特征、地下水埋藏条件及不良地质作用，提供岩土的物理性质和力学性质，提供岩土工程资料和设计、施工所需的岩土参数。

（4）查明不良地质作用的成因、分布、规律，对场地的稳定性作出评价，并指出整治措施。

（5）查明岩土层类型、深度、分布、工程特征，分析评价地基的稳定性、均匀性和承载力。

（6）查明地下水埋藏条件，提出地下水位及其变化规律，判断土和水对建筑材料的腐蚀性。

（7）对抗震有利、不利和危险地质作用综合评价，并提出相应设计地震参数。

（8）划分场地类别并判断砂土存在液化的可能性。

（9）查明基础的岩性、构造、岩面变化、风化程度、硬度及其坚硬程度、完整性和质量等级，判断有无洞穴、临空面、破碎岩体或软弱岩层。

（10）评价地下水位对桩基设计和施工的影响。

（11）查明不良地质作用、可液化土层和特殊性岩层的分布及其对桩基的危害，并指出防治措施。

（12）查明工程范围及其影响地基的各种溶洞的位置、规模埋深、形态、发育规律及溶洞堆填物性状，并提出治理建议。

（13）本勘察执行《岩土工程勘察规范》（GB 50021—2001），勘察报告同时提供按《桩基技术规范》（JGJ 94—94）进行设计的基础有关设计参数。

3. 勘察依据规范

（1）国家标准《岩土工程勘察规范》（GB 50021—2001）。

（2）国家标准《建筑地基基础设计规范》（GB 5007—2002）。

（3）国家标准《建筑抗震设计规范》（GB 50011—2001）。

（4）行业标准《建筑桩基技术规范》（JGJ 94—94）。

（5）行业标准《岩土工程勘察报告编制标准》（CES 99：98）。

（6）广东省标准《建筑地基基础设计规范》（DBJ 15—31—2003）。

（7）广东省标准《预应力混凝土管桩基础技术规程》（DBH/T 15—22—98）。

三、勘察日期、方法和工作量

本次岩土工程勘察由设计单位布设钻探孔 7 个，其中技术孔 1 个，鉴别孔 6 个。先后组织了 12 台钻机于 2003 年 11 月 3 日进场施工，至 2003 年 11 月 16 日结束全部外业工作。完成工作量如表 1.1.1 所示。

表 1.1.1　　　　　　　　　　完成钻探工作量一览表

钻孔（个）	钻探进尺（m）	标准贯入试验（次）	取土样（件）	取岩样（组）	取水样（件）	备注
7	145.95	41	3		1	

勘察工作采用 XY-1 型钻机钻探、取样、标准贯入试验及室内岩、土、水样测试等手段。钻探采用泥浆护壁、$\phi 91mm$ 合金及金刚石钻进的工艺施钻，岩、土及水样的测试委托广东省工程勘察院实验与物探测试中心完成。钻孔放样是根据钻孔设计坐标及测量基准点（由业主提供），用全站仪布测；孔高程是根据周边已知高程点（由业主提供）引测。

本勘察资料可供本工程场地的建筑地基基础设计和施工使用，作为建筑物基础设计的工程地质依据。

四、工程地质条件

1. 地形地貌及环境条件

拟建场地地形较平坦，属流溪河冲积阶地地貌。场地仅南部分布有多栋2～6层民用建筑，东南部和西北部为荔枝园。此外，场区尚分布有浓密的杂草树木，给测量和施工带来较大困难，本次钻探未遇到地下管线，但设计、施工时应注意场地地下可能存在而未被发现的地下管线。

2. 岩土层结构及其工程地质特征

根据野外钻探结果，本场地岩土层按成因自上而下分别为人工填土层（Q^{ml}）、冲积层（Q^{al}）、残积层（Q^{el}）及燕山三期黑云母花岗岩（γ）风化岩带。现分述如下：

（1）人工填土层（Q^{ml}）。

杂填土①。灰黄色，稍湿，松散～稍密，主要由黏性土及砂岩碎石土堆填而成。场地共有5个钻孔揭露，层厚0.80～1.70m，平均为1.28m，层顶标高30.12～30.38m，平均为30.28m。

（2）冲积层（Q^{al}）。

1）粉砂②$_{-1}$。灰黄色，饱和，稍密，分选性较好，局部夹粉质黏土薄层。场地仅有1个钻孔揭露，层厚2.30m，顶面埋深9.20m，层顶标高21.01m。做标准贯入试验2次，实测标贯击数$N=13.0～18.0$击，经杆长修正后锤击数$N=10.3～14.4$击，平均为12.4击。

综合推荐该土层地基承载力特征值f_{ak}取120kPa。

2）粉土②$_{-2}$。灰黄色，湿，稍密。该地层共2孔揭露，层厚1.40～1.60m，平均为1.50m；层顶标高29.29～29.34m，平均为29.32m。

综合推荐该土层地基承载力特征值f_{ak}取120kPa。

3）粉质黏土②$_{-3}$。灰、深灰色，湿，可塑，局部软塑。该地层场地钻孔均有揭露，层厚0.60～2.40m，平均为1.37m；顶面埋深0.80～3.70m，平均为1.64m；层顶标高25.64～29.44m，平均为28.28m，该层取土样2件，做标准贯入试验2次，实测标贯击数$N=6.0～8.0$击，经杆长修正后锤击数$N=5.7～7.8$击，平均为6.7击。

综合推荐该土层地基承载力特征值f_{ak}取140kPa。

4）中砂②$_{-5}$。灰黄色，饱和，稍密，分选性较好，局部含少量砾、卵石。该层有6个钻孔揭露，层厚1.10～3.20m，平均为2.05m；顶面埋深2.60～7.90m，平均为3.63m；顶面标高21.44～27.74m，平均为26.18m。做标准贯入试验6次，实测标贯击数$N=6.0～12.0$击，经杆长修正后锤击数$N=5.7～10.6$击，平均为8.3击。

综合推荐该土层地基承载力特征值f_{ak}取120kPa。

5）粗砂②$_{-6}$。灰黄色，饱和，稍密—中密，分选性差，局部含多量砾、卵石。该层场地钻孔均有揭露，层厚1.50～4.60m，平均为2.99m；顶面埋深2.80～9.20m，平均为5.36m；顶面标高20.14～27.32m，平均为24.50m。做标准贯入试验2次，实测标贯击数$N=11.0～18.0$击，经杆长修正后锤击数$N=9.8～15.1$击，平均为12.4击。

综合推荐该土层地基承载力特征值 f_{ak} 取 160kPa。

6）砾砂②$_{-7}$。灰黄、灰白色，饱和，稍密，分选性差，含多量砾、卵石。该层有 3 个钻孔揭露，层厚 4.60～7.20m，平均为 5.73m；顶面埋深 3.10～6.00m，平均为 4.77m；顶面标高 24.34～27.26m，平均为 25.51m。该层取砂土样 1 个，水上坡度 41.0°，水下坡度 36.0°。做标准贯入试验 1 次，实测标贯击数 $N＝11.0$ 击，经杆长修正后锤击数 $N＝9.7$ 击。

综合推荐该土层地基承载力特征值 f_{ak} 取 200kPa。

（3）残积层（Q^{el}）。

砂质黏性土③。灰黄色，稍湿，硬塑，为花岗岩风化残积土，可见原岩残余结构，遇水易软化。该层场地钻孔均有揭露，层厚 3.60～6.20m，平均为 5.07m；顶面埋深 9.60～11.50m，平均为 10.44m；层顶标高 18.64～20.78m，平均为 19.56m，该层取土样 2 件，做标准贯入试验 11 次，实测标贯击数 $N＝20.0～30.0$ 击，经杆长修正后锤击数 $N＝16.0～22.9$ 击，平均为 19.4 击，标准值为 18.1 击。

综合推荐该土层地基承载力特征值 f_{ak} 取 290kPa。

（4）基岩（γ）。场地下伏基岩为燕山三期黑云母花岗岩。在钻探深度范围内仅揭露有全风化岩带。

全风化花岗岩④$_{-1}$。褐黄色，岩芯呈坚硬土状，风化剧烈，岩质极软，遇水易软化崩解。钻探深度范围内，该层有 7 个钻孔揭露，厚 4.40～8.30m，平均为 5.34m；顶面埋深 15.00～15.80m，平均为 15.51m；顶面标高 13.79～15.34m，平均为 14.49m。做标准贯入试验 16 次，实测锤击数 $N＝30.0～44.0$ 击，经杆长修正后 $N＝22.1～30.8$ 击，平均为 25.2 击，标准值为 24.1 击。

综合推荐该岩带地基承载力特征值 f_{ak} 取 350kPa。

3. 地下水

场地地下水主要为第四系砂层孔隙水，主要受流溪河水的侧向补给，其次受大气降水垂向补给，地下水类型属潜水，富水性强，勘察期间测得钻孔静止水位埋深为 1.20～2.55m，标高为 27.62～28.09m。

在 B-4-3 孔中取水样一件进行水质分析，其中 pH 值为 6.8，侵蚀 CO_2 含量为 4.66mg/L，Ca^{2+} 含量为 4.81mg/L，Mg^{2+} 含量为 2.67mg/L，Cl^- 含量为 13.12mg/L，HCO_3^- 含量为 25.63mg/L，SO_4^{2-} 含量为 43.76mg/L（详见《水质分析报告》），水质属中性 $HCO_3 \cdot SO_4^{2-} - Na^+$ 型水，根据国家标准《岩土工程勘察规范》（GB 50021—2001）12.2 条判定地下水对混凝土结构具弱腐蚀性，对钢筋混凝土结构中的钢筋无腐蚀性，对钢结构具有弱腐蚀性。

五、场地及地基的岩土工程评价

1. 现场标准贯入试验及室内土工试验成果资料统计

标准贯入试验统计及承载力建议值详见表 1.1.2，室内土工试验成果统计资料详见表 1.1.3。

表 1.1.2		标准贯入试验统计及承载力建议值表				
岩土层名称	统计个数	经杆长修正锤击数范围值 N	平均锤击数 N	变异系数 δ	标准值 N_K	承载力建议特征值 f_{ak}（kPa）
杂填土①						尚未完成自重固结
粉砂②₋₁	2	10.3～14.4	12.4			120
粉土②₋₂						120
粉质黏土②₋₃	2	5.7～7.6	6.7			140
中砂②₋₅	6	5.7～10..6	8.3	0.213	6.8	100
粗砂②₋₆	2	11.0～18.0	14.5			160
砾砂②₋₇	1	9.7				200
砂质黏性土③	11	16.0～22.9	19.4	0.123	18.1	290
全风化花岗岩④₋₁	16	22.1～30.8	25.2	0.095	24.1	350

2. 场地的稳定性评价

场地覆盖土层表部为人工填土，上部为冲积成因粉砂、粉土、粉质黏土、中砂、粗砂、砾砂及残积成因的砂质黏性土，其下部为基岩风化带。

（1）根据《建筑抗震设计规范》（GB 50011—2001）表 4.1.1，本工程场地为对建筑抗震不利地段。

（2）根据《建筑抗震设计规范》（GB 50011—2001）表 4.1.3，本工程场地土的类型为软弱土—中硬土。

（3）按《建筑抗震设计规范》（GB 50011—2001）表 4.1.6，综合评价建筑场地类型为Ⅱ类。

（4）本次钻探揭露深度范围内未出现断裂构造等不良地质作用，场地稳定性较好。

3. 地震烈度及场地砂土液化判别

（1）地震烈度。

根据《建筑抗震设计规范》（GB 50011—2001），本场地地震的基本烈度为 6 度，抗震设防烈度为 6 度，设计基本地震加速度值为 0.05g，特征周期值为 0.35s。

（2）场地砂土液化判别。

根据钻探资料，场地地面以下 15m 范围内，分布有饱和稍密状粉土、松散状粉砂、中砂及中密状粗砂和稍密状砾砂。本次勘察进行了必要的标准贯入试验，并按《建筑抗震设计规范》（GB 50011—2001）4.3.4、4.3.5 条标准进行砂土地震液化可能性判别，对 7 孔中的 11 个标贯试验进行判定，其中 1 点为液化，10 点为不液化。液化点的液化指数 I_{lE}＝12.80。结果表明，在 7 度烈度地震作用下，场地松散状粉砂、稍密～中密状粗砂、稍密状砾砂不会产生液化，稍密状中砂局部会产生中等液化。

4. 地基土的适宜性及其评价

（1）松散状粉砂②₋₁、稍密状粉土②₋₂、可塑状粉质黏土②₋₃ 及稍密状中砂②₋₅，均为软弱土，地基承载力低，未作处理不能作为拟建建筑天然基础持力层。

表1.1.3

土 工 试 验 报 告

工程名称：广州水利电力职业技术学院一期（卫生所）

送样单位：广东有色工程勘察设计院

取样编号	取样深度 m	天然状态指标 湿密度 ρ_0 g/cm³	天然状态指标 干密度 ρ_d g/cm³	天然状态指标 土粒相对密度 G_s	天然状态指标 含水量 w %	天然状态指标 孔隙比 e	天然状态指标 饱和度 S_r %	稠度指标 液限 ω_L %	稠度指标 塑限 ω_P %	稠度指标 塑性指数 I_P	稠度指标 液性指数 I_L	固结指标 压缩系数 a_{1-2} MPa⁻¹	固结指标 压缩模量 E_{s1-2} MPa	直接快剪 黏聚力 c kPa	直接快剪 内摩擦角 φ (°)	颗粒组成 粗粒 砾（角砾）粗 60~20 %	颗粒组成 粗粒 砾（角砾）中 20~5 %	颗粒组成 粗粒 砾（角砾）细 5~2 %	颗粒组成 粗粒 砂粒 粗 2~0.5 %	颗粒组成 粗粒 砂粒 中 0.5~0.25 %	颗粒组成 粗粒 砂粒 细 0.25~0.075 %	颗粒组成 细粒 <0.075 %	坡角 水上 (°)	坡角 水下 (°)	土名
247	5.2~5.4																5.7	21.3	36.3	15.0	6.7	15.0	41.0	36.0	砾砂
248	10.6~10.8	1.80	1.42	2.69	26.9	0.896	80.7	44.6	30.0	14.6	-0.21	0.581	3.26	42.6	18.7			9.5	15.0	10.5	5.0	60.0			砂质黏性土
249	13.2~13.4	1.78	1.39	2.68	28.1	0.929	81.1	40.7	28.2	12.5	-0.01	0.541	3.57	23.4	24.4		12.0		18.0	10.0	7.0	53.0			砂质黏性土

说明　1. 本报告执行 GB/T50123—1999 标准。

　　　2. 对本报告如有意见或疑问，须在一周内提出。

　　　3. 本报告只对来样负责。

　　　4. 未经本中心书面批准，不得部分复制本报告内容。

地址：广州市沙河瓦河五仙桥广东省工程勘察院　　　联系电话：87634239

编制：　　　审核：

（2）中密状粗砂②₋₆，层位较稳定，层顶埋深 2.60～7.90m，地基承载力特征值为 160kPa，可作为本建筑基础持力层。

（3）砾砂②₋₇呈稍密状，承载力较高，但本场地发育不均匀，呈透镜体分布，不选作为本建筑基础持力层。

（4）砂质黏性土③呈硬塑状，层位较稳定，地基承载力特征值为 290kPa，宜作为本建筑基础持力层。

（5）④₋₁全风化花岗岩，强度较高、压缩性较低，可作拟建建筑桩端持力层。

六、地基基础方案建议

1. 土（岩）承载力

根据野外钻探原位测试、土（岩）室内试验结果，综合建议各层土（岩）的承载力特征值 f_{ak}，见表 1.1.4。

表 1.1.4　　　　　　　各层土（岩）的承载力特征值

层号	岩土名称	状态	地基承载力建议值 f_{ak}（kPa）
①	杂填土	松散—稍密	尚未完成自重固结作用
②₋₁	粉砂	松散	120
②₋₂	粉土	稍密	120
②₋₃	粉质黏土	可塑	140
②₋₅	中砂	稍密	100
②₋₆	粗砂	稍密—中密	160
②₋₇	砾砂	稍密	200
③	砂质黏性土	硬塑	290
④₋₁	全风化花岗岩	坚硬土状	350

2. 基础方案

场地拟建建筑物为 5 层楼，现根据场地岩土工程地质条件，结合拟建建筑物的荷载要求，基础形式可采用锤击或静压预应力管桩方案。以全风化花岗岩带（④₋₁）作桩端持力层，预估桩长 15～20m，各岩土层桩基参数见表 1.1.5。

表 1.1.5　　　　　　　各岩土层桩基参数建议值表

层号	岩土名称	状态	建议 q_{sik}（kPa）	建议 q_{pk}（kPa）	
				$9 < h \leqslant 16m$	$16 < h < 30m$
①	杂填土	松散—稍密			
②₋₁	粉砂	松散	20		
②₋₂	粉土	稍密	40		
②₋₃	粉质黏土	可塑	35		
②₋₅	中砂	稍密	35		
②₋₆	粗砂	稍密—中密	50	5000	5500
②₋₇	砾砂	稍密	80	4000	4500
③	砂质黏性土	硬塑	80	4200	4500
④₋₁	全风化花岗岩	坚硬土状	100	4500	5000

注　此表适用于预制桩。

q_{sik}—桩周土（岩）极限侧阻力标准值；q_{pk}—桩端土（岩）极限端阻力标准值；h—桩入土深度。

可通过试打桩等确定终桩条件，并采用贯入度或控制桩端标高作为收桩条件，采用静压预制桩，终桩压力及速度必须满足设计要求，桩数、桩台的组合形式可根据轴荷载大小而定。场地拟建建筑可采用此地基基础方案。此种桩型岩土层参数详见表 1.1.5。

七、结论与建议

（1）钻探深度范围内未揭露到断裂构造等不良地质现象，场地稳定性较好，适宜兴建建筑物。

（2）在 7 度烈度地震作用下，场地松散状粉砂、稍密—中密状粗砂、稍密状砾砂不会产生液化，稍密状中砂局部会产生中等液化。

（3）松散状粉砂②$_{-1}$、稍密状粉土②$_{-2}$、可塑状粉质黏土②$_{-3}$及稍密状中砂②$_{-5}$均为软弱土，地基承载力低，未作处理不能作为拟建建筑天然基础持力层。宜采用桩基础等基础形式。

（4）场地地下水对混凝土结构具弱腐蚀性，对钢筋混凝土结构中钢筋无腐蚀性，对钢结构具有弱腐蚀性。

（5）桩基施工应严格按国家、省、市等有关标准执行，并注意进行桩基检测等工作。

八、勘察成果图件

（1）勘探点平面布置图（图 1.1.1）。

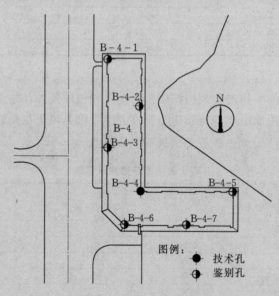

图 1.1.1 勘探点平面布置图

（2）钻孔柱状图（图 1.1.2）。

（3）工程地质剖面图（图 1.1.3）。

工程编号	B-4								
工程名称	卫生所			钻孔编号		B-4-4			
孔口高程	30.36m	坐标	x=2607220.00m		开工日期	2003.11.8	稳定水位深度		2.55m
孔口直径	127.00mm		y=460038.70m		竣工日期	11.8	测量水位日期		2003.11.9

地层编号	时代成因	层底高程(m)	层底深度(m)	分层厚度(m)	柱状图 1:150	岩土名称及其特征	取样	标贯击数(击)	稳定水位(m) 水位日期
①	Q_4^{ml}	28.96	1.40	1.40		杂填土:灰黄色,稍湿、稍密,由黏性土及砂岩碎石组成			
②-3		27.26	3.10	1.70		粉质黏土:灰色、湿、可塑			
②-7	Q_4^{al}	20.06	10.30	7.20		砾砂:灰青色,饱和稍密,分选性差,含少量砾、卵石	1 5.20—5.40	$\dfrac{=8.0}{2.75-3.05}$ $\dfrac{=11.0}{5.65-5.95}$	
③	Q_4^{el}	14.56	15.80	5.50		砂质黏性土:褐黄色,稍湿,硬塑,为花岗岩风化残积土,可见原岩残余结构,遇易软化	2 10.60—10.80 3 13.20—13.40	$\dfrac{=22.0}{11.05-11.35}$ $\dfrac{=26.0}{13.65-13.95}$ $\dfrac{=33.0}{15.95-16.25}$	▼(1)27.81 2003.11.9
④-1		6.26	24.10	8.30		花岗岩:褐黄色,岩芯呈坚硬土状,风化剧烈,遇水易软化崩解		$\dfrac{=37.0}{18.45-18.75}$ $\dfrac{=44.0}{21.15-21.45}$	

图 1.1.2 钻孔柱状图

工程地质剖面图

水平比例:1:50
垂直比例:1:150

3 --------- 3′

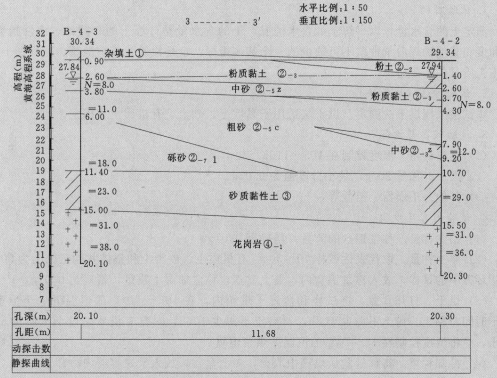

孔深(m)	20.10		20.30
孔距(m)		11.68	
动探击数			
静探曲线			

图 1.1.3 工程地质剖面图

任务 2 室内土工试验

【工作任务】

利用土工试验设备测定土的物理性质基本指标，提供土的密度、含水量、土粒相对密度等；测定土的塑限及液限，对黏性土定名并判定其所处的稠度状态；测定土的抗剪强度，提供内摩擦角和黏聚力。

土的工程性质对地基基础设计和施工有很大影响，而这些性质取决于土的物理力学性质指标，必须在施工前详细了解，这样可以减少或避免造成工程事故。室内土工试验是对施工现场的地基土进行取样和试验分析，通过测定土主要的物理力学性质指标，为岩土工程问题分析评价提供所需技术参数。

1.2.1 土的物理性质试验

1.2.1.1 土的天然含水量试验（烘干法）

土的含水量 w 是指土在温度 $105\sim110℃$ 下烘到恒重时失去的水分质量与达到恒重后干土质量的比值，以百分数表示。由试验直接测定。

含水量是土的基本物理性质指标之一，它反映了土的干、湿状态。含水量变化将使土的物理力学性质发生一系列的变化，它可使土变成半固态、可塑状态或流动状态，可使土变成稍湿状态、很湿状态或饱和状态，也可造成土在压缩性和稳定性上的差异。

含水量试验方法有烘干法、酒精燃烧法、比重法、炒干法等，其中以烘干法为室内试验的标准方法。

1. 试验目的

测定土的含水量，以了解土的含水情况。土的含水量是计算土的孔隙比、液性指数、饱和度和其他物理力学性质不可缺少的一个基本指标，也是检验建筑物地基、路堤、土坝等施工质量的重要指标。

2. 试验方法（烘干法）

本试验采用烘干法测定。烘干法适用于黏性土、砂土、有机质土和冻土。

3. 试验仪器与设备

（1）电热烘箱。温度控制在 $105\sim110℃$。

（2）天平。称量 200g，最小分度值为 0.01g。

（3）其他。干燥器、铝盒等。

4. 试验内容及步骤

（1）铝盒称量。称空铝盒的质量，精确至 0.01g。

（2）湿土称量。取代表性试样 $10\sim30g$（有机质土、砂类土和整体状构造冻土为 50g）或用环刀中的试样，放入称量铝盒内，盖上盒盖，称盒加湿土质量，精确至 0.01g。

（3）烘干。打开盒盖，将试样和盒置于烘箱内，在 $105\sim110℃$ 的恒温下烘至恒重。烘干时间对黏土、粉土不得少于 8h，对砂土不得少于 6h，对含有机质超过干土质量 5% 的土，应将温度控制在 $65\sim70℃$ 的恒温下烘至恒重。

（4）冷却称重。将称量盒从烘箱中取出，盖上盒盖，放入干燥容器内冷却至室温（一般为 0.5～1h），冷却后称盒加干土质量，精确至 0.01g。

5. 注意事项

（1）刚刚烘干的土样要等冷却后才能称重。

（2）称重时精确至小数点后两位。

（3）本试验需进行 2 次平行测定，取其测值的平均值，允许平行差值应符合表 1.2.1 的规定。

表 1.2.1   允许平行差值

含水量（%）	<40	≥40
允许平行差值（%）	1.0	2.0

6. 计算公式

按式 (1.2.1) 计算土样的天然含水量，即

$$w = \frac{m_w}{m_s} \times 100\% = \frac{m_1 - m_2}{m_2 - m_0} \times 100\% \tag{1.2.1}$$

式中 w——土的含水量，%；

     m_w——试样中水的质量为 $m_1 - m_2$，g；

     m_s——试样土粒的质量为 $m_2 - m_0$，g；

     m_1——称量盒加湿土质量，g；

     m_2——称量盒加干土质量，g；

     m_0——称量盒质量，g。

7. 成果处理

按表 1.2.2 进行数据处理。

表 1.2.2   土的天然含水量试验数据处理

试样编号	土样说明	盒号	（盒＋湿土）质量（g）	（盒＋干土）质量（g）	盒质量（g）	水质量（g）	干土质量（g）	含水量（%）	平均含水量（%）
			(1)	(2)	(3)	(4)	(5)	(6)	(7)
						(1) － (2)	(2) － (3)	$\frac{(4)}{(5)} \times 100\%$	
1									
2									

1.2.1.2 土的密度试验（环刀法）

土的密度 ρ 是指单位体积内土的质量，是土的基本物理性质指标之一，其单位为 g/cm³。土的密度反映了土体结构的松紧程度，是计算土的自重应力、干密度、孔隙比、孔隙度等指标的重要依据。

密度试验方法有环刀法、蜡封法、灌水法和灌砂法等。对于细粒土，宜采用环刀法；对于易碎裂、难以切削的土，可用蜡封法；对于现场粗粒土，可用灌水法或灌砂法。

1. 试验目的

测定土的湿密度，了解土的疏密和干湿状态，供换算土的其他物理性质指标和工程设

计及控制施工质量之用。

2. 试验方法（环刀法）

用一定体积环刀切取土样并称土的质量，土的质量与环刀体积之比即为土的密度。

3. 试验仪器与设备

（1）环刀。内径 61.8mm 或 79.8mm，高度 20m。

（2）天平。称量 200g，最小分度值为 0.01g。

（3）其他。削土刀、钢丝锯、圆玻璃片、凡士林等。

4. 试验内容及步骤

（1）量测环刀。取出环刀，测出环刀的体积 V，称出环刀质量 m_1，并在环刀内壁涂一薄层凡士林。

（2）按工程需要取原状土或人工制备所需要求的扰动土样，其直径和高度应大于环刀的尺寸，整平两端放在玻璃板上。

（3）切取土样。将环刀的刀刃向下放在土样上，将环刀垂直下压，并用切土刀沿环刀外侧切削土样，边压边削至土样高出环刀，根据试样的软、硬采用钢丝锯或切土刀整平环刀两端余土，两端盖上平滑的圆玻璃片。

（4）土样称量。擦净环刀外壁，拿去圆玻璃片，称环刀和土的总质量 m_2，精确至 0.1g。

5. 注意事项

（1）用环刀切取试样时，环刀应垂直均匀下压，以防环刀内试样的结构被扰动，同时用切土刀沿环刀外侧切削土样，用切土刀或钢丝锯整平环刀两端土样。

（2）夏季室温高时，应防止水分蒸发，可用玻璃片盖住环刀上、下口，但计算时应扣除玻璃片的质量。

（3）密度试验需进行 2 次平行测定，取其测值平均值。两次测定的差值不得大于 0.03g/cm³；否则重做。

6. 计算公式

按式（1.2.2）计算土的密度，即

$$\rho = \frac{m_0}{V} = \frac{m_2 - m_1}{V} \qquad\qquad (1.2.2)$$

式中　ρ——试样密度，g/cm³，精确至 0.01；

$\quad m_0$——试样的质量，g；

$\quad V$——试样的体积（环刀的内径净体积），cm³；

$\quad m_1$——环刀质量，g；

$\quad m_2$——环刀加土质量，g。

7. 成果整理

按表 1.2.3 进行数据处理。

1.2.2　土的液限、塑限试验

黏性土的状态随着含水量的变化而变化。当含水量不同时，黏性土可分别处于固态、半固态、可塑状态及流动状态，黏性土从一种状态转到另一种状态的分界含水量称为界限

表 1.2.3 密度试验数据处理

试样编号	环刀号	（环刀＋湿土）质量（g）(1)	环刀质量（g）(2)	湿土质量（g）(3)	环刀容积（cm³）(4)	湿密度（g/cm³）(5)	含水量（%）(6)	干密度（g/cm³）(7)	平均干密度（g/cm³）
				(1)－(2)		$\dfrac{(3)}{(4)}$		$\dfrac{(5)}{1+(6)\times 0.01}$	
1									
2									

含水量。土从流动状态转到可塑状态的界限含水量称为液限 w_L，土从可塑状态转到半固体状态的界限含水量称为塑限 w_P。土的塑性指数 I_P 是指液限与塑限的差值，由于塑性指数在一定程度上综合反映了影响黏性土特征的各种重要因素，因此黏性土常按塑性指数进行分类。土的液性指数 I_L 是指黏性土的天然含水量和塑限的差值与塑性指数之比，液性指数可被用来表示黏性土所处的软硬状态。所以，土的界限含水量是计算土的塑性指数和液性指数不可缺少的指标，亦是估算地基土承载力的一个重要依据。

土的液、塑限试验方法有锥式法（液限测定）、搓条法（塑限测定）及液、塑限联合测定法（液、塑限联合测定）等。

1.2.2.1 黏性土的液、塑限联合测定试验

1. 试验目的

测定黏性土的塑限 w_P 及液限 w_L，计算土的塑性指数 I_P、液性指数 I_L，判定黏性土所处的稠度状态。同时，作为黏性土的定名及估算地基土承载力的依据。

2. 试验方法（液、塑限联合测定法）

本方法适用于粒径小于 0.5mm、有机质含量不大于试样总质量 5% 的土。

3. 试验仪器设备

（1）光电式液塑限联合测定仪（图 1.2.1）。锥质量为 100g，锥角为 30°，读数显示形式宜采用光电式、游标式、百分表式。

（2）天平。称量 200g，最小分度值为 0.01g。

（3）盛土杯。直径 5cm，深度为 4～5cm。

（4）其他。烘箱、调土刀、筛（孔径5mm）、凡士林、吸管、干燥器、称量盒、研钵（附带橡皮头的研杵或橡皮板、木棒）等。

4. 试验内容及步骤

（1）取样。当采用天然含水量土样时，取代

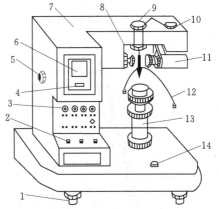

图 1.2.1 光电式液塑限联合测定仪

1—水平调节螺钉；2—控制开关；3—指示发光管；
4—零线调节螺钉；5—反光镜调节螺钉；6—屏幕；
7—机壳；8—物镜调节螺钉；9—电磁装置；
10—光源调节螺钉；11—光源装置；12—圆
锥仪；13—升降台；14—水平泡

表性试样250g；采用风干土样时，取 0.5mm 筛下的代表性土样200g，分别放入 3 个盛土

皿中，加不同数量的纯水，土样的含水量分别控制在液限、塑限和两者的中间状态。用调土刀调成均匀膏状，盖湿布，放置 18h 以上。

（2）将制备的土样充分搅拌均匀，分层装入盛土杯，用力压密，使空气逸出。对于较干的土样，应先充分搓揉，用调土刀反复压实。试杯装满后，刮成与杯边齐平。

（3）调平仪器，提起锥杆（此时游标或百分表读数为零），锥头上涂少许凡士林，接通电源，使电磁铁吸住圆锥。

（4）将装好土样的试杯放在联合测定仪的升降座上，转动升降旋钮，待锥尖与土样表面刚好接触时停止升降，扭动锥下降旋钮，同时开动秒表，经 5s 后，松开旋钮，锥体停止下落，此时读数即为锥入深度。

（5）改变锥尖与土接触位置（锥尖两次锥入位置距离不小于 1cm），重读步骤（3）、（4），得锥入深度 h_1、h_2，允许误差 0.5mm；否则重做。取其平均值作为该点的锥入深度。

（6）去掉锥尖入土处的凡士林，取 10g 以上的土样两个，分别装入称量盒内，称质量（精确至 0.01g），测定其含水量。

（7）重复步骤（2）～（6），对其他两个含水量土样进行试验，测其锥入深度和含水量。液、塑限联合测定应不少于 3 点。

5. 注意事项

（1）3 次的锥入深度宜分别控制在 3～4mm、7～9mm 和 15～17mm。

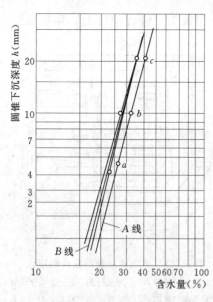

图 1.2.2 圆锥下沉深度与
含水量关系曲线

（2）土样分层装杯时，土中不能留有空隙。

（3）每种含水量设 3 个测点，取平均值作为这种含水量所对应土的圆锥入土深度，如 3 点下沉深度相差太大，则必须重新调试土样。

6. 计算与绘图

（1）计算各试样的含水量，计算公式与含水量试验相同。

（2）在双对数坐标纸上，以含水量 w 为横坐标，圆锥入土深度 h 为纵坐标绘制 a、b、c 3 点含水量的关系曲线（图 1.2.2），3 点应在一直线上如图 1.2.2 中 A 线。当 3 点不在同一直线上时，通过高含水量的点和其余两点连成两条直线，在下沉为 2mm 处查得 2 个含水量，当 2 个含水量差值小于 2% 时，应以两点含水量的平均值与高含水量的点连一直线，如图 1.2.2 中 B 线，当 2 个含水量的差值不小于 2% 时，应重做试验。

（3）在含水量 w 与圆锥下沉深度 h（入土深度）的关系图（图 1.2.2）上查得下沉深度为 17mm 所对应的含水量为液限，查得下沉深度为 2mm 所对应的含水量为塑限，取值以百分数表示，准确至 0.1%。

（4）计算塑性指数和液性指数。

塑性指数 $$I_P = w_L - w_P \qquad (1.2.3)$$

液性指数 $$I_L = \frac{w - w_P}{I_P} \qquad (1.2.4)$$

7. 成果处理

按表 1.2.4 进行数据处理。

表 1.2.4　　　　　　　　液、塑限联合试验数据处理

试样编号	圆锥下沉深度（mm）	盒号	湿土质量（g）	干土质量（g）	含水量（%）	液限（%）	塑限（%）	塑性指数 I_P
			①	②	③	④	⑤	⑥
1								
2								

1.2.2.2 滚搓法塑限试验

1. 试验目的

测定黏性土的塑限 w_P，并根据 w_L 和 w_P 计算土的塑性指数 I_P，进行黏性土的定名分类，判别黏性土的软硬程度。

2. 试验方法（滚搓法）

本试验方法适用于粒径小于 0.5mm 的土。

3. 试验仪器设备

(1) 毛玻璃板。尺寸为 200mm×300mm。

(2) 天平。分度值为 0.01～0.001g。

(3) 卡尺。分度值为 0.02mm（或直径为 3mm 的金属丝）。

(4) 其他。称量盒、滴管、纯水、吹风机、烘箱等。

4. 试验内容及步骤

(1) 取 0.5mm 筛下代表性试样 100g，放在盛土皿中加纯水拌匀，湿润过夜。

(2) 将制备好试样在手中揉捏至不黏手，当捏扁出现裂缝时表示其含水量接近塑限。

(3) 取接近塑限含水量的试样 8～10g，用手搓成椭圆形，放在毛玻璃板上用手掌滚搓，滚搓时手掌用力应均匀施加在土条上，土条不得有空心现象，长度不宜大于手掌宽度。

(4) 若土条搓压至直径达 3mm 时仍没有出现裂纹和断裂，或直径大于 3mm 时土条就出现裂纹和断裂，表示试样的含水量高于或低于塑限，都应该重新取样再进行滚搓，直到土条直径搓成 3mm 时土条表面产生均匀裂纹并开始断裂，此时试样的含水量即为塑限。

(5) 取直径为 3mm 有裂纹的土条 3～5g，测定土条的含水量即为塑限 w_P。

5. 注意事项

(1) 搓条时要用手掌全面地施加轻微的均匀压力搓滚。搓条法测塑限需要耐心反复地实践，才能达到试验标准。

(2) 做 2 次平行试验，两次测定差值：液限小于 40% 时，不大于 1%；液限不小于

40％时，不大于 2％。取两次测定的平均值，以百分数表示。

6. 计算公式

按式 (1.2.5) 计算黏性土塑限 w_P，即

$$w_P = \frac{m_1 - m_2}{m_2 - m_0} \times 100\% \text{（精确至 0.1\%）} \tag{1.2.5}$$

式中符号意义同式 (1.2.1)。

7. 成果处理

按表 1.2.5 进行数据处理。

表 1.2.5　　　　　　　　　　滚搓法塑限试验数据处理

盒号	称量盒质量 (g)	湿土＋称量盒总质量 (g)	干土＋称量盒总质量 (g)	塑限 (%)	平均值 (%)
1					
2					

1. 2. 2. 3　锥式仪液限试验

液限是指黏性土可塑状态与流塑状态的界限含水量。

1. 试验目的

测定黏性土的液限 w_L 含水量。

2. 试验方法（锥式法）

适用于粒径小于 0.5mm、有机质含量不大于试样总质量 5％的土。

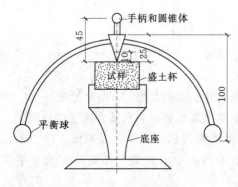

图 1.2.3　锥式液限仪

3. 试验仪器设备

(1) 锥式液限仪（图 1.2.3）。锥质量为 76g，锥角为 30°，读数显示形式宜采用光电式、游标式、百分表式。

(2) 天平。称量 200g，最小分度值为 0.01g。

(3) 其他。电烘箱、烘干称量盒、调土刀、凡士林、吸管、盛土器皿、调土板等。

4. 试验内容及步骤

(1) 取有代表性的天然含水量土样，在橡皮垫上将土碾散（切勿压碎颗粒），然后将土样放入调土皿中，加纯水调成均匀浓糊状。若土中含有大于 0.5mm 颗粒时，应过 0.5mm 筛去掉。

(2) 用调土刀取制备好的土样放在调土板上充分搅拌均匀，填入盛土杯中，填土时注意勿使土内留有空气，然后刮去多余的土，使土面与杯口平齐，然后将试样杯放在台座上。注意在刮去余土时，不得用刀在土面上反复涂抹。

(3) 用纸或布揩净锥式液限仪，并在锥体上抹一薄层凡士林。用拇指和食指提住上端手柄，使锥尖与试样中部表面接触，放开手指使锥体在重力作用下沉入土中。

(4) 若锥体约经过 15s 沉入土中的深度大于或小于 10mm 时，则表示试样的含水量高

于或低于液限。这时应先挖出粘有凡士林的土，再将试样杯中的试样全部放回调土板上或铺开使多余水分蒸发，或加入少量纯水，重新调拌均匀，再重复（2）～（4）步的操作，直至当锥体经 15s 沉入土中深度恰好为 10mm 时为止，此时土样的含水量即为液限 w_L。

（5）取出锥体，挖出粘有凡士林的土后，在沉锥附近取土约 10g 放到烘干的称量盒中。然后按含水量试验方法测定含水量。

5. 注意事项

（1）在制备好的试样中加水时不能一次加得太多，特别是初次宜少许。

（2）试验前应校验锥式液限仪的平衡性能。

（3）需取两次试样进行测定，两次测定差值：液限小于 40％时，不大于 1％；液限不小于 40％时，不大于 2％。取两次测定的平均值，以百分数表示。

6. 计算公式

$$w_L = \frac{m_w}{m_s} \times 100\% = \frac{m_1 - m_2}{m_2 - m_0} \times 100\%（精确至 0.1\%） \tag{1.2.6}$$

式中符号意义同式（1.2.1）。

7. 成果处理

按表 1.2.6 进行数据处理。

表 1.2.6　　　　　　　　　　　　锥式仪液限试验数据处理

盒号	烘干盒质量 m_0（g）	湿土＋称量盒总质量 m_1（g）	干土＋称量盒总质量（g）	干土质量（g）	水质量（g）	液限（％）	平均值（％）
1							
2							

1.2.3　土的固结试验

土的固结试验也称为土的室内压缩试验，是研究土压缩性的常用方法。土的压缩性是指土体在压力作用下体积缩小的特性。计算地基沉降时，必须取得土的压缩性指标。其中，土的压缩系数 a、压缩模量 E_s 等压缩性指标可通过室内试验测定。

压缩系数 a 为土在完全侧限条件下，孔隙比变化与压力变化的比值。压缩模量 E_s 为土在完全侧限条件下，土的竖向附加应力与竖向应变增量的比值。

1. 试验目的

测定试样在侧限与轴向排水条件下的压缩变形 Δh 和荷载 p 的关系，以便计算土的单位沉降量 S_1、压缩系数 a 和压缩模量 E_s 等，用于评价土的压缩性和计算基础沉降时用。

2. 试验方法

切取原状土样并安装到固结仪上，进行逐级加压固结，同时测定土样在各级压力 p_i 作用下的稳定压缩量，随后利用公式计算各级压力作用下变形稳定后的孔隙比 e_i，并绘制土的压缩曲线。

3. 试验仪器设备

（1）固结仪（图 1.2.4）。包括环刀、护环、透水板、水槽、加压及传压装置和百分表等组成。

（2）百分表（图 1.2.5）。量程为 10mm，最小分度值为 0.01mm。

（3）其他。切土刀、钢丝锯、电子天平、秒表、凡士林、滤纸等。

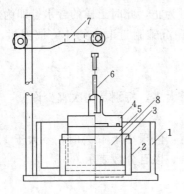

图 1.2.4　固结仪示意图

1—水槽；2—护环；3—环刀；4—加压上盖；

5—透水石；6—量表导杆；

7—量表架；8—试样

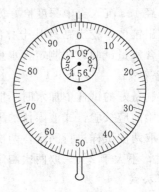

图 1.2.5　百分表示意图

短针：一小格＝1.0mm；长针：一小格＝

0.01mm 此图所示相应读数为 3.37mm

4. 试验内容及步骤

（1）环刀取土。根据工程需要，取原状土或制备成所需状态的扰动土样，放在玻璃板上，整平土样两端。在环刀内壁抹一薄层凡士林，刀口向下放在土样上端表面，将环刀垂直下压，同时用切土刀沿环刀外侧切削土样，用钢丝锯整平两端，放在玻璃板上，擦净环刀外壁，称环刀和土的总质量。

📞　注：① 刮平环刀两端时，不得用力反复涂抹，以免土面孔隙堵塞，或使土面析水；② 切得土样的四周应与环刀密合，且保持完整，如不合要求时应重取。

（2）测定试样密度与含水量。取削下的余土测定含水量，需要时对试样进行饱和。

（3）安放试样。在固结容器的底板上顺次放上洁净而湿润的透水石和滤纸各一，再将护环放在容器内；将切好的试样连同环刀一起，刀口向下放在护环内，在试样上依次放置洁净而湿润的滤纸和透水石各一，最后放下加压导环和传压板。

（4）检查设备。检查加压设备是否灵敏，利用平衡砣调整杠杆至水平位置。

（5）安装量表。将装好试样的压缩容器放在加压台的正中，将传压钢珠与加压横梁的凹穴相连接。然后装上量表，调节量表杆头，使其可伸长的长度不小于 8mm，并检查量表是否灵活和垂直。

（6）施加预压。为确保压缩仪各部位接触良好，施加 1kPa 的预压荷重，然后调整量表读数至零处（或某一整数）。

（7）加压观测。

1）记下百分表读数并加第一级压力，并在加上砝码的同时，开动秒表。加荷重时，将砝码轻轻放在砝码盘上避免冲击和摇晃。第一级压力的大小视土的软硬程度或工程要求而定，一般可采用 12.5kPa、25kPa 或 50kPa。最后一级压力应大于土的自重压力与附加压力之和。只需测定压缩系数时，最大压力不小于 400kPa。

注：原状土的第一级压力，除软黏土外，也可按天然荷重施加。压力等级一般为 50kPa、100kPa、200kPa 和 400kPa。

2) 如系饱和试样，应在施加第一级压力后，立即向水槽中注水浸没试样。如系非饱和试样，进行压缩试验时，需用湿棉纱围住加压盖板四周，避免水分蒸发。

3) 压缩稳定标准规定为每级压力下压缩 24h，或量表读数每小时变化不大于 0.01mm 认为稳定（教学试验可另行假定稳定时间）。测记压缩稳定读数后，施加第二级压力。依次逐级加荷至试验结束。

4) 试验结束后吸去容器中的水，迅速拆除仪器各部件，取出试样，必要时测定试验后土的含水量。

5. 注意事项

(1) 首先装好试样，再安装量表。在装量表的过程中，小指针需调至整数位，大指针调至零，量表杆头要有一定的伸缩范围，固定在量表架上。

(2) 加荷时，应按顺序加砝码；试验中不要振动试验台，以免指针产生移动。

6. 计算与绘图

(1) 按式 (1.2.7) 计算试样的初始孔隙比，即

$$e_0 = \frac{d_s \rho_w (1 + w_0)}{\rho_0} - 1 \tag{1.2.7}$$

(2) 按式 (1.2.8) 计算各级压力下固结稳定后孔隙比 e_i，即

$$e_i = e_0 - (1 + e_0) \frac{\sum \Delta h_i}{h_0} \tag{1.2.8}$$

式中　d_s——土粒相对密度；

ρ_w——水的密度，g/cm^3；

w_0——试样起始含水量，%；

ρ_0——试样起始密度，g/cm^3；

$\sum \Delta h_i$——在某级压力下试样固结稳定后的总变形量，mm，其值等于该级压力下压缩稳定后的量表读数减去仪器变形量（由实验室提供资料）；

h_0——试样起始高度，即环刀高度，mm。

(3) 绘制压缩曲线。以孔隙比 e 为纵坐标，压力 p 为横坐标，绘制孔隙比与压力的关系曲线（图 1.2.6）。

(4) 按式 (1.2.9) 计算压缩系数 a_{1-2} 与压缩模量 E_s，即

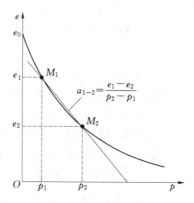

图 1.2.6 $e-p$ 关系曲线

$$a_{1-2} = \frac{e_1 - e_2}{p_2 - p_1} \times 1000 \quad (MPa^{-1}) \tag{1.2.9}$$

$$E_s = \frac{1 + e_0}{a_{1-2}} \tag{1.2.10}$$

7. 成果处理

按表 1.2.7 进行数据处理。

表 1.2.7　　　　　　　　　　固 结 试 验 数 据 处 理

试验面积＝_____cm²　　　　土粒相对密度＝_____

试验前试样高度 h_0＝_____mm　　　试验前孔隙比 e_0＝_____

加压历时	压力 p	量表读数	仪器变形量 λ	试样变形量 $\sum \Delta h_i$	单位沉降量 S_i	孔隙比 e_i
h	kPa	mm	mm	mm	$\sum \Delta h_i / h_0$	$e_i = e_0 - (1 + e_0) \dfrac{\sum \Delta h}{h_0}$
0	0					
1	50					
1	100					
1	200					
1	400					

1.2.4　直接剪切试验

土的抗剪强度是指土体在外力作用下，其一部分土体对于另一部分土体滑动时所具有的抵抗剪切的极限强度。

直接剪切试验是测定土的抗剪强度的一种常用方法，它是直接对试样进行剪切的试验，简称直剪试验。通常采用 4 个试样为一组，分别在不同的垂直压力 p 下，施加水平剪切力进行剪切，测得试样破坏时的剪应力 τ，然后根据库仑定律确定土的抗剪强度参数：内摩擦角 φ 和黏聚力 c。在确定地基土的承载力、挡土墙的土压力以及验算土坡的稳定性等时，都要用到抗剪强度指标。

直剪试验有慢剪（S）、固结快剪（CQ）和快剪（Q）3 种试验方法，教学中可采用快剪法。

1. 试验目的

测定土的抗剪强度指标，提供内摩擦角和黏聚力。

2. 试验方法（快剪法）

快剪试验是在试样上施加垂直压力后立即快速施加水平剪切力，以 0.8～1.2mm/min 的速率剪切，一般使试样在 3～5min 内剪破。快剪法适用于渗透系数小于 6～10cm/s 的细粒土，测定黏性土天然强度。

3. 试验仪器设备

（1）应变控制式直接剪切仪（图 1.2.7）。它由剪切盒、垂直加压设备、剪切传动装置、测力计及位移量测系统等组成。

（2）位移量测设备。量程为 10mm、分度值为 0.01mm 的百分表；或准确度为全量程 0.2% 的传感器。

（3）环刀。内径 6.18cm，高 2.0cm。

（4）其他。切土刀、钢丝锯、滤纸、毛玻璃板、圆玻璃片及润滑油等。

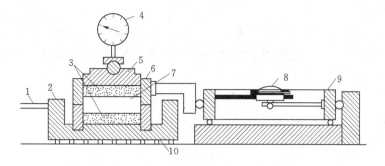

图 1.2.7　应变控制式直剪仪

1—轮轴；2—底座；3—透水石；4—量表；5—活塞；6—上盒；7—土样；
8—量表；9—量力环；10—下盒

4. 试验内容及步骤

（1）切取试样。根据工程需要，从原状土或制备成所需状态的扰动土中用环刀切 4 个试样，如系原状土样，切试样方向应与土在天然地层中的方向一致。测定试样的密度及含水量。如试样需要饱和，可对试样进行抽气饱和。

（2）安装试样。将直剪仪上、下盒对正，将试验土样装在由上、下盒构成的剪切盒中，土样底部与顶面各有一块透水石。

（3）施加垂直压力。根据工程实际和土的软硬程度，通过加压系统对土样施加各级垂直压力，直至试样固结变形稳定。在教学上，可取 4 个垂直压力分别为 100kPa、200kPa、300kPa 和 400kPa。

（4）进行剪切。施加垂直压力后，立即拔出固定销钉，开动秒表，以 4～6r/min 的均匀速率旋转手轮（在教学中可进行 6r/min），使试样在 3～5min 内剪破。如测力计中的量表指针不再前进，或有显著后退，表示试样已经被剪破。但一般应剪至剪切变形达 4mm。若剪切过程中测力计读数无峰值时，量表指针再继续增加，则剪切变形应达 6mm 为止。手轮每转一圈，同时测记测力计量表读数，直至试样剪破为止。

（5）拆卸试样。剪切结束后，卸去剪切力和垂直压力，取出试样并测定试样含水量。

5. 注意事项

（1）先安装试样，再装量表。安装试样时要用透水石把土样从环刀推进剪切盒里，试验前量表中的大指针调至零。

（2）开始剪切之前，千万不能忘记拔去插销；否则，仪器即损坏。

（3）取剪应力的峰值为抗剪强度值，无峰值时，取剪切位移 4mm 所对应的剪应力为抗剪强度值。

6. 计算与绘图

（1）计算。按式（1.2.11）计算各级垂直压力下所测的剪应力，即

$$\tau = KR \tag{1.2.11}$$

式中　τ——试样所受的剪应力，kPa；

K——测力计率定系数，kPa/0.01mm；

R——剪切时测力计的读数与初读数的差值，或位移 4mm 时的读数，0.01mm。

（2）绘图。

1）以剪应力为纵坐标，剪切位移为横坐标，绘制剪应力与剪切位移关系曲线，如图 1.2.8（a）所示。取曲线上剪应力的峰值为抗剪强度，无峰值时，取剪切位移 4mm 所对应的剪应力为抗剪强度。

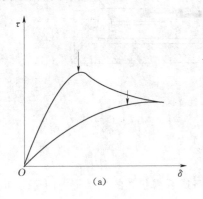 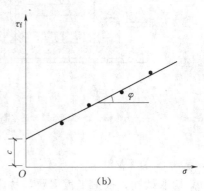

图 1.2.8　直接剪切试验结果

（a）剪应力 τ 与剪切位移 δ 之间的关系；（b）抗剪强度 τ_f 与垂直压力 σ 之间的关系

2）以抗剪强度为纵坐标，垂直压力为横坐标，绘制抗剪强度与垂直压力关系曲线，如图 1.2.8（b）所示。直线倾角为土的内摩擦角 φ，直线在纵坐标上截距为土的黏聚力 c。

7. 成果处理

按表 1.2.8 进行数据处理。

表 1.2.8　　　　　　　　　　直接剪切试验数据处理

土样说明＝＿＿＿＿＿　　试验方法＝＿＿＿＿＿
测力计率定系数＝＿＿＿＿　手轮转数＝＿＿6r/min＿＿

仪器编号	垂直压力 σ（kPa）	测力计读数 R（0.01mm）	抗剪强度 τ_f（kPa）
	100		
	200		
	300		
	400		

A.　相　关　知　识

1.A.1　工程地质概述

1.A.1.1　地质作用和地质年代

1. 地质作用

地质作用是指自然界所发生的一切可以改变地壳物质组成、构造和地表形态的作用。

建筑场地的地形、地貌和组成物质（土和岩石）的成分、分布、厚度与工程特性，取决于地质作用，包括内力地质作用和外力地质作用。两种地质作用相互依存和相互作用，形成了复杂多变的地质构造、地貌形态以及多种成因类型的岩石和土。

（1）内力地质作用。

由地球自转产生的旋转能和放射性物质蜕变产生的热能等引起地壳物质成分、内部构造以及地表形态发生变化的地质作用，表现为岩浆活动、地壳运动和变质运动。

岩浆活动可使岩浆沿着地壳薄弱地带侵入地壳或喷出地表，岩浆冷凝后形成的岩石称为岩浆岩。地壳运动则形成了各种类型的地质构造和地球表面的基本形态。在岩浆活动和地壳运动过程中，原来形成的各种岩石在高温、高压及渗入挥发性物质（如 H_2O、CO_2）的变质作用下生成另外一种新的岩石，称为变质岩。

（2）外力地质作用。

由太阳辐射能和地球重力位能引起的地质作用，如昼夜和季节气温变化、雨雪、山洪、河流、冰川、风及生物等对母岩产生的风化、剥蚀、搬运与沉积作用。不同的风化作用形成不同性质的土。风化作用有 3 种类型：

1）物理风化。岩石受风霜雨雪的侵蚀，温度、湿度变化，产生不均匀膨胀与收缩，岩石出现裂隙，崩解为碎块。这种风化作用只改变颗粒的大小与形状，不改变其矿物成分。

2）化学风化。岩石的碎屑与水、氧气和二氧化碳等物理物质相接触，发生化学变化，改变了原来组成矿物的成分，产生一种次生矿物。这种风化称为化学风化。

3）生物风化。由动物、植物和人类活动所引起岩体的破坏称为生物风化。例如，长在岩石缝隙中的树，因树根生长使岩石缝隙扩展开裂。

外力地质作用过程中的风化、剥蚀、搬运及沉积是彼此密切联系的。风化作用为剥蚀作用创造了条件，而风化、剥蚀、搬运又为沉积作用提供了物质的来源。

2. 地质年代

地质年代是指地壳发展历史与地壳运动、沉积环境及生物演化相应的时代段落。土和岩石的性质与其生成的地质年代有关。一般来说，生成年代越久，土和岩石的工程性质越好。

地质年代有绝对和相对之分，工程地质中，岩石和土的形成年代通常采用地质学中的相对地质年代来划分。从古至今，相对地质年代划分为五大代（太古代、元古代、古生代、中生代和新生代），下分若干纪、世、期，相应的地层单位为界、系、统、阶（层）。

大多数土是在新生代最新近的一个纪（第四纪）产生的，这一地质年代是距今最近的时间段落，大约距今 100 万年。

1. A. 1. 2　第四纪沉积物

第四纪以来，地壳表面岩石经风化、剥蚀、搬运、沉积形成的松散结构物，称为"第四纪沉积物"或"土"。不同成因类型的土各具有一定的分布规律和工程地质特性，根据搬运和沉积的情况不同，可分为残积物、坡积物、洪积物和冲积物等几种类型。

1. 残积物

残积物是残留在原地未被搬运的那一部分原岩风化产物。残积物主要分布在岩石出露地表、经受强烈风化作用的山区、丘陵地带与剥蚀平原。由于残积物没有层理构造、裂隙多、均质性很差，作为建筑物地基应注意不均匀沉降和土坡稳定性问题。

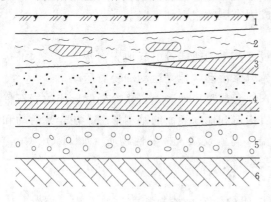

图 1.A.1　土的层理构造

1—表土层；2—淤泥夹黏土透镜体；3—黏土尖灭层；
4—砂土夹黏土层；5—砾石层；6—石灰岩层

2. 坡积物

坡积物是指高处的风化碎屑物由于本身的重力作用或经受水力、风力等的搬运而在斜坡或坡脚堆积形成的堆积物。其组成物质粗细颗粒混杂，土质不均匀，厚度变化大，土质疏松，压缩性高。坡积地段作为建筑场地时，应注意不均匀沉降和稳定性问题。

3. 洪积物

洪积物是指暂时性山洪冲刷携带来的碎屑物质在冲沟的出口处堆积而成的土体。洪积物常呈现不规则的交替层理构造，如有夹层、尖灭或透镜体等（图 1.A.1）。

靠近山地的洪积物颗粒较粗，地下水位较深；而离山较远地段的洪积物颗粒较细，成分均匀，厚度较大，土质密实，这两部分土的承载力一般较高，常为良好的天然地基。上述两部分的过渡地带由于地下水溢出地表造成沼泽地带，土质较软，承载力较低。洪积物作为建筑物地基，应注意土层尖灭和透镜体引起的不均匀沉降。

4. 冲积物

冲积物是由于河流流水的作用将碎屑物搬运堆积在平缓的河谷地段而形成的土体。根据其形成条件可分为山区河谷冲积物、平原河谷冲积物和三角洲冲积物。山区河谷冲积物主要由颗粒粗大的卵石、碎石等组成，一般情况下承载力较高；平原河谷冲积物承载力较低；三角洲冲积物一般呈饱和状态，压缩性高，强度低。

1.A.1.3　地下水

存在于地面下土和岩石的孔隙、裂隙或溶洞中的水叫做地下水。建筑场地的水文地质条件主要包括地下水的埋藏条件、地下水位及其动态变化、地下水化学成分及其对混凝土的腐蚀性等。

1. 地下水的埋藏条件

地下水按埋藏条件不同分为 3 种类型，如图 1.A.2 所示。

（1）上层滞水。积聚在地表浅处，局部隔水透镜体的上部，且具有自由水面的地下水。为雨水补给，有季节性。

（2）潜水。埋藏在地表以下第一个稳定隔水层以上，具有自由水面的地下水。为雨水、河水补给，水位有季节性变化。潜水一般埋藏在第四纪沉积层及基岩的风

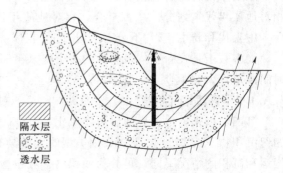

图 1.A.2　各种类型地下水埋藏示意图

1—上层滞水；2—潜水；3—承压水

化岩中。其水面标高称为地下水位。

（3）承压水。充满于两个稳定隔水层之间的含水层中的有压地下水，通常存在于卵石层中，卵石层呈倾斜式分布，地势高处卵石层中地下水对地势低处产生静水压力。其埋藏区与地表补给区不一致，因此承压水的动态变化受局部气候因素影响不明显。

2. 地下水位

（1）实测水位。

1）初见水位。工程勘察钻孔时，当钻头带上水时所测得的水位。

2）稳定水位。钻孔完毕，将钻孔的孔口保护好，待 24h 后再测钻孔的水位为稳定水位，即实测地下水位。

（2）历年最高水位。地下水位高低除了当年季节不同外，各年之间因有丰水年、枯水年之别，水位也不一样。

3. 地下水（土）的腐蚀性

水、土对建筑材料的腐蚀是在一定环境中进行的，不同环境中腐蚀的发展有显著区别，因此在进行腐蚀性评价时，按场地环境对腐蚀作用的发展由强变弱分为Ⅰ、Ⅱ、Ⅲ类。划分的标准与干湿交替状态下的土层透水性和对应的气候区因素有关。

采取水、土试样应符合下列规定：混凝土或钢结构处于地下水位以下时，应采取地下水试样和地下水位以上的土试样，并分别做腐蚀性试验；混凝土或钢结构处于地下水位以上时，应采取土试样做土的腐蚀性试验；混凝土或钢结构处于地表水中时，应采取地表水试样，做水的腐蚀性试验。水和土的取样数量每个场地不应少于各两件，对建筑群不宜少于各 3 件。

常见的测定项目包括 pH 值、Cl^-、SO_4^{2-} 以及特定的盐、碱离子含量与矿化度等。勘察报告应按测定结果针对场地土、水区别不同建筑材料对腐蚀等级作出综合评定。

4. 地下水对工程的影响

（1）基础埋深。设计基础埋深应小于地下水位深度，以避免地下水对基槽的影响。

（2）施工排水。当地下水位高、基础埋深大于地下水位深度时，基槽开挖与基础施工必须进行排水。中、小工程可以采用挖排水沟与集水井排水；重大工程必要时应采用井点降低地下水位法。如排水不好、基槽被踩踏，则会破坏地基土的原状结构，导致地基承载力降低，造成工程隐患。

（3）地下水位升降。地下水位在地基持力层中上升，会导致黏性土软化、湿陷性黄土严重下沉、膨胀土地基吸水膨胀；地下水位在地基持力层中大幅下降，则使地基产生附加沉降。

（4）地下室防水。当地下室位于地下水位以下时，应采取各种防水措施，防止地下室底板及外墙的渗漏。

（5）地下水水质侵蚀性。地下水含有各种化学成分，当某些成分含量过多时，会腐蚀混凝土、石料及金属管道等。

（6）空心结构物浮起。当地下水位高于水池、油罐等结构物基础埋深较多时，水的浮力有可能将空载结构物浮起。该情况应在此类结构物的设计中予以考虑。

（7）承压水冲破基槽。当地基中存在承压水时，基槽开挖应考虑承压水上部隔水层最小厚度问题，以避免承压水冲破隔水层、浸泡基槽。

1. A. 1. 4　不良地质作用和地质灾害

由自然或人为因素引发的、可能危及人类生命财产、工程或环境安全的地质作用（现象），包括岩溶、滑坡、崩塌、泥石流、地面塌陷、地震等，统称为不良地质作用。不良地质作用将给工程建设带来严重的影响和危害。

1. 岩溶

岩溶又称"喀斯特"，它是可溶性岩石，如石灰岩、岩盐等长期被水溶蚀而形成的溶洞、溶沟、裂缝、暗河、钟乳石等奇特的地面现象和地下形态的总称。

由于岩溶作用形成了地下架空结构，破坏了岩体的完整性，降低了岩体强度，增加了岩石渗透性，也使得地表面强烈地参差不齐，以及碳酸盐岩极不规则的基岩面上发育各具特征的地表风化产物——红黏土，这种由岩溶作用所形成的复杂地基常常会由于溶洞顶板坍塌、土洞发育大规模地面塌陷、岩溶地下水的突袭、不均匀地基沉降等对工程建设产生重要影响。

2. 土洞

土洞是岩溶地区上覆土层被地下水冲蚀或潜蚀所形成的洞穴。土洞对地面工程设施的不良影响，主要是土洞的不断发展而导致地面塌陷，对场地和地基都造成危害。较之岩溶洞穴，土洞具有发育速度快、分布密度大的特点，所以它往往较溶洞危害大得多。土洞及由此引起的地面塌陷严重危害工程建设安全，是覆盖型岩溶地区的一大岩土工程问题。

3. 滑坡

滑坡是指斜坡上的岩体由于某种原因在重力的作用下沿着一定的软弱面或软弱带整体向下滑动的现象。滑坡产生的内因与地形地貌、地质构造、岩土性质、水文地质等条件相关，其外因与地下水活动、雨水渗透、河流冲刷、人工切坡、堆载、爆破、地震等因素有关。滑坡常会危及建筑物的安全，造成生命财产的损失。因此，在山区建设中，对有可能形成滑坡的地段，应贯彻以预防为主的方针。

4. 崩塌

崩塌（崩落、垮塌或塌方）是指较陡的斜坡上的岩土体在重力的作用下突然脱离母体崩落、滚动堆积在坡脚（或沟谷）的地质现象。产生在土体中者称土崩，产生在岩体中者称岩崩。规模巨大、涉及山体者称山崩。崩塌对房屋、道路等建筑物常带来威胁，酿成人身安全事故。在山区选择场址和考虑总平面布置时，应判定山体的稳定性，查明是否存在崩塌。

5. 泥石流

泥石流是山区特有的一种自然地质现象。它是由于降水（暴雨、冰川、积雪融化水）而产生在沟谷或山坡上的一种携带大量泥沙、石块等固体物质条件的特殊洪流，是高浓度的固体和液体的混合颗粒流。它的运动过程介于山崩、滑坡和洪水之间，是各种自然因素（地质、地貌、水文、气象等）或人为因素综合作用的结果。由于泥石流爆发突然，运动很快，能量巨大，来势凶猛，破坏性非常强，常给山区工农业生产建设造成极大危害，对山区铁路、公路的危害尤为严重。

6. 地震

地震指地壳表层因弹性波传播所引起的震动作用或现象。地震按其发生的原因，可分为构造地震、火山地震和陷落地震。此外，还有因水库蓄水、深井注水、采矿和核爆炸等导致的诱发地震。强烈的地震常伴随着地面变形、地层错动和房屋倒塌。由地壳运动引起的构造地震，是地球上数量最多、规模最大、危害最严重的一类地震。

《岩土工程勘察规范》（GB 50021—2001）和《建筑抗震设计规范》（GB 50011—2010）规定抗震设防烈度不小于 6 度的地区（也称为强震区或高烈度地震区），在进行场地和地基的岩土工程勘察时，必须进行强震区的地震效应勘察。

我国地处环太平洋地震带和欧亚地震带（地中海—喜马拉雅地震带）之间，地震活动非常频繁，成为世界上地震发生最多的国家之一，是一个多震国家，具有分布广、震源浅、强度大的特点。抗震防灾是我国工程建设重要任务之一。

7. 活动断裂

活动断裂也称为活断层，一般是指现今正在活动的断裂，或近期曾活动过、不久的将来可能会重新活动的断裂。

断裂的工程分类可分为全新活动断裂和非全新活动断裂两种，活动断裂主要指前者。全新活动断裂为在全新地质时期（一万年）内有过地震活动或近期正在活动，在今后 100 年可能继续活动的断裂；全新活动断裂中、近期（近 500 年来）发生过地震震级 $M \geqslant 5$ 级的断裂，或在今后 100 年内可能发生 $M \geqslant 5$ 级的断裂，可定为发震断裂。非全新活动断裂为一万年以前活动过，一万年以来没有发生过活动的断裂。

活动断裂对工程建筑物安全的威胁主要来自断层错动、突发错动（产生地震的黏滑）和缓慢错动（不产生地震的蠕滑）。前者往往和地震相伴随，在我国大陆区震级为 6.3～4 以上的地震才能产生不同规模的地表破裂带和地表位移。而蠕滑也可以产生地表位移和地面破裂，但其形成过程是一个缓慢的应变积放过程，其位移量也是一种缓慢的积累过程。无论哪种方式的位移都会对工程建筑物造成威胁，因而对活动断裂进行工程地质研究和工程安全评价非常必要。

1. A. 2 土的物理性质与相关指标

土是岩石风化的产物。土的物理性质，如轻重、松密、干湿、软硬等一定程度上决定了土的力学性质，它是土的最基本的特性。在进行土力学计算、地基基础设计和处理地基基础问题时，不但要知道土的物理性质特征及其变化规律，了解土的工程特性，还应当熟悉表示土的物理性质的各种指标的测定方法，能够按土的有关特征和指标对地基土进行工程分类，初步判定土的工程性质。

1. A. 2. 1 土的三相组成

土的三相组成是指土由固体颗粒、液态水、气体 3 部分组成。土中的固体颗粒构成土的骨架，骨架之间存在大量孔隙，孔隙中填充着液态水和空气。

土体的三相比例不同，土的状态和工程性质也各异。当土骨架的孔隙全部被水占满时，这种土称为饱和土。当土骨架的孔隙仅含空气时，就成为干土。一般在地下水位以上地面以下一定深度内的土的孔隙中兼含空气和水，此时的土体属三相系，称为湿土。

1. 土颗粒

土的固体颗粒（土颗粒）是土的三相组成中的主体，是决定土的工程性质的主要成分。

（1）土颗粒的矿物成分。土颗粒的矿物成分主要取决于母岩的成分及其所经受的风化作用。不同的矿物成分对土的性质有着不同的影响。粗大土粒往往是岩石经物理风化后形成的碎屑，即原生矿物；而细小土粒主要是化学风化作用形成的次生矿物和生成过程中混入的有机物质。粗大土粒呈块状或粒状，而细小土粒主要呈片状。

（2）土颗粒的粒组。天然土是由大小不同的颗粒组成的。颗粒大小不同的土，它们的工程性质也各不相同。为便于研究，将土中不同粒径的土颗粒按适当的粒径范围进行分组，称为粒组。划分粒组的分界尺寸称为界限粒径。划分时应使粒组界限与粒组性质的变化相适应。

表 1.A.1 所示为国内常用的土粒粒组的划分标准。表中根据界限粒径（mm）200、20、2.0、0.075 和 0.005 把土粒分为 6 大粒组：漂石（块石）颗粒、卵石（碎石）颗粒、圆砾（角砾）颗粒、砂粒、粉粒及黏粒。

表 1.A.1　　　　　　　　　　土 颗 粒 粒 组 的 划 分

土颗粒名称	漂石（块石）颗粒	卵石（碎石）颗粒	圆砾（角砾）颗粒	砂粒	粉粒	黏粒
粒径范围（mm）	＞200	200～60	60～2	2～0.075	0.075～0.005	＜0.005

同一粒组土的工程性质相似，通常粗粒土的压缩性低、强度高、渗透性大。至于颗粒的形状，带棱角表面粗糙的不易滑动，其强度比表面圆滑的高。

（3）土颗粒的级配。土中各个粒组的相对含量（各粒组占土粒总质量的百分比）称为土的颗粒级配。这是决定无黏性土工程性质的主要因素，以此作为土的分类定名的标准。

土的颗粒级配通过土的颗粒分析试验测定。对于粒径大于 0.075mm 的土采用筛分法，粒径小于 0.075mm 的土采用沉降分析法。

土中的固体颗粒大小不均匀，即级配良好。级配良好的土，较粗颗粒间的孔隙被较细的颗粒所填充，这样土的密实度就好。

2. 土中水

土中水是指存在于土空隙中的水。水的不同存在形式对土的性质影响很大。土中水除了一部分以结晶水的形式紧紧吸附于固体颗粒的晶格内部以外，还存在结合水和自由水两大类。

（1）结合水。

1）强结合水（吸着水）。由黏土表面的电分子力牢固地吸引的水分子紧靠土粒表面，其厚度只有几个水分子厚，且小于 $0.003\mu m$。这种强结合水的性质与普通水不同，其性质接近固体，不传递静水压力，105℃以上才蒸发，密度 $\rho_w = 1.2 \sim 2.4 g/cm3$，并具有很大的黏滞性、弹性和抗剪强度。黏土中只含强结合水时呈固体状态。

2）弱结合水（薄膜水）。这种水在强结合水外侧，也是由黏土表面的电分子力吸引的水分子，其厚度小于 $0.5\mu m$。密度 $\rho_w = 1.0 \sim 1.7 g/cm^3$，弱结合水也不传递静水压力，呈黏滞体状态，此部分水对黏性土的性质影响最大。

（2）自由水。

此种水离土粒较远，在土粒表面的电场作用以外，自由水包括重力水和毛细水两种。

1）重力水。这种水位于地下水位以下，受重力作用由高处向低处流动，有浮力作用。

2）毛细水。这种水位于地下水位以上，受毛细作用而上升，粉土中毛细现象严重，毛细水上升高，在寒冷地区要注意冻胀。地下室受毛细水的影响要采取防潮措施。

（3）气态水。

气态水即水气，对土的性质影响不大。

（4）固态水。

当气温降至0℃以下时，液态的自由水结冰为固态水，并且发生膨胀，使地基发生冻胀，寒冷地区基础的埋深应考虑冻胀问题。

3．土中气体

土中的气体存在于土孔隙中未被水所占据的部位。土中的气体分为自由气体和封闭气泡两种。

（1）自由气体。自由气体是与大气相连通的气体，通常在土层受力压缩时逸出，对建筑工程无影响。

（2）封闭气泡。封闭气泡与大气隔绝，存在于黏性土中，当土层受力时，封闭气泡缩小；如果土中封闭气泡很多时，将使土的压缩性增高，土的透水性降低。

1.A.2.2　土的结构与构造

1．土的结构

土的结构是指土颗粒的大小、形状、相互排列及其联结关系等因素形成的综合特征。一般分为单粒结构、蜂窝结构和絮状结构3种类型，如图1.A.3所示。

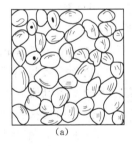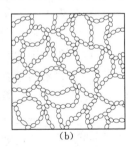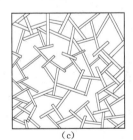

（a）　　　　　　　　　　（b）　　　　　　　　　　（c）

图1.A.3　土的结构

(a) 单粒结构；(b) 蜂窝结构；(c) 絮状结构

（1）单粒结构。单粒结构是无黏性土的结构特征，是由粗大土粒在水和空气中沉积形成的。土粒间没有联结或联结非常微弱。单粒结构土的紧密程度随其沉积条件的不同而异，若土粒沉积速度较快，往往形成松散的单粒结构。这种结构的土孔隙大，骨架不稳定，当受到振动或其他外力作用时，土粒容易发生相对移动，产生很大的变形，这种土未经处理一般不宜作为建筑物地基。当土粒沉积缓慢，则形成密实的单粒结构，由于土粒排列紧密，强度高，压缩性小，是较好的天然地基。

（2）蜂窝结构。蜂窝结构是以粉粒为主的土的结构特征。粒径在 $0.075\sim0.005$mm 的土粒在水中沉积时，基本上是以单个土粒下沉，当碰到已沉积的土粒时，由于它们之间的相互引力大于其重力，则下沉的土粒被吸引不再下沉，依次一粒粒被吸引，形成具有很大孔隙的蜂窝结构。

（3）絮状结构。絮状结构是黏土颗粒特有的结构特征。黏粒在水中处于悬浮状态，不会因单个颗粒自重而下沉，这种土粒在水中运动，相互碰撞吸引逐渐形成小链环状而下沉，碰到另一小链环时相互吸引形成孔隙很大的絮状结构。

具有蜂窝结构和絮状结构的土，颗粒间存在大量微细孔隙，其压缩性大、强度低、透水性弱。又因土粒之间的连接较弱且不稳定，在受扰动力作用下，土的天然结构受破坏，土的强度会迅速降低，但土粒之间的连接力也会由于长期的压密作用而得到加强。

2. 土的构造

同一土层中的物质成分和颗粒大小等都相近的各部分之间的相互关系的特征称为土的构造。土的构造最主要的特征就是成层性，即层理构造。它是在土的形成过程中，由于不同阶段沉积物的成分、颗粒大小及颜色等不同，而沿竖向呈现的成层特征。常见的有水平层理和交错层理构造，并常出现夹层、尖灭及透镜体等（图1.A.1）。土的构造的另一特征是土的裂隙性，即裂隙构造。它是土体被各种成因形成的不连续的小裂隙切割而成的一种构造，在裂隙中常充填有各种盐类的沉积物。不少坚硬和硬塑状态的黏性土具有此种构造。裂隙将破坏土的整体性，增大透水性，对工程不利。此外，土中的包裹物以及天然或人为的孔洞存在，亦将造成土的不均匀性。

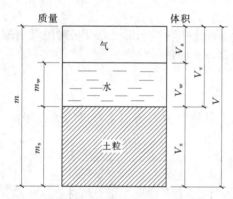

图 1.A.4   土的三相图

V—土的总体积；V_v—土的孔隙体积；V_s—土的孔隙体积；V_w—水的体积；V_a—气体的体积；

m—土的总质量；m_s—土粒的质量；

m_w—水的质量

1.A.2.3   土的物理性质指标

土的物理性质指标是反映组成土的固体颗粒、孔隙中的水和气体3项所占的体积和质量的比例关系的指标。土的物理性质指标反映土的工程性质特征，具有重要的实用价值。

为了阐述和标记方便，通常抽象地把土体中的三相分开，如图1.A.4所示，称为土的三相组成草图。图的左边标出各相的质量，右边标出各相的体积。

1. 基本指标

土的密度、土粒相对密度、土的含水量3个指标均可通过土工试验直接测定，是实测指标，常称为土的三相基本指标。

（1）土的密度 ρ。土的密度 ρ（g/cm³）为单位体积土的质量，即

$$\rho=\frac{m}{V} \tag{1.A.1}$$

天然状态下，土的密度变化范围较大，一般介于 $1.60\sim2.20$g/cm³ 之间。

土密度的测定方法有环刀法和灌水法。其中环刀法适用于黏性土、粉土与砂土，灌水

法适用于卵石、砾石与原状砂。

（2）土粒相对密度 d_s。土粒相对密度是土中固体颗粒的质量与同体积 4℃纯水质量的比值，为无量纲量，即

$$d_s = \frac{\rho_s}{\rho_w(4℃)} = \frac{m_s}{V_s \rho_w(4℃)} \tag{1. A. 2}$$

土粒相对密度取决于土的矿物成分，不同土类的土粒相对密度变化幅度不大，一般砂土相对密度为 2.65～2.69，粉土为 2.70～2.71，黏性土为 2.72～2.75。在有经验的地区可按经验值选用，但到新地区则必须进行试验实测。

土粒相对密度的常用测定方法为比重瓶法，适用于粒径小于 5mm 的土。对粒径不小于 5mm 的土，可用浮称法和虹吸筒法，详见《土工试验方法标准》（GBT 50123—1999）。

（3）土的含水量 w。土的含水量 w 是土体中水的质量与固体颗粒质量的比值，以百分数表示，即

$$w = \frac{m_w}{m_s} \times 100\% \tag{1. A. 3}$$

含水量是表示土的湿度的一个重要指标。天然土层的含水量变化范围很大，它与土的种类、埋藏条件及其所处的自然地理环境等有关。一般砂土含水量为 0～40%，黏性土为 20%～60%。一般来说，同一类土含水量越大，其强度越低。

含水量的测定方法一般采用烘干法，适用于黏性土、粉土和砂土的常规试验。

2. 推导指标

除了上述 3 个试验指标之外，还有 6 个可以通过计算求得的指标，称为换算指标，包括特定条件下土的密度，即干密度、饱和密度、有效密度；反映土的松密程度的指标，即孔隙比、孔隙率；反映土的含水程度的指标，即饱和度。

（1）土的密度指标。

1）土的干密度 ρ_d。土的干密度为单位体积土中固体颗粒部分的质量，即

$$\rho_d = \frac{m_s}{V} \tag{1. A. 4}$$

土的干密度一般为 1.3～2.0g/cm³。工程中常用土的干密度作为填方工程土体压实质量控制的标准。土的干密度越大，土体压的越密实，土的工程质量就越好。

2）土的饱和密度 ρ_{sat}。土的饱和密度为孔隙中全部充满水时单位体积的质量，即

$$\rho_{sat} = \frac{m_s + V_v \rho_w}{V} \tag{1. A. 5}$$

土的饱和密度的常见范围为 $\rho_{sat} = 1.8～2.3g/cm³$。

3）土的有效（浮）密度 ρ'。土的有效密度是指地下水位以下，土体受水的浮力作用时单位体积的质量，即

$$\rho' = \frac{m_s - V_s \rho_w}{V} = \rho_{sat} - \rho_w \tag{1. A. 6}$$

土的有效密度一般为 0.8～1.3g/cm³。

与上述 4 个质量密度指标（土的天然密度 ρ、干密度 ρ_d、饱和密度 ρ_{sat} 和有效密度 ρ'）相对应的重力密度（简称重度）指标分别为土的天然重度 γ、干重度 γ_d、饱和重度 γ_{sat} 和

有效（浮）重度 γ'，见表 1.A.2。在我国工程实践中，质量密度的单位取 g/cm^3，重力密度的单位取 kN/m^3。

表 1.A.2　　　　　　　　　　　**土的三相比例指标换算公式**

名称		符号	三相比例表达式	用试验指标计算的公式	用其他指标计算的公式
试验指标	密度	ρ	$\rho=\dfrac{m}{V}$	直接测定	
	重度	γ	$\gamma=\rho g$	直接测定	
	相对密度	d_s	$d_s=\dfrac{m_s}{V_s\rho_w}$	直接测定	
	含水量	w	$w=\dfrac{m_w}{m_s}\times100\%$	直接测定	
换算指标	干密度	ρ_d	$\rho_d=\dfrac{m_s}{V}$	$\rho_d=\dfrac{\rho}{1+w}$	$\rho_d=\dfrac{\rho_w d_s}{1+e}$
	干重度	γ_d	$\gamma_d=\dfrac{W_s}{V}=\rho_d g$	$\gamma_d=\dfrac{\gamma}{1+w}$	$\gamma_d=\dfrac{\gamma_w d_s}{1+e}$
	饱和密度	ρ_{sat}	$\rho_{sat}=\dfrac{m_s+\rho_w V_v}{V}$	$\rho_{sat}=\dfrac{\rho(d_s-1)}{d_s(1+w)}+\rho_w$	$\rho_{sat}=\dfrac{\rho_w(d_s+e)}{1+e}$
	饱和重度	γ_{sat}	$\gamma_{sat}=\dfrac{W_s+\gamma_w V_v}{V}=\rho_{sat}g$	$\gamma_{sat}=\dfrac{\gamma(d_s-1)}{d_s(1+w)}+\gamma_w$	$\gamma_{sat}=\dfrac{\gamma_w(d_s+e)}{1+e}$
	有效重度（浮重度）	γ'	$\gamma'=\dfrac{W_s-\gamma_w V_s}{V}$	$\gamma'=\dfrac{\gamma(d_s-1)}{d_s(1+w)}$	$\gamma'=\gamma_{sat}-\gamma_w$　$\gamma'=\dfrac{\gamma_w(d_s-1)}{1+e}$
	孔隙率	n	$n=\dfrac{V_v}{V}\times100\%$	$n=1-\dfrac{\rho}{d_s(1+w)\rho_w}$	$n=1-\dfrac{\rho_d}{d_s\rho_w}$　$n=\dfrac{e}{1+e}$
	孔隙比	e	$e=\dfrac{V_v}{V_s}$	$e=\dfrac{d_s(1+w)\rho_w}{\rho}-1$	$e=\dfrac{wd_s}{S_r}$　$e=\dfrac{d_s\rho_w}{\rho_d}-1$
	饱和度	S_r	$S_r=\dfrac{V_w}{V_v}$	$S_r=\dfrac{\rho d_s w}{d_s(1+w)\rho_w-\rho}$	$S_r=\dfrac{wd_s}{e}$　$S_r=\dfrac{w\rho_d}{n\rho_w}$

注　进行土的三相指标计算时，可利用表 1.A.2 中公式直接计算，也可利用土的各指标的三相比例表达式计算：在三相图上假定 $V_s=1$（或 $V=1$），根据已知条件得到各部分的体积和重力，就可求得其他指标。

（2）反映土松密程度的指标。

1）土的孔隙比 e。土的孔隙比为土中孔隙体积与固体颗粒体积的比值，即

$$e=\dfrac{V_v}{V_s} \tag{1.A.7}$$

孔隙比可用来评价天然土层的密实程度。一般砂土孔隙比为 0.5～1.0，黏性土为 0.5～1.2。当砂土 $e<0.6$ 时，呈密实状态，为良好地基；当黏性土 $e>1.0$ 时，为软弱地基。

2）土的空隙率 n。土的孔隙率表示土中孔隙占总体积的百分比，即

$$n=\dfrac{V_v}{V}\times100\% \tag{1.A.8}$$

孔隙率反映土中孔隙大小的程度，一般为 30%～50%。

（3）反映土的含水程度的指标——饱和度 S_r。

土的饱和度反映孔隙中充水程度，是土中水的体积与孔隙总体积之比，即

$$S_r=\dfrac{V_w}{V_v}\times100\% \tag{1.A.9}$$

砂土与粉土以饱和度作为湿度划分的标准。当 $S_r \leqslant 50\%$ 时，土为稍湿的；当 $50\% \leqslant S_r \leqslant 80\%$ 时，土为很湿的；当 $S_r > 80\%$ 时，土为饱和的。

3. 物理性质指标的换算

上述 9 个物理性质指标并不是互相独立各不相关的，其中 ρ、d_s、w 由实验室测定后，可以推导得出其余 6 个物理性质指标，各物理指标之间的换算公式见表 1.A.2。

1.A.2.4　土的物理状态指标

土的物理状态指标用以研究土的松密和软硬状态。由于无黏性土与黏性土的颗粒大小相差较大，土粒与土中水的相互作用各不相同，即影响土的物理状态的因素不同，因此需分别进行阐述。

1. 无黏性土的物理状态指标

无黏性土一般指砂土和碎石土，它们最主要的物理状态指标是密实度。土的密实度通常指单位体积土中固体颗粒的含量。天然状态下无黏性土的密实度与其工程性质有密切关系。呈密实状态时压缩性小，强度大，可作为良好的天然地基；呈松散状态时，其压缩性高，强度低，属不良地基。

(1) 砂土的密实度。

工程中通常以孔隙比 e、相对密度 D_r、标准贯入锤击数 N 为标准来划分砂土的密实度。

1) 以孔隙比 e 为标准。以孔隙比 e 作为砂土密实度的划分标准，见表 1.A.3。

表 1.A.3　　　　　　　　　　　　　砂 土 的 密 实 度

土的名称 ＼ 密实度	密 实	中 密	稍 密	松 散
砾砂、粗砂、中砂	$e < 0.6$	$0.60 \leqslant e \leqslant 0.75$	$0.75 < e \leqslant 0.85$	$e > 0.85$
细砂、粉砂	$e < 0.7$	$0.70 \leqslant e \leqslant 0.85$	$0.85 < e \leqslant 0.95$	$e > 0.95$

☎ 用孔隙比 e 来判断砂土的密实度是最简便的方法。但它没有考虑土的颗粒级配的影响。比如，孔隙比相同的两种砂土，颗粒均匀的较密实，颗粒不均匀的较疏松。

2) 以相对密实度 D_r 为标准。为了考虑颗粒级配的影响，引入砂土相对密实度的概念，即用天然孔隙比 e 与该砂土的最松状态孔隙比 $e_{\max}$ 和最密实状态孔隙比 $e_{\min}$ 进行对比，比较 e 靠近 $e_{\max}$ 或靠近 $e_{\min}$，以此来判别砂土的密实度，表达式为

$$D_r = \frac{e_{\max} - e}{e_{\max} - e_{\min}} \qquad (1.A.10)$$

根据 D_r 值可将砂土分为 3 种密实状态，见表 1.A.4。

表 1.A.4　　　　　　　　　　用相对密实度 D_r 判定砂土密实度

密实度	密 实	中 密	松 散
相对密实度 D_r	$0.67 < D_r \leqslant 1$	$0.33 < D_r \leqslant 0.67$	$0 < D_r \leqslant 0.33$

相对密实度从理论上讲是一种完善的密实度指标，但由于测量 e_{max} 和 e_{min} 时的操作误差太大，实际应用相当困难。因此天然砂土的密实度一般通过现场原位试验测定。

3）以标准贯入锤击数 N 为标准。实际工程中，常用标准贯入试验锤击数 N 来判定砂土的密实程度，其划分标准见表 1.A.5。

表 1.A.5　　　　　　　　　　　　　　**砂土的密实度**

砂土密实度	松 散	稍 密	中 密	密 实
锤击数 N	$N \leqslant 10$	$10 < N \leqslant 15$	$15 < N \leqslant 30$	$N > 30$

（2）碎石土的密实度。

碎石土既不易获得原状土样，也难以将贯入器击入土中，可以根据重型圆锥动力触探锤击数 $N_{63.5}$ 来划分其密实度，见表 1.A.6。

表 1.A.6　　　　　　　　　　　　　　**碎石土的密实度**

碎石土密实度	松 散	稍 密	中 密	密 实
锤击数 $N_{63.5}$	$N_{63.5} \leqslant 5$	$5 < N_{63.5} \leqslant 10$	$10 < N_{63.5} \leqslant 20$	$N_{63.5} > 20$

注　1. 本表适用于平均粒径不大于 50mm 且最大粒径不超过 100mm 的卵石、碎石、圆砾、角砾等碎石土，对于平均粒径大于 50mm 或最大粒径大于 100mm 的碎石土可按野外鉴别方法来划分其密实度，见表 1.B.6。
　　　2. 表内 $N_{63.5}$ 为经综合修正后的平均值。

2. 黏性土的物理状态指标

黏性土中的主要成分是黏粒，土粒间存在黏聚力而使土具有黏性。黏土颗粒很细，土的比表（单位体积的颗粒总表面积）面积越大，土粒表面与水作用的能力也越强。随着土中含水量变化，土具有不同的物理性质，因此水对黏性土的工程性质影响较大。

黏性土因含水多少而表现出的软硬程度，称为稠度。因含水多少而表现出的不同物理状态称为黏性土的稠度状态。土的稠度状态因含水量不同可表现为固态、半固态、可塑态与流态 4 种状态。例如，同一种黏性土，含水量较低时，土呈半固体状态；当含水量适当增加，土粒间距离加大，土呈现可塑状态；如含水量再增加，土中出现较多的自由水时，黏性土则变成流塑状态，如图 1.A.5 所示。

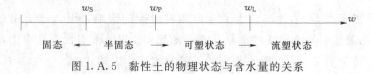

图 1.A.5　黏性土的物理状态与含水量的关系

（1）界限含水量。

黏性土从一种稠度状态过渡到另一种稠度状态时的分界含水量称为界限含水量。流动状态与可塑状态间的界限含水量称为液限 w_L；可塑状态与半固态间的界限含水量称为塑限 w_P；半固态与固体状态间的界限含水量称为缩限 w_S。界限含水量均以质量百分数表示。它对黏性土的分类及工程性质的评价有重要意义。

液限 w_L 的测定方法有锥式液限仪、碟式液限仪；塑限 w_P 的测定方法有搓条法和液塑限联合测定法；缩限 w_S 用收缩皿法测定。试验方法详见任务 2。

（2）塑性指数 I_P 与液性指数 I_L。

1）塑性指数 I_P。可塑性是黏性土区别于无黏性土的重要特征。可塑性的大小可用液限与塑限的差值（去掉百分号）——塑性指数来衡量，即

$$I_P = w_L - w_P \tag{1.A.11}$$

塑性指数越大，则土处在可塑状态的含水量范围越大，土的可塑性越好。工程上用塑性指数 I_P 作为区分黏土与粉土的标准，详见表 1.A.14。

2）液性指数 I_L。液性指数是指黏性土的天然含水量与塑限的差值（去掉百分号）和塑性指数之比。它是表示天然含水量与界限含水量相对关系的指标，反映黏性土天然状态的软硬程度，又称相对稠度，其表达式为

$$I_L = \frac{w - w_P}{w_L - w_P} = \frac{w - w_P}{I_P} \tag{1.A.12}$$

可塑状态土的液性指数 I_L 在 0～1 之间，I_L 越大，表示土越软。$I_L > 1$ 的土处于流动状态，$I_L < 0$ 的土则处于固体状态或半固体状态。建筑工程中将液性指数 I_L 用作确定黏性土承载力的重要指标。

工程上根据 I_L 值判定土的软硬状态。《建筑地基基础设计规范》（GB 50007—2011）给出了划分标准，见表 1.A.7。

表 1.A.7　　　　　　　　　黏性土软硬状态的划分

稠度状态	坚硬	硬塑	可塑	软塑	流塑
液性指数 I_L	$I_L \leqslant 0$	$0 < I_L \leqslant 0.25$	$0.25 < I_L \leqslant 0.75$	$0.75 < I_L \leqslant 1$	$I_L > 1$

注　当用静力触探探头阻力或标贯试验锤击数判定黏性土的状态时，可根据当地经验确定。

（3）灵敏度和触变性。

天然状态的黏性土通常都具有一定的结构性。当受到外来因素的扰动时，黏性土的天然结构被破坏，强度降低，压缩性增大。土的结构性对强度的这种影响通常用灵敏度来衡量，即

$$S_t = \frac{q_u}{q_u'} \tag{1.A.13}$$

式中　q_u——原状土的无侧限抗压强度，kPa；

　　　q_u'——重塑土的无侧限抗压强度，kPa。

原状土样是指取样时保持天然状态下土的结构和含水量不变的黏性土样。当土样的结构受到外来因素扰动而彻底破坏（含水量保持不变）时，为重塑土样。

灵敏度反映黏性土结构性的强弱。根据灵敏度的大小可将黏性土分为 3 类，见表 1.A.8。

表 1.A.8　　　　　　　　　黏 性 土 的 灵 敏 度 S_t

灵敏度划分	高灵敏度土	中灵敏度土	低灵敏度土
灵敏度 S_t	$S_t > 4$	$2 < S_t \leqslant 4$	$1 < S_t \leqslant 2$

土的灵敏度越高，其结构性越强，受扰动后土的强度降低越明显。因此，在基础工程施工中必须注意保护基槽，尽量减少对基底土层结构的扰动，避免降低地基承载力。

当黏性土结构受扰动时，土的强度降低，但当扰动停止后，土的强度又会随时间逐渐增长，这种性质称为土的触变性。例如，在黏性土中打预制桩时，桩侧土的结构受到破坏而强度降低，使桩容易入土。停止打桩后，土的强度逐渐恢复，桩的承载力逐渐增加，这是受土的触变性影响的结果。

1. A. 2. 5　地基土的工程分类

　　《建筑地基基础设计规范》（GB 50007—2011）规定，作为建筑地基的土（岩），可分为岩石、碎石土、砂土、粉土、黏性土和人工填土 6 类。

1. 岩石

　　颗粒间牢固联结、呈整体或具有节理裂隙的岩体称为岩石。建筑地基岩石尚应划分其坚硬程度、风化程度和完整程度。

　　（1）坚硬程度。岩石的坚硬程度应根据岩块的饱和单轴抗压强度 f_{rk} 按表 1. A. 9 分为 5 类。

表 1. A. 9　　　　　　　　　　　　岩石坚硬程度的划分

坚硬程度类别	坚硬岩	较硬岩	较软岩	软岩	极软岩
饱和单轴抗压强度 标准值 f_{rk} （MPa）	$f_{rk}>60$	$60 \geqslant f_{rk}>30$	$30 \geqslant f_{rk}>15$	$15 \geqslant f_{rk}>5$	$f_{rk} \leqslant 5$

　　注　饱和单轴抗压强度标准值 f_{rk} 按《建筑地基基础设计规范》（GB 50007—2011）附录 J 确定。

　　（2）风化程度。岩石的风化程度分为 5 类，见表 1. A. 10。微风化的硬质岩石为最优良的地基。强风化的软质岩石工程性质差，这类地基的承载力不如一般卵石地基承载力高。

表 1. A. 10　　　　　　　　　　　岩石按风化程度分类

风化程度	坚硬程度分类	
	硬质岩石	软质岩石
	野外特征	
未风化	岩质新鲜，未见风化痕迹	岩质新鲜，未见风化痕迹
微风化	组织结构基本未变，仅节理面有铁锰质渲染或矿物略有变色，有少量风化裂隙	组织结构基本未变，仅节理面有铁锰质渲染或矿物略有变色，有少量风化裂隙
中等风化	组织结构部分破坏，矿物成分基本未变化，仅沿节理面出现次生矿物；风化裂隙发育，岩体被切割成 20～50cm 的岩块；锤击声脆，且不易碎；不能用镐挖掘，岩芯钻方可钻进	组织结构部分破坏，矿物成分发生变化，节理面附近的矿物已风化成土状；风化裂隙发育，岩体被切割成 20～50cm 的岩块；锤击易碎；用镐难挖掘，岩芯钻方可钻进
强风化	组织结构已大部分破坏，矿物成分已显著变化，长石、云母已风化成次生矿物；裂隙很发育，岩体破碎，岩体被切割成 2～20cm 的岩块，可用手折断，用镐可挖掘，干钻不易钻进	组织结构已大部分破坏，矿物成分已显著变化，含大量黏土质黏土矿物；风化裂隙很发育，岩体被切割成碎块，干时可用手折断或捏碎，浸水或干湿交替时可较迅速地软化或崩解；用镐或锹可挖掘，干钻可钻进
全风化	组织结构已基本破坏，但尚可辨认，并且有微弱的残余结构强度；可用镐挖，干钻可钻进	组织结构已基本破坏，但尚可辨认，并且有微弱的残余结构强度；可用镐挖，干钻可钻进

（3）完整程度。岩体完整程度用波速测定，应按表 1.A.11 分为 5 类。

表 1.A.11　　　　　　　　岩石完整程度的划分

完整程度类别	完整	较完整	较破碎	破碎	极破碎
完整性指数	>0.75	0.75～0.55	0.55～0.35	0.35～0.15	<0.15

注　完整性指数为岩体纵波波速与岩块纵波波速之比的平方。选定岩体、岩块测定波速时应有代表性。

表 1.A.12　　　　　　　　碎 石 土 的 分 类

土的名称	颗粒形状	粒组的含量
漂石	圆形及亚圆形为主	粒径 $d>200$mm 的颗粒含量超过全重的 50%
块石	棱角形为主	
卵石	圆形及亚圆形为主	粒径 $d>20$mm 的颗粒含量超过全重的 50%
碎石	棱角形为主	
圆砾	圆形及亚圆形为主	粒径 $d>2$mm 的颗粒含量超过全重的 50%
角砾	棱角形为主	

注　分类时应根据粒组含量栏从上到下以最先符合者确定。

2. 碎石土

粒径 $d>2$mm 的颗粒含量超过全重 50% 的土称为碎石土。根据土的颗粒形状及粒组含量可分为 6 类，见表 1.A.12。级配良好、密实程度好的碎石土是良好的建筑物地基。

3. 砂土

粒径 $d>2$mm 的颗粒含量不超过全重 50%，且 $d>0.075$mm 的颗粒含量超过全重 50% 的土称为砂土。根据粒组含量可分为 5 类，见表 1.A.13。密实的中、粗、砾砂为良好的建筑地基，饱和的细、粉砂地基在地震时易液化破坏。

表 1.A.13　　　　　　　　砂 土 的 分 类

土的名称	粒组的含量	土的名称	粒组的含量
砾砂	粒径 $d>2$mm 的颗粒含量占全重的 25%～50%	细砂	粒径 $d>0.075$mm 的颗粒含量占全重的 85%
粗砂	粒径 $d>0.5$mm 的颗粒含量占全重的 50%	粉砂	粒径 $d>0.075$mm 的颗粒含量占全重的 50%
中砂	粒径 $d>0.25$mm 的颗粒含量占全重的 50%		

注　分类时应根据粒组含量栏从上到下以最先符合者确定。

4. 粉土

粉土为介于砂土和黏性土之间，塑性指数 $I_P \leq 10$，且粒径大于 0.075mm 的颗粒含量不超过全重 50% 的土。密实的粉土为良好地基。饱和稍密的粉土，地震时易产生液化，为不良地基。

5. 黏性土

黏性土为塑性指数 $I_P > 10$ 的土。黏性土按塑性指数的大小分为两类，见表 1.A.14。黏性土的工程性质与其含水量的大小密切相关。密实硬塑的黏性土为优

表 1.A.14　　　黏 性 土 的 分 类

塑性指数 I_P	土的名称
$I_P > 17$	黏土
$10 < I_P \leq 17$	粉质黏土

良地基；疏松流塑状态的黏性土为软弱地基。

6. 人工填土

人工填土是指由于人类活动而形成的堆积物。其成分复杂，均质性差。人工填土根据其组成和成因分为素填土、压实填土、杂填土和冲填土 4 类，如表 1.A.15 所示。根据堆积年代分为老填土和新填土。通常黏性土堆填时间超过 10 年、粉土堆填时间超过 5 年的称为老填土，黏性土堆填时间少于 10 年、粉土堆填时间少于 5 年的称为新填土。

表 1.A.15　　　　　　　　　　　　人工填土按组成物质分类

土的名称	组 成 物 质
素填土	由碎石土、砂土、粉土、黏土等组成的填土
压实填土	经过压实或夯实的素填土
杂填土	含有建筑垃圾、工业废料、生活垃圾等杂物的填土
冲填土	由水力冲填泥砂形成的填土

通常人工填土的工程性质较差，强度低，压缩性大且不均匀。其中，压实填土工程性质较好。杂填土因成分复杂，平面与立面分布很不均匀、无规律，工程性质最差。

1.A.3　地基中的应力

建筑物的建造将使地基中原有的应力状态发生变化，引起地基变形，建筑物基础亦随之沉降。对于非均质地基或上部结构荷载差异较大时，基础还可能出现不均匀沉降。如果沉降或不均匀沉降超过允许范围，将会影响建筑物的正常使用，严重时还将危及建筑物的安全。因此，研究地基中的应力和变形，对于保证建筑物的经济和安全具有重要的意义。

地基中的应力包括土的自重应力和附加应力。土的自重应力是在未建造基础前，由土体本身重力引起的应力。附加应力是由建筑物荷载或地基堆载等在土中引起的应力增量。一般自重应力不产生地基变形（新填土除外），而附加应力是产生地基变形的主要原因。

1.A.3.1　地基中的自重应力

地基中任意深度 z 处的竖向自重应力 σ_{cz} 等于单位面积上土柱体的重力，如图 1.A.6

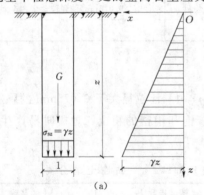
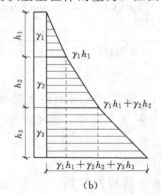

图 1.A.6　地基中的自重应力

(a) 均质土层；(b) 成层土层

（a）所示。若 z 深度内的土层为均质土，天然重度为 γ，则

$$\sigma_{cz} = \gamma z \qquad (1.A.14)$$

从式（1.A.14）可知，均质土层中的自重应力随深度线性增加，呈三角形分布，如图 1.A.6（a）所示。

如果地基由不同性质的成层土组成，则地面以下任意深度处土的竖向自重应力为

$$\sigma_{cz} = \gamma_1 h_1 + \gamma_2 h_2 + \gamma_3 h_3 + \cdots + \gamma_n h_n = \sum_{i=1}^{n} \gamma_i h_i \qquad (1.A.15)$$

式中　n——深度 z 范围内的土层总数；

　　　h_i——第 i 层土的厚度，m；

　　　γ_i——第 i 层土的天然重度，kN/m^3。

从式（1.A.15）可知，非均质土中自重应力沿深度呈折线分布，转折点位于 r 值发生变化的界面，如图 1.A.6（b）所示。

地下水位以下的土，由于受到水的浮力作用，土的自重应力减轻，计算时采用水下土的有效（浮）重度 γ'。如果地下水位以下存在不透水层（如岩层或只含结合水的坚硬黏土层），由于不透水层中不存在水的浮力，所以不透水层顶面的自重应力值及其以下深度的自重应力值应按上覆土层的水土总重计算，如图 1.A.7 所示。

另外，地下水位的升降会引起自重应力的变化，进而影响到地基的沉降，如图 1.A.8 所示，需引起注意。

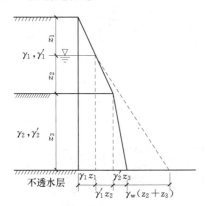

图 1.A.7　有地下水及不透水层的
自重应力分布

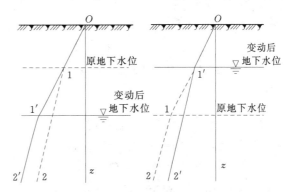

图 1.A.8　地下水位升降对自重应力的影响
$O-1-2$ 线—原自重应力的分布；$O-1'-2'$ 线—地
下水位变动后自重应力的分布

1.A.3.2　基底压力

作用于基础底面传至地基的单位面积压力称为基底压力。由于基底压力作用于基础与地基的基础面上，故也称为接触压力。其反作用力即地基对基础的作用力，称为地基反力。在地基附加应力计算及基础结构设计中，都必须先研究基底压力的大小与分布规律。

基底压力的分布相当复杂，它与基础的形状、平面尺寸、刚度、埋深、基础上作用荷载的大小及性质、地基土的性质等多种因素有关。对于柱下独立基础和墙下条形基础，一般假定基底压力为直线分布。实践证明，根据该假定计算所引起的误差在允许范围内。

1. 中心荷载作用下基底压力

在中心荷载作用下，假定基底压力呈均匀分布，如图 1.A.9 所示，则

$$p_k = \frac{F_k + G_k}{A} \qquad (1.A.16)$$

图 1.A.9　中心荷载作用下基底压力分布

式中　p_k——相应于荷载效应标准组合时基础底面处的平均压力值，kPa；

　　　F_k——相应于荷载效应标准组合时上部结构传至基础顶面的竖向力值，kN；

　　　G_k——基础和基础上覆土重，kN，$G_k = \gamma_G A d$；其中 γ_G 为基础及上覆土的平均重度，一般取 20kN/m³，地下水位以下取有效重度，kN/m³；

　　　A——基础底面积，m²；

　　　d——基础埋深，必须从设计地面或室内外平均设计地面算起，m。

对于基础长度比不小于 10 时，可简化为平面应变问题处理，这种基础称为条形基础，此时可沿长度方向取 1m 来进行计算。

2. 单向偏心荷载作用下基底压力

单向偏心荷载作用下，通常将基底长边方向取与偏心方向一致，如图 1.A.10 所示，此时基底边缘压力为

$$p_{kmin}^{kmax} = \frac{F_k + G_k}{A} \pm \frac{M_k}{W} = \frac{F_k + G_k}{bl}\left(1 \pm \frac{6e}{l}\right)$$

$$(1.A.17)$$

式中　p_{kmax}、p_{kmin}——相应于荷载效应标准组合时基础底面边缘的最大、最小压力值，kPa；

　　　　　　M_k——相应于荷载效应标准组合时作用于基底的力矩值，kN·m；

　　　　　　e——偏心距，$e = \dfrac{M_k}{F_k + G_k}$，m；

　　　　　　W——基础底面的抵抗距，$W = bl^2/6$，m³。

由式（1.A.17）可知，按照荷载偏心距 e 的大小，基底压力的分布可能出现以下 3 种情况：

（1）当 $e < l/6$ 时，$p_{min} > 0$，基底压力呈梯形分布，如图 1.A.10（a）所示。

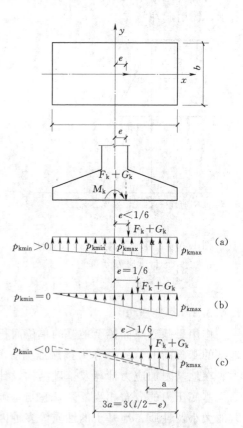

图 1.A.10　偏心受压基底压力分布

（2）当 $e=l/6$ 时，$p_{\min}=0$，基底压力呈三角形分布，如图 1. A. 10（b）所示。

（3）当 $e>l/6$ 时，$p_{\min}<0$，地基反力出现拉力，如图 1. A. 10（c）所示。

由于地基土不可能承受拉力，此时产生拉应力部分的基底将与地基土局部脱开，使基底压力重新分布。根据偏心荷载与基底压力的平衡条件，偏心荷载合力 F_k+G_k 作用线应通过三角形基底压力分布图的形心，由此得出

$$\frac{3a}{2}p_{kmax}b=F_k+G_k \qquad (1.A.18)$$

即

$$p_{kmax}=\frac{2(F_k+G_k)}{3ab}=\frac{2(F_k+G_k)}{3b(l/2-e)} \qquad (1.A.19)$$

3. 基底附加压力

基础通常埋置在天然地面以下一定深度处，该处原有自重应力因基坑开挖而被卸除。一般的天然土层在自重应力的长期作用下，变形早已完成，而新增于基底上的压力将引起地基的附加变形。使地基产生附加变形的基底压力称为基底附加压力 p_0，等于基底压力 p_k 与基底处原有自重应力 σ_{cz} 之差（图 1. A. 11），即

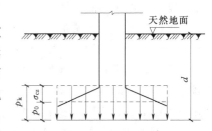

图 1. A. 11　基底附加压力计算

$$p_0=p_k-\sigma_{cz}=p_k-\gamma_0 d \qquad (1.A.20)$$

式中　p_0——基底平均附加压力值，kPa；

$\quad\quad d$——从天然地面计算的基础埋深（对于新填土场地则应从老天然地面算起），$d=h_1+h_2+\cdots$，m；

$\quad\quad \gamma_0$——基底标高以上各天然土层的加权平均重度，位于地下水位以下取有效重度，$\gamma_0=(\gamma_1 h_1+\gamma_2 h_2+\cdots)/d$，kN/m³。

☎ 从式（1. A. 20）可以看出，当基础对地基的压力一定时，深埋基础可减小基底附加压力。因此，高层建筑设计时常采用箱形基础或地下室、半地下室，这样既可减轻基础自重，又可增加基础埋深，减少基底附加压力，从而减小基础的沉降。这种方法在工程上称为基础的补偿性设计。

1. A. 3. 3　地基附加应力

地基附加应力是指由新增外加荷载在地基中产生的应力，是引起地基变形甚至破坏的主要原因。新增外加荷载就是基底附加压力，地基附加应力是由基底附加压力引起的。这种压力在地基土里表现为附加的应力，在基础底与地基相接触的面上最大，然后在地基土里向竖直方向和水平方向传递，逐渐减小、减弱。其分布规律如下：

（1）附加应力不仅发生在荷载面积之下，而且分布在荷载面积相当大的范围之下。

（2）在荷载分布范围内任意点沿垂线的附加应力值随深度越向下越小。

（3）在基础地面任意水平面上，以基底中心点下轴线处的附加应力为最大，距离中轴线越远越小。

地基附加应力的计算方法有两种：弹性理论法和应力扩散角法。弹性理论法是假定地基土是均匀、连续、各向同性的半无限均质弹性体来计算土中附加应力，虽然计算公式推导过程复杂，但最后的应用公式却较简单。限于篇幅，本文从略。

1.A.4　土的力学性质与相关指标

1.A.4.1　土的压缩性与地基沉降

地基土在荷载作用下体积缩小的特性，称为土的压缩性。土体积缩小包括两个方面：一是土中水、气从孔隙中排出，使孔隙体积减小；二是土颗粒本身、土中水及封闭在土中的气体被压缩，这部分很小，可忽略不计。因此，可认为土的压缩主要是由于土中水和气体被挤出致使土的孔隙体积减小引起的。在这一压缩过程中，土粒调整位置，重新排列并互相挤紧。土的压缩随时间变化的过程，称为土的固结。土体完成压缩过程所需的时间与土的渗透性有关。对于透水性较大的无黏性土，由于水容易排出，这一压缩过程很快即可完成；而对于饱和黏性土，由于透水性小，排水缓慢，故要达到压缩稳定需要很长时间。

计算地基沉降时，需要利用土的压缩性指标。压缩性指标常采用室内试验或原位测试来测定，其中土的压缩系数 a、压缩模量 E_s 等压缩性指标常通过室内压缩试验测得，试验方法详见1.2.3节。地基承载力和土的变形模量 E_0 可通过原位测试测得。

1. 室内压缩试验与压缩性指标

（1）室内压缩试验。

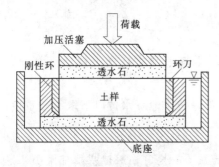

图1.A.12　压缩仪的压缩容器简图

室内压缩试验是用侧限压缩仪（又称固结仪，侧限是指土样不能产生侧向变形）来进行的，仪器构造如图1.A.12所示。试验时将切有土样的环刀置于刚性护环中，由于金属环刀及刚性护环的限制，土样在竖向压力作用下只能发生竖向变形，而无侧向变形。在土样上下放置的透水石是土样受压后排出孔隙水的两个界面。压缩过程中竖向压力通过刚性板施加给土样，土样产生的压缩量可通过百分表量测。在常规试验中，一般按 $p=50\text{kPa}$、100kPa、200kPa、400kPa 等4级加荷，测定各级压力下的稳定变形量 s，然后根据压缩过程中土样变形与土的三相指标的关系，导出试验过程孔隙比 e 与压缩量 s 的关系为

$$e=e_0-\frac{s}{H_0}(1+e_0) \qquad (1.A.21)$$

式中　e_0——原状土的孔隙比，可根据土样的基本物理性质指标求得；

　　　H_0——土样初始高度；

　　　s——土样压缩量。

根据式（1.A.21）即可得到各级荷载 p 作用下对应的稳定孔隙比 e，从而可绘制出如图1.A.13所示的 $e-p$ 曲线，该曲线被称为压缩曲线。

（2）压缩性指标。

1）压缩系数 a。在压力 p_1、p_2 相差不大的情况下，其对应的 $e-p$ 曲线段可近似看做直线，如图1.A.13所示，这段直线的斜率称为土的压缩系数 a，即

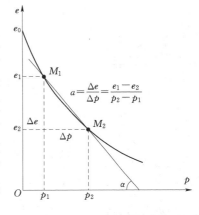

$$a = \frac{\Delta e}{\Delta p} = \frac{e_1 - e_2}{p_2 - p_1} \qquad (1.A.22)$$

压缩系数是表征土的压缩性的重要指标之一，压缩系数越大，表明土的压缩性越大。从曲线上看，它不是一个常量，而与所取 p_1、p_2 大小有关。在工程实践中，通常以地基中某深度处土中原有的竖向自重应力作为 p_1，以该深度处自重应力与附加应力之和作为 p_2，e_1、e_2 分别为 p_1、p_2 作用下压缩稳定时的孔隙比。《建筑地基基础设计规范》（GB 50007—2011）用 $p_1 = 100\text{kPa}$、$p_2 = 200\text{kPa}$ 时相对应的压缩系数 a_{1-2} 来评价土的压缩性。具体规定如下：

图 1.A.13 土的压缩曲线

$a_{1-2} < 0.1\text{MPa}^{-1}$ 时，为低压缩性土。

$0.1\text{MPa}^{-1} \leqslant a_{1-2} < 0.5\text{MPa}^{-1}$ 时，为中压缩性土。

$a_{1-2} \geqslant 0.5\text{MPa}^{-1}$ 时，为高压缩性土。

2）压缩模量 E_s。在侧限条件下，土样在加压方向上应力变化量 Δp 与相应的压应变变化量 $\Delta \varepsilon$ 的比值，称为压缩模量 E_s。根据 $e - p$ 曲线，可以求出压缩模量 E_s 为

$$E_s = \frac{1 + e_0}{a} \qquad (1.A.23)$$

式中 a——从土自重应力至土自重应力加附加应力段的压缩系数，MPa^{-1}；

         e_0——土的天然孔隙比。

压缩模量 E_s 与压缩系数 a 成反比，a 越小则 E_s 越大，表示土的压缩性越低。

2. 地基沉降

由于土具有压缩性，因而在地基附加应力的作用下，地基必然会产生一定的沉降。沉降值的大小，一方面取决于建筑物荷载的大小和分布，另一方面取决于地基土层的类型、分布、各土层厚度及其压缩性。

（1）地基沉降的影响因素。

1）应力历史对地基沉降的影响。应力历史是指土在形成的地质年代中经受应力变化的情况。同一种土的应力历史不同，则其压缩性也不相同，在相同压力作用下所产生的沉降也不相同。一般用土的先（前）期固结压力 p_c（天然土层在历史上所承受过的最大固结压力）与现有土层自重应力 $\sigma_{cz} = \gamma z$ 的比值（即超固结比 OCR）来描述土层的应力历史。地基土的固结有 3 种情况。

a. 正常固结土。土层先期固结压力等于现有覆盖土的自重应力。如图 1.A.14 中 A 类土层，是逐渐沉积到现在地面高度，并在土的自重应力下达到压缩稳定的，即 $p_c = \sigma_{cz} = \gamma z$，$OCR = 1.0$。

b. 超固结土。土层先期固结压力大于现有覆盖土的自重应力。如图 1.A.14 中 B 类土层。历史上由于河流冲刷或人类活动等剥蚀作用，将其上部的一部分土体剥蚀掉，或古冰川由于气候转暖、冰川融化导致上覆压力减小，即 $p_c > \sigma_{cz}$，$OCR > 1.0$。

c. 欠固结土。土层先期固结压力小于现有覆盖土的自重应力。如图 1.A.14 中 C 类土

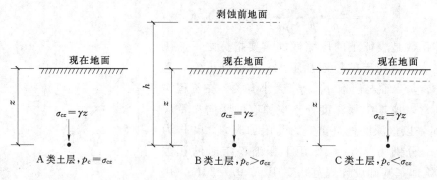

图 1.A.14　土层应力历史

层。新近沉积的黏性土或人工填土，因沉积时间不久，在土自重作用下还没有完全固结，故属欠固结土。图中虚线表示将来固结稳定后的地表，即 $p_c < \sigma_{cz}$，$OCR < 1.0$。

 同一种土在上述 3 种固结状态下的压缩特性完全不同。工程设计中最常见的正常固结土，其土层的压缩由建筑物荷载产生的附加应力引起；超固结土相当于在其形成历史中已受过预压力，只有当地基中附加应力与自重应力之和超出其先期固结压力后，土层才会有明显压缩，因此其压缩性较低，于工程有利；而欠固结土不仅要考虑附加应力产生的压缩，还要考虑由于自重应力作用产生的压缩，其压缩性较高。在计算地基沉降量时应考虑应力历史对地基沉降的影响，根据土的原始压缩曲线确定土的压缩性指标。

2）地基沉降与时间的关系。地基沉降是在荷载产生的附加应力作用下土体孔隙水排出、孔隙压缩而引起的渗透固结现象。孔隙水的排出需要一定的时间，其长短与荷载大小、土层排水条件、土的渗透性等因素有关。

饱和土承受荷载作用的瞬间，土中的压应力全部由孔隙中的水承担，这时孔隙水承担的应力称为孔隙水压力（u）。荷载作用一段时间后，孔隙水由于渗透而逐渐排出，孔隙水压力逐渐减小，土颗粒骨架开始承受压力并逐渐增大，土颗粒骨架承担的应力称为有效应力（σ'）。由静力平衡条件，土体受到的附加应力始终等于有效应力 σ' 和孔隙水压力 u 之和，即

$$\sigma = \sigma' + u \tag{1.A.24}$$

当 t 增加到一定程度后，$u = 0$，$\sigma = \sigma'$，表明超静水压力消散，土的固结完成。土的固结过程就是孔隙水压力消散并转化为有效应力的过程。

饱和土在某一时间的固结程度称为固结度 U，可表示为

$$U = \frac{s_t}{s} \tag{1.A.25}$$

式中　s_t——地基土在某一时刻的固结沉降；

　　　　s——地基土的最终沉降。

土的固结度能够反映土颗粒承受的有效应力 σ' 的变化过程，当固结过程确定为某一时刻时，有效应力 σ' 与荷载作用产生的附加应力 σ 的比值即可反映出土体的固结程度。

（2）建筑物沉降观测。

1）沉降观测的目的。虽然规范给出了地基变形的计算方法，但由于地基土的复杂性，致使理论计算值与实际值并不完全符合。建筑物的沉降观测能反映地基的实际变形以及地基变形对建筑物的影响程度。因此，系统的沉降观测是验证地基基础设计是否正确、分析地基事故及判别施工质量的重要依据，也是确定建筑物地基的容许变形值的重要资料。

2）沉降观测工作的内容。

a. 收集资料和编写计划。在确定观测对象后，应收集有关的勘察设计资料，包括：观测对象所在地区的总平面布置图；该地区的工程地质勘察资料；观测对象的建筑和结构平面图、立面图、剖面图与基础平面图、剖面图；结构荷载和地基基础的设计计算资料；工程施工进度计划。在收集上述资料的基础上编制沉降观测工作计划，包括观测目的和任务、水准基点和观测点的位置、观测方法和精度要求、观测时间和次数等。

b. 水准基点设置。其设置以保证水准基点的稳定、可靠为原则，宜设置在基岩上或压缩性较低的土层上。水准基点的位置应靠近观测点，并在建筑物产生的压力影响范围以外，一般为 30～80m。在一个观测区内水准基点不应少于 3 个。

c. 观测点设置。应能全面反映建筑物的沉降并结合地质情况确定，数量不宜少于 6 个。对于工业建筑通常设置在柱（或柱基）和承重墙上；对于民用建筑常设置在外墙的转角处、纵横墙的交接处及沉降缝两侧；对于宽度较大的建筑物，内墙也应设置观测点。如有特殊要求，可以根据具体情况适当增设观测点。

d. 水准测量。水准测量精度的高低将直接影响资料的可靠性。水准基点的导线测量与观测点水准测量，一般均应采用带有平行玻璃板的高精度水准仪和固氏基线尺。测量精度宜采用 Ⅱ 级水准测量，视线长度为 20～30m，视线高度不宜低于 0.3m。水准测量宜采用闭合法。

水准基点的导线测量一般在基点安设完毕一周后进行。在建筑物的沉降观测过程中（即从建筑物开始施工到沉降稳定为止），各水准基点要定期进行相互校核，以判断各基点的稳定性，若有变动应进行标高修正。观测点原始标高的测量一般应在水泥砂浆凝固后立即进行，并在建筑物施工过程中随着建筑物荷载的逐级增加逐次进行测量，在建筑物荷载全部加完后和建筑物使用前也应分别测量一次，以后可定期进行测量，每次测量的间隔时间可随时间的推移而加大。沉降观测期限一般随地基土的性质而异，原则上待沉降稳定后，观测工作才告结束。每次测量时均应记录建筑物使用情况，并检查各部位有无裂缝出现，以便及时采取措施。

e. 观测资料的整理。沉降观测资料的整理应及时，测量后应立即算出各测点的标高、沉降量和累计沉降量，并根据观测结果绘制如图 1.A.15 所示的荷载—时间—沉降关系实测曲线和修正曲线。

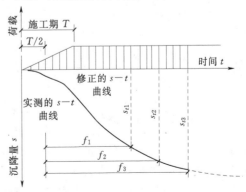

图 1.A.15 荷载—时间—沉降的关系

1. A. 4. 2 土的抗剪强度与地基承载力

1. 土的抗剪强度

剪切破坏是土的强度破坏的重要形式。在外荷载作用下，建筑物地基将产生剪切应力和剪切变形。同时，也将使土体抵抗剪应力的潜在能力—剪阻力或抗剪力，随着剪应力的增加而逐渐发挥。当剪阻力被完全发挥时，剪应力也就达到了极限值，此时，土就处于剪切破坏的极限状态。剪阻力被完全发挥时的这个剪应力极限值，就是土的抗剪强度。

当土体中某点的剪切应力达到土的抗剪强度时，土将沿剪切应力作用方向产生相对滑动，形成滑动面，该点便发生剪切破坏。随着外荷载的增大，剪切破坏的范围逐渐扩大，最后在地基中形成连续的滑动面，地基发生整体剪切破坏而丧失稳定性。因此，土的强度问题实质上就是土的抗剪强度问题。工程实践中，地基承载力、挡土墙土压力和边坡稳定等问题都与土的抗剪强度直接相关。

（1）抗剪强度的库仑公式。

1776 年，法国学者 C. A. 库仑在一系列强度试验的基础上总结出土的抗剪强度规律，提出砂土和黏性土抗剪强度的表达式。

$$砂土： \qquad \tau_f = \sigma\tan\varphi \qquad\qquad (1. A. 26)$$

$$黏性土： \qquad \tau_f = c + \sigma\tan\varphi \qquad\qquad (1. A. 27)$$

以上式中　　σ——剪切面上的法向应力，kPa；

φ——土的内摩擦角，（°）；

c——土的黏聚力，kPa，对于无黏性土，$c = 0$。

式（1. A. 26）和式（1. A. 27）统称为库仑公式，如图 1. A. 16 所示。抗剪强度的库仑公式简单、实用，且能满足一般工程的精度要求，作为土力学的基本定律，迄今仍被广泛应用于工程实践。

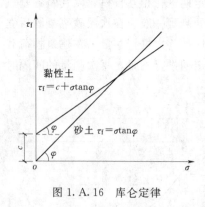

图 1. A. 16　库仑定律

c 和 φ 是决定土的抗剪强度的重要指标，随试验方法和土样的排水条件等不同而有较大差异。

（2）土的内摩擦角 φ 和黏聚力 c 的求法。

土的抗剪强度指标 φ 和 c 可通过土工试验确定。室内试验常用方法有直接剪切试验、三轴剪切试验、无侧限抗压强度试验，原位测试方法有十字板剪切试验和大型直剪试验等。

1）直接剪切试验。直接剪切试验是测定土的抗剪强度最简单的方法。直剪试验所使用的仪器称为直剪仪，分为应变控制式和应力控制式两种。前者是等速推动试样产生位移，用弹性量力环上的测微表（百分表）量测位移换算出剪应力；后者则是对试样分级施加水平剪应力测定相应的位移。我国普遍采用的是应变控制式直剪仪，试验装置如图 1.2.7 所示。该仪器的主要部件由固定的上盒和活动的下盒组成，试样放在上下盒内上下两块透水石之间。试验时，由杠杆系统通过加压活塞和上透水石对试样施加某一垂直压力 σ，然后等速转动手轮对下盒施加水平推力，使试样在上下盒之间的水平接触面上产生剪切变形，定时测计量力环表读数直至剪坏。根据量力环表读数计算出剪应力 τ 大小，绘制剪应力 τ 与剪切位移 δ 关系曲线，如图 1.2.8（a）所示，一般将曲线的峰值作为该级垂直压力下相应的抗剪强度 τ_f。试验时对同一种土一般取 4～6 个土样，分别在不同的垂直压力作用下剪切破坏，得到相应的抗剪强度。再将试验结果绘制成如图 1.2.8（b）所示的点。将各试验点连成直线关系，该直线在纵坐标上的截距为黏聚力 c，与横坐标的夹角为内摩擦角 φ。

试验及工程实践表明，土的抗剪强度与土受力后的固结排水状况有关。对同一种土，即使施加同一法向应力，若剪切前试样的固结过程和剪切时试样的排水条件不同，其强度指标也不尽相同。为了考虑实际工程中的不同固结程度和排水条件，采用不同加速速率的试验方法来近似模拟土体在受剪时的不同排水条件，由此产生了快剪、固结快剪和慢剪 3 种试验方法。

快剪试验是在试样施加竖向压力后，立即快速施加水平剪应力使试样剪切破坏（详见 1.2.3 节）；固结快剪是允许试样在竖向压力下排水，待固结稳定后快速施加水平剪应力，使试样在剪切过程中来不及排水；慢剪试验则是允许试样在竖向压力下排水，待固结稳定后以缓慢的速率施加水平剪应力，使试样在剪切过程中充分排水，直至剪坏。

直剪仪由于简单、方便在一般工程中被广泛采用，但其不足之处直接影响试验的精确度，如试验中不能严格控制排水条件，无法量测试验中孔隙水压力变化；剪切面限定在上、下盒交界面，而不是沿土样最薄弱面剪切破坏，不能反映最薄弱面的抗剪强度；剪切面上剪应力分布不均匀，在边缘处发生剪应力集中现象，使剪应力呈边缘大而中间小的形态，并且随着上、下盒错开，剪切面积逐渐减小，而在计算抗剪强度时仍按原截面积剪应力均匀分布计算。因此，直剪试验不宜作为重大工程和深入研究土的抗剪强度特性的手段。

2）三轴剪切试验。三轴剪切试验采用的三轴剪切仪由压力室、周围压力控制系统、轴向加压系统、孔隙水压力系统以及试样体积变化量测系统等组成，如图 1.A.17 所示。试验时将圆柱体土样用橡皮膜包裹固定在压力室内的底座上。先向压力室内注入液体（一般为水），使土样受到周围压力 σ_3 的作用，并在试验过程中保持不变。然后在压力室上端的活塞杆上施加垂直压力直至土样受剪破坏，求出破坏时对应的大主应力 σ_1。由 σ_1 和 σ_3 可绘制出一个莫尔应力圆。用同一种土制成 3～4 个土样，按上述方法进行试验，对每个土样施加不同的周围压力 σ_3，分别求得剪切破坏时对应的 σ_1，将这些结果绘成一组莫尔圆。根据土的极限平衡条件可知，通过这些莫尔圆的切点的直线就是土的抗剪强度线，由此可得抗剪强度指标 c 和 φ 值。

三轴剪切试验根据试样剪切前的固结程度和剪切过程中的排水条件不同，可分为不固结不排水剪（UU）、固结不排水剪（CU）和固结排水剪（CD）3 种方法。

不固结不排水剪试验（UU）：施加周围压力前，先关闭排水阀门，在不固结的情况下施加竖向压力进行剪切。试验过程自始至终关闭排水阀门，不允许土中水排出，使土样中存在孔隙水压力。即在施加周围压力和剪切过程中均不允许土样排水固结。得到的抗剪

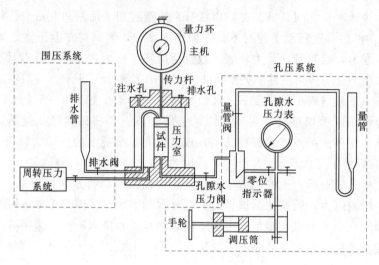

图1.A.17　应变控制式三轴压缩仪

强度指标用c_u、φ_u表示。

固结不排水剪试验（CU）：施加周围压力后，打开排水阀门，待土样完全固结后关闭排水阀门。然后再施加竖向压力，使土样在不排水条件下剪切破坏。得到的抗剪强度指标用c_{cu}、φ_{cu}表示。

固结排水剪试验（CD）：施加周围压力时允许土样排水固结，待固结稳定后，再缓慢施加竖向压力，使土样在剪切过程中充分排水，整个过程排水阀门始终打开。实质上是使土样中孔隙水压力完全消散，故施加的应力就是作用于土样上的有效应力。得到的抗剪强度指标用c_d、φ_d表示。

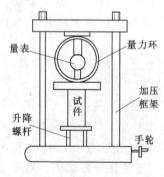

图1.A.18　应变控制式
无侧限压缩仪

用三轴剪切试验测定土的抗剪强度时，可使土样在最薄弱处受剪破坏，受力状态较明确，并且能严格控制排水条件，准确量测孔隙水压力的变化。此外，试样中的应力分布比较均匀。可见，三轴试验成果比直剪成果更加可靠、准确，是目前较为完善的测试仪器。

3）无侧限抗压试验。无侧限抗压试验是使用圆柱体试样在无侧向压力及不排水的条件下施加轴向压力至土样剪切破坏，相当于三轴剪切仪进行$\sigma_3=0$的不排水剪切试验。由于试验的侧向压力为零，只有轴向受压，故称为无侧限抗压试验。

无侧限压力仪如图1.A.18所示，将圆柱体试样放在底座上，转动手轮使底座缓慢上升，试样轴心受压。试样剪切破坏时所能承受的最大轴向压应力即为无侧限抗压强度q_u。由于$\sigma_3=0$，$\sigma_1=q_u$，所以试验成果只能做一个应力圆切于坐标原点。

对于饱和黏土的不排水抗剪强度，由于其内摩擦角$\varphi_u\approx0$，采用无侧限抗压试验甚为方便，因为其水平切线就是抗剪强度曲线，该线在τ轴上的截距c_u就等于抗剪强度

τ_f，即

$$\tau_f = c_u = \frac{1}{2} q_u \qquad (1.A.28)$$

4）十字板原位剪切试验。十字板剪切试验由于仪器简单，操作方便，对土的扰动小，特别适用于现场测定饱和黏性土的不排水抗剪强度。

十字板剪切试验采用的仪器设备主要是十字板剪力仪，如图 1.A.19 所示。实验时先将十字板插至测试深度，然后由地面上的扭力装置对钻杆施加扭矩，使埋在土中的十字板扭转，带动板内的土体与其周围土体产生相对扭剪直至剪坏，破坏面为十字板旋转所形成的圆柱面。测出剪切破坏时相应的最大扭力矩，并依据力矩的平衡条件，推算出破坏面上土的抗剪强度。

十字板剪切试验为不排水剪切试验，因此，其试验结果与无侧限抗压强度试验结果接近。对于饱和黏性土的不排水剪，$\varphi_u = 0$，则 τ_f 即为 c_u 值。十字板剪切试验还可测定软黏土的灵敏度。

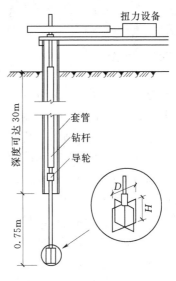

图 1.A.19 十字板剪切仪

☎《建筑地基基础设计规范》（GB 50007—2011）规定：当采用室内剪切试验确定时，应选择三轴压缩试验中的不固结不排水试验，经过预压固结的地基可采用固结不排水试验。每层土的试验数量不得少于 6 组。由试验求得的抗剪强度指标 φ、c 为基本值，再按数理统计方法求其标准值，计算方法见《建筑地基基础设计规范》（GB 5007—2011）附录 E。

2. 地基承载力

（1）地基的破坏模式。

实践表明，建筑地基在荷载作用下往往由于承载力不足而产生剪切破坏，它有 3 种破坏形式：整体剪切破坏、局部剪切破坏和冲剪破坏，如图 1.A.20 所示。

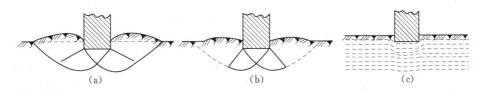

图 1.A.20 地基的破坏模式
(a) 整体剪切破坏；(b) 局部剪切破坏；(c) 冲剪破坏

1）整体剪切破坏。整体剪切破坏是一种在基础荷载作用下地基发生连续剪切滑动面的地基破坏模式，其荷载与沉降关系曲线（即 $p-s$ 曲线）如图 1.A.21 (a) 中曲线 A 所示，地基破坏过程分为 3 个阶段：① 压密阶段（Oa 段）。这一阶段的 $p-s$ 曲线接近于直线，土中各点的剪应力均小于土的抗剪强度，土体处于弹性平衡状态。地基的沉降主要是由于土的压密变形引起的。相应于 a 点的荷载称为比例界限荷载（临塑荷载），以 p_{cr} 表示；② 剪切阶段（ab 段）。这一阶段的 $p-s$ 曲线已不再保持线性关系，沉降的增长率随荷载的增大而增加。地基土中局部范围内（首先在基础的边缘处）的剪应力达到土的抗剪强度，土体发生剪切破坏；随着荷载的继续增加，剪切破坏区（塑性区）逐渐扩大，进而在地基中形成一片。b 点对应的荷载称为极限荷载，以 p_u 表示。荷载从 p_{cr} 增加到 p_u 的过程是地基剪切破坏区逐渐发展的过程［图 1. A. 21（b）］；③ 完全破坏阶段（bc 段）。荷载超过极限荷载后，土中塑性区的范围不断扩展，当成为连续的滑动面时，基础就会急剧下沉并向一侧倾斜、倾倒，基础两侧的地面向上隆起，地基发生整体剪切破坏，地基基础失去了继续承载能力。破坏前建筑物一般不会发生过大的沉降，它是一种典型的土体强度破坏，破坏有一定的突然性。

2）局部剪切破坏。局部剪切破坏是一种在基础荷载作用下地基某一范围内发生剪切破坏区的地基破坏形式，其破坏过程与整体剪切破坏有类似之处，但 $p-s$ 曲线无明显的3 阶段，如图 1. A. 21 中曲线 B 所示。局部剪切破坏的特征是：$p-s$ 曲线从一开始就呈非线性关系；地基破坏是从基础边缘开始，但是滑动面未延伸到地表，而是终止在地基土内部某一位置；基础两侧的土体微微隆起，基础没有明显的倾斜和倒塌。基础由于产生过大的沉降而丧失继续承载能力。

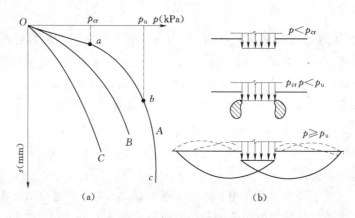

图 1. A. 21　不同类型的 $p-s$ 曲线

（a）$p-s$ 曲线；（b）地基剪切破坏的发展过程

3）冲剪破坏。冲剪破坏是一种在荷载作用下地基土体发生垂直剪切破坏，使基础产生较大沉降的一种地基破坏形式。其 $p-s$ 曲线如图 1. A. 21 中曲线 C 所示。冲剪破坏的特征是：随着荷载的增加，基础下土层发生压缩变形，基础随之下沉；当荷载继续增加，基础四周的土体发生竖向剪切破坏，基础刺入土中；冲剪破坏时，地基中没有出现明显的连续滑动面，基础四周地面不隆起，而是随基础的刺入微微下沉；伴随有过大的沉降，没有倾斜的发生，$p-s$ 曲线无明显拐点。

☎　地基的破坏形式主要与土的压缩性有关。一般来说，对于密砂和坚硬的黏土最有可能发生整体剪切破坏，而对于压缩性较大的松砂和软黏土将可能出现局部剪切或冲剪破坏。此外，破坏形式还与基础埋深、加荷速率等因素有关。目前尚无合理的理论作为统一的判别标准。当基础埋深较浅、荷载快速施加时，将趋向于发生整体剪切破坏；若基础埋深较大，无论是砂性土或黏性土地基，往往发生局部剪切破坏。

（2）地基承载力的确定。地基承载力的确定是地基基础设计中一个非常重要而又复杂的问题，它不仅与土的物理力学性质有关，还与基础的类型、底面尺寸与形状、埋深、建筑类型、结构特点及施工速度等有关。

《建筑地基基础设计规范》（GB 50007—2011）规定，地基承载力特征值可由载荷试验或其他原位测试、公式计算并结合工程实践经验等方法综合确定。地基承载力取值应由地勘报告提供。

B. 拓 展 知 识

1. B. 1　岩土工程勘察的目的

岩土工程勘察是指以各种勘察手段和方法，调查研究和分析评价建设场地的地质环境特征和岩土工程条件，编制勘察文件的活动，为以后的工程规划、设计和施工提供较为可靠、适用的工程地质资料。

岩土工程勘察的目的，是查明工程场地岩土技术条件，即获取建筑场地的工程地质条件、水文地质条件及地质灾害情况，结合工程建设规划、设计、施工条件进行技术论证和分析评价，提出解决岩土工程、地基基础工程中实际问题的建议，保证工程的安全和正常使用，提高经济效益。

☎ 地质条件包括岩土的类型及其工程性质、地质构造、地形地貌、水文地质条件、不良地质现象和可供利用的天然建筑材料等。

1. B. 2　岩土工程勘察等级

各项工程建设的岩土工程勘察任务大小不同，工作内容、工作量和勘察方法也不一样，为此，首先要确定岩土工程勘察等级。

1. B. 2. 1　勘察等级的确定因素

岩土工程勘察等级，应根据建筑工程安全等级、建筑场地等级、建筑地基等级综合分析确定。

1. 建筑工程安全等级

根据工程破坏后果的严重性分为 3 级。

一级工程：重要工程，破坏后果很严重。

二级工程：一般工程，破坏后果严重。

三级工程：次要工程，破坏后果不严重。

2. 建筑场地等级

根据场地的复杂程度分为 3 级。

（1）一级场地（复杂场地）。

符合下列条件之一为一级场地：①建筑抗震危险地段；②不良地质作用强烈发育；

③地质环境可能受到强烈破坏；④地形地貌复杂、存在影响工程的复杂水文地质条件。

（2）二级场地（中等复杂场地）。

符合下列条件之一为二级场地：①建筑抗震不利地段；②不良地质作用一般发育；③地质环境已经或可能受到一般破坏；④地形地貌较复杂、基础位于地下水位以下。

（3）三级场地（简单场地）。

符合下列条件之一为三级场地：①抗震设防不大于 6 度及对建筑抗震不利地段；②不良地质作用不发育；③地质环境基本未受破坏；④地形地貌简单、地下水对基础影响不大。

3. 地基等级

根据地基的复杂程度分为 3 级。

（1）一级地基（复杂地基）。

符合下列条件之一为一级地基：①岩土种类多，且很不均匀，性质变化大，需作特殊处理；②严重湿陷、膨胀、盐渍、污染的特殊性岩土，以及其他情况复杂，需作专门处理的岩土。

（2）二级地基（中等复杂地基）。

符合下列条件之一为二级地基（中等复杂地基）：①岩土种类较多，不均匀，性质变化较大，需作特殊处理；②除严重湿陷、膨胀、盐渍、污染以外的特殊性岩土。

（3）三级地基（简单地基）。

符合下列条件之一为三级地基（简单地基）：①岩土种类单一、均匀，性质变化不大；② 无特殊性岩土。

 场地与地基等级的确定，从一级开始，向二级、三级推定，以最先满足的为准。

1.B.2.2　岩土工程勘察等级

根据工程重要性、场地复杂程度等级和地基复杂程度等级，可将岩土工程勘察等级划分为甲、乙、丙 3 级。

甲级：工程重要性、场地复杂程度和地基复杂程度等级中，有一项或多项为一级。

乙级：除勘察等级为甲级和丙级以外的勘察项目。

丙级：工程重要性、场地复杂程度和地基复杂程度等级为 3 级。

1.B.3　各阶段勘察的内容与要求

重大的工程建设岩土工程勘察宜分阶段进行，各勘察阶段应与设计阶段相适应。为了提供设计各阶段所需的工程地质资料，勘察阶段相应地分为可行性研究勘察（选址勘察）、初步勘察和详细勘察阶段。具体工程中，根据实际情况，阶段划分可以简化，一次完成详细勘察，但必要时尚应进行施工勘察。

1.B.3.1　可行性研究勘察（选址勘察）

根据工程建设项目规划阶段应对几个建筑场址作比较的要求，进行可行性研究勘察。

1. 勘察目的

选址勘察的目的是取得几个场址方案的主要工程地质资料，以对拟选场地的稳定性和适宜性作出工程地质评价和方案比较。

2. 工作任务

(1) 收集和分析区域地质、地形地貌、地震、矿产和附近地区的工程地质资料和当地的建筑经验。

(2) 通过现场踏勘，了解场地的地层分布、构造、成因与年代和岩土性质、不良地质现象及地下水的水位、水质情况。

(3) 对各方面条件较好且倾向于选取的场地，如已有资料不能符合要求，应根据具体情况进行工程地质测绘和必要的勘探工作。

 选择场址时，应进行技术经济分析，避开不利地段。如遇到下列地质情况，不宜选作场址：①不良地质现象发育且对建筑物构成潜在或直接危害的地区，如泥石流河谷、崩塌、滑坡、土洞；②设计地质烈度为8度或9度的发震断裂带；③受洪水威胁或地下水的不利影响严重；④地下为尚未开采或正在开采的矿床。

1. B. 3. 2 初步勘察

在场址选定批准后进行初步勘察，勘察内容应符合初步设计的要求。

1. 勘察目的

对场地内建筑地段的稳定性作出岩土工程评价。

2. 工作任务

(1) 收集与分析可行性研究阶段岩土工程勘察报告、建筑范围的地形图及有关的工程性质、规模的文件。

(2) 查明建筑场地不良地质现象的成因、分布范围、危害程度及发展趋势，为确定建筑总平面布置提供依据。

(3) 初步查明地层及其构造、岩石和土的物理力学性质、地下水埋藏条件及土的冻结深度，为主要建筑物的地基基础方案、不良地质现象的防治对策提供工程地质资料。

(4) 判定场地和地基的地震效应。

1. B. 3. 3 详细勘察

根据技术设计或施工图设计阶段的要求进行详细勘察。

1. 勘察目的

按不同建筑物或建筑群提出详细的岩土工程资料和设计所需的岩土技术参数；对建筑地基作出岩土工程评价，并对地基类型、基础形式、地基处理、基坑支护、工程降水和不良地质作用的防治等提出方案、论证和建议。

2. 工作任务

(1) 查明建筑物范围内的地层结构、岩土的物理力学性质，对地基的稳定性及承载力作出评价。

(2) 提供不良地质现象防治工作所需的计算指标及资料。

(3) 查明有关地下水的埋藏条件和腐蚀性、地层的透水性和水位变化规律等情况。

1. B. 3. 4 施工勘察

对场地条件复杂或有特殊要求的工程，特别在施工阶段发现地质情况与勘察不符时要进行施工勘察，以解决施工中的工程地质问题，提供相应的勘察资料。

☎ 遇下列情况之一时，应进行施工勘察：①基槽开挖后，地质条件有差异，并可能影响工程质量；②深基础施工设计及施工中需进行有关地基监测工作；③地基处理、加固时，需进行设计和检验工作；④对已埋的塘、浜、沟、谷等的位置，需进一步查明及处理；⑤预计施工时，对土坡稳定性需进行监测和处理。

1.B.4　岩土工程勘察方法

岩土工程勘察中，可采取的勘察方法有工程地质测绘与调查、勘探、原位测试与室内试验等。

☎ 《建筑地基基础设计规范》（GB 50007—2011）对不同地基基础设计等级建筑物的地基勘察方法、测试内容提出了不同的要求：①设计等级为甲级的建筑物应提供载荷试验指标、抗剪强度指标、变形参数指标和触探资料；②设计等级为乙级的建筑物应提供抗剪强度指标、变形参数指标和触探资料；③设计等级为丙级的建筑物应提供触探及必要的钻探和土工试验资料。

1.B.4.1　工程地质测绘与调查

工程地质测绘是岩土工程勘察的基础工作，一般在可行性研究或初步勘察阶段进行。这一方法的本质是运用地质、工程地质理论，分析其性质和规律，并藉以推断地下地质情况，然后在地形地质图上填绘出测区的工程地质条件，作为工程地质勘探、取样、试验、监测的主要依据。在地形地貌和地质条件较复杂的场地，必须进行工程地质测绘；但对地形平坦、地质条件简单且较狭小的场地，则可采用调查代替。

工程地质测绘和调查是认识场地工程地质条件最经济、最有效的办法，可大大减少勘察的工作量。测绘与调查的范围，应包括场地及其附近与研究有关的地段。

1.B.4.2　勘探与取样

勘探是地基勘察过程中查明地质情况的一种必要手段，它是在地面的工程地质测绘和调查所取得的各项定性资料基础上，进一步对场地的工程地质条件进行定量的评价。一般勘探工作包括钻探、坑探、井探、槽探、洞探及触探、地球物理勘探等，应根据勘察目的及岩土的特性选用上述各种勘探方法。

☎ 勘探线和勘探点的布置、勘探孔的深度、取样数量等，详见《岩土工程勘察规范》（GB 50021—2001）。

1. 钻探

钻探是应用最为广泛的一种勘探方法，它是借助于钻机在地层中成孔并采取土样，以获取地下地质资料。需要时还可以在钻孔中进行原位测试。图1.B.1所示为钻探示意图。

☎ 场地内布置的钻孔分为鉴别孔和技术孔两类：仅仅用以采取扰动土样，鉴别土层性状而布设的钻孔，称为鉴别孔；为了查明岩土参数（包含取土、取水、标贯、波速测试、水位观测等）而布设的钻孔，称为技术孔。

钻探的钻进方式一般分回转式、冲击式、振动式和冲洗式4种。每种钻进方法各有特

(a)

(b)

图 1.B.1　钻探

（a）钻孔结构示意图；（b）钻探取样

点，分别适用于不同的土层。钻探方法的选择要根据土性及勘察对土样的扰动程度的要求而定。详见表 1.B.1。

表 1. B. 1 　　　　　　　　　　　　钻探方法的适用范围

钻探方法		钻进地层					勘察要求	
		黏性土	粉土	砂土	碎石土	岩石	直观鉴别，采取 不扰动土样	直观鉴别，采取 扰动土样
回转	螺旋钻探	++	+	+	－	－	++	++
	无岩芯钻探	++	++	++	+	++	－	－
	岩芯钻探	++	++	++	+	++	++	++
冲击	冲击钻探	－	+	++	++	－	－	－
	锤击钻探	++	++	++	+	－	++	++
振动钻探		++	++	++	+	－	+	++
冲洗钻探		+	++	++	－	－	－	－

注　"＋＋"为适用；"＋"为部分适用；"－"为不适用。

2. 坑探

当钻探方法难以查明地下地质情况时，可采用坑探方法。坑探就是在建筑场地挖深井（槽）以取得原状土样和直观资料的一种勘探方法。这种方法能直接观察地层的结构变化，但坑探可达的深度较浅。探坑的平面形状一般采用 1.0m 直径的圆形或边长为 1.0m×1.2m 的矩形，探坑深度为 1m，一般不大于 5m。坑探工程的类型较多，应根据勘察要求选用。

钻探和坑探也称勘探工程，均是直接勘探手段，能可靠地了解地下地质情况，在岩土工程勘察中是必不可少的。勘探工程一般都需要动用机械和动力设备，耗费人力、物力较多，有些勘探工程施工周期又较长，且受到许多条件的限制，因此使用这种方法时应具有经济观点。布置勘探工程需要以工程地质测绘和物探成果为依据，避免盲目性和随意性。

1. B. 4. 3　原位测试与室内试验

室内试验是指对施工现场的地基土取样，然后在土工实验室进行的测试。原位测试是指在岩土体所处的位置，基本保持岩土原来的结构、湿度和应力状态，对岩土体进行的测试。它的作用是与室内试验取长补短、相辅相成的。原位测试与室内试验的主要目的，是为岩土工程问题分析评价提供所需技术参数，包括岩土的物性指标、强度参数、固结变形特性参数、渗透性参数和应力、应变时间关系参数等。

室内试验的优点是试验条件比较容易控制，边界条件明确，应力、应变条件可以控制等，可以大量取样。室内试验项目应根据岩土类别、工程类型、工程分析计算要求确定。如对黏性土、粉土一般应进行天然密度、天然含水量、土粒相对密度、液限、塑限、压缩系数及抗剪强度（采用三轴仪或直剪仪）试验。详见该学习情境之任务 2。

原位测试的优点是试样不脱离原来的环境，基本上在原位应力条件下进行试验，所测定的岩土体尺寸大，能反映宏观结构对岩土性质的影响，代表性好。试验周期较短，效率高，尤其对难以采样的岩土层仍能通过试验评定其工程性质。缺点是试验时的应力路径难以控制，边界条件较复杂，有些试验耗费人力、物力较多，不可能大量进行。

原位测试包括标准贯入试验、圆锥动力触探试验、静力触探试验、载荷试验、十字板剪切试验、旁压试验、现场剪切试验等。原位测试方法应根据岩土条件、设计对参数的要求、地区经验和测试方法的适用性等因素选用，其中地区经验的成熟程度最为重要。

1. 动力触探试验

动力触探是利用一定的锤击能量将一定形式的探头贯入土中，并记录贯入一定深度所需的锤击次数，以此判断土的性质。动力触探依照探头形式分为圆锥动力触探和标准贯入试验，前者采用圆锥形探头，后者采用下端呈刃形的管状探头。

（1）圆锥动力触探。

1）工作原理。用标准质量的铁锤提升至标准高度自由下落，将特制的圆锥探头贯入地基土层标准深度，所需的锤击数 N 值的大小来判定土的工程性质的好坏，其具有勘探和测试双重功能。N 值越大，表明贯入阻力越大，即土质越密实。

2）类型。圆锥动力触探试验依据锤击能量的不同分为轻型、重型和超重型 3 种，其规格和适用土类见表 1.B.2。其中，轻型圆锥动力触探也称为轻便触探，如图 1.B.2 所示。

表 1.B.2　　　　　　　　　圆锥动力触探类型

类型		轻型	重型	超重型
落锤	质量（kg）	10	63.5	120
	落距（mm）	500	760	1000
探头	直径（mm）	40	74	74
	锥角（°）	60	60	60
探杆直径（mm）		25	42	50～60
贯入指标	深度（mm）	300	100	100
	锤击数	N_{10}	$N_{63.5}$	N_{120}
主要适用岩土		浅部的填土、砂土、粉土、黏性土	砂土、中密以下的碎石土、极软岩	密实和很密的碎石土、软岩、极软岩

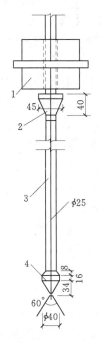

图 1.B.2　轻型触探试验
设备（单位：mm）

1—穿心锤；2—锤垫；

3—触探杆；4—探头

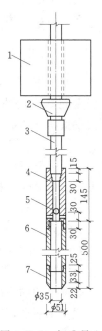

图 1.B.3　标准贯入
设备（单位：mm）

1—穿心锤；2—锤垫；3—触探杆；4—贯入器头；

5—出水孔；6—由两半圆形管合成之

贯入器身；7—贯入器靴

3）工程应用。根据圆锥动力触探试验指标和地区经验，可进行划分地层、评定土的均匀性和物理性质（稠度状态、密实度）、土的强度、变形参数、地基承载力、单桩承载力、查明土洞、潜在滑移面、软硬土层界面、检测地基处理效果等。其中，轻型动力触探试验由于设备简单轻便、操作方便，在工程中广为应用。

（2）标准贯入试验（SPT）。

1）设备。试验设备主要由标准贯入器（外径 51mm、内径 35mm、长度大于 500mm）、钻杆（外径 42mm）和穿心落锤（质量 63.5kg、落距 760mm）3 部分组成，如图 1.B.3 所示。

2）工作原理。与圆锥动力触探相同。标准贯入试验应与钻探工作相配合。试验时，首先用钻具钻至试验土层以上约 150mm，然后用套在钻杆上的穿心锤以 760mm 的落距将钻杆下端连接的贯入器自钻孔底部打入 150mm，再记录打入试验土层 300mm 的锤击数 N。当锤击数已达 50 击，而贯入深未达 300mm 时，可记录实际贯入深度并终止试验。根据已有的经验关系，判定试验土层的力学特性。当标准贯入试验深度大，钻杆长度超过 3m 时，考虑击锤能量损失，锤击数应乘以杆长修正系数。试验后拔出贯入器取其土样鉴别。标准贯入试验适用于砂土、粉土和一般黏性土。

3）工程应用。①以贯入器采取扰动土样，鉴别和描述土类，按颗粒分析成果确定土类名称；②根据标准贯入试验锤击数 N 和地区经验，判别黏性土的物理状态，评定砂土的密实度和相对密度；提供土的强度参数、变形参数和地基承载力；判定沉桩的可能性和估算单桩竖向承载力；判定地震作用饱和砂土、粉土液化的可能性及液化等级。

2. 静力触探试验

（1）工作原理。静力触探试验是通过静压力将一个内部贴有电阻应变片的、标准规格的圆锥形金属触探头以匀速垂直地压入土中，当探头受阻力时，电阻应变片相应伸长改变电阻，可用电阻应变仪量测微应变的数值，计算贯入阻力的大小，判定地基土的工程性质，其具有勘探和测试双重功能。静力触探试验适用于软土、一般黏性土、粉土、砂土和含少量碎石的土。

（2）设备。其主要由 3 部分组成：触探头、触探杆和记录器。其中触探头是静力触探设备的核心部分。探头按结构分为单桥探头、双桥探头或带孔隙水压力量测的单、双桥探头。触探杆将探头匀速贯入土层时，探头通过安装在其上的电阻应变片可以测定土层作用于探头的锥尖阻力和侧壁阻力。探头的这两种阻力是土的力学性质的综合反映。

（3）工程应用。根据静力触探试验资料，可绘制深度 z 与阻力的关系曲线。根据绘制的试验曲线特征或数值变化幅度，可用于评价地质条件：①划分地层并确定其土类名称，了解地层的均匀性；②估算土的物理性质指标参数：稠度状态、密实度；③评定土的力学性质指标参数：土的强度、压缩性、地基承载力及压缩模量；④判定沉桩可能性，选择桩端持力层，估算单桩竖向极限承载力；⑤判别地震作用饱和砂土、粉土的液化；⑥估算土的固结系数和渗透系数。

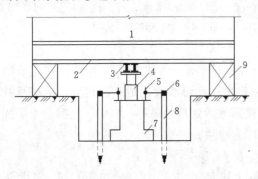

图 1.B.4　堆载—千斤顶静载荷试验

1—堆载；2，3—钢梁；4—千斤顶；5—百分表；6—基准梁；7—承压板；8—基准桩；9—支墩

3. 载荷试验

载荷试验是在天然地基上模拟建筑物的基础荷载条件，通过承压板向地基施加竖向荷载，借以确定在承压板下应力主要影响范围内的承载力与变形参数。

载荷试验包括浅层平板载荷试验和深层平板载荷试验。浅层平板载荷试验适用于施测浅层地基。深层平板载荷试验适用于施测深层地基及大直径桩的桩端土层。下面仅介绍浅层平板载荷试验。

（1）试验装置。

浅层平板载荷试验应布置在场地内具有代表性位置的基础底面标高处。试验装置如图 1.B.4 所示，一般由加荷稳定系统、反力系统和观测系统 3 部分组成。加荷稳定系统包括承压板、油压千斤顶和稳压系统等；反力系统常用平台堆载或地锚；观测系统包括百分表及固定支架等。

（2）试验方法。

现场载荷试验是在工程现场通过千斤顶逐级对置于地基土上的承压板施加荷载，观测记录沉降随时间的发展及稳定时的沉降量 s，将上述试验得到的各级荷载与相应的稳定沉降量绘制成 $p-s$ 曲线，即获得了地基土载荷试验的结果。

1）试坑设置。试验应布置在场地内具有代表性位置的基础底面标高处。试坑宽度

（或直径）不应小于承压板宽度或直径的 3 倍。承压板面积不应小于 0.25m²，对软土和粒径较大的填土不应小于 0.50m²。试验时必须注意保持试验土层的原状结构和天然湿度，宜在拟试压表面用不超过 20mm 厚的粗砂或中砂层找平，尽快安装试验设备。

2）加载方式与标准。采用分级加载、维持荷载沉降相对稳定法，加载分级不应小于 8 级，最大加载量不应小于设计要求的 2 倍。开始加载先按间隔 10min、10min、10min、15min、15min，以后为每隔 30min 测读一次沉降。在连续 2h 内沉降速率小于 0.1mm/h 时则视为沉降达到相对稳定，可施加下一级荷载。

3）终止试验标准。当出现下列情况之一时，即认为土已达到极限状态，可终止加载：①承压板周边的土出现明显侧向挤出，周边岩土出现明显隆起或径向裂缝持续发展；②本级荷载沉降量大于前级荷载沉降量的 5 倍，荷载与沉降（$p-s$）曲线出现明显陡降；③在某级荷载下 24h 内沉降速率不能达到相对稳定标准；④总沉降量 s 与承压板宽度 b（或直径 d）之比超过 0.06。满足前 3 种情况之一时，其对应的前一级荷载为极限荷载。

根据试验结果，可绘制压力与地基沉降的 $p-s$ 曲线，如图 1.B.5 所示。

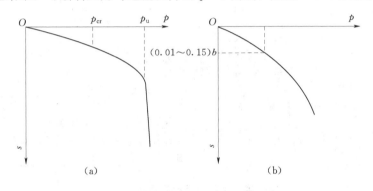

图 1.B.5 载荷试验确定承载力
(a) 低压缩性土；(b) 中、高压缩性土

（3）地基承载力的确定。

1）地基承载力基本值 f_0。由载荷试验结果确定地基承载力基本值 f_0 的方法如下：

a. 当 $p-s$ 曲线上有明显的比例界限 a 时，取该比例界限所对应的荷载值 $p_{cr}=f_0$。

b. 当极限荷载 p_u 能确定，且 $p_u<1.5p_{cr}$ 时，取极限荷载值的一半 $p_u/2=f_0$。

c. 当不能按上述两款要求确定 f_0 时，可按地基变形取值。当承压板面积为 0.25～0.50m² 时，可取沉降量 $s=(0.01～0.015)b$ 所对应的荷载值为 f_0，但其值不应大于最大加载量的一半。

2）地基承载力特征值 f_{ak}。同一土层参加统计的试验点不应少于 3 点。当试验结果 3 处的地基承载力基本值 f_0 的极差不超过其平均值的 30% 时，取此平均值作为该土层的地基承载力特征值，即 $f_{ak}=(f_{01}+f_{02}+f_{03})/3$。

1.B.5 地基土的野外鉴别与描述

1.B.5.1 地基土野外鉴别

钻探法在钻进过程中，必须随时做好钻孔记录，这是一项极重要的工作。从钻机定位后由地表开钻到终孔为止，记录每一钻的深度，鉴别与描述每一钻取出的土样，进行定名，并立刻写在记录表中，作为绘制地质剖面图的原始依据。

野外鉴别地基土要求快速，又无仪器设备，主要凭感觉和经验。对碎石土和砂土的鉴别方法，利用日常熟悉的食品如绿豆、小米、砂糖、玉米面的颗粒作为标准，进行对比鉴别，详见表 1.B.3。对黏性土与粉土的鉴别方法，根据手搓滑腻感或砂粒感等感觉加以区分和鉴别，详见表 1.B.4。新近沉积黏性土的野外鉴别方法见表 1.B.5。

表 1.B.3　　　　　　　　　　　碎石土与砂土的野外鉴别

土类 / 土名	鉴别方法：观察颗粒粗细	干土状态	湿土状态	湿润时用手拍击
碎石土　卵石（碎石）	一半以上（指质量，下同）颗粒接近或超过干枣大小（约 20mm）	完全分散	无黏着感	表面无变化
碎石土　圆砾（角砾）	一半以上颗粒接近或超过绿豆大小（约 2mm）	完全分散	无黏着感	表面无变化
砂土　砾砂	$\frac{1}{4}$ 以上颗粒接近或超过绿豆大小	完全分散	无黏着感	表面无变化
砂土　粗砂	一半以上颗粒接近或超过小米粒大小	完全分散	无黏着感	表面无变化
砂土　中砂	一半以上颗粒接近或超过砂糖粒大小	基本分散	无黏着感	表面偶有水印
砂土　细砂	颗粒粗细类似粗玉米面	基本分散	无黏着感	接近饱和时表面有水印
砂土　粉砂	颗粒粗细类似细白糖	颗粒部分分散，部分轻微胶结	偶有轻微黏着感	接近饱和时表面翻浆

表 1.B.4　　　　　　　　　　　黏性土与粉土的野外鉴别

土名 / 鉴别方法	干土状况	干土手搓感觉	湿土状态	湿土手搓情况	小刀切削湿土
黏土	坚硬，用锤才能打碎	极细的均质土块	可塑，滑腻，黏着性大	易搓成 $d<0.5mm$ 长条，易滚成小土球	切面光滑，不见砂粒
粉质黏土	手压土块可碎散	无均质感，有砂粒感	可塑，略滑腻，有黏性	能搓成 $d\sim1mm$ 土条，能滚成小土球	切面平整感，有砂粒
粉土	手压土块散成粉末	土质不均可见砂粒	稍可塑，不滑腻，黏性弱	难搓 $d<2mm$ 细条，滚成土球易裂	切面粗糙

表 1.B.5　　　　　　　　　　　新近沉积黏性土的野外鉴别

沉积环境	颜色	结构性	含有物
河滩及部分山前洪冲积扇的表层，古河道及已填塞的湖塘沟谷及河道泛滥区	深而暗，呈褐栗、暗黄或灰色，含有机质较多时呈黑色	结构性差，用手扰动原状土样，显著变软，粉性土有振动液化现象	无自身形成的粒状结核体，但可含有一定磨圆度的外来钙质结核体（如礓结石）及贝壳等，在城镇附近可能含有少量碎砖、瓦片、陶瓷及钱币、朽木等人类活动的遗物

1. B. 5. 2　地基土野外描述

钻探法的钻孔记录表中，除了记录钻孔的孔口高程、鉴定各土层的名称和埋藏深度以及初见水位和稳定水位以外，还需要对每一土层进行详细描述，作为评价各土层工程性质好坏的重要依据。描述的内容有以下几个方面。

1. 颜色

土的颜色取决于组成该土的矿物成分和含有的其他成分，描述时从色在前，主色在后。例如，黄褐色，以褐色为主色，带黄色；若土中含氧化铁，则土呈红色或棕色；土中含大量有机质，则土呈黑色，表明此土层不良；土中含较多的碳酸钙、高岭土，则土呈白色。

2. 密度

土层的松密是鉴定土质优劣的重要方面。在野外描述时可根据钻进的速度和难易程度来判别土的密实程度；同时可在钻头提起后，在钻侧面窗口部位用刀切出一个新鲜面来观察，并用大拇指加压的感觉来判定松密。在钻孔记录表上注明每一层土属于密实、中密或稍密状态。碎石土密实度野外鉴别按表 1. B. 6 来判别。

表 1. B. 6　　　　　　　　　　碎石土密实度野外鉴别方法

密实度	骨架颗粒含量和排列	可 挖 性	可 钻 性
密实	骨架颗粒含量大于总重的 70%，呈交错排列，连续接触	锹、镐挖掘困难，用撬棍方能松动，井壁一般较稳定	钻进极困难，冲击钻探时，钻杆、吊锤跳动不剧烈，孔壁较易坍塌
中密	骨架颗粒含量等于总重的 60%～70%，呈交错排列，大部分接触	锹、镐可挖掘，井壁有掉块现象，从井壁取出大颗粒处，能保持颗粒，凹面形状	钻进较困难，冲击钻探时，钻杆、吊锤跳动不剧烈，孔壁有坍塌现象
稍密	骨架颗粒含量等于总重的 55%～60%，排列混乱，大部分不接触	锹可以挖掘，井壁易坍塌，从井壁取出大颗粒后砂土立即塌落	钻进极容易，冲击钻探时，钻杆稍有跳动，孔壁易坍塌

注　密实度应按表列各项特征综合确定。

3. 湿度

土的湿度分为干、稍湿、湿与饱和 4 种。通常如地下水位埋藏深，在旱季地表土层往往是干的；接近地下水位的黏性土或粉土因毛细水上升，往往是湿的；在地下水位以下一般是饱和的。具体鉴别按表 1. B. 7 进行。

表 1. B. 7　　　　　　　　　　土的湿度的野外鉴别方法

土的湿度	鉴 别 方 法
稍湿	经过扰动的土，不易捏成团，易碎成粉末。但感觉凉且觉得是湿土
湿	经过扰动的土，能捏成各种形状。放在手中会湿手，在土面上滴水能慢慢渗入土中
饱和	滴水不能渗入土中，可看到空隙中的水发亮

4. 黏性土的稠度

黏性土的稠度是决定该土工程性质好坏的一个重要指标，分为坚硬、硬塑、可塑、软塑、流塑 5 种。描述方法可根据表 1. B. 8 进行。如有轻型圆锥动力触探数值，可参用图

1.B.6 鉴定。

表 1.B.8 黏性土稠度的野外鉴别方法

稠 度	鉴 别 特 征
坚硬	手钻很费力,难以钻进,钻头取出土样用手捏不动,加力土不变形,只能碎裂
硬塑	手钻较费力,钻头取出土样用手捏时要用较大的力土才略有变形,并即碎散
可塑	钻头取出的土样,手指用力不大就能按入土中,土可捏成各种形状
软塑	钻头取出的土样还能成形,手指按入土中毫不费力,可把土捏成各种形状
流塑	钻进很容易,钻头不易取出土样,取出的土已不能成形,放在手中不易成块

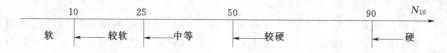

图 1.B.6 轻型动力触探与稠度关系

5. 含有物

土中含有非本层土成分的其他物质称为含有物,如碎砖、炉渣、石灰渣、植物根、有机质、贝壳、氧化铁等。有些地区有粉质黏土或粉土中含坚硬的姜石,海滨或古池塘往往含贝壳。记录时应注明含有物的大小和数量。

6. 其他

(1) 碎石土与砂土应描述级配、砾石含量、最大粒径、主要矿物成分等。

(2) 黏性土应描述断面形态、孔隙大小、粗糙程度、是否有层理等。

(3) 土中若有特殊气味,如海滨有鱼腥味等,亦应加以注明。

(4) 邻近设施对土质的影响,如管道漏水则使黏性土稠度变软、地下水位抬高。

学习情境 2 土 方 工 程 施 工

【教学目标】

土石方工程施工是建筑工程施工的第一步。通过该学习情境的学习训练，要求学生熟悉土石方工程施工的施工方法及质量控制要点，能够初步制定土石方工程的施工方案，组织土石方工程施工质量验评。

【教学要求】

1. 能力要求

🔨 能够对常见土石方工程所含分项工程检验批组织检查和验收，评定或认定项目质量。

🔨 能够初步制定工程场地平整、基坑开挖与回填的施工方案。

2. 知识要求

🔨 掌握土方开挖和回填的方法、一般要求及质量控制要点、验收标准。

🔨 掌握土石方工程常见质量事故的预防措施和根治方法。

土石方工程包括一切土（或石）的挖掘、运输、填筑、平整与压实等主要施工过程，以及场地清理、测量放线、施工排水、降水和土壁支护等准备与辅助工作。在土木工程中，最常见的土石方工程有场地平整、基坑（槽）开挖、地坪填土、路基填筑及基坑回填土等。

土石方工程施工工程量大、面广，施工工期长，劳动强度较大。建筑场地的场地平整，土方工程量可达数百万立方米以上，施工面积达数平方公里。大型基坑的开挖，有的深达二三十米。土方工程施工条件极为复杂，又多为露天作业，受地区气候条件、地质和水文条件的影响大，难以确定的因素较多。因此在组织土石方工程施工前，必须做好施工组织设计，合理的选择施工方法和机械设备，实行科学管理，对缩短工期、降低工程成本、保证工程质量有很重要的意义。

任务 1 工 程 场 地 平 整

【工作任务】

完成土方挖填平衡计算，确定土方平衡调配方案，并根据工程规模、施工期限、现场机械设备条件，选择土方机械，拟定施工方案。

要进行地基基础施工，首先要做好"三通一平"的准备工作，然后进行地基基础施工。这里的"一平"就是指场地平整，即将现场平整成施工所要求的设计平面。对于在地形起伏的山区、丘陵地带修建较大厂房、体育场、车站等占地广阔工程的平整场地，主要是削凸填凹，移挖作填方，将自然地面改造平整为场地设计要求的平面，以利现场平面布置和文明施工。在工程总承包施工中，"三通一平"工作常常由施工单位来考虑，因此场地平整也称为工程开工前的一项重要内容。

　平整场地前应具备的资料和条件：①当地实测的地形图；②原有地下管线、周围建（构）筑物的竣工图；③土石方施工图；④工程地质、水文、气象等技术资料；⑤规划给出的平面控制桩；⑥勘察测绘提供的水准点；⑦根据施工图要求，施工方编制的土石方施工组织设计和施工方案。

2.1.1　施工准备

1. 技术准备

（1）学习和熟悉图纸、核对现场平面图。

（2）编制场地平整施工作业施工方案，并按规定程序进行审批。

（3）对施工人员进行技术、质量、安全3级交底，要求所有施工人员熟悉技术交底的内容，弄清施工顺序和施工方法，以及质量、安全、文明施工等要求。

（4）保护好场地的控制点和控制轴线桩和水准点。

2. 机具准备

其包括水准仪、全站仪、推土机、压路机、潜水泵、发电机、自卸汽车、装载机。

2.1.2　施工工艺

2.1.2.1　工艺流程

场地平整为施工中的一个重要项目，它的一般施工工艺程序如图2.1.1所示。

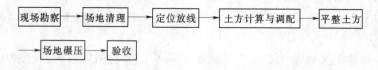

图2.1.1　工艺流程

2.1.2.2　操作工艺

1. 现场勘察

当确定平整工程后，施工人员首先应到现场进行勘察，了解场地地形、地貌和周围环境。根据建筑物总平面图及规划了解确定现场平整场地的大致范围。施工前，由施工测量人员会同监理、甲方工程技术人员对现场场地高程进行测量、确认，然后绘制方格网，报送建设单位审批。

2. 场地清理

施工前，必须把场地平整范围内的障碍物如树木、电线、电杆、管道、坟墓等清理干净。

3. 定位放线

进场前，按建设单位提供定位基准点，用全站仪将道路、拟建建筑物的轮廓线放出。根据测量人员测绘的方格网图确定挖方区域及挖方深度，在现场用灰线放出挖方区域并确定开挖的路线及顺序。

4. 土方计算和调配

《建筑地基基础工程施工质量验收规范》（GB 50202—2002）规定：土方工程施工前应进行挖、填方的平衡计算，综合考虑土方运距最短、运程合理和各个工程项目的合理施工程序等，做好土方平衡调配，减少运土量和重复挖运。

土方量的计算有方格网法和截面法，可根据地形具体情况采用。现场抄平的程序和方法由确定的计算方法进行。根据总平面图要求的标高，从水准基点引进基准标高作为确定土方量计算的基点。通过抄平测量，可计算出该场地按设计要求平整需挖土和回填的土方量，再考虑基础开挖还有多少挖出（减去回填）的土方量，并进行挖填方的平衡计算，做好土方平衡调配，减少重复挖运，以节约运费。

☎ 土方的平衡与调配是土方工程施工的一项重要工作。一般先由设计单位提出基本平衡数据，然后由施工单位根据实际情况进行平衡计算。如工程量较大，在施工过程中还应进行多次平衡调整，在平衡计算中，应综合考虑土的松散性、压缩性、沉陷量等影响土方量变化的各种因素。

5. 场地平整

大面积平整土方宜采用机械进行，如用推土机、铲运机平整土方；有大量挖方应用挖土机等进行。在平整过程中要交错用压路机压实。施工方法详见任务 2 及任务 3。

6. 验收

场地平整的质量检验标准应符合表 2.2.6 的相关规定。

2.1.3 场地平整土方量计算与调配实例

场地平整前，要确定场地设计标高，计算挖填方土量，以便据此进行土方挖填计算，确定平衡调配方案，并根据工程规模、施工期限、土的性质及现有机械设备条件，选择土方机械，拟定施工方案。下面通过案例介绍场地平整土方工程量的计算过程（方格网法）与土方调配。

案例：场地平整土方工程量计算

某建筑场地地形图如图 2.1.2 所示，场地尺寸为 80mm×40mm。场地设计泄水坡度：$i_x = 3‰$（东高西低），$i_y = 2‰$（北高南低），方格边长 $a = 20m$。土质为粉质黏土，填方区边坡坡度系数为 1.5，挖方区边坡坡度系数为 1.25。试确定场地的设计标高，并计算挖填总土方量。

2.1.3.1 确定场地平整设计标高

场地平整设计标高是进行场地平整和土方量计算的依据，合理地确定场地的设计标高，对于减少挖填方数量、节约土方运输费用、加快施工进度等都具有重要的经济意义。

场地平整设计标高的确定一般有两种情况。一种情况是整体规划设计时确定场地设计标高，此时应综合考虑以下因素：①满足建筑规划和生产工艺及运输的要求；②尽量利用地形，减少挖填方数量；③场地内的挖、填土方量力求平衡，使土方运输费用最少；④有一定的排水坡度（≥2‰），满足排水要求；⑤考虑最高洪水位的影响。在工程实践中，特别是大型建设项目，设计标高由总图设计规定，在设计图纸上规定出建设项目各单体建筑、道路、广场等设计标高，施工单位按图施工。

另一种情况是总体规划没有确定场地设计标高。若设计文件对场地平整设计标高无明确规定和特殊要求，或设计单位要求建设单位先提供场区平整的标高时，则施工单位可根据挖填土方量平衡、降低运输费用的原则自行设计。其步骤和方法如下所述。

1. 划分方格网

将已有地形图划分成若干个方格网，尽量使方格网与测量的纵、横坐标网相对应，方格的边长一般采用10～40m。

2. 计算或测量各方格角点的自然标高

每个方格的角点标高，在地形平坦时，一般可根据地形图上相邻两等高线的高程，用插入法求得；当地形起伏大（用插入法有较大误差）或无地形图时，则可在现场设木桩定好方格网，然后用测量的方法求得。

📞 本案例中每个方格的角点标高可利用地形图上所标等高线用插入法求得，如图2.1.2所示。

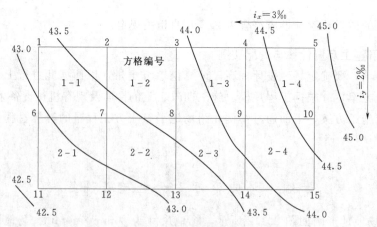

图 2.1.2 场地平整方格网

3. 初步计算场地设计标高

按照场地内土方挖填平衡的原则（即场地内挖方总量等于填方总量），初步计算场地设计标高。如图2.1.3所示，设达到挖填平衡的场地平衡标高为 H_0，则根据挖填平衡条件，可得

$$H_0 = \frac{\sum H_1 + 2\sum H_2 + 3\sum H_3 + 4\sum H_4}{4N} \tag{2.1.1}$$

式中 N——方格网数，个；

H_1——1个方格共有的角点标高，m；

H_2——2个方格共有的角点标高，m；

H_3——3个方格共有的角点标高，m；

H_4——4个方格共有的角点标高，m。

 本案例中方格网数 $N=8$，又

$$\sum H_1 = 43.24 + 44.80 + 44.17 + 42.58 = 174.79 \text{(m)}$$

$$2\sum H_2 = 2 \times (43.67 + 43.94 + 44.34 + 44.67 + 43.67 + 43.23 + 42.90 + 42.94)$$
$$= 698.72 \text{(m)}$$

$$3\sum H_3 = 3 \times 0 = 0$$

$$4\sum H_4 = 4 \times (43.35 + 43.76 + 44.17) = 525.12 \text{(m)}$$

$$H_0 = \frac{\sum H_1 + 2\sum H_2 + 3\sum H_3 + 4\sum H_4}{4N} = \frac{174.79 + 698.72 + 525.12}{4 \times 8} = 43.71 \text{(m)}$$

4. 场地设计标高的调整

按式（2.1.1）计算的设计标高 H_0 是一理论值，实际上还需考虑以下因素进行调整：

（1）由于土具有可松性，按 H_0 进行施工，填土将有剩余，必要时可相应地提高设计标高。

（2）由于设计标高以上的填方工程用土量，或设计标高以下的挖方工程挖土量的影响，使设计标高降低或提高。

（3）由于边坡挖填方量不等，或经过经济比较后将部分挖方就近弃于场外、部分填方就近从场外取土而引起挖填土方量的变化，需相应地增减设计标高。

5. 考虑泄水坡度对角点设计标高的影响

按上述计算及调整后的场地设计标高进行场地平整时，整个场地将处于同一水平面，而实际上由于排水的要求，场地表面均应有一定的泄水坡度。因此，应根据场地泄水坡度的要求（单向泄水或双向泄水），计算出场地内各方格角点实际施工时所采用的设计标高。

场地内任意一点的设计标高为

$$H_n = H_0 \pm l_x i_x \pm l_y i_y \qquad (2.1.2)$$

式中 H_n——场地内任一点的设计标高；

l_x、l_y——该点至场地中心线 $x-x$、$y-y$ 的距离；

i_x、i_y——$x-x$、$y-y$ 方向场地泄水坡度（不小于2‰）。

注：①单坡只算一个方向，双坡算两个方向；② 比 H_0 高的取"+"，反之取"-"。

 本案例中，以场地中心角点8为 H_0（图2.1.3），由已知泄水坡度 i_x 和 i_y 算得各方格角点设计标高为

$$H_1 = H_0 - 40 \times 3‰ + 20 \times 2‰ = 43.71 - 0.12 + 0.04 = 43.63 \text{(m)}$$

$$H_2 = H_0 - 20 \times 3‰ + 20 \times 2‰ = 43.71 - 0.06 + 0.04 = 43.69 \text{(m)}$$

$$H_6 = H_0 - 40 \times 3‰ = 43.71 - 0.12 = 43.59 \text{(m)}$$

其余各角点设计标高算法同上，其值在图2.1.2中标出。

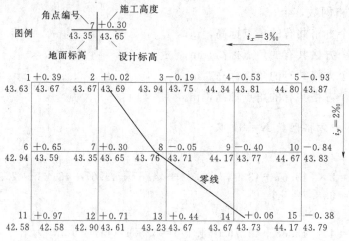

图 2.1.3　方格网法计算土方工程量图

2.1.3.2　计算场地土方量

大面积场地平整的土方量通常采用方格网法计算，即根据方格网各方格角点的自然地面标高和实际采用的设计标高，算出相应的角点挖填高度（施工高度），然后计算每一方格的土方量，并算出场地边坡的土方量。

1. 计算各方格角点的施工高度

施工高度是设计地面标高与自然地面标高的差值，即

$$h_n = H_n - H \tag{2.1.3}$$

式中　H_n——角点的设计标高（若无泄水坡度时，即为场地的设计标高）；

　　　　H——各角点的自然地面标高；

　　　　h_n——角点施工高度，即各角点的挖填高度。"—"为挖，"+"为填。

如图 2.1.3 中图例所示，各角点编号标注在方格网的左上角，设计标高和自然标高分别标注在方格网的右下角和左下角，各角点的施工高度（挖或填）标注在方格网的右上角。

☎　本案例中各角点的施工高度为：$h_1 = 46.63 - 43.24 = +0.39$（m）；$h_3 = 43.75 - 43.94 = -0.19$（m）。其余各角点施工高度详见图 2.1.2 中施工高度值。

2. 计算零点位置

在一个方格网内同时有填方或挖方时，应先算出方格网边上的零点位置。"零点"是指方格网边线上不挖不填的点，一般在施工高度变号的相邻两个角点内。把零点位置标注于方格网上，将各相邻边线上的零点连接起来，即为零线（图 2.1.4）。零线是挖方区和填方区的分界线，零线求出后，场地的挖方区和填方区也随之标出。一个场地内的零线不是唯一的，有可能是一条，也可能是多条。

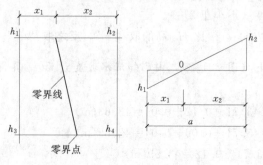

图 2.1.4　零点位置计算示意图

零点的位置按式 (2.1.4) 计算 (图 2.1.4)，即

$$x_1 = \frac{h_1}{h_1 + h_2} a \; ; \; x_2 = \frac{h_2}{h_1 + h_2} a \tag{2.1.4}$$

式中　x_1，x_2——角点至零点的距离，m；

　　　　h_1，h_2——相邻两角点的施工高度，m，均用绝对值；

　　　　a——方格网的边长，m。

 从本案例图 2.1.3 中可知，2-3、7-8、8-13、9-14、14-15 等 5 条方格边两端的施工高度符号不同，说明此方格边上有零点存在。由公式求得：

2-3 线上距 2 点距离：$x_{2-3} = \dfrac{0.02 \times 20}{0.02 + 0.19} = 1.9$ (m)，则 $x_{3-2} = 20 - 1.9 = 18.1$ (m)

同理求得：$x_{7-8} = 17.1\text{m}$，$x_{8-7} = 2.9\text{m}$；$x_{13-8} = 18.0\text{m}$，$x_{8-13} = 2.0\text{m}$；

$x_{14-9} = 2.6\text{m}$，$x_{9-14} = 17.4\text{m}$；$x_{14-15} = 2.7\text{m}$，$x_{15-14} = 17.3\text{m}$

依次连接零点即可绘出零线，如图 2.1.3 所示。

3. 计算方格土方工程量

利用表 2.A.6 中的土方量计算公式，计算每个方格网内挖土或填方量，再把挖方区或填方区土方量汇总，即得该场地挖方和填方的总土方量。

 本案例计算结果如表 2.1.1 所示。

4. 计算边坡土方工程量

对带有边坡的场地进行平整场地时，边坡土方量计算常用图算法。图算法是根据地形图和边坡竖向布置图或现场测绘，将要计算的边坡划分为两种近似的几何形体 (图 2.A.4)，一种为三角棱锥体 (如体积①～③、⑤～⑪)，另一种为三角棱柱体 (如体积④)，然后应用表 2.A.7 中的公式分别进行土方计算。

表 2.1.1　　　　　　　　　　　方格土方量计算过程及结果

方格编号	方格简图	计算过程	计算结果 (m³)
1-1	+0.39　　+0.02 +0.65　　+0.30	$V^{填}_{1-1} = \dfrac{a^2}{4}(h_1 + h_2 + h_3 + h_4) = 100(0.39 + 0.02 + 0.30 + 0.65) = +136$	$V^{填}_{1-1} = +136$
1-2	+0.02　　-0.19 1.9m 2.9m +0.30　　-0.05	$V^{填}_{1-2} = \dfrac{a}{8}(b+c)(h_1 + h_3) = \dfrac{20}{8}(1.9 + 17.1)(0.02 + 0.3) = +15.2$ $V^{挖}_{1-2} = \dfrac{a}{8}(d+e)(h_2 + h_4) = \dfrac{20}{8}(18.1 + 2.9)(-0.19 - 0.05) = -12.6$	$V^{填}_{1-2} = +15.2$ $V^{挖}_{1-2} = -12.6$
1-3	-0.19　　-0.53 -0.05　　+0.40	$V^{挖}_{1-3} = \dfrac{a^2}{4}(h_1 + h_2 + h_3 + h_4) = 100(-0.19 - 0.53 - 0.05 - 0.40) = -117$	$V^{挖}_{1-3} = -117$

方格编号	方格简图	计　算　过　程	计算结果（m³）
1-4	−0.53　−0.93　+0.40　−0.84	$V_{1-4}^{挖}=\dfrac{a^2}{4}=(h_1+h_2+h_3+h_4)=100(-0.53-0.93-0.40-0.84)=-270$	$V_{1-4}^{挖}=-270$
2-1	+0.65　+0.30　+0.97　+0.71	$V_{2-1}^{填}=\dfrac{a^2}{4}=(h_1+h_2+h_3+h_4)=100(0.30+0.65+0.97+0.71)$ $=+263$	$V_{2-1}^{填}=+263$
2-2	+0.30　2.9m　−0.05　2.0m　+0.71　+0.44	$V_{2-2}^{填}=\left(a^2-\dfrac{bc}{2}\right)\dfrac{h_1+h_2+h_3}{5}=\left(20^2-\dfrac{2.9\times2}{2}\right)\dfrac{0.3+0.71+0.44}{5}$ $=+115.2$ $V_{2-2}^{挖}=\dfrac{bch_4}{6}=\dfrac{2.9\times2\times0.05}{6}=-0.05$	$V_{2-2}^{填}=+115.2$ $V_{2-2}^{挖}=-0.05$
2-3	−0.05　−0.40　2.0m　2.6m　+0.44　+0.06	$V_{2-3}^{填}=\dfrac{a}{8}(b+c)(h_1+h_3)=\dfrac{20}{8}(2.6+18.0)(0.44+0.06)=+25.75$ $V_{2-3}^{挖}=\dfrac{a}{8}(d+e)(h_2+h_4)=\dfrac{20}{8}(2.0+17.4)(-0.05-0.40)=-21.8$	$V_{2-3}^{填}=+25.75$ $V_{2-3}^{挖}=-21.8$
2-4	−0.40　−0.84　2.6m　+0.06　2.7m　−0.38	$V_{2-4}^{填}=\dfrac{bch}{6}=\dfrac{2.6\times2.7\times0.06}{6}=0.07$ $V_{2-4}^{挖}=\left(a^2-\dfrac{bc}{2}\right)\dfrac{h_1+h_2+h_4}{5}=\left(20^2-\dfrac{2.6\times2.7}{2}\right)\dfrac{-0.4-0.84-0.38}{5}$ $=-128.5$	$V_{2-4}^{填}=+0.07$ $V_{2-2}^{挖}=-128.5$
合计		总挖方量 $V^{挖}$：549.95m³；总填方量 $V^{填}$：555.22m³	

☎ 本案例边坡角点 1、5、11 和 15 的挖、填方宽度：

角点 1 填方宽度：$0.39\times1.50m=0.59m$；角点 5 挖方宽度：$0.93\times1.25m=1.16m$。

角点 11 填方宽度：$0.97\times1.50m=1.46m$；角点 15 挖方宽度：$0.38\times1.25m=0.48m$。

按照场地 4 个控制角点的边坡宽度，利用作图法可得出边坡平面尺寸（图 2.1.5），边坡土方工程量除④、⑪按三角棱柱体计算外，其余均按三角棱锥体计算，可得：

（1）挖方区边坡土方量计算

$$V_1=\frac{1}{3}\times\frac{1.16\times(-0.93)}{2}\times58.1m^3=-10.45m^3$$

$$V_2=V_3=\frac{1}{3}\times\frac{1.16\times(-0.93)}{2}\times1.18m^3=-0.21m^3$$

$$V_4=\frac{1}{2}\left(\frac{1.16\times(-0.93)}{2}+\frac{0.48\times(-0.38)}{2}\right)\times40m^3=-12.61m^3$$

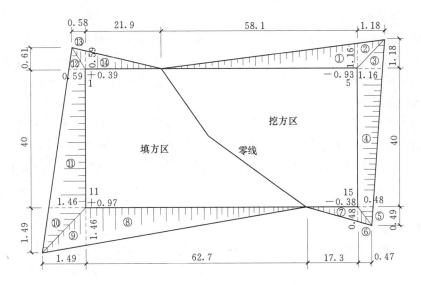

图 2.1.5 场地边坡平面轮廓尺寸

$$V_5 = \frac{1}{3} \times \frac{0.48 \times (-0.38)}{2} \times 0.49 \text{m}^3 = -0.01 \text{m}^3 ;$$

$$V_6 = \frac{1}{3} \times \frac{0.48 \times (-0.38)}{2} \times 0.47 \text{m}^3 = -0.01 \text{m}^3$$

$$V_7 = \frac{1}{3} \times \frac{0.48 \times (-0.38)}{2} \times 17.3 \text{m}^3 = -0.53 \text{m}^3$$

挖方区边坡土方量合计：

$$V^{挖} = -(10.45 + 0.21 \times 2 + 12.61 + 0.01 + 0.01 + 0.53) = -24.03 (\text{m}^3)$$

（2）填方区边坡土方量计算

$$V_8 = \frac{1}{3} \times \frac{1.46 \times 0.97}{2} \times 62.7 \text{m}^3 = 14.80 \text{m}^3 ; V_9 = V_{10} = \frac{1}{3} \times \frac{1.46 \times 0.97}{2} \times 1.49 \text{m}^3 = 0.35 \text{m}^3$$

$$V_{11} = \frac{1}{2} \left(\frac{1.46 \times 0.97}{2} + \frac{0.59 \times 0.39}{2} \right) \times 40 \text{m}^3 = 16.46 \text{m}^3$$

$$V_{12} = \frac{1}{3} \times \frac{0.59 \times 0.39}{2} \times 0.61 \text{m}^3 = 0.02 \text{m}^3 ; V_{13} = \frac{1}{3} \times \frac{0.59 \times 0.39}{2} \times 0.58 \text{m}^3 = 0.02 \text{m}^3$$

$$V_{13} = \frac{1}{3} \times \frac{0.59 \times 0.39}{2} \times 21.9 \text{m}^3 = 0.84 \text{m}^3$$

填方区边坡土方量合计：

$$V^{填} = 14.80 + 0.35 \times 2 + 16.46 + 0.02 + 0.02 + 0.84 = 32.84 (\text{m}^3)$$

5. 计算土方总量

将挖方区（或填方区）所有方格的土方量和边坡土方量汇总，即得场地平整挖（填）方的工程量。

☎ 本案例中，挖方区土方总量 $V^{挖} = 549.95 + 24.03 = 573.98$ （m³）；填方区土方总量 $V^{填} = 555.22 + 32.84 = 588.06$ （m³）。

2.1.3.3　土方调配方案

土方量计算完成后，应对土方进行综合平衡与调配。土方调配，就是对挖土的利用、堆弃和填土的取得三者之间的关系进行综合协调的处理，其目的在于使土方运输量或土方运输成本为最低的条件下，确定挖、填方区土方的调配方向和数量，从而达到缩短工期和提高经济效益的目的。

进行土方平衡和调配，必须综合考虑工程和现场情况、进度要求和土方施工方法以及分期分批施工工程的土方堆放和调运问题，经过全面研究，确定平衡调配的原则之后，才可着手进行土方平衡与调配工作，如划土方调配区、计算土方的平均运距、单位土方的运价、确定土方的最优调配方案。

1. 土方调配原则

（1）挖方与填方基本达到平衡，减少重复倒运。

（2）挖（填）方量与运距的乘积之和尽可能最小，即总土方运输量或运输费用最小。

（3）好土应用在回填密实度要求较高的地区，以免出现质量问题。

（4）取土或弃土应尽量不占农田或少占农田，弃土尽可能有规划地造田。

（5）分区调配应与全场调配相协调，避免只顾局部平衡，任意挖填而破坏整体平衡。

（6）调配应与地下构筑物的施工相结合，地下设施的填土，应留土后填。

（7）选择恰当的调配方向、运输路线、施工顺序，避免土方运输出现对流和乱流现象，同时便于机具调配、机械化施工。

　总之，进行土方调配，必须根据现场的具体情况、有关技术资料、工期要求、土方施工方法与运输方案等综合考虑，并按上述原则经计算比较，最后选择经济、合理的调配方案。

2. 土方调配图表的编制

场地土方调配，需编制相应的土方调配图表，编制的方法如下：

（1）划分调配区。在平面图上先划出挖填区的分界线（零线），确定挖填方区；根据地形及地理条件，把挖方区和填方区适当地划分为若干调配区，调配区的大小和位置应满足土方机械的操作要求。

　土方调配区的划分应注意以下几点：①划分应与房屋和构筑物的平面位置相协调，并考虑开工顺序、分期施工顺序；②调配区大小应满足土方施工用主导机械（铲运机、挖土机等）的行驶操作尺寸要求；③调配区范围应和土方工程量计算用的方格网相协调，一般可由若干个方格组成一个调配区；④当土方运距较大或场地范围内土方调配不能达到平衡时，可考虑就近借土或弃土，此时一个借土区或一个弃土区可作为一个独立的调配区。

（2）计算土方量。计算各调配区的挖填方量并在图上标明。

（3）计算调配区之间的平均运距。挖方调配区和填方调配区土方重心之间的距离，通常就是该挖填调配区之间的平均运距。调配区之间重心的确定方法如下：

取场地或方格网中的纵、横两边为坐标轴，一个角作为坐标原点，按式（2.1.5）分

别求出各区土方的重心坐标 X_0 及 Y_0，即

$$X_0 = \frac{\sum x_i V_i}{\sum V_i}; Y_0 = \frac{\sum y_i V_i}{\sum V_i} \tag{2.1.5}$$

式中 x_i，y_i——i 块方格的重心坐标；

   V_i——i 块方格的土方量。

为了简化计算，可用作图法近似地求出形心位置来代替重心位置。重心求出后，标于图上，用比例尺量出每对调配区的平均距离（L_{11}、L_{12}、L_{13}、…）。

所有挖填方调配区之间的平均运距均需一一计算，并将计算结果列于土方平衡与运距表内，如表 2.1.2 所示。

表 2.1.2   土方平衡与运距表

挖方区 ＼ 填方区	B_1		B_2		B_3		…		B_n		挖方量（m³）
A_1	x_{11}	L_{11}	x_{12}	L_{12}	x_{13}	L_{13}	…		x_{1n}	L_{1n}	a_1
A_2	x_{21}	L_{21}	x_{22}	L_{22}	x_{23}	L_{23}	…		x_{1n}	L_{2n}	a_2
A_3	x_{31}	L_{31}	x_{32}	L_{32}	x_{33}	L_{33}	…		x_{3n}	L_{3n}	a_3
…							…				
A_m	x_{m1}	L_{m1}	x_{m2}	L_{m2}	x_{m3}	L_{m3}	…		x_{mn}	L_{mn}	a_m
填方量（m³）	b_1		b_2		b_3		…		b_n		$\sum\limits_{i=1}^{m} a_i = \sum\limits_{j=1}^{n} b_j$

当填、挖方调配之间的距离比较远，采用自行式铲运机或其他运土工具沿现场道路或规定路线运土时，其运距应按实际情况计算。

（4）确定土方最优调配方案。对于线性规划中的运输问题，可以用"表上作业法"来求解，合总土方运输量为最小值，即为最优调配方案，即

$$W = \sum_{i=1}^{m} \sum_{j=1}^{n} L_{ij} x_{ij}$$

式中 L_{ij}——各调配区之间的平均运距，m；

   x_{ij}——各调配区的土方量，m³。

☎ 土方调配区数量较多时，为了找出最优调配方案，用"表上作业法"计算最优方案仍较费工。如采用手工计算，要找出所有最优方案必须经过多次轮番计算，工作量很大。现已有较完善的电算程序，能准确地求得最优方案值，而且能得到所有可能的最优方案。

（5）绘制土方调配图。根据表上作业法求得的最优调配方案，在场地地形图上绘出土方调配图，图上应标出土方调配方向、土方数量及平均运距，如图 2.1.6 所示。

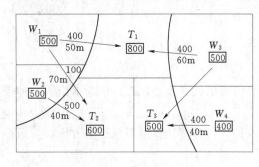

图 2.1.6 土方调配图

2.1.4 安全环保措施

（1）遵守当地有关环卫、环保、市容、场容管理的有关规定，加强施工现场的垃圾管理，现场修建固定垃圾堆场。

（2）施工现场修建固定的现场道路、排水沟、车辆冲洗台，便于清扫以防止运输工具影响城市卫生。

（3）施工现场尽量采用轻便、先进、低噪声的施工机械，避免施工噪声影响周围环境。

（4）坚持"三穿一戴"，坚持每班作业前的安全教育和安全措施交底，落实安全文明施工奖罚制度。

（5）机械运输车辆进出现场派专人负责指挥，按规定的线路行驶，避免损坏电线杆、电线、配电盘、箱、柜等，严防触电事故发生。

（6）对进入施工现场的机械设备必须有专人进行维护和保养、检查，防止出现机械事故。

（7）夜间施工必须具有良好的照明环境，施工现场的交通道路必须畅通无阻。同时必须搞好现场的文明施工。

（8）施工区域搭护栏封闭并悬挂警示牌，现场临时挖的深坑应设防护栏或防护网，并要及时回填。

（9）各种机械设备应专人专用，禁止无证操作。特殊工种应有上岗证、操作证。

2.1.5 常见质量问题及处理

场地平整与土方调配施工中常见质量问题及处理方法见表 2.1.3。

表 2.1.3   场地平整与土方调配施工中常见质量问题及防治措施

现　象	原因分析	预防措施	治理方法
场地积水（在场地平整过程中或平整完成后，场地范围内局部或大面积出现积水）	（1）场地平整土面积较大或较深时，未分层回填压实，土的密实度很差，遇水产生不均匀下沉造成积水　（2）场地周围排水不畅；场地未作成一定排水坡度；存在反向排水坡等　（3）测量错误，使场地高低不平	（1）平整前，对整个场地的排水坡、排水沟、截水沟、下水道进行系统设计，本着先地下后地上的原则，做好排水设施，使整个场地水流畅通　（2）建筑场地内的填土认真分层回填碾压（夯）实，使密实度不低于设计要求。设计无要求时，一般也应分层回填，分层压夯，使相对密实度不低于 85%，避免松填　（3）做好测量的复核工作，避免出现标高误差	（1）已积水场地应立即疏通排水和截水设施，将水排除　（2）场地未做排水坡度或坡度过小部位，重新修坡　（3）对局部低洼处，填土找平，压（夯）实至符合要求，避免再积水

续表

现　象	原因分析	预 防 措 施	治理方法
填方边坡塌方（填方工程边坡塌陷或滑塌，造成坡脚处土方堆积）	（1）边坡坡度偏陡 （2）边坡基底的草皮、淤泥、松土未清理干净；与原陡坡接合未挖成阶梯形搭接；填方土料采用淤泥质土等不合要求的土料 （3）边坡填土未按要求分层回填压（夯）实，密实度差，缺乏护坡措施 （4）坡顶、坡脚未做好排水措施，由于水的渗入，土的黏聚力降低，或坡脚被冲刷而造成塌方	（1）永久性填方的边坡坡度应根据填方高度、土的种类和工程重要性按设计规定放坡 （2）使用时间较长的临时性填方边坡坡度，当填方高度在10m以内，可采用1∶1.5；高度超过10m，可做成折线形，上部为1∶1.5，下部采用1∶1.75 （3）填方应选用符合要求的土料；边坡施工应按填土压实标准进行水平分层回填压实。采用机械碾压时，应注意保证边缘部位的压实质量，对不要求边坡修整的填方，边坡宜宽填0.5m，对要求边坡整平拍实的填方，宽填可为0.2m （4）在气候、水文和地质条件不良情况下，对黏土、粉砂、细砂、易风化岩石边坡以及黄土类缓边坡，应于施工完毕后，随即进行坡面防护——铺浆砌片（卵）石、铺草皮、喷浆 （5）在边坡上下部做好排水沟，避免在影响边坡稳定的范围内积水	（1）边坡局部塌陷或滑塌，可将松土清理干净，与原坡接触部位做成阶梯形，用好土或3∶7灰土分层回填夯实修复，并做好坡顶、坡脚排水措施 （2）大面积塌方，应考虑将边坡修成缓坡，做好排水和表面防护措施
填方出现橡皮土［填土受夯打（碾压）后，基土发生颤动，受夯击（碾压）处下陷，四周鼓起，形成软塑状态，而体积并没有压缩。这种橡皮土将使地基的承载力降低，变形加大，长时间不能稳定］	在含水量很大的腐殖土、泥炭土、黏土或粉质黏土等原状土地基上进行回填，或采用这类土作填料时，特别在混杂状态下进行回填，由于原状土被扰动，颗粒之间的毛细孔遭到破坏，水分不易渗透和散发。经夯实或碾压，表面形成一层硬壳，更加阻止了水分的渗透和散发，因而使土形成软塑状态的橡皮土	（1）避免在含水量过大的腐殖土、泥炭土、黏土或粉质黏土等原状土地基上进行回填 （2）控制回填土料的含水量，尽量使其在最优含水量范围内 （3）填土区设置排水沟，以排除地表水	（1）用干土、石灰粉、碎砖等吸水材料均匀掺入橡皮土中，吸收土中水分，降低土的含水量 （2）将橡皮土翻松、晾晒、风干至最优含水量范围，再行压实 （3）将橡皮土挖除，换土回填夯（压）实，或填以3∶7灰土、级配砂石夯（压）实

任务 2　土 方 开 挖

【工作任务】

读懂土方开挖施工方案，根据土方开挖方案组织施工，编制简单的土方开挖施工方案，组织土方开挖施工质量验评。

场地平整且利用设计提供的基点坐标经过放线定位之后，就可以进行土方开挖。土方开挖方法主要有人工开挖、机械开挖、爆破开挖3种开挖方式，开挖方法的选择取决于基坑（槽）深度、周围环境、土的物理力学性能等。对于小型基坑（槽）、管沟及土方量少的场地，一般选择人工或人工配合小型挖土机开挖；对大量土方一般均选择机械开挖；当开挖难度很大，如冻土、岩石土的开挖，也可以采用爆破技术进行爆破。基坑不太深时，宜放坡开挖；对于较深的基坑，如周围环境不允许放坡时，须进行支护后再行开挖。下面主要介绍浅基坑（槽）、管沟的土方开挖施工。

2.2.1 施工准备

1. 技术准备

（1）查勘施工现场，摸清工程场地情况，尤其是要掌握地下管线等障碍物的分布情况。

（2）熟悉和审查图纸，研究好开挖程序，明确各专业工序间的配合关系、施工工期要求，并向参加施工人员层层进行技术交底。

2. 机具准备

（1）人工开挖：平头铁锹、手锤、手推车、铁镐、撬棍等。

（2）机械开挖：推土机、装卸机、铲运机或挖掘机等。

3. 作业条件

（1）应清除现场障碍物。

（2）按设计或施工要求的范围和标高平整场地，并做好排水坡度，在施工区域内，要挖临时性排水沟，排水沟纵向坡度一般不小于 2‰。

（3）建筑物、构筑物的位置或场地的定位控制线（桩）、标准水平桩及基槽的灰线尺寸，必须经过检验合格，并办完预检手续。

（4）施工场地应根据需要安装照明设施，在危险地段应设置明显标志。

（5）开挖低于地下水位的基槽（坑）、管沟时，应根据当地工程地质资料，采取措施（在基槽四侧或两侧挖临时排水沟、集水井等）降低地下水位。一般要降至坑、槽底以下 500mm，以利挖方进行。降水工作应持续到基础（地下水位下回填土）施工完成。

2.2.2 施工工艺

土方开挖应遵循"开槽支撑、先撑后挖、分层开挖、严禁超挖"的原则。开挖基坑（槽）按规定的尺寸合理确定开挖顺序和分层开挖深度，连续地进行施工，尽快地完成。因土方开挖施工要求标高、断面准确，土体应有足够的强度和稳定性，所以在开挖过程中要随时注意检查。

2.2.2.1 工艺流程

土方开挖工艺流程如图 2.2.1 所示。

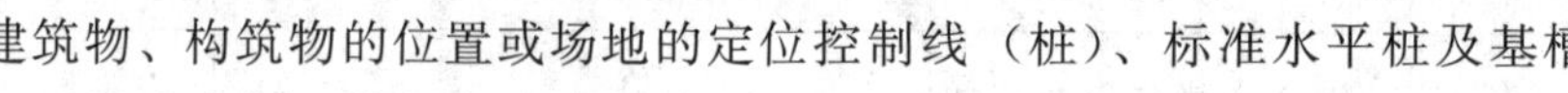

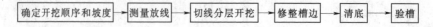

确定开挖顺序和坡度 → 测量放线 → 切线分层开挖 → 修整槽边 → 清底 → 验槽

图 2.2.1 工艺流程

2.2.2.2 操作工艺

1. 坡度确定

开挖土方时，边坡的下滑力产生剪应力，此剪应力主要由土体的摩阻力和粘接力保持平衡，一旦失去平衡，土壁就会塌方。为了防止塌方，保证施工安全，在基坑开挖深度超过一定限度时，土壁应作成有斜率的边坡，或者加以临时支撑或支护以保持土壁的稳定。土方边坡坡度用土方边坡深度 H 与底面宽度 B 之比来表示，即

$$i = \frac{H}{B} = \frac{1}{m} \tag{2.2.1}$$

式中　i——土方边坡坡度；

　　　m——土方边坡系数。

　　土方边坡可做成直线形、折线形或踏步形，如图 2.2.2 所示。土方边坡的大小与土质、开挖深度、开挖方法、边坡留置时间的长短、边坡附近的各种荷载状况及排水情况有关。

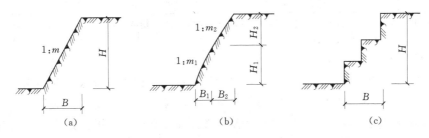

图 2.2.2　土方边坡及边坡系数
(a) 直线形；(b) 折线形；(c) 踏步形

　　根据土质和水文情况采取在四侧或两侧直立开挖或放坡，以保证施工安全。

　　(1) 开挖基坑（槽）时，当基坑土质密实坚硬、水文地质条件良好（即不会发生坍塌、移动、松散或不均匀下沉）且地下水位在基坑底面以下时，开挖基坑亦可不必放坡，采取直立开挖不加支护，但挖方深度不得超过表 2.2.1 规定的数值，基坑宽应稍大于基础宽。

表 2.2.1　　　　　　　　　基坑（槽）和管沟不加支撑时的容许深度

项 次	土 的 种 类	容许深度（m）
1	密实、中密的砂土和碎石类土（充填物为砂土）	1.00
2	硬塑、可塑的粉质黏土及粉土	1.25
3	硬塑、可塑的黏土和碎石类土（充填物为黏性土）	1.50
4	坚硬的黏土	2.00

　　(2) 当挖土深度超过可以不放坡的限值，而地质条件良好、土质均匀、地下水位低于基坑（槽）底标高时，在不加支撑的情况下深度在 5m 以内的基坑允许的最大坡度应符合表 2.2.2 的规定。放坡后基坑上口宽度由基础底面宽度及边坡坡度来决定，坑底宽度每边应比基础宽出 15～30cm，以便于施工操作。

　　(3) 当开挖基坑（槽）的土层含水量大而不稳定，或基坑较深，或受到周围场地限制而需用较陡的边坡或直立开挖而土质较差时，应采用临时性支撑加固。由于支撑结构需要足够的宽度，故坑、槽宽度应比基础宽出 10～15cm。

表 2.2.2   深度在 5m 内的基坑（槽）、管沟边坡的最大坡度（不加支撑）

土的名称	边坡坡度（高：宽）		
	坡顶无荷载	坡顶有静载	坡顶有动载
中密的砂土	1：1.00	1：1.25	1：1.50
中密的碎石类土（填充物为砂土）	1：0.75	1：1.00	1：1.25
硬塑的粉土	1：0.67	1：0.75	1：1.00
中密的碎石类土（填充物为黏性土）	1：0.50	1：0.67	1：0.75
硬塑的粉质黏土、黏土	1：0.33	1：0.50	1：0.67
老黄土	1：0.10	1：0.25	1：0.33*
软土（经井点降水后）	1：1.00	—	—

注　1. 静载指堆土或堆放材料等，动载指机械挖土或汽车运输作业等。静载或动载距挖方边缘的距离应保证边坡和
直立壁的稳定，应距挖方边缘 0.8m 以外，且高度不超过 1.5m。
　　2. 当有成熟经验时，可不受本表限制。

1）开挖较窄的沟槽（深 5m 以内），多用简单的横撑式土壁支撑。其形式根据开挖深度、土质条件、地下水位、施工时间长短、施工季节和当地气象条件、施工方法与相邻建（构）筑物情况进行选择，如表 2.2.3 所示。挖土时，土壁要求平直，挖好一层支一层支撑，挡土板要紧贴土面，并用小木桩或横撑木顶住挡板。

表 2.2.3   基槽、管沟的支撑方法

支撑方式	简图	支撑方法	适用条件
间断式水平支撑		两侧挡土板水平放置，用工具式或木横撑借木楔顶紧，挖一层土支顶一层	适于能保持立壁的干土或天然湿度的黏土类土，地下水很少，深度在 2m 以内
断续式水平支撑		挡土板水平放置，中间留出间隔，并在两侧同时对称立竖楞木，再用工具式或木横撑上、下顶紧	适于能保持直立壁的干土或天然湿度的黏土类土，地下水很少，深度在 3m 以内
连续式水平支撑		挡土板水平连续放置，不留间隙，然后两侧同时对称立竖楞木，上、下各顶一根撑木，端头加木	适于较松散的干土或天然湿度的黏土类土，地下水很少，深度为 3～5m

续表

支 撑 方 式	简 图	支 撑 方 法	适 用 条 件
连续式垂直支撑	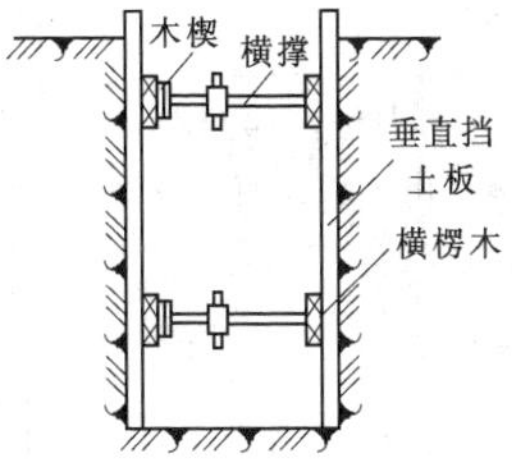 木楔 横撑 垂直挡土板 横楞木	挡土板垂直放置，连续或留适当间隙，然后每侧上、下各水平顶一根枋木，再用横撑顶紧	适于土质较松散或湿度很高的土，地下水较少，深度不限

2）对宽度较大、深度不大的浅基坑，其支护（撑）形式常采用如表 2.2.4 所示的支撑方法。

2．测量放线

根据房屋的控制点，按基础施工图上的尺寸和按边坡系数及工作面确定的挖土边线尺寸，放出基坑（槽）四周的挖土边线。同时在房屋四周设置龙门板，以便于基础施工时复核轴线位置。

3．分层开挖

根据基础、土质及现场出土等条件，合理确定开挖顺序，分块（段）分层下挖。开挖各种槽坑的方法如下：

表 2.2.4　　　　　　　　　其 他 支 撑

支撑方式	简 图	支 撑 方 法	适 用 条 件
斜柱支撑	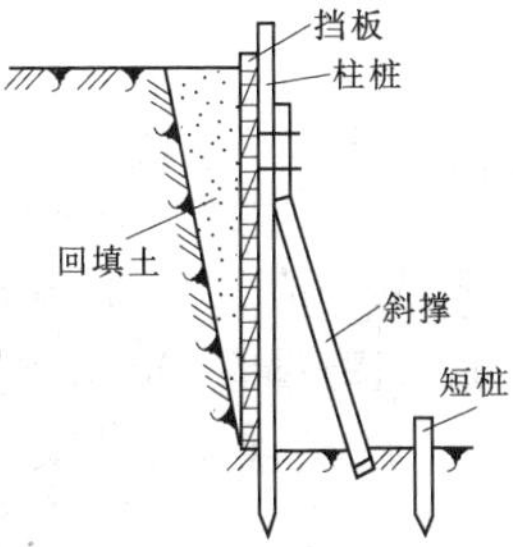 挡板 柱桩 回填土 斜撑 短桩	水平挡土板钉在柱桩内侧，柱桩一端打入土中，另一端用拉杆与锚桩锚紧，在挡土板内侧回填土	适于开挖较大型、深度不大的基坑或使用机械挖土时使用
锚拉支撑	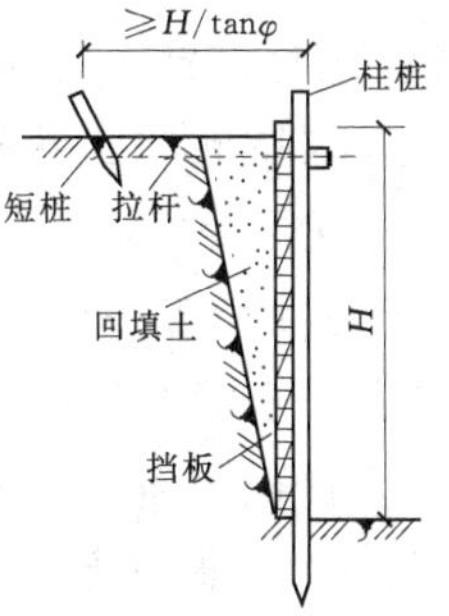 $\geqslant H/\tan\varphi$ 柱桩 短桩 拉杆 回填土 挡板 H	水平挡土板支在柱桩内侧，柱桩一端打入土中，另一端用拉杆与锚桩锚紧，在挡土板内侧回填土	适于开挖面积较大、深度不大的基坑或使用机械挖土、不能安设横撑时使用

续表

支撑方式	简图	支 撑 方 法	适 用 条 件
短桩横隔板支撑	横隔板 短桩 回填土	打入小短木桩，部分打入土中，部分露出地面，钉上水平挡土板，在背面填土夯实	适于开挖宽度大的基坑，当部分地段下部放坡不够时使用
临时挡土墙支撑	扁丝编织袋或草袋装土、砂或干砌、浆砌毛石	沿坡脚用砖、石叠砌或用装水泥的聚丙烯丝编织袋、草袋装土、砂堆砌，使坡脚保持稳定	适于开挖宽度大的基坑，当部分地段下部放坡不够时使用

（1）不放坡的基槽和管沟。开挖各种浅基础基槽或管沟，如不放坡时，应先沿灰线直边切出槽边的轮廓线。一般黏性土自上而下分层开挖，每层深度以 600mm 为宜，从开挖端部逆向倒退按踏步型挖掘；碎石类土先用镐翻松，正向挖掘，每层深度视翻土厚度而定，每层应清底和出土，然后逐步挖掘。

（2）放坡的坑（槽）和管沟。先按施工方案规定的坡度粗略开挖，再分层按坡度要求做出坡度线，每隔 3m 左右做出一条，以此线为准进行铲坡。深管沟挖土时，应在沟帮中间留出宽度为 800mm 左右的倒土台。

（3）大面积浅基坑。沿坑三面同时开挖，挖出的土方装入手推车或翻斗车，由未开挖的一面运至弃土地点。

4．排降水

开挖基坑（槽）或管沟，遇到在地下水位以下挖土的情况，要在接近地下水位时，先完成标高最低处的挖方，以便在该处集中排水。开挖后，在挖到距槽底 500mm 以内时，测量放线人员应配合抄出距槽底 500mm 平线；自每条槽端部 200mm 处每隔 2～3m，在槽帮上钉水平标高小木橛。在挖至接近槽底标高时，用尺或事先量好的 500mm 标准尺杆，随时以小木橛上平，校核槽底标高。

5．修坡、整平、清底

应边挖边检查坑底宽度及坡度，不够时及时修整，每 3m 左右修一次坡，至设计标高，再统一进行一次修坡清底，检查坑底宽和标高，要求坑底凸凹不超过 2.0cm。

6．地基验槽

当基坑（槽）开挖至设计标高时，应由建设单位约请勘察、设计、监理、施工单位技术负责人，共同到施工工地验槽。检验有限的钻孔与实际全面开挖的地基是否一致，勘察报告的结论与建议是否准确和切实可行，核对建筑物位置、平面尺寸、槽底标高是否与设计图纸一致。经检查合格，填写基坑（槽）隐蔽工程验收记录，及时办理交接手续。

（1）验槽的方法和注意事项。

验槽的方法以肉眼观察为主，并辅以轻便触探、钎探等方法。观察时应重点关注柱基、墙角、承重墙下或其他受力较大的部位，观察槽底土的颜色是否均匀一致、土的坚硬程度是否一样、有无局部含水量异常现象等。若有异常，要进一步用钎探检验并会同设计等有关单位进行处理。

钎探是用质量为 4～5kg 的穿心锤以 500～700mm 的落距将钢钎（由 $\phi22～25mm$ 的圆钢制成，钎尖呈 60°锥状，长度为 1.8～2.0m）打入土中，记录每打入 300mm 的锤击数，据此判断土质的软、硬程度。

钎孔布置和钎探深度应根据地基土质的情况和基槽宽度、形状确定。槽底普遍钎探时，条形基槽宽度小于 80cm，可沿中心线打一排钎探孔；槽宽大于 80cm，可打两排错开孔或采用梅花形布孔。探孔的间距视地基土质的复杂程度而定，一般为 1.0～1.5m，深度一般取 1.8m。

钎探前应绘制基槽平面图，布置探孔并编号，形成钎探平面图；钎探时应固定人员和设备；钎探后应对探孔进行遮盖保护和编号标记，验槽完毕后妥善回填。

验槽时应注意以下事项：

1）验槽前一般需做槽底普遍打钎工作，以供验槽时参考。

2）验槽时应验看新鲜土面，清除回填虚土。冬季冻结的表土和夏季日晒后干土似很坚硬，但都是虚假状态，应用铁铲铲去表层再检验。

3）槽底设计标高若位于地下水位以下较深时，必须做好基槽排水，保证槽底不泡水。如槽底在地下水位以下不深时，可先挖至水面验槽，验完槽再挖至设计标高。

4）验槽要抓紧时间，基槽挖好后立即钎探并组织验槽，避免下雨泡槽、冬季冰冻等不良影响。

5）持力层下埋藏有下卧砂层而承压水头高于槽底时，不宜进行钎探，以免造成涌砂。

（2）基槽的局部处理。

基槽检验查明的局部异常地基，均需根据实际情况、工程要求和施工条件，妥善进行局部处理。处理方法可根据具体情况有所不同，但均应遵循减小地基不均匀沉降的原则，使建筑物各部位的沉降尽量趋于一致。

1）局部松土坑（填土、墓坑、淤泥等）的处理。当松土坑的范围较小（在基槽范围内）时，可将坑中松软土挖除，使坑底及坑壁均见天然土为止，然后采用与天然土压缩性相近的材料回填。例如，当天然土为砂土时，用砂或级配砂石分层夯实回填；当天然土为较密实的黏性土时，用 3：7 灰土分层夯实回填；如为中密可塑的黏性土或新近沉积黏性土时，可用 1：9 或 2：8 灰土分层夯实回填。每层回填厚度不大于 200mm。

当松土坑的范围较大（超过基槽边沿）或因各种条件限制，槽壁挖不到天然土层时，则应将该范围内的基槽适当加宽，采用与天然土压缩性相近的材料回填。

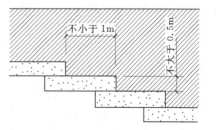

图 2.2.3 局部松土坑处理

当松土坑在基槽内所占的长度超过 5m 时，将坑内软弱土挖去，如坑底土质与一般槽底土质相同，也可将此部分基础落深，做 1：2 踏步与两端相接（图 2.2.3），每步高不大于 0.5m，长度不小于 1.0m。如深度较大时，用灰土分层回填至基槽底标高。

对于较深的松土坑（如深度大于槽宽或 1.5m 时），槽底处理后，还应适当考虑加强上部结构的强度和刚度，以抵抗由于可能发生的不均匀沉降而引起的应力。常用的加强方法是：在灰土基础上 1～2 皮砖处（或混凝土基础内）、防潮层下 1～2 皮砖处及首层顶板处各配置 3～4 根，直径为 8～12mm 的钢筋，跨过该松土坑两端各 1m。

松土坑埋藏深度很大时，也可部分挖除松土（一般深度不小于槽宽的 2 倍），分层夯实回填，并加强上部结构的强度和刚度；或改变基础形式，如采用梁板式跨越松土坑、桩基础穿透松土坑等方法。

当地下水位较高时，可将坑中软弱的松土挖去后，用砂土、碎石或混凝土分层回填。

2）砖井、土井的处理。当井内有水并且在基础附近时，可将水位降低到可能程度，用中、粗砂及块石、卵石等夯填至地下水位以上 500mm。如有砖砌井圈时，应将砖砌井圈拆除至坑（槽）底以下 1m 或更多些，然后用素土或灰土分层夯实回填至基底（或地坪底）。

当枯井在室外，距基础边沿 5m 以内时，先用素土分层夯实回填至室外地坪下 1.5m 处，将井壁四周砖圈拆除或松软部分挖去，然后用素土或灰土分层夯实回填。

当枯井在基础下（条形基础 3 倍宽度或柱基 2 倍宽度范围内），先用素土分层夯实回填至基础底面下 2m 处，将井壁四周松软部分挖去，有砖井圈时，将砖井圈拆除至槽底以下 1～1.5m，然后用素土或灰土分层夯实回填至基底。当井内有水时按上述方法处理。

当井在基础转角处，若基础压在井上部分不多时，除用以上方法回填处理外，还应对基础加强处理，如在上部设钢筋混凝土板跨越或采用从基础中挑梁的办法解决；若基础压在井上部分较多时，用挑梁的办法较困难或不经济时，可将基础沿墙长方向向外延长出去，使延长部分落在天然土上，并使落在天然土上的基础总面积不小于井圈范围内原有基础的面积，同时在墙内适当配筋或用钢筋混凝土梁加强。

当井已淤填，但不密实时，可用大块石将下面软土挤密，再用上述方法回填处理。若井内不能夯填密实时，可在井内设灰土挤密桩或在砖井圈上加钢筋混凝土盖封口，上部再回填处理。

3）局部软硬土的处理。当基础下局部遇基岩、旧墙基、老灰土、大块石、大树根或构筑物等，均应尽量挖除，采用与其他部分压缩性相近的材料分层夯实回填，以防建筑物由于局部落于较硬物上造成不均匀沉降而使建筑物开裂；或将坚硬物凿去 300～500mm 深，再回填土砂混合物夯实。

当基础一部分落于基岩或硬土层上，一部分落于软弱土层上时，应将基础以下基岩或硬土层挖去 300～500mm 深，填以中、粗砂或土砂混合物做垫层，使之能调整岩土交界处地基的相对变形，避免应力集中出现裂缝；或采取加强基础和上部结构的刚度来克服地基的不均匀变形。

4）"橡皮土"的处理。当黏性土含水量很大趋于饱和时，碾压（夯拍）后会使地基土变成踩上去有一种颤动感觉的"橡皮土"。

当发现地基土（黏土、亚黏土等）含水量趋于饱和时，要避免直接碾压（夯拍），可采用晾槽或掺石灰粉的办法降低土的含水量，有地表水时应排水，地下水位较高时应将地下水降低至基底 0.5m 以下，然后再根据具体情况选择施工方法。如果地基土已出现橡皮土，则应全部挖除，填以 3∶7 灰土、砂土或级配砂石，或插片石夯实；也可将橡皮土翻松、晾晒、风干至最优含水量范围再夯实。

5）管道穿过基础的处理。当管道位于基底以下时，最好拆迁或将基础局部落低，并采取防护措施，避免管道被基础压坏。当管道穿过基础墙，而基础又不允许切断时，必须在基础墙上管道周围，特别是上部留出足够尺寸的空隙（大于房屋预估的沉降量），使建筑物产生沉降后不致引起管道的变形或损坏，如图 2.2.4 所示。

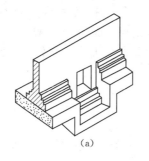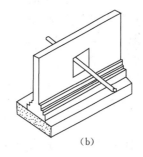

（a）　　　　　　　　　　　　　　　（b）

图 2.2.4　管道穿过基础

（a）管道位于基底以下；（b）管道穿过基础墙

另外，管道应该采取防漏的措施，以免漏水浸湿地基造成不均匀沉降。特别当地基为填土、湿陷性黄土或膨胀土时，尤其应引起重视。

☎ 验槽结束应填写验槽记录，并由参加验槽的 4 个方面负责人签字，作为施工处理的依据，验槽记录存档长期保存。若工程发生事故，验槽记录是分析事故原因的重要线索。

2.2.2.3　施工要点

（1）基坑开挖应尽量防止对地基土的扰动。当采用人工挖土基坑挖好后不能立即进行下道工序时，应预留 15～30cm 一层土不挖，待下道工序开始再挖至设计标高。采用机械开挖基坑时，为避免破坏基底土层，应在基底标高以上预留一层人工清理。使用铲运机、推土机或多斗挖土机时，保留土层厚度为 20cm；使用正铲、反铲或拉铲挖土时为 30cm。

（2）在基坑（槽）边缘上侧堆土或堆放材料及移动施工机械时，应与基坑边缘保持 1m 以上的距离，以保证坑边直立壁或边坡的稳定。当土质良好时，堆土或材料应距挖方边缘 0.8m 以外，高度不宜超过 1.5m，并应避免在已完基础一侧过高堆土，使基础、墙、柱歪斜而酿成事故。

（3）雨期施工时，基坑（槽）应分段开挖，挖好一段浇筑一段垫层，并在基槽两侧围以土堤或挖排水沟，以防地面雨水流入基坑槽，同时应经常检查边坡和支护情况，以防止坑壁受水浸泡造成塌方。

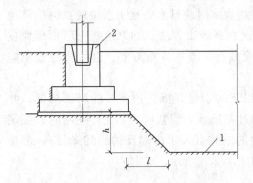

图 2.2.5　基坑槽与邻近基础应保持的距离
1—开挖深基坑槽底部；2—邻近基础

（4）基坑开挖时，应对平面控制桩、水准点、基坑平面位置、水平标高、边坡坡度等经常复测检查。

（5）开挖的基坑槽深于邻近建筑基础时，开挖应保持一定的距离和坡度，以免影响邻近建筑基础的稳定，一般应满足 $h:l \leqslant 0.5 \sim 1.0$ 要求，如图 2.2.5 所示。如不能满足要求，应采取在坡脚设挡墙或支撑进行加固处理。

（6）基坑挖完后应进行验槽，做好记录，如发现地基土质与地质勘探报告、设计要求不符，应与有关人员研究并及时处理。

2.2.3　质量控制及检验

2.2.3.1　工程质量标准

1. 基本规定

（1）土方开挖前应检查定位放线、排水和降低地下水位系统，合理安排土方运输车的行走路线及弃土场。

（2）施工过程中应检查平面位置、水平标高、边坡坡度、压实度、排水、降低地下水位系统，并随时观测周围的环境变化。

（3）临时性挖方的边坡值应符合表 2.2.5 的规定。

表 2.2.5　　　　　　　　　　临时性挖方边坡值

土 的 类 别		边坡值（高：宽）
砂土（不包括细砂、粉砂）		1:1.25～1:1.50
一般性黏土	硬	1:0.75～1:1.00
	硬、塑	1:1.00～1:1.25
	软	1:1.50 或更缓
碎石类土	充填坚硬、硬塑黏性土	1:0.50～1:1.00
	充填砂土	1:1.00～1:1.50

注　1. 设计有要求时，应符合设计标准。
　　2. 如采用降水或其他加固措施，可不受本表限制，但应计算复核。
　　3. 开挖深度，对软土不应超过 4m，对硬土不应超过 8m。

2. 质量验收标准

土方开挖分项工程检验批的质量检验标准和检验方法应符合表 2.2.6 的规定。

2.2.3.2　验收要求

1. 主控项目验收

（1）标高。柱基按总数抽查 10%，但不少于 5 个，每个不少于 2 点；基坑每 20m² 取 1 点，每坑不少于 2 点；基槽、管沟、排水沟、路面基层每 20m 取 1 点，但不少于 5 点；场地平整每 100～400m² 取 1 点，但不少于 10 点。

（2）长度、宽度（由设计中心线向两边量）。矩形平面从相交的中心线向外量两个宽度和长度；圆形平面以圆心为中心取半径长度在圆弧上绕一圈；梯形平面用长边、短边中心连线向外量；每边不能少于 1 点。

（3）边坡。按设计规定坡度每 20m 测 1 点，每边不少于 2 点；设计无规定时按规范执行，一定要满足边坡稳定的要求。

表 2.2.6　　　　　　　　　　土方开挖工程质量检验标准

项	序	项目	允许偏差或允许值（mm）					检验方法
			柱基、基坑、基槽	挖方场地平整		管沟	地（路）面基层	
				人工	机械			
主控项目	1	标高	−50	±30	±50	−50	−50	水准仪
	2	长度、宽度（由设计中心线向两边量）	+200 −50	+300 −100	+500 −100	+100	—	经纬仪、用钢尺量
	3	边坡	设计要求					观察或用坡度尺检查
一般项目	1	表面平整度	20	20	50	20	30	用 2m 靠尺和楔形塞尺检查
	2	基底土性	设计要求					观察或土样分析

注　地（路）面基层的偏差只适用于直接在挖、填方上做地（路）面的基层。
（1）标高：基坑、基槽不允许欠挖是为了防止基坑底面超高，从而影响基础的标高。
（2）边坡：边坡坡度应符合设计要求或经审批的组织设计要求，并应符合表 2.2.5 的规定。
（3）基底土性：基坑（槽）和管沟基底的土质条件（包括工程地质和水文地质条件等），必须符合设计要求，否则对整个建筑物或管道的稳定性和耐久性会造成严重影响。检验方法应由施工单位会同设计单位、建设单位等在现场观察检查，合格后作出验槽记录。

2．一般项目验收

（1）表面平整度。每 30～50m² 取 1 点。

（2）基底土性。观察或土样分析结果基底土质必须与勘察报告、设计要求相符、基底土严禁水浸泡和扰动。

2.2.3.3　验收资料

（1）工程地质勘察报告或施工前补充的地质详勘报告。

（2）地基验槽记录［应有建设单位（或监理单位）、施工单位、设计单位、勘察单位签署的检验意见］。

（3）挖土边坡坡度选定依据。

（4）施工过程排水监测记录。

（5）土方开挖工程质量检验单。

2.2.4　成品保护

（1）对定位标准桩、轴线引桩、标准水准点、龙门板等，挖、运土时不得碰撞，也不得坐在龙门板上休息，并应经常测量和校核其平面位置、水平标高和边坡坡度是否符合设计要求。定位标准桩和标准水准点也应定期复测检查是否正确。

（2）土方开挖时，应防止邻近已有建筑物或构筑物、道路、管线等发生下沉或变形。必要时，与设计单位或建设单位协商采取防护措施，并在施工中进行沉降和位移观测。

（3）施工中如发现有文物或古墓等，应妥善保护，并应立即报请当地有关部门处理后，方可继续施工。如发现有测量用的永久性标桩或地质、地震部门设置的长期观测点等，应加以保护。在敷设地上或地下管道、电缆的地段进行土方施工时，应事先取得有关管理部门的书面同意，施工中应采取措施，以防损坏管线。

2.2.5　安全环保措施

（1）进入现场必须遵守安全生产六大纪律。

（2）挖土时注意土壁的稳定性，发现有裂缝及倾塌可能时，人员要立即离开并及时处理。

（3）支撑应挖一层支撑好一层，并严密顶紧，支撑牢固，严禁一次将土挖好后再支撑。

（4）每日或雨后必须检查土壁及支撑稳定情况，在确保安全的情况下继续工作，并且不得将土和其他物件堆在支撑上，不得在支撑下行走或站立。混凝土支撑梁底板上沾黏物必须及时清除。

（5）在开挖基坑时，必须设有确实可行的排水措施，以免基坑积水，影响基坑土结构。

（6）开挖土方必须有挖土令。

2.2.6　常见质量问题及处理

土方开挖施工中常见质量问题及处理方法见表2.2.7。

表2.2.7　　　　　　　　土方开挖施工中常见质量问题及防治措施

现　象	原 因 分 析	预 防 措 施	治 理 方 法
挖方边坡塌方（在挖方过程中或挖方后，边坡土方局部或大面积塌陷或滑动，使地基土受到扰动，承载力降低，严重的会影响建筑的安全和稳定）	（1）基坑槽开挖深度较深，放坡不够；或通过不同土层时，没有根据土的特性分别放成不同坡度，致使边坡失去稳定而造成塌方 （2）在有地表水、地下水作用的土层开挖基坑槽时，未采取有效的降、排水措施，土层受地表水或地下水的影响而湿化，黏聚力降低，重力作用下失稳而引起塌方 （3）边坡顶部堆载过大，或受外力振动影响，使边坡土体内剪应力增大，土体失去稳定而塌方 （4）土质松软，开挖次序、方法不当而造成塌方	（1）根据土的种类、物理力学性质确定适当的边坡坡度。对永久性挖方边坡，应按设计要求放坡，一般在1∶1.0～1∶1.5之间。对使用时间较长的临时性挖方边坡坡度，可参考规范。经过不同土层时，其边坡应做成折线形 （2）当基坑深度较大，放坡开挖不经济，或环境不允许放坡时，应采用直立边坡，并进行可靠的支护 （3）做好地面排水和降低地下水位的工作 （4）在基坑（槽）边坡上侧堆土或材料以及移动施工机械时，应与挖方边缘保持一定距离，以保证边坡和直立坑壁的稳定。当土质良好时，堆土或材料应距边坡边缘0.8m以外，高度不超过1.5m	（1）对坑（槽）塌方，可将坡脚塌方清除做临时性支护（如堆装土草袋、设支撑、砌护墙等） （2）对永久性边坡局部塌方，可将塌方清除，用块石填砌或回填2∶8、3∶7灰土嵌补，与土接触部位作成台阶搭接，防止滑动；或将坡顶线后移；或将坡度改缓

续表

现　象	原因分析	预　防　措　施	治　理　方　法
基坑（槽）泡水[基坑（槽）开挖后，地基土被浸泡]	基坑（槽）开挖后，地基被地面水淹泡，或在地下水位以下挖土，基土浸水，由固态变成流态，降低了地基承载力，引起地基沉降	（1）基坑（槽）周围应设置排水沟或挡水堤，以防地面水流入坑内，坡顶或坡脚至排水沟应保持一定距离，为 0.5～1.0m （2）有地下水的土层中开挖基坑（槽），应在开挖标高坡脚设置排水沟和集水井，并使开挖面、排水沟和集水井始终保持一定深差，使地下水位降低至开挖面以下不小于 0.5m （3）采用井点法降低基坑中的地下水位至基坑最低标高以下再开挖	（1）以被淹泡的基坑（槽），应立即检查排水（或降水）措施，疏通排水沟，并采取措施将水引走、排净 （2）对已设置截水沟而仍有小股水冲刷边坡和坡脚时，可将边坡挖成阶梯形或用装土草袋护坡，将水排除，使坡脚保持稳定 （3）已被水浸泡扰动的土，可根据具体情况，采取排水晾晒后夯实，或抛填碎石、小块石夯实，换土夯实，或挖去淤泥加深基础等处理措施

任务 3　土方回填与压实

【工作任务】

熟练陈述填土压实的一般要求，初步制定土方回填压实的施工方案。

土方回填的部位有地下室四周、砖混结构条基两边与室内房心、框架柱基等。在土方回填中为保证填方工程满足强度、变形和稳定性方面的要求，既要正确选择填土的土料，又要合理选择填筑和压实方法。填土压实可采用人工压实，也可采用机械压实，当压实量较大或工期要求比较紧时一般采用机械压实。下面重点介绍机械填土压实施工。

2.3.1　填方土料选择

1. 一般规定

填方土料应符合设计要求，保证填方的强度和稳定性，设计无要求时应符合以下规定：

（1）碎石类土、砂土（使用细、粉砂时应取得设计单位同意）和爆破石渣，可用作表层以下填料，其最大粒径不得超过每层铺填厚度的 2/3（当使用振动碾时，不得超过每层铺填厚度的 3/4）。

（2）含水量符合压实要求的黏性土，可用作各层填料。

（3）淤泥和淤泥质土一般不能用作填料，但在软土或沼泽地区，经过处理含水量符合压实要求后，可用于填方中的次要部位。

（4）碎块草皮和有机质含量大于 8% 的土，仅用于无压实要求的填方。

（5）含有盐分的盐渍土中，仅中、弱两类盐渍土一般可以使用，但填料中不得含有盐品、盐块或含盐植物的根茎。

（6）不得使用冻土、膨胀土作填料。

2. 含水量控制

填土应严格控制含水量，使土料的含水量接近土的最佳含水量。含水量过大或过小的土均难以压实。施工前应对土的含水量进行检验。黏性土料施工含水量与最佳含水量之差可控制在 $-4\% \sim +2\%$ 范围内（使用振动碾时可控制在 $-6\% \sim +2\%$ 范围内）。工地简单检验黏性土含水量的方法一般是以手握成团、落地开花为宜。含水量过大，应采取翻松、晾干、风干、换土回填、掺入干土或其他吸水性材料等措施；含水量偏低，应预先洒水润湿，每 $1m^3$ 铺好的土层需要补充水量按以下经验公式计算，即

$$V = \frac{\rho_w}{1+w}(w_{0p} - w) \tag{2.3.1}$$

式中　V——单位体积内需要补充的水量，L/m^3；

　　　　w——土的天然含水量（以小数计），$\%$；

　　　　w_{0p}——土的最优含水量（以小数计），$\%$；

　　　　ρ_w——碾压前土的密度，kg/m^3。

当含水量小时，宜采取增加压实遍数或使用大功率压实机械等措施。当气候干燥时，须采取加速挖土、运土、平土和碾压过程，以减少土的水分流失。当填料为碎石类土（填充物为砂土）时，碾压前应充分洒水湿透，以提高压实效果。

☎　土的最优含水量：相同的压实功条件下使填土压实得到最大干密度时土的含水量，称为土的最优含水量，常见土的最优含水量和最大干密度见表 2.A.8。

2.3.2　施工准备

1. 技术准备

（1）熟悉施工图纸，编制施工方案，并向施工人员进行技术、质量、安全、环保文明施工交底。

（2）现场设置测量控制网，确保回填标高和平整度符合要求。

（3）填土前应根据工程特点、填土种类、密实度要求、施工条件等，合理确定填方土料含水量控制范围、虚铺厚度和压实遍数等参数。对于重要的填方工程或采用新型压实机具时，压实参数应通过填土压实试验确定。

2. 机具准备

（1）装运土方机械。推土机、铲运机、自卸汽车等。

（2）碾压机械。平碾、羊足碾和振动碾等。

（3）一般机具。蛙式或柴油打夯机、经纬仪、水准仪、铁锹、手推车、$2m$ 钢尺、20号铅丝、胶皮管等。

3. 作业条件

（1）填土前应对填方基底和已完工程进行检查和中间验收，合格后要做好隐蔽检查和验收手续。

（2）填土前应做好水平高程标志布置，如大型基坑或沟边上每隔 $5m$ 钉上水平桩橛或在邻近的固定建筑物上抄上标准高程点。

（3）确定好土方机械、车辆的行走路线，应事先经过检查，必要时要进行加固、加宽

等准备工作。

2.3.3　施工工艺

2.3.3.1　工艺流程

施工工艺流程如图 2.3.1 所示。

图 2.3.1　施工工艺流程

2.3.3.2　操作工艺

1. 基坑底地坪清理

（1）场地回填前应先清除基底垃圾、草皮、树根，排除坑穴中积水、淤泥和杂物，并应采取措施防止地表滞留水流入填方区，浸泡地基，造成基土下陷。

（2）当填方基底为耕植土或松土时，应将基底充分夯实和碾压密实。

（3）当填方位于水田、沟渠、池塘或含水量很大的松散土地段时，应根据具体情况采取排水疏干，将淤泥全部挖出，采取换土、抛填片石、填砂砾石、翻松、掺石灰等措施进行处理。

（4）当填土场地地面陡于 1/5 时，应先将斜坡挖出阶梯形，阶高 0.2～0.3m，阶宽大于 1m，然后分层填土，以利接合和防止滑动。

（5）当填方基底为软土时，大面积填土应在开挖基坑前完成，尽量留有较长的间歇时间；软土层厚度较小时，可采用换土或抛石挤淤等处理方法；软土层厚度较大时，可采用砂垫层、砂井、砂桩等方法加固。

（6）当填方地基为杂填土时，应按设计要求加固，妥善处理基底下的软硬点、空洞、旧基、暗塘等。如杂填土堆积的年限较长且较均匀时，填方前可用机械压（夯）处理。填方基底在填方前和处理后应进行隐蔽验收、做好记录，即由施工单位和建设单位或会同设计单位到现场观察检查，并查阅处理中间验收资料，经检验符合要求后作出验收签证，方能进行填方工程。

☏　填方基底处理，属于隐蔽工程，直接影响整个填方工程和整个上层建筑的安全和稳定，一旦发生事故，很难补救。因此，必须按设计要求施工，如无设计要求时，必须符合施工验收规范的规定。

2. 检验土质

检验回填土料的种类、粒径，有无杂物，是否符合规定质量标准要求，土料的含水量是否在控制范围内；如含水量偏高，可采取翻松、晾晒或均匀掺入干土等措施；如遇填料含水量偏低，可采用预先洒水润湿等措施。

3. 分层铺土

每层铺土的厚度和压实遍数应根据土质、密实度要求和机具性能确定或按表 2.3.1 选用。填土应尽量采用同类土填筑。如采用不同类土填筑，应将透水性较大的土料填筑在下层，透水性较小的土料应填筑在上层，不能将各种土混合使用。这样有利于水分的排出和基土稳定，并可避免在填方内形成水囊和发生滑移现象。

　填土应从低处开始，沿整个平面分层进行，并逐层压实。特别是机械填土，不得居高临下，不分层次，一次倾倒填筑。

表 2.3.1　　　　　　　　　　填土每层的铺土厚度和压实遍数

压实机具	每层铺土厚度 （mm）	每层压实遍数	压实机具	每层铺土厚度 （mm）	每层压实遍数
平碾	250～300	6～8	柴油打夯机	200～250	3～4
振动压实机	250～350	3～4	人工打夯	<200	3～4

4. 分层压实

填土的压实方法有碾压、夯实和振动压实等几种，如图 2.3.2 所示。平整场地等大面积填土工程多采用碾压法，小面积的填土多用夯实法或振动压实法。

（1）碾压法。碾压法是利用机械滚轮的压力压实土壤，使之达到所需的密实度，适用于大面积填土工程如场地平整、大型车间的室内填土等工程。

碾压机械有平碾机（压路机）、羊足碾、振动碾和汽胎碾。平碾对砂类土和黏性土均可压实，羊足碾只适宜压实黏性土。振动碾是一种振动和碾压同时作用的高效能压实机械，适用于爆破石渣、碎石类土、杂填土及粉质黏土的大型填方工程。汽胎碾在工作时是弹性体，其压力均匀，填土质量较好。应用最普遍的是刚性平碾。此外，利用运土工具碾压土壤也可取得较大的密实度，但必须很好地组织土方施工，利用运土过程进行碾压。如单独使用运土工具进行土壤压实工作则不经济，它的压实费用要比用平碾压实贵 1 倍左右。

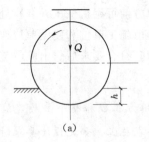
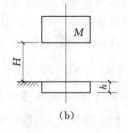
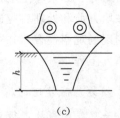

（a）　　　　　　　　　　（b）　　　　　　　　　　（c）

图 2.3.2　填土压实方法
（a）碾压；（b）夯实；（c）振动

用碾压法压实填土时，铺土厚度应均匀一致，碾压遍数要一样，碾压方向应从填土区的两边逐渐压向中心，每次碾压应有 150～200mm 的重叠。碾压机械压实填封时，应控制行驶速度，一般不应超过以下规定：平碾 2km/h；羊足碾 3km/h；振动碾 2km/h。长宽比较大时，填土应分段进行。每层接缝处应做成斜坡形，碾迹重叠 0.5～1.0m，上下层错缝距离不应小于 1m。填方超出基底表面时，应保证边缘部位的压实质量。填土后，如设计不要求边坡修整宜将填方边缘宽填 0.5m；如设计要求边坡修平拍实，宽填可为 0.2m。在机械施工碾压不到的填土部位，应配合人工推土填充，用蛙式或柴油打夯机分层夯打密实。

（2）夯实法。夯实法是利用夯锤自由下落的冲击力来夯实土层，主要用于小面积填土，可以夯实黏性土或非黏性土。夯实法分人工夯实和机械夯实。夯实机械有夯锤、内燃夯土机和蛙式打夯机，人工夯土用工具有木夯、石夯等。其中蛙式打夯机轻巧灵活，构造简单，在小型土方工程中应用最广。夯锤借助起重机提起并落下，其重量大于 1.5t，落距为 2.5～4.5m，夯土影响深度可超过 1m，常用于夯实砂性土、湿陷性黄土、杂填土及含有石块的填土。内燃夯土机作用深度为 0.4～0.7m，它和蛙式打夯机都是应用较广的夯实机械。

（3）振动压实法。振动压实法是将振动压实机放在土层的表面或内部，借助于振动设备使压实机械振动，土壤颗粒就会发生相对位移达到紧密状态。这种方法用于振实非黏性土效果较好。若使用振动碾进行碾压，可使土受到振动和碾压两种作用，碾压效率高，适用于大面积填方工程。

5. 检验密实度

回填土经过压实处理后必须达到一定的密实度，以免上面的建筑物产生不均匀沉降，从而出现工程质量或安全事故。填土的密实度以设计规定的控制干密度 ρ_d 或压实系数 λ（为土的控制干密度 ρ_d 与最大干密度 ρ_{dmax} 之比）作为检查标准。利用填土作为地基时，压实填土质量以压实系数 λ 控制，工程中可根据结构类型和压实填土所在部位按表 2.3.2 所示的数值确定。不同的填方工程，设计要求的 λ 不同。

表 2.3.2　　　　　　　　　　　　压实填土的质量控制

结构类型	填土部位	压实系数 λ	控制含水量（%）
砌体承重结构和框架结构	在地基主要受力层范围内	≥0.97	$\omega_{0p} \pm 2$
	在地基主要受力层范围以下	≥0.95	
排架结构	在地基主要受力层范围内	≥0.96	
	在地基主要受力层范围以下	≥0.94	

注　1. ω_{0p} 为最优含水量。

　　2. 地坪垫层以下及基础底面标高以上的压实填土，压实系数不应小于 0.94。

压实填土的最大干密度 ρ_{dmax}（单位：t/m^3）是在最优含水量时通过标准的击实试验确定的。当无试验资料时，可按式（2.3.2）计算，即

$$\rho_{dmax} = \eta \frac{\rho_w d_s}{1 + 0.01 w_{0p} d_s} \qquad (2.3.2)$$

式中　η——经验系数，粉质黏土取 0.96，粉土取 0.97；

　　　ρ_w——水的密度；

　　　d_s——土粒相对密度；

　　　w_{0p}——填料的最优含水量，可按当地经验取或取 $w_p + 2$（w_p 为土的塑限）。

回填土方每层压实后，应按规范规定进行环刀取样，测出土的实际干密度 ρ_0，达到

要求后（即 $\rho_0 > \rho_d$），再进行上一层的铺土。

6. 修整、找平

填方全部完成后，表面应进行拉线找平。凡超过标准高程的地方，及时依线铲平；凡低于标准高程的地方，应补土找平夯实，然后请质量检查人员验收。

2.3.3.3　回填注意事项

（1）基坑回填要分层摊平夯实，回填标高不一致时，应从低处向高处逐层填夯。基坑分段回填接槎宽度不小于 1m，高度不超过 0.5m。

（2）按要求测定干土质量密度。每层都应测定夯实后，检查其密实度，压实系数不小于 0.94 后，才能铺摊上层土料。并且在试验报告中注明土料种类、试验日期、结论、试验人员签字。未达到设计要求的部位，均应有处理方法和复验结果。

（3）雨期不宜作土方回填，施工时应严格执行技术措施，避免造成土料泡水等返工事故。

2.3.4　质量控制及检验

2.3.4.1　工程质量标准

1. 基本规定

（1）土方回填前应清除基底的垃圾、树根等杂物，抽除坑穴积水、淤泥，验收基底标高。如在耕植土或松土上填方，应在基底压实后再进行。

（2）填方土料应按设计要求验收后方可填入。

（3）填方施工过程中应检查排水措施、每层填筑厚度、含水量控制、压实程度。填筑厚度及压实遍数应根据土质、压实系数及所用机具确定。如无试验依据，应符合表 2.3.1 的规定。

（4）填方施工结束后，应检查标高、边坡坡度、压实程度等，检验标准应符合表 2.3.3 的规定。

2. 质量验收标准

土方回填分项工程检验批的质量检验标准和检查方法应符合表 2.3.3 的规定。

2.3.4.2　验收要求

1. 主控项目验收

（1）标高。柱基按总数抽查 10%，但不少于 5 个，每个不少于 2 点；基坑每 20m² 取 1 点，每坑不少于 2 点；基槽、管沟、排水沟、路面基层每 20m 取 1 点，但不少于 5 点；场地平整每 100~400m² 取 1 点，但不少于 10 点。

（2）分层压实系数（密实度）。密实度控制基坑和室内填土，每层按 100~500m² 取样一组；场地平整填方，每层按 400~900m² 取样一组；基坑和管沟回填每 20~50m² 取样一组；但每层均不得少于一组，取样部分在每层压实后的下半部。

检查方法：可用环刀取样或小轻便触探仪等，若采用灌砂法取样可适当减少。

质量标准：填方密实后的实际干密度 ρ_0，应有 90% 以上符合要求；其余 10% 的最低值与设计值之差不得大于 0.08g/cm³，且不宜集中。设计干密度 ρ_d 由设计方提供。

表 2.3.3　　　　　　　　　土方回填分项工程检验批质量检验标准

项	序	检查项目	允许偏差或允许值（mm）					检 查 方 法
			桩基、基坑基槽	场地平整		管沟	地（路）面基础层	
				人工	机械			
主控项目	1	标高	−50	±30	±50	−50	−50	水准仪
	2	分层压实系数	设计要求					按规定方法
一般项目	1	回填土料	设计要求					取样检查或直观鉴别
	2	分层厚度及含水量	设计要求					水准仪及抽样检查
	3	表面平整度	20	20	30	20	20	用靠尺或水准仪

注　1. 标高：是指回填后的表面标高，用水准仪测量。检查测量记录。

2. 分层压实系数（密实度）：土的最大干密度 ρ_{dmax} 乘以规范规定或设计要求的压实系数 λ，即可计算出填土控制干密度 ρ_d 的值。填土施工时，土的实际干密度 $\rho_0 > \rho_d$ 时符合质量要求。

3. 回填土料：对填土压实要求不高的填料，可根据设计要求或施工规范规定，按土的野外鉴别进行判别；对填土压实要求较高的填料，应先按野外鉴别法作初步判别，然后取有代表性的土样进行试验，提出试验报告。

4. 分层厚度及含水量：施工过程中应检查每层填筑厚度、含水量、压实程度。填筑厚度及压实遍数应根据土质、压实系数及所用机具确定。若无试验依据及设计要求，应符合表 2.3.1 的规定。

2．一般项目验收

（1）回填土料。在基底处理完成前对回填土料进行一次性取样检查或鉴别，当回填材料有变更时应再检查或鉴别，符合设计要求时才准予回填施工。

（2）分层厚度及含水量。分层铺土厚度检验每 10～20mm 或 100～200m² 设置一处。回填料实测含水量与最佳含水量之差，黏性土控制在 −4%～+2% 范围内，每层填料均应抽样检查一次，由于气候因素使含水量发生较大变化时应再抽样检查。

检查方法：用水准仪检查分层厚度。含水量黏性土工地检验一般以手握成团，落地即散为适宜；砂性土可在工地用烘干法测定含水量。

（3）表面平整度。抽验数量同挖土分项。检查方法：用 2m 靠尺和楔形塞尺检查，每 30～50m² 检查一点。

2.3.4.3　验收资料

（1）填方工程基底处理记录。

（2）回填土料取样检查或工地直观鉴别记录。

（3）填筑厚度及压实遍数取值的根据或试验报告。

（4）最优含水量选定根据或试验报告。

（5）填土边坡坡度选定的依据。

（6）每层填土分层压实系数测试报告和取样分布图。

（7）填土工程质量检验单。

2.3.5　成品保护

（1）回填时应妥善保护好定位标高桩、轴线桩，防止碰坏或下沉。

（2）回填时应分层对称进行，防止一侧回填造成两侧压力不平衡，使基础变形倾倒。

（3）夜间作业应合理安排施工顺序，设置足够照明，严禁汽车直接倒土入槽，防止铺填超厚和挤坏基础。

（4）基础或暖沟回填时应待混凝土或砂浆达到一定强度，不致因填土受到损坏时方可进行回填。

（5）已完填土应将表面压实做成一定坡向，防止地面雨水流入基坑（基槽）内。雨天不宜进行回填。

2.3.6　安全环保措施

（1）基坑（基槽）回填前，应检查坑（槽）有无塌方迹象，下坑操作人员要戴安全帽。在填方过程中要随时注意边坡土的变化，对危险地段采取适当的防护措施，防护拆除时应按回填的顺序进行，不得全部拆除防护，以免边坡整体失稳。

（2）土方存放时，用绿色安全网将土方覆盖，避免扬尘。运进现场的土在卸车时掉在路上及车轮带进现场时应及时清扫干净，以避免刮风尘土飞扬。

（3）回填土施工人员应尽量躲开结构施工作业部位可能掉物的危险范围，以防落物伤人。

（4）施工机械用点必须采用一机一闸一保护，夯打前检查线路是否有问题，确信无问题后方可施工。

（5）使用打夯机械应注意线路破坏而造成触电，采用蛙式打夯机打夯时，操作工人必须戴绝缘手套；夯打土方时，打夯机必须两个人操作，一人扶线，一人扶夯，以免发生触电事故。两台打夯机在同一作业面夯实时，前后距离不得小于5m，夯打时严禁夯打电线，以防触电。严格按照打夯机安全技术交底进行作业。

2.3.7　常见质量问题及处理

土方回填施工中常见质量问题及处理方法见表2.3.4。

表2.3.4　　　　　　　　土方回填施工中常见质量问题及防治措施

现　象	原因分析	预防措施	治理方法
基坑（槽）回填土沉陷［基坑（槽）填土局部或大片出现沉陷，造成室外散水空鼓下沉，基础侧面积水，甚至引起建筑结构的不均匀下沉，出现裂缝］	（1）基坑（槽）中积水、淤泥杂物未清除就回填；基础两侧用松土回填，未经分层夯实；槽边松土流入基坑（槽），夯实之前未认真处理，该回填土受到水的浸泡产生沉陷（2）基坑（槽）宽度较窄，采用手夯回填，未达到要求的密实度（3）回填土料中干土块较多，受水浸泡产生沉陷，或采用含水量大的黏性土、淤泥质土、碎块草皮做土料，回填质量不合要求（4）回填土采用水沉法沉实，密实度未达到要求	（1）基坑（槽）回填前，将槽中积水排净，淤泥、松土、杂物清理干净，如有地下水或滞水，应有排水、降水措施（2）回填土采取严格分层回填、夯实。土料及其含水量、每层铺土厚度、压实遍数应符合规定。回填土密实度要按规定抽样检查，使之符合要求（3）填土土料中不得含有大于50mm直径的土块，不应有较多的干土块（4）严禁用水沉法回填土方	（1）基槽回填土沉陷造成墙脚散水空鼓，如混凝土面层尚未破坏，可填入碎石，用灰浆泵压入水泥砂浆填灌容重（2）若面层已开裂破坏，则应视面积大小或损坏情况，采取局部或全部返工，将空鼓部位打掉，填入土或黏土与碎石混合物夯实，再作面层

续表

现 象	原因分析	预防措施	治理方法
基础墙体被回填土挤动变形（基础墙体被回填土挤动变形，造成基础墙体裂缝、破坏、轴线偏移，严重地影响结构受力性能）	（1）回填土时只填墙体一侧的土，或用机械单侧推土压实，使墙体一侧承受较大的侧压力 （2）墙体两侧回填土设计标高相差悬殊 （3）在墙体一侧临时堆土、堆料、设备或行走重型机械	（1）基础两侧用细土同时分层回填夯实，两侧填土高差不超过30cm （2）如遇暖气沟或室内外回填标高相差较大，回填土时可在另一侧临时加木支撑顶牢 （3）基础墙体施工完毕，达到一定强度后再进行回填土施工 （4）避免单侧堆放大量土方、材料、设备或行走重型机械	已造成基础墙体变形、开裂、轴线偏移等质量事故，要会同设计部门根据具体损坏情况采取加固措施进行处理，或将基础墙体局部或大部分拆除重砌
基槽室外回填土渗漏水引起地基下沉（地基因基槽室外填土渗漏水而导致下沉，引起结构变形、开裂）	（1）建筑场地表层土透水性强，外墙基槽回填如仍用这种土料，地表水很容易浸湿地基，使地基下沉 （2）基槽及其附近局部存在透水性较大的土层，未经处理，形成水囊浸湿地基土，引起下沉	（1）外槽回填土应用黏土、粉质黏土等透水性较弱的填料回填，或用2:8、3:7灰土回填 （2）基槽及附近局部存在透水性较大的土，采取挖除或用透水性小的土料封闭，使与地基隔离	（1）将透水性大的回填土挖除，重新用黏土、粉质黏土或灰土回填夯实 （2）如造成结构破坏，应会同设计部门研究加固或采取其他补救措施
回填土密实度达不到要求（回填土经碾压或夯实后，达不到设计要求的密实度，将使填土场地、地基在荷载下变形增大，强度和稳定性降低）	（1）土的含水量过大或过小，达不到最优含水量下的密实度要求 （2）填方土料不符合要求 （3）填土厚度过大或压（夯）实遍数不够，或机械碾压行驶速度太快 （4）碾压或夯实机具能量不够，达不到影响深度要求，使土的密实度降低	（1）选择符合填土要求的土料回填 （2）填土压实后要达到一定的容重要求，填土的密实度应根据工程性质来确定	

A. 相 关 知 识

2. A. 1 土的工程分类

土的分类方法很多，如根据土的颗粒级配或塑性指数分类；根据土的沉积年代分类和根据土的工程特性分类等。在土方工程施工中，根据土开挖的难易程度（坚硬程度），将土分为松软土、普通土、坚土、砂砾坚土、软石、次坚石、坚石、特坚石共8类土。前4类属一般土，后4类属岩石，其分类方法如表2.A.1所示。

2. A. 2 土的工程性质

土的工程性质对土方工程的施工有直接影响，其中基本的工程性质有土的质量密度、可松性、压缩性、含水量和渗透性等。

表 2.A.1　　　　　　　　　　　　　土的工程分类与现场鉴别方法

土的分类	土 的 名 称	坚实系数 f	密度 (t/m³)	开挖方法及工具
一类土 (松软土)	砂、亚砂土，冲积砂土、种植土、泥炭 (淤泥)	0.5～0.6	0.6～1.5	能用锹、锄头挖掘
二类土 (普通土)	亚黏土，潮湿的黄土，夹有碎石、卵石的砂，种植土、填筑土及亚砂土	0.6～0.8	1.1～1.6	用锹、锄头挖掘，少许用镐翻松
三类土 (坚土)	软及中等密实黏土，重亚黏土，粗砾石，干黄土及含碎石、卵石的黄土、亚黏土，压实的填筑土	0.8～1.0	1.75～1.9	主要用镐，少许用锹、锄头，部分用撬棍
四类土 (砂砾坚土)	重黏土及含碎石、卵石的黏土，粗卵石，密实的黄土、天然级配砂石，软的泥灰岩及蛋白石	1.0～1.5	1.9	用镐、撬棍，然后用锹挖掘，部分用楔子及大锤
五类土 (软石)	硬石炭纪黏土，中等密实的页岩、泥灰岩，白垩土，胶结不紧的砾岩，软的石灰岩	1.5～4.0	1.1～2.7	用镐或撬棍、大锤，部分使用爆破
六类土 (次坚石)	泥岩，砂岩，砾岩，坚实的页岩、泥灰岩，密实的石灰岩，风化花岗岩、片麻岩	4.0～10.0	2.2～2.9	用爆破方法，部分用风镐
七类土 (坚石)	大理岩，辉绿岩，粗、中粒花岗岩，坚实的白云岩、砂岩、砾岩、片麻岩、石灰岩	10.0～18.0	2.5～3.1	用爆破方法
八类土 (特坚石)	玄武岩，花岗片麻岩，坚实的细粒花岗岩、闪长岩、石英岩、辉绿岩	18.0～25.0	2.7～3.3	用爆破方法

注　坚实系数 f 相当于普氏岩石强度系数。

2.A.2.1　土的质量密度

1. 土的天然密度 ρ

土在天然状态下单位体积的质量，称为土的天然密度，见式（1.A.5）。它影响土的承载力、土压力及边坡的稳定性。

2. 土的干密度 ρ_d

单位体积土中固体颗粒的质量，称为土的干密度，见式（1.A.8）。干密度的大小反映了土颗粒排列的紧密程度。干密度越大，土体越密实。填土施工中常以干密度作为检验填土压实质量的控制指标。

2.A.2.2　土的天然含水量

在天然状态下，土中所含的水与土的固体颗粒间的质量比（以百分数表示），称为土的天然含水量，见式（1.A.7）。土的含水量影响土方施工方法的选择、边坡的稳定和回填土的质量，如土的含水量超过 25%～30%，则机械化施工就困难，容易打滑、陷车；回填土则需有最佳含水量，方能夯压密实，获得最大干密度。

2.A.2.3　土的可松性

自然状态下的土经开挖后组织被破坏，其体积因松散而增大，以后虽经回填压实也不能恢复其原来体积的特性，称为土的可松性。土的可松性用可松性系数表示，即

最初可松性系数 $\qquad K_s = \dfrac{V_2}{V_1} \qquad$ (2. A. 1)

最终可松性系数 $\qquad K_s' = \dfrac{V_3}{V_1} \qquad$ (2. A. 2)

式中 K_s、K_s'——土的最初、最终可松性系数；

$\quad V_1$——土在天然状态下的体积，m^3；

$\quad V_2$——土开挖后的松散状态下的体积，m^3；

$\quad V_3$——土经压（夯）实后的体积，m^3。

由于土方工程量是以自然状态的体积来计算的，所以在土方调配、计算土方机械生产率及运输工具数量等的时候，必须考虑土的可松性。K_s 是计算土方施工机械及运土车辆等的重要参数；K_s' 是计算场地平整标高及填方时所需挖土量等的重要参数。各类土的可松性系数见表 2. A. 2。

表 2. A. 2　　　　　　　　　各种土的可松性参考数值

土 的 分 类	体积增加百分比（%）		可松性系数	
	最初	最终	K_s	K_s'
一类（种植土除外）	8～17	1～2.5	1.08～1.17	1.01～1.03
一类（植物性土、泥炭）	20～30	3～4	1.20～1.30	1.03～1.04
二类	14～28	1.5～5	1.14～1.28	1.02～1.05
三类	24～30	4～7	1.24～1.30	1.04～1.07
四类（泥灰岩、蛋白石除外）	26～32	6～9	1.26～1.32	1.06～1.09
四类（泥灰岩、蛋白石）	33～37	11～15	1.33～1.37	1.11～1.15
五～七类	30～45	10～20	1.30～1.45	1.10～1.20
八类	45～50	20～30	1.45～1.50	1.20～1.30

注　最初体积增加百分比＝$(V_2-V_1)/V_1 \times 100\%$；最终体积增加百分比＝$(V_3-V_1)/V_1 \times 100\%$。

2. A. 2. 4　土的压缩性

取土回填或移挖作填，松土经运输、填压以后，都有压缩，在核实土方量时，一般可按填方断面增加 $10\%\sim20\%$ 的方数考虑，一般土的压缩率见表 2. A. 3。

用原状土和压缩后干土质量容重计算压缩率 P 为

$$P = \frac{\rho_d' - \rho_d}{\rho_d} \times 100\% \qquad (2. A. 3)$$

式中 ρ_d'——压实后填土的干密度，g/cm^3；

$\quad \rho_d$——原状填土的干密度，g/cm^3。

表 2. A. 3　　　　　　　　　土的压缩率 P 的参考值

土的类别	土的名称	土的压缩率（%）	$1m^3$ 松散土压实后的体积（m^3）	土的类别	土的名称	土的压缩率（%）	$1m^3$ 松散土压实后的体积（m^3）
一～二类土	种植土	20	0.80	三类土	天然湿度黄土	12～17	0.85
	一般土	10	0.90		一般土	5	0.95
	砂土	5	0.95		干燥坚实黄土	5～7	0.94

2. A. 2. 5 土的渗透性

水在土体中渗流的性能，一般以渗透系数 K（单位时间内水穿透土层的能力）表示。渗透系数 K 值的大小反映土透水性的强弱，将直接影响降水方案的选择和涌水量计算的准确性，一般应通过抽水试验确定，表 2. A. 4 中所列数据可供参考。

表 2. A. 4   土的渗透系数 K 参考表

土的名称	渗透系数 K(m/d)	土的名称	渗透系数 K(m/d)
黏土	<0.005	含黏土的中砂	3～15
粉质黏土	0.005～0.1	粗砂	20～50
粉土	0.1～0.5	均质粗砂	60～75
黄土	0.25～0.5	圆砾石	50～100
粉砂	0.5～1	卵石	100～500
细砂	1～5	漂石（无砂质充填）	500～1000
中砂	5～20	稍有裂缝的岩石	20～60
均质中砂	35～50	裂缝多的岩石	>60

2. A. 2. 6 原地面经机械压实后的沉陷量

原地面经机械往返运行，或采用其他压实措施，其沉降量 h 通常在 3～30cm 之间，视不同土质而变化，一般用下列经验公式计算沉降量，即

$$h = P/C \tag{2. A. 4}$$

式中 P——有效作用力，MPa，铲运机容量（6～8m³）施工按 0.6MPa 计算；推土机（73.5kW）施工按 0.4MPa 计算；

C——土的抗陷系数，MPa，如表 2. A. 5 所示。

表 2. A. 5   土的抗陷系数 C 参考表

原状土质	C 值（MPa）	原状土质	C 值（MPa）
沼泽土	0.010～0.015	大块胶结的砂、潮湿黏土	0.035～0.060
凝滞的土，细粒砂	0.018～0.025	坚实的黏土	0.100～0.102
松砂、松湿黏土、耕土	0.025～0.035	泥灰石	0.130～0.180

2. A. 3 土方工程量计算

在土方工程施工之前，必须计算土方的工程量。但各种土方工程的外形有时很复杂，而且不规则。一般情况下，将其划分成为一定的几何形状，采用具有一定精度而又和实际情况近似的方法进行计算，其计算数据还将作为安排劳动力或机械台班及工期的依据。

2. A. 3. 1 基坑（槽）和路堤的土方量计算

1. 基坑、路堤土方量计算

可按立体几何中的拟柱体（由两个平行的平面作底的一种多面体）体积公式计算，如图 2. A. 1 所示，即

$$V = (F_1 + 4F_0 + F_2)H/6 \tag{2. A. 5}$$

式中　　V——基坑或路堤土方量，m^3；

H、F_1、F_2——如图 2.A.1 所示，对基坑而言，H 为基坑开挖深度，m，F_1、F_2 分别为基坑的上、下底面积，m^2；对路堤而言，H 一般取路堤的长度，m，F_1、F_2 为两端端面的面积，m^2；

F_0——F_1 与 F_2 之间的中截面面积，m^2。

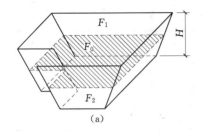 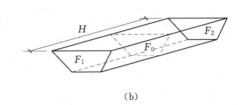

$$\text{(a)} \qquad\qquad\qquad\qquad \text{(b)}$$

图 2.A.1　基坑（槽）土方量计算

（a）基坑土方量计算；（b）路堤土方量计算

2. 基槽土方量计算

基槽开挖土方量计算可分段计算，然后汇总即得总土方量 V，如图 2.A.2 所示，即

$$V = V_1 + V_2 + V_3 + \cdots + V_n = \sum V_i \qquad (2.A.6)$$

$$V_i = F_i L_i = H(a + 2c + mH)L_i \qquad (2.A.7)$$

式中　　L_i——各段基槽长度，m，外墙按中心线计算，内墙按净长计算；

V_i——基槽各段土方量，m^3；

H——基槽开挖深度，m；

a——基础底宽，m；

c——工作面宽，m；

m——坡度系数；

F_i——各段基槽横截面面积，m^2。

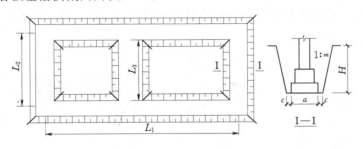

图 2.A.2　基槽土方量计算

2.A.3.2　场地平整土方量计算

1. 方格网法计算土方工程量

（1）方格土方量计算。

按方格网底面面积图形和表 2.A.6 所列体积计算公式，计算每个方格内的挖方或填方量。此表公式是按各计算图形底面积乘以平均施工高度而得出，即平均高度法。

表 2. A. 6　　　　　　　　　　**常用方格网点计算公式**

项目	图式	计算公式
一点填方或挖方 （三角形）	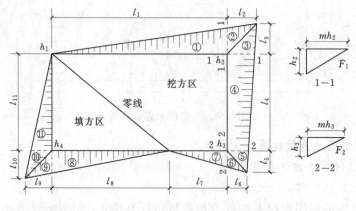	$V = \dfrac{1}{2}bc\dfrac{\sum h}{3} = \dfrac{bch_3}{6}$ 当 $b=c=a$ 时，$V = \dfrac{a^2 h_3}{6}$
二点填方或挖方 （梯形）		$V_+ = \dfrac{b+c}{2}a\dfrac{\sum h}{4} = \dfrac{a}{8}(b+c)(h_1+h_3)$ $V_- = \dfrac{d+e}{2}a\dfrac{\sum h}{4} = \dfrac{a}{8}(d+e)(h_2+h_4)$
三点填方或挖方 （五角形）		$V = \left(a^2 - \dfrac{bc}{2}\right)\dfrac{\sum h}{5} = \left(a^2 - \dfrac{bc}{2}\right)\dfrac{h_1+h_2+h_4}{5}$
四点填方或挖方 （正方形）		$V = \dfrac{a^2}{4}\sum h = \dfrac{a^2}{4}(h_1+h_2+h_3+h_4)$

注　1. a—方格网的边长，m；b、c—零点到一角的边长，m；h_1、h_2、h_3、h_4—方格网四角点的施工高程，m，用
　　　绝对值代入；$\sum h$—填方或挖方施工高程的总和，m，用绝对值代入；V—挖方或填方体积，m³。
　　2. 本表公式是按各计算图形底面积乘以平均施工高程而得出的。

（2）边坡土方量计算。

场地的挖方区和填方区的边沿都需要做成边坡，如图 2. A. 3 所示，以保证挖方土壁
和填方区的稳定。边坡土方量可划分成两种近似的几何形体，即三角棱锥体和三角棱柱
体，其计算公式见表 2. A. 7。

图 2. A. 3　场地边坡平面图

表 2. A. 7 　　　　　　　　　　**常用方格网点计算公式**

项 目	计算公式	符号意义
边坡三角棱锥体体积	边坡三角棱锥体体积 V 可按下式计算（如图 2. A. 3 中的①）： $$V_1 = \frac{F_1 l_1}{3}$$ 其中： $$F_1 = \frac{h_2(mh_2)}{2} = \frac{mh_2{}^2}{2}$$ V_2、V_3、$V_5 \sim V_{11}$ 计算方法同上	V_1、V_2、V_3、$V_5 \sim V_{11}$——边坡①、②、③、⑤ $\sim$ ⑪三角棱锥体体积，m^3 l_1——边坡①的边长，m F_1——边坡①的端面积，m^2 h_2——角点的挖土高度，m m——边坡的坡度系数
边坡三角棱柱体体积	边坡三角棱柱体体积 V 可按下式计算（如图 2. A. 3 中的④）： $$V_4 = \frac{F_1 + F_2}{2} l_4$$ 当两端横截面面积相差很大时，则： $$V_4 = \frac{l_4}{6}(F_1 + 4F_0 + F_2)$$ F_1、F_2、F_0 计算方法同上	V_4——边坡④的三角棱柱体体积，m^3 l_4——边坡④的边长，m F_1、F_2、F_0——边坡④两端及中部的横截面面积

2. 横截面法计算土方工程量

横截面法适用于地形起伏变化较大的地区，或者在地形狭长、挖填深度较大又不规则的地区采用，计算方法较为简单、方便，但精度较低。上述基槽（放坡和不放坡）土方量的计算属于横截面法计算的一种情况。

2. A. 4　土方工程的施工机械

土方的开挖、运输、填筑、压实等施工过程应尽量采用机械化施工，以减轻繁重的体力劳动，加快施工进度。

土方工程施工机械的种类繁多，有推土机、铲运机、平土机、松土机、单斗挖土机及多斗挖土机和各种碾压、夯实机械等。在建筑工程施工中，以推土机、铲运机和挖掘机应用最广，也具有代表性。不同的土方机械施工方法不同，如何制定其施工方案应考虑施工作业要求，一般在保障安全施工的前提下，尽量选择经济合理、生产率高的机械组合方案。

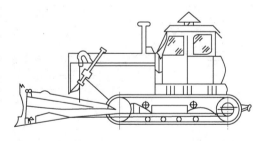

图 2. A. 4　液压操纵推土机

2. A. 4. 1　土方开挖机械

1. 推土机

（1）机械特征。

推土机是土方工程施工的主要机械之一，是在履带式拖拉机上安装推土板等工作装置而成的机械。常用推土机的发动机功率有 45kW、75kW、90kW、120kW 等数种。推土板有索式和液压操纵式两种，图 2. A. 4 所示为一液压操纵推土机外形。液压操纵推土板的推土机除了可以升降推土板外，还可调整推土板的角度，因此具有更大的灵活性。

（2）适用范围。

推土机操纵灵活、运转方便、所需工作面较小、行驶速度快、易于转移，能爬 30°左右的缓坡，应用范围较广。多用于场地清理和平整、开挖深度 1.5m 以内的基坑，填平沟坑、以及配合铲运机、挖土机工作等。此外，在推土机后面可安装松土装置，破、松硬土和冻土，也可拖挂羊足碾进行土方压料工作。推土机适于推挖一～三类土，运距在 100m 以内的平土或移挖作填，宜采用推土机，尤其是当运距在 30～60m 之间效率最高。

（3）作业方法。

推土机开挖的基本作业是铲土、运土和卸土 3 个工作行程和空载回驶行程。铲土时应根据土质情况尽量采用最大切土深度在最短距离（6～10m）内完成，以便缩短低速行进的时间，然后直接推运到预定地点。回填土和填沟渠时，铲刀不得超过土坡边沿。上下坡坡度不得超过 35°，横坡不得超过 10°。几台推土机同时作业时，前后距离应大于 8m。

推土机的生产率主要决定于推土刀推移土的体积及切土、推土、回程等工作循环时间。为了提高推土机的生产效率，缩短推土时间和减少土的失散，常用以下几种施工方法：

1）下坡推土法。推土机在斜坡上方顺下坡方向切土与推运（图 2.A.5），借助于机械本身向下的重力作用切土，增加切土深度和运土数量。一般可提高生产率 30%～40%，但坡度不宜大于 15°，以免后退时爬坡困难。无自然坡度时，也可分段推土，形成下坡送土条件。下坡推土有时与其他推土法结合使用，适用于半挖半填地区推土丘、回填沟、渠时使用。

2）（沟）槽形推土法。推土机重复多次在一条作业线上切土和推土，使地面逐渐形成一条浅槽（图 2.A.6），再反复在沟槽中进行推土，以减少土从铲刀两侧散漏。这样作业可增加 10%～30% 的推土量。槽深以 1m 左右为宜，槽间土埂宽约 50cm。在推出多条槽后，再从后面将土埂推入槽内，然后运出。适用于土层较厚、运距较远的场合。

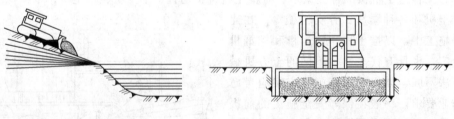

图 2.A.5　下坡推土法　　　　　　　图 2.A.6　槽形推土法

3）并列推土法。在大面积场地平整时，可采用多台推土机并列作业（图 2.A.7），以减少土体漏失量，提高效率。铲刀相距 150～300mm，一般采用两机或 3 机并列推土，两机并列可增大推土量 15%～30%，3 机并列可增大推土量 30%～40%，并列推土的平均运距宜为 20～60m。适用于大面积施工（场地平整及运送土）。

4）分堆集中、多铲集运法。在硬质土中，切土深度不大，将土先积聚在一个或数个中间点，然后再整批推送到卸土区，使铲刀前保持满载（图 2.A.8）。堆积距离不宜小于 30m，推土高度以 2m 内为宜。本法可使铲刀的推送数量增大，有效地缩短运输时间，能提高生产效率 15% 左右。适于运送距离较远，而土质又比较坚硬，或长距离分段送土时采用。

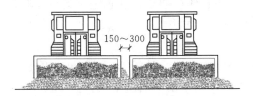

图 2.A.7 并列推土法   图 2.A.8 分堆集中、多铲集运

（4）推土机生产率计算。

1）推土机小时生产率 P_h，按式（2.A.8）计算，即

$$P_h = \frac{3600q}{T_v K_s} \quad (\text{m}^3/\text{h}) \tag{2.A.8}$$

式中　T_v——从推土到将土送到填土地点的循环延续时间，s；

　　q——推土机每次的推土量，m^3；

　　K_s——土的可松性系数。

2）推土机台班生产率 P_d，按式（2.A.9）计算，即

$$P_d = 8P_h K_B \quad (\text{m}^3/\text{台班}) \tag{2.A.9}$$

式中　K_B——工作时间利用系数，一般在 0.72～0.75 之间。

2. 铲运机

（1）机械特征。

铲运机是一种能综合完成全部土方施工工序（挖土、装土、运土、卸土和平土）的机械，按行走方式分为自行式铲运机和拖式铲运机两种（图 2.A.9）。常用的铲运机斗容量为 2m^3、5m^3、6m^3、7m^3 等数种，按铲斗的操纵系统又可分为钢丝绳操纵和液压操纵两种。

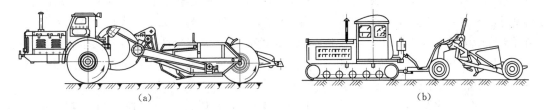

(a)   (b)

图 2.A.9 铲运机外形

(a) 自行式铲运机；(b) 拖式铲运机

（2）适用范围。

铲运机操纵简单，不受地形限制，能独立工作，行驶速度快，生产效率高，在土方工程中常应用于坡度 20° 以内的大面积土方挖、填、平整、压实，大型基坑开挖和堤坝填筑等。适用于铲运含水量不大于 27% 的松土和普通土，不适于在砾石层和冻土地带及沼泽区工作，当铲运三、四类较坚硬的土时，宜用推土机助铲或用松土机配合将土翻松 0.2～0.4m，以减少机械磨损，提高生产率。

在工业与民用建筑施工中，常用铲运机的斗容量为 1.5～7m^3。拖式铲运机的适用运

距为 80～800m，当运距为 200～350m 时效率最高；自行式铲运机的适用运距为 800～1500m。在规划铲运机的开行路线时，应力求符合经济运距的要求。在选定铲运机斗容量之后，其生产率的高低主要取决于机械的开行路线和施工方法。

（3）开行路线。

铲运机的基本作业是铲土、运土和卸土 3 个工作行程和一个空载回驶行程。在施工中，由于挖填区的分布情况不同，为了提高生产效率，应根据不同施工条件（工程大小、运距长短、土的性质和地形条件等），选择合理的开行路线和作业方法。

铲运机的开行路线可采用以下几种：

1）小环形开行路线。这是一种简单又常用的路线。从挖方到填方按环形路线回转［图 2.A.10（a）、（b）］每次循环只完成一次铲土和卸土。作业时应常调换方向行驶，以避免机械行驶部分的单侧磨损。适用于长 100m 内填土高 1.5m 内的路堤、路堑及基坑开挖、场地平整等工程采用。

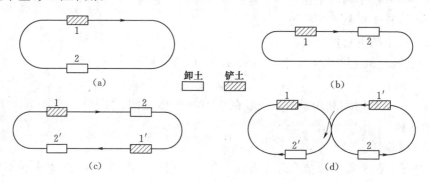

图 2.A.10　铲运机开行路线

（a）环形路线；（b）环形路线；（c）大环形路线；（d）"8"字形路线

2）大环形开行路线。从挖方到填方均按封闭的大环形路线回转，当挖土和填土交替，而刚好填土区在挖土区内两端时，则可采用大环形路线［图 2.A.10（c）］。其优点是一个循环能完成多次铲土和卸土，减少铲运机的转弯次数，提高生产效率。本法也常调换方向行驶，以避免机械行驶部分的单侧磨损。适用于工作面很短（50～100m）和填方高 0.1～1.5m 的路堤、路堑、基坑及场地平整等工程采用。

3）"8"字形开行路线。"8"字形运行，一个循环完成两次挖土和卸土作业［图 2.A.10（d）］。装土和卸土沿直线开行时进行，转弯时刚好把土装完或倾卸完毕，但两条路线间的夹角 α 应小于 60°。本法可减少转弯次数和空驶距离，提高生产率，同时一个循环中两次转方向不同，可避免机械行驶部分单侧磨损。适用于开挖管沟、沟边卸土或土坑较长（300～500m）的侧向取土、填筑路基及场地平整等工程采用。

（4）作业方法。

1）下坡铲土法。铲运机利用地形进行下坡铲土，这样可以借助铲运机的重力来加强铲斗的铲土深度和能力，以缩短铲土的时间。适于斜坡地形大面积场地平整或推土回填沟渠用。

2）跨铲法。铲运机间隔铲土，中间预先留出土埂。这就相当于形成了一个铲土的土槽，减少向外撒土量；同时，铲土埂时的阻力减少，效率提高。要求是土埂高度不大于300mm，宽度不大于拖拉机两履带之间的净距。

3）推土机助铲法。如果地势平坦、土质比较硬时，可用推土机在铲运机后面顶推，以加大铲车的切土能力，缩短铲土时间，提高生产效率。推土机在助铲的空隙时间里还可以进行松土和平整工作。

4）交错铲土法。铲运机开始铲土的宽度取大一些，随着铲土阻力增加，适当减小铲土宽度，使铲运机能很快装满土。当铲第一排时，互相之间相隔铲斗一半宽度，铲第二排土则退离第一排铲土长度的一半位置，与第一排所挖各条交错开，以下所挖各排均与第二排相同。一般适于较坚硬土的场地平整。

5）双联铲运法。铲运机运土时所需牵引力较小，当下坡铲土时，可将两个铲斗前后串在一起，形成一起一落依次铲土、装土（又称双联单铲）。当地面较平坦时，采取将两个铲斗串成同时起落、同时铲土、又同时起斗开行（又称双联双铲）。前者可提高工效的20%～30%；后者可提高工效的60%。适于较松软的土进行大面积场地平整及筑堤的场合。

3. 单斗挖土机

单斗挖土机在土方工程中应用较广，种类很多，按其行走方式的不同，分为履带式和轮胎式两类。按其传动方式的不同，分为机械式和液压式两类。单斗挖土机还可根据工作的需要，更换其工作装置。按其工作装置的不同，分为正铲、反铲、抓铲、拉铲等，如图2.A.11所示。

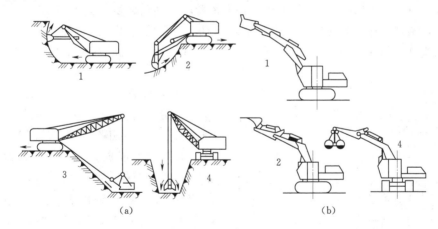

图 2.A.11　单斗挖土机
(a) 机械式；(b) 液压式
1—正铲；2—反铲；3—拉铲；4—抓铲

(1) 正铲挖土机。

1）作业特点。正铲挖土机的挖土特点是：前进向上，强制切土。适用于开挖停机面以上的土方，且需与汽车配合完成整个挖运工作。正铲挖掘机挖掘力大，适于开挖含水量小于27%的一～四类土和经爆破后的岩石及冻土。

2）开挖方式。根据开挖路线与运输汽车相对位置的不同，正铲挖土机的开挖方式分

为以下几种:

a. 正向开挖、侧向装土。挖土机沿前进方向挖土,运输工具停在侧面装土[图 2.A.12 (a)]。本法铲臂卸土回转角度最小小于 90°,装车方便,循环时间短,生产率较高,用于开挖工作面较大,深度不大的边坡、基坑(槽)、沟渠和路堑等,为最常用的开挖方法。

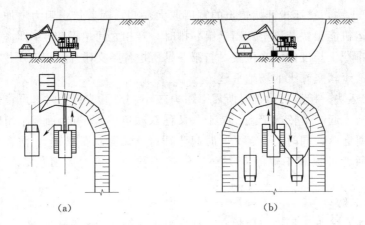

图 2.A.12　正铲挖土机开挖方式
(a) 正向开挖、侧向装土;(b) 正向开挖、后方装土

b. 正向开挖、后方装土。挖土机沿前进方向挖土,运输工具停在挖土机后方装土[图 2.A.12 (b)]。本法开挖工作面较大,但铲臂卸土回转角度较大,约 180°,且汽车要侧向行车,增加工作循环时间,生产效率降低(回转角度为 180°,效率约降低 23%;回转角度为 130°,效率约降低 13%)。用于开挖工作面较小,且较深的基坑(槽)、管沟和路堑等。

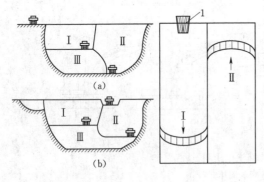

图 2.A.13　分层挖土法
1—下坑通道;Ⅰ、Ⅱ、Ⅲ——一、二、三层

3) 作业方法。

a. 分层挖土法。将开挖面按机械的合理高度分为多层开挖[图 2.A.13 (a)];当开挖面高度不能成为一次挖掘深度的整数倍时,则可在挖方的边缘或中部先开挖一条浅槽作为第一次挖土运输的路线[图 2.A.13 (b)],然后再逐次开挖直至基坑底部。用于开挖大型基坑或沟渠,工作面高度大于机械挖掘的合理高度时采用。

b. 多层挖土法。多层挖土法将开挖面按机械的合理开挖高度分为多层同时开挖,以加快开挖速度,土方可以分层运出,也可分层递送,至最上层(或下层)用汽车运出(图 2.A.14)。但两台挖土机沿前进方向,上层应先开挖,与下层保持 30～50m 距离。适于开挖高边坡或大型基坑。

c. 中心开挖法。正铲先在挖土区的中心开挖,当向前挖至回转角度超过 90°时,则转向两侧开挖，运土汽车按 8 字形停放装土（图 2.A.15）。本法开挖移位方便，回转角度小（<90°）。挖土区宽度宜在 40m 以上，以便于汽车靠近正铲装车。适于开挖较宽的山坡地段、基坑、沟渠等。

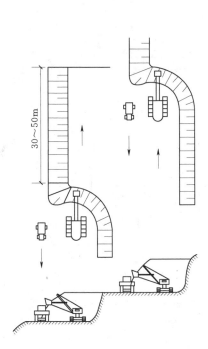

图 2.A.14　多层挖土法

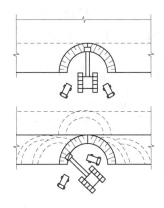

图 2.A.15　中心开挖法

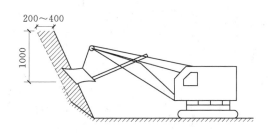

图 2.A.16　上下轮换开挖法

d. 上下轮换开挖法。先将土层上部 1m 以下土挖深 30~40cm，然后再挖土层上部 1m 厚的土，如此上下轮换开挖（图 2.A.16）。本法挖土阻力小，易装满铲斗，卸土容易。适于土层较高、土质不太硬、铲斗挖掘距离很短时使用。

☎ 正铲的生产率主要决定于每斗的装土量和每斗作业的循环延续时间。为了提高其生产率，除了工作面高度必须满足装满土斗的要求之外，还要考虑开挖方式和与运土机械配合的问题，尽量减少回转角度，缩短每个循环的延续时间。

（2）反铲挖土机。

1）作业特点。反铲挖土机的挖土特点是：后退向下，强制切土。适用于开挖含水量大的一~三类的砂土或黏土。主要用于开挖停机面以下的土方，最大挖土深度为 4~6m，经济合理的挖土深度为 2~4m。反铲也需配备运土汽车进行运输。

2）开挖方式。根据开挖路线与运输汽车相对位置的不同，反铲挖土机的开挖方式有以下几种：

a. 沟端开挖法。反铲停于沟端，后退挖土，向沟一侧弃土或装汽车运走［图 2.A.17（a）］。挖掘宽度可不受机械最大挖掘半径的限制，臂杆回转半径仅 45°~90°，同时可挖到最大深度。适于就地取土填筑路基或修筑堤坝。

　　b. 沟侧开挖法。反铲停于沟侧，沿沟边开挖，汽车停在机旁装土或往沟一侧卸土 [图2.A.17（b）]。本法臂杆回转角度小，可将土弃于距沟较远的地方，但挖土宽度比挖掘半径小，边坡不易控制，同时机身靠沟边停放，稳定性较差。用于横挖土体和需将土方甩到离沟边较远的距离时使用。

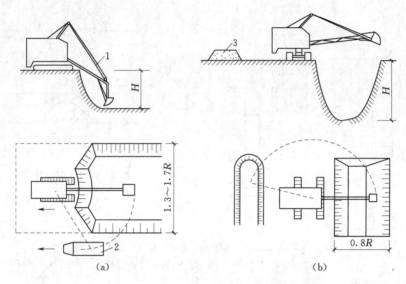

图2.A.17　反铲挖土机开挖方式
（a）沟端开挖法；（b）沟侧开挖法
1—反铲挖土机；2—自卸汽车；3—弃土堆

　　c. 多层接力开挖法。多层接力开挖法用两台或多台挖土机设在不同作业高度上同时挖土，边挖土边将土传递到上层，由地表挖土机连挖土带装土（图2.A.18）；上部可用大型反铲，中、下层用大型或小型反铲，进行挖土和装土，均衡连续作业。一般两层挖土可挖深10m，3层可挖深15m左右。本法开挖较深基坑，一次开挖到设计标高，一次完成，可避免汽车在坑下装运作业，提高生产效率，且不必设专用垫道。适于开挖土质较好，深10m以上的大型基坑、沟槽和渠道。

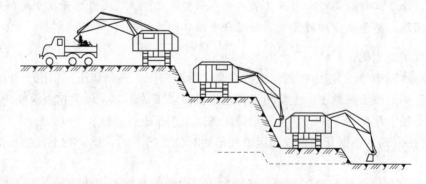

图2.A.18　多层接力开挖法

（3）拉铲挖土机。

1）作业特点。拉铲挖土机的挖土特点是：后退向下，自重切土。适用于一～三类土，可开挖较大基坑（槽）和沟渠，挖取水下泥土，也可用于填筑路基、堤坝等。拉铲的挖土深度和挖土半径都很大，能开挖停机面以下的土方。挖土时依靠土斗自重及拉索拉力切土，卸土时斗齿朝下，利用惯性，较湿的黏土也能卸净。

2）开挖方式。拉铲挖土时，吊杆倾斜角度应在 45°以上，先挖两侧然后中间，分层进行，保持边坡整齐；距边坡的安全距离应不小于 2m。开挖方式有以下几种：

a. 沟端开挖法。拉铲停于沟端，倒退着沿沟纵向开挖［图 2.A.19（a）］。开挖宽度可以达到挖掘半径的两倍，能两面出土，汽车停放在一侧或两侧，装车角度小，坡度较易控制，并能开挖较陡的坡。适于就地取土填筑路基或修筑堤坝。

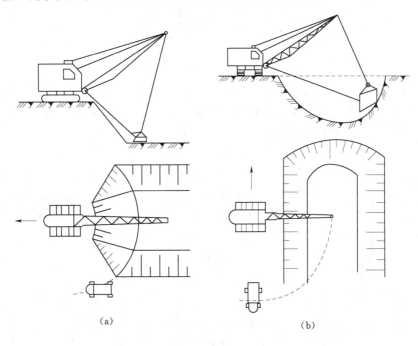

图 2.A.19　拉铲挖土机开挖方式
（a）沟端开挖法；（b）沟侧开挖法

b. 沟侧开挖法。拉铲停在沟侧沿沟横向开挖［图 2.A.19（b）］，沿沟边与沟平行移动，如沟槽较宽，可在沟槽的两侧开挖。本法开挖宽度和深度均较小，一次开挖宽度约等于挖土半径，且开挖边坡不宜控制。适于开挖土方就地堆放的基坑、基槽及填筑路堤等工程。

3）作业方法。

a. 分段挖土法。机身沿 AB 线移动进行分段挖土（图 2.A.20）。如沟底（或坑底）土质较硬，地下水位较低时，应使汽车停在沟下装土，铲斗装土后稍微提起即可装车，既能缩短铲斗起落时间，又能减小臂杆的回转角度。适于开挖宽度大的基坑、基槽、沟渠工程。

b. 分层挖土法。拉铲从左到右，或从右到左顺序逐层挖土，直至全深（图 2.A.21）。本法可以挖得平整，拉铲斗的时间可以缩短。当土装满铲斗后，可以从任何高度提起铲斗，运送土时的提升高度可减小到最低限度，但落斗时要注意将拉斗钢绳与落斗钢绳一起放松，使铲斗垂直下落。适于开挖较深的基坑，特别是圆形或方形基坑。

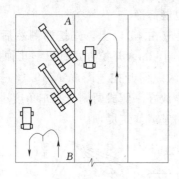

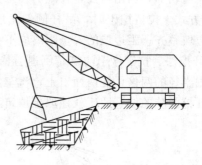

图 2.A.20　拉铲分段挖土法　　　　图 2.A.21　拉铲分层挖土法

　　c. 顺序挖土法。挖土时先挖两边，保持两边低、中间高的地形，然后顺序向中间挖土（图 2.A.22）。本法挖土只两边遇到阻力，较省力，边坡可以挖很整齐，铲斗不会发生翻滚现象。适于开挖土质较硬的基坑。

　　（4）抓铲挖土机。

　　1）作业特点。抓铲挖土机的挖土特点：直上直下，自重切土，挖土力较小。适用于开挖较松软的土。对施工面窄而深的基坑、深槽、深井采用抓铲可取得理想效果。抓铲还可用于挖取水中淤泥、装卸碎石、矿渣等松散材料。

　　2）作业方法。抓铲能抓载回转半径范围内开挖基坑上任何位置的土方，并可在任何高度上卸土（装车或弃土）。对小型基坑，通常立于基坑一侧抓土；对较宽的基坑则在两侧或四侧抓土。抓铲应离基坑边一定距离，土方可直接装入自卸汽车运走，或堆弃在基坑

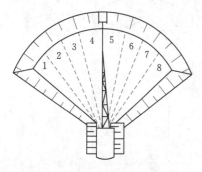

图 2.A.22　拉铲顺序挖工法
1、2、3、…—拉土顺序

旁或用推土机推到远处堆放。挖淤泥时抓斗易被淤泥"吸住"，应避免起吊用力过猛，以防翻车。抓铲施工，一般均需加配重。

　　（5）挖土机与汽车配套计算。

　　1）挖土机数量确定。挖土机需用数量 N，应根据土方量大小、工期长短、经济效果按式（2.A.10）计算，即

$$N = \frac{Q}{P} \frac{1}{TCK} \quad （台）\qquad\qquad (2.A.10)$$

式中　Q——土方量，m^3；

　　　　P——挖土机生产率，m^3/台班；

　　　　T——工期，工作日；

C——每天工作班数；

K——时间利用系数，$0.8\sim0.9$。

挖土机生产率 P，可查定额手册，也可按式（2.A.11）计算，即

$$P=\frac{8\times3600}{t}q\frac{K_{\mathrm{C}}}{K_{\mathrm{S}}}K_{\mathrm{B}} \quad (\mathrm{m^3/台班}) \tag{2.A.11}$$

式中 t——挖土机每次循环作用延续时间，s，即每挖一斗的时间。对 W_1 - 100 正铲挖土
机为 $25\sim40\mathrm{s}$；对 W_1 - 100 拉铲挖土机为 $45\sim60\mathrm{s}$；

q——挖土机斗容量，$\mathrm{m^3}$；

K_{S}——土的最初可松性系数；

K_{C}——土斗的充盈系数，可取 $0.8\sim1.1$；

K_{B}——工作时间利用系数，一般取 $0.6\sim0.8$。

2）自卸汽车配合计算。自卸汽车的载重量 Q 应与挖土机的斗容量保持一定的关系，一般宜为每斗土重的 $3\sim5$ 倍。自卸汽车的数量从保证挖土机连续工作，可按式（2.A.12）计算，即

$$N=\frac{T_{\mathrm{S}}}{t_1} \tag{2.A.12}$$

式中 T_{S}——自卸汽车每一工作循环延续时间，min；

t_1——自卸汽车每次装车时间，min。

2.A.4.2 土方施工机械的选择与合理配置

土方机械化开挖通常应根据工程特点和技术条件提出几种可行方案，然后进行技术经济比较分析，选择效率高、综合费用低的机械进行施工，可选用土方施工单价最小的机械。

在大型建设项目中，土方工程量很大，而当时现有的施工机械的类型及数量常常有一定的限制，此时必须将现有机械进行统筹分配，以使施工费用最小。一般可以用线性规划的方法来确定土方施工机械的最优分配方案。

1. 土方机械选择要点

（1）当地形起伏不大、坡度在 $20°$ 以内、挖填平整土方的面积较大、土的含水量适当、平均运距短（一般在 1km 以内）时，采用铲运机较为合适；如果土质坚硬或冬季冻土层厚度超过 $100\sim150\mathrm{mm}$ 时，必须由其他机械辅助翻松再铲运；当一般土的含水量大于 25% 或黏土含水量超过 30% 时，铲运机要陷车，必须将水疏干后再施工。

（2）地形起伏大的山区丘陵地带，一般挖土高度在 3m 以上，运输距离超过 1000m，工程量较大且集中，一般可采用正（反）铲挖掘机配合自卸汽车进行施工，并在弃土区配备推土机平整场地。当挖土层厚度在 $5\sim6\mathrm{m}$ 以上时，可在挖土段的较低处设置倒土漏斗，用推土机将土推入漏斗中，并用自卸汽车在漏斗下装土并运走。漏斗上口尺寸为 3.5m 左右，由钢框架支承，底部预先挖平以便装车，漏斗左右及后侧土壁应加以支护。也可以用挖掘机或推土机开挖土方并将土方集中堆放，再用装载机把土装到自卸汽车上运走。

（3）开挖基坑时，如土的含水量较小，可结合运距、挖掘深度，分别选用推土机、铲运机或正铲（或反铲）挖掘机配以自卸汽车进行施工。当基坑深度在 $1\sim2\mathrm{m}$、基坑不太长

时，可采用推土机；长度较大、深度在 2m 以内的线状基坑，可用铲运机；当基坑较大、工程量集中时，可选用正铲挖掘机。如地下水位较高，又不采用降水措施，或土质松软，可能造成机械陷车时，则采用反铲、拉铲或抓铲挖掘机配以自卸汽车施工较为合适。移挖作填以及基坑和管沟的回填，运距在 60～100m 以内时可用推土机。

2. 土方机械与运土车辆的配合

（1）当挖掘机挖出的土方需用运土车辆运走时，挖掘机的生产率不仅取决于本身的技术性能，而且还决定于所选的运输机具是否与之协调。由于施工现场工作面限制、机械台班费用等原因，一般应以挖土机械为主导机械，运输车辆应根据挖土机械性能配套选用。

（2）为了使主导机械挖掘机充分发挥生产能力，应使运土车辆的载重量与挖掘机的斗容量保持一定的倍数关系，需有足够数量的车辆以保证挖掘机连续工作。从挖掘机方面考虑，汽车的载重量越大越好，可以减少等车待装时间，运土量大；从汽车方面考虑，载重量小，台班费便宜，然而数量增加；载重量大，台班费贵，但车辆数量小。一般情况下载重量宜为每斗土重的 3～5 倍。

2.A.5　填土压实的影响因素

填土压实质量与许多因素有关，其中的主要影响因素为压实功、土的含水量及每层铺土厚度。

2.A.5.1　压实功的影响

填土压实后的密度与压实机械在其上所施加的功有一定关系，如图 2.A.23 所示。从图中可以看出两者并不成正比关系，当土的含水量一定，在开始压实时，土的密度急剧增加，待到接近土的最大密度时，压实功虽然增加许多，而土的密度却没有明显变化。因此在实际施工中，在压实机械和铺土厚度一定的条件下，碾压一定遍数即可，过多增加压实遍数对提高土的密度作用不大。另外，对松土一开始就用重型碾压机械进行碾压，土层会出现强烈的起伏现象，压实效果不好。如果先用轻碾，再用重碾压实就会取得较好的效果。为使土层碾压变形充分，压实机械行驶速度不宜太快。

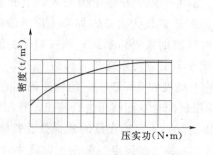

图 2.A.23　土的密度与压实功的
关系示意图

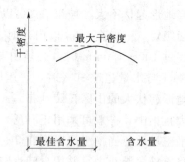

图 2.A.24　土的含水量对其压实
质量的影响

2.A.5.2　含水量的影响

填土土料含水量的大小，直接影响到夯实（或碾压）的遍数和质量（图 2.A.24）。在夯实（碾压）前应预先试验，以得到符合密实度要求条件下的最优含水量和最少夯实（或碾压）遍数。含水量过小，夯压（碾压）不实；含水量过大，易成"橡皮土"。当土的含水量适当时，水起了润滑作用，土颗粒之间的摩阻力减少，从而容易压实。每种土壤都有其最优含水量，土在这种含水量的条件下，使用同样的压实功进行压实，所得到的干密度最大，各种土的最优含水量和对应的最大干密度参考数值见表 2.A.8。

表 2.A.8　　　　　　　　　　土的最优含水量和最大干密度参考表

项次	土的种类	变动范围		项次	土的种类	变动范围	
		最佳含水量（%）（重量比）	最大干密度（g/cm³）			最佳含水量（%）（重量比）	最大干密度（g/cm³）
1	砂土	8～12	1.80～1.88	3	粉质黏土	12～15	1.85～1.95
2	黏土	19～23	1.58～1.70	4	粉土	16～22	1.61～1.80

注　1. 表中土的最大干密度应根据现场实际达到的数字为准。
　　2. 一般性的回填可不做此项测定。

2.A.5.3　铺土厚度和压实遍数的影响

土在压实功的作用下，其应力随深度增加而逐渐减小（图 2.A.25），其影响深度与压实机械、土的性质和含水量有关。铺土厚度应小于压实机械压土时的有效作用深度，而且还应考虑最优土层厚度。铺得过厚，要压多遍才能达到规定的密实度；铺得过薄，则要增加机械的总压实遍数。最优的铺土厚度应能使土方压实而机械的功耗费最少。填土的铺土厚度及压实遍数可参考表 2.3.1。

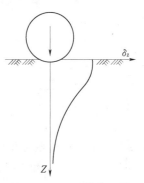

图 2.A.25　压实作用沿
深度的变化

☎ 上述 3 方面因素之间是互相影响的。为了保证压实质量，提高压实机械的生产率，重要工程应根据土质和所选用的压实机械在施工现场进行压实试验，以确定达到规定密实度所需的压实遍数、铺土厚度及最优含水量。

B.　拓 展 知 识

2.B.1　土方工程施工的一般规定

（1）土方工程施工前应进行挖、填方的平衡计算，综合考虑土方运距最短、运程合理和各个工程项目的合理施工程序等，做好土方平衡调配，减少重复挖运。

土方平衡调配应尽可能与城市规划和农田水利相结合，将余土一次性运到指定弃土场，做到文明施工。

（2）当土方工程挖方较深时，施工单位应采取措施，防止基坑底部土的隆起，并避免危害周边环境。

（3）在挖方前，应做好地面排水和降低地下水位工作。

（4）平整场地的表面坡度应符合设计要求，设计无要求时做成向排水沟方向不小于2‰的坡度。平整后的场地表面应逐点检查。检查点为每 $100\sim400\text{m}^2$ 取 1 点，但不应少于 10 点；长度、宽度和边坡均为每 20m 取 1 点，每边不应少于 1 点。

（5）土方工程施工时，应经常测量和校核其平面位置、水平标高及边坡坡度。平面控制桩和水准控制点应采取可靠的保护措施，定期复测和检查。土方不应堆在基坑边缘。

 在土方工程施工测量中，除开工前的复测放线外，还应配合施工对平面位置（包括控制边界线、分界线、边坡的上口线和底口线等）、边坡坡度（包括放坡线、变坡等）和标高（包括各个地段的标高）等经常进行测量，校核是否符合设计要求。平面控制桩和水准控制点也应定期进行复测和检查。

（6）冬季和雨季施工还应遵守国家现行的有关标准。

2.B.2   土方施工方案编制要点

2.B.2.1   工程概况

至少应包括以下内容：

（1）土方工程所处的地段、周边的环境。

（2）四周市政道路、管、沟、电缆等情况。

（3）基础类型、基坑开挖深度、降排水条件、施工季节、原状土放坡形式及其他要求。

2.B.2.2   工程地质情况及现场环境

（1）施工区域内建筑基地的工程地质勘察报告中，要有土的常规物理试验指标，必须提供土的固结快剪内摩擦角、黏聚力、渗透系数等数据。

（2）施工区域内及邻近地区地下水情况。

（3）场地内和邻近地区地下管道、管线图和有关资料，如位置、深度、直径、构造及埋深年份等。

（4）邻近的原有建筑、构筑物的结构类型、层数、基础类型、埋深、基础荷载及上部结构现状，如有裂缝、倾斜等情况，需作标记、拍片或绘图，形成原始资料文件。

（5）土方工程四周道路的距离及车辆载重情况。

2.B.2.3   土方工程施工

1. 施工准备工作

（1）勘察现场，清除地面及地上障碍物。

（2）做好施工现场防洪排水工作，全面规划场地，平整各部分的标高，保证施工场地排水通畅不积水，场地周围设置必要的截水沟、排水沟。

（3）保护测量基准桩，以保证土方开挖标高位置与尺寸准确无误。

（4）备好施工用电、用水、道路及其他设施。

2. 施工注意事项

（1）根据土方工程开挖深度和工程量的大小，选择机械和人工挖土或机械挖土方案。

（2）如开挖的深度比邻近建筑物基础深时，开挖应保持一定的距离和坡度，以免在施工时影响邻近建筑物的稳定。如不满足要求，应采取坡支撑加固措施，并在施工中进行沉降和位移观测。

（3）弃土应及时运出，如需要临时堆土，或留做回填土，堆土坡脚至坑边距离应按开挖深度、边坡坡度和土的类别确定（应考虑堆土附加侧压力）。

3. 土方开挖

开挖应根据边坡形式、降排水要求，确定开挖方案。施工边界周围地面应设排水沟，且应避免漏水、渗水进入坑内；放坡开挖时，应对坡顶、坡面、坡脚采取降排水措施。基坑周边严禁超堆荷载。

内容应包括：开挖机械的选型、开挖顺序、机械和运输车辆形式路线，地面和坑内排水措施，冬期、雨期、汛期施工措施等。

4. 开挖监控

开挖前应作出系统的开挖监控方案，监控方案应包括监控目的、监测项目、监控报警值、监测方法及精度要求、监测点的布置、监测周期、工序管理和记录制度及信息反馈系统等。

2.B.2.4 安全保证措施

（1）施工前要有单项土方工程施工方案，对施工准备、开挖方法、放坡、排水、边坡支护应根据有关规范要求进行设计。

（2）人工挖土方时，操作人员之间要保持安全距离，一般大于 2.5m；多台机械开挖时，挖土机间距应大于 10m，挖土要自上而下，逐层进行，严禁先挖坡脚的危险作业。

（3）挖土方前对于周围环境要认真检查，不能在危险岩石或建筑物下面进行作业。

（4）开挖应严格要求放坡，操作时应随时注意边坡的稳定情况，发现问题及时加强处理。

（5）机械挖土，多台阶同时开挖土方时，应验算边坡的稳定。根据规定和验算确定挖土机离边坡的安全距离。

（6）四周设防护栏杆，人员上下要有专用爬梯。

（7）运土道路的坡度、转变半径要符合有关安全规定。

（8）爆破土主要遵守爆破作业安全有关规定。

（9）建立健全施工安全保证体系，落实有关建筑施工的基本安全措施等内容。

（10）结合工程特点采取应急措施。

2.B.2.5 地下水控制

地下水控制的设计和施工应满足支护结构设计要求，应根据场地及周边工程地质条件、水文地质条件和环境条件，并结合基坑支护和基础施工方案综合分析、确定。

内容：地下水控制方法、涌水量估算、降水措施等。

学习情境 3 基 坑 工 程 施 工

【教学目标】

通过该学习情境的学习训练，要求学生掌握基坑工程的施工工艺和施工方法，能组织基坑工程的施工质量验评。

【教学要求】

1. 能力要求

能读懂基坑支护结构的施工方案（能根据基坑开挖方案组织施工，会采取一定的措施控制地下水，会借助仪器设备对基坑进行现场监测）。

能够初步制定土方开挖和基坑围护的施工方案。

2. 知识要求

了解深基坑支护类型，掌握常用深基坑支护的施工工艺。

掌握深基坑开挖的施工工艺。

在地下室或其他地下结构、深基础等施工时，常常需要开挖基坑。基坑工程包括基坑的土方开挖与围护体系的设计与施工，是一项综合性很强的系统工程，要求岩土工程和结构工程技术人员密切配合。对于较大的基坑工程一定要编制较为详细的土方工程施工方案（放坡开挖、支护开挖）。

基坑工程具有下述特点：

（1）基坑支护体系一般属于临时性结构，安全储备较小，具有较大的风险性。因此，基坑工程施工过程中应进行监测，并备有应急措施。

（2）基坑工程具有环境效应。基坑开挖会引起周围地基地下水位变化和应力改变，从而引起周围地基土变形，对相邻建筑物、地下管线产生影响。

（3）基坑工程具有较强的时空效应。基坑的深度和平面形状对基坑支护体系的变形和稳定影响较大。况且，作用在支护结构上的土压力随时间有所增加，土体蠕变会使土的强度降低，边坡的稳定性减小。

（4）基坑工程具有较强的区域性。各地的工程地质和水文地质条件差别较大，必须因地制宜地进行设计和施工。

（5）基坑工程具有很强的个性。基坑工程的围护体系设计、施工和土方开挖，不仅与工程地质和水文地质条件有关，还与基坑相邻建筑物、构筑物和地下管线的位置、抵御变形的能力以及周围场地条件有着非常密切的关系。同时，保护相邻建（构）筑物和市政设施的安全是基坑工程设计与施工的关键，这就决定了基坑工程是一个系统的分支。因此，对基坑工程的分类、对基坑支护结构的容许变形、同一规定标准的确定是比较困难的。

（6）基坑工程具有很强的综合性。基坑工程涉及土力学中稳定、变形和渗流 3 个基本课题，应根据不同的具体情况分别重点考虑。

任务 1 深 基 坑 支 护

【工作任务】

读懂基坑支护结构施工方案，能够初步编制基坑支护专项施工方案并进行质量验评。

基坑支护是指为保证地下结构施工及基坑周边环境的安全，对基坑侧壁及周边环境采用的支挡、加固与保护措施，如板桩、排桩、水泥土墙、地下连续墙、土层锚杆等支护结构。对于不具备放坡条件的基坑，必须在支护体系保护下才能进行开挖，否则很容易发生边坡塌方等事故。因此，基坑工程需选择安全可靠、经济合理、便于施工的支护结构类型，并编制相应的基坑支护施工方案以指导施工。同时，掌握并理解基坑支护结构施工方案对于能否正常施工也是非常重要的事情。

支护结构（包括围护墙和支撑）按其工作机理和围护墙的形式可分为如图 3.1.1 所示的几种类型。

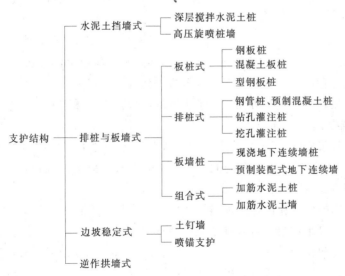

图 3.1.1 基坑支护结构的类型

通常在选择支护类型时，需要满足下列要求：

（1）保证基坑四周边坡的稳定性，满足地下室施工足够空间的要求，即基坑支护体系要能起到挡土作用，这是土方开挖和地下室施工的必要条件。

（2）保证基坑四周相邻建筑物、构筑物和地下管线在基坑工程期间不受损害，即要求支护体系施工在土方开挖及地下室施工过程中控制土体的变形，使基坑周围地面沉降和水平位移控制在容许范围内。

（3）支护体系通过截水、降水、排水等措施，保证基坑工程施工作业面在地下水位以上。

下面重点介绍深层搅拌水泥土桩、土层锚杆、地下连续墙等支护的施工工艺。

3.1.1　水泥土桩墙支护结构施工

水泥土桩墙支护结构是目前工程中应用较多的一种重力式支护结构。它是采用水泥作为固化剂，通过特殊的拌和机械在地基深处将原状土和水泥进行强制搅拌，形成柱状的水泥加固土（搅拌桩）。由水泥土搅拌桩搭接而形成的水泥土墙，具有一定的强度和整体结构性，能依靠自重和刚度进行挡土和保护坑壁稳定，起到挡土、防渗的双重作用。水泥土桩墙适用于淤泥、淤泥质土、黏土、粉质黏土、粉土、具有薄夹砂层的土、素填土等地基承载力特征值不大于 150kPa 的土层，作为基坑截水及较浅基坑（4～6m）的支护工程。

水泥土桩墙通常布置成格栅式，格栅的置换率（加固土的面积：水泥土墙的面积）为 0.6～0.8。墙体的宽度 b、插入深度 h_d 根据基坑开挖深度 h 估算，一般 $b=(0.6\sim0.8)h$，$h_d=(0.8\sim1.2)h$（图 3.1.2）。

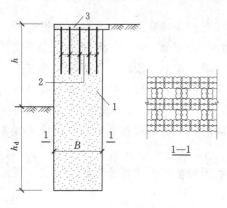

图 3.1.2　水泥土桩墙
1—搅拌桩；2—插筋；3—面板

水泥土桩墙施工工艺可采用 3 种方法：喷浆式深层搅拌法（湿法）、喷粉式深层搅拌法（干法）和高压喷射注浆法（旋喷法）。在水泥土桩墙施工中应优先选用湿法施工工艺，该方法注浆量较易控制，成桩质量较为稳定，桩体均匀性好，且在设计与施工方面积累了丰富的经验。下面重点对其进行介绍。

3.1.1.1　材料要求

（1）水泥。宜采用强度等级为 32.5MPa 级及以上的普通硅酸盐水泥，水泥进场需对产品名称、强度等级、出厂日期等进行观测检查，要求新鲜无结块，且必须经强度试验和安定性试验合格后才能使用。

（2）砂子。用中砂或粗砂，含泥量小于 5%。最大粒径不宜大于 20mm。

（3）水。应用自来水或不含有害物质的洁净水。

（4）外加剂。塑化剂采用木质素磺酸钙，促凝剂采用硫酸钠、石膏，应有产品出厂合格证。外加剂和掺和料掺量按设计要求通过试验确定。

☎　配合比：水泥掺入量一般为加固土重的 7%～15%，每加固 1m³ 土体掺入水泥 110～160kg；当用水泥砂浆作固化剂时，其配合比为 1:1～1:2（水泥:砂）。为增强流动性，可掺入水泥质量 0.2%～0.25% 的木质素磺酸钙减水剂、1% 的硫酸钠和 2% 的石膏。水灰比为 0.43～0.50。

3.1.1.2 施工准备

1. 技术准备

（1）熟悉场地工程地质勘察报告，编制施工方案，对操作人员进行技术交底。

（2）测放场地的水准控制点和轴线桩，注明桩位编号。

（3）深层搅拌机定位时，必须经过技术复核确保定位准确，必要时请监理人员进行轴线定位验收。

（4）施工前应确定灰浆泵输浆量、灰浆经输浆管到达搅拌机喷浆口的时间和起吊设备提升速度等施工参数，并根据设计要求通过工艺性成桩试验确定施工工艺。

2. 机具准备

（1）深层搅拌桩机。由深层搅拌机（主机）、机架及灰浆搅拌机、灰浆泵、冷却泵等配套机械组成，如图 3.1.3 所示。

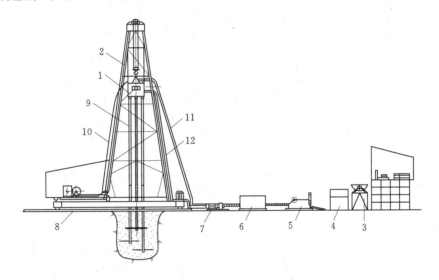

图 3.1.3 SJB 型深层搅拌桩机机组
1—主机；2—机架；3—灰浆搅拌机；4—集料斗；5—灰浆泵；6—蓄水池；
7—冷却水泵；8—轨道；9—导向管；10—电缆；11—输浆管；12—水管

我国生产的深层搅拌机常用型号主要有两种，即 SJB 型双搅拌头中心注浆式及 GZB－600 型单钻头叶片注浆式。

SJB 型深层搅拌机常用的机架有 3 种形式：塔架式、桅杆式及履带式。塔架式和桅杆式这两种机架构造简便，易于加工，在我国应用很广，但其搭设及行走较困难，施工效率较低。履带式的机械化程度高，塔架高度大，钻进深度大，但机械费用较高。

☎ 深层搅拌机搅拌头及注浆方式是影响成桩质量的两个关键因素。搅拌头（叶）有螺旋叶片式、杆式、环形等，注浆方式则有中心管注浆、单轴底部注浆及叶片注浆等。

（2）其他。起重机、机动翻斗车、导向架、集料斗、磅秤、提速测定仪、电气控制柜、铁锹、手推车等。

3. 作业条件

（1）施工现场事先应予以平整，必须清除桩位处地上和地下的障碍物。遇有明沟、池塘及洼地时应抽水和清淤，回填黏性土料并予以压实，不得回填杂填土或生活垃圾。

（2）测量放线并设置桩位标志。

（3）机具设备进场，安装就位并进行检修、调试，检查桩机运行和输料管畅通情况。

（4）开工前应检查水泥及外加剂的质量、桩位、搅拌机工作性能及各种计量设备完好程度（主要是水泥浆流量计和其他计量装置）。

4. 作业人员

其主要有桩机操作工、运转工、测量放线工、电工、维修工、身体强壮的工人。

桩机操作工、运转工应持证上岗，其他工种应经过专业安全和技术培训，并接受了施工技术交底。

3.1.1.3　施工工艺

搅拌桩成桩工艺可采用"一次喷浆、二次搅拌"或"二次喷浆、三次搅拌"，主要依据水泥掺入比及土质情况而定。水泥掺量较少、土质较松时可用前者，反之用后者。"一次喷浆、二次搅拌"的施工工艺流程如图 3.1.4 所示。当采用"二次喷浆、三次搅拌"工艺时可在图 3.1.4（e）所示步骤作业时也进行注浆，以后再重复一次图 3.1.4（d）、（e）所示过程。

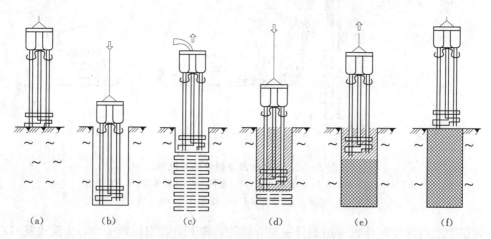

（a）　　　　（b）　　　　（c）　　　　（d）　　　　（e）　　　　（f）

图 3.1.4　"一次喷浆、两次搅拌"施工工艺过程
（a）定位；（b）下沉；（c）提升喷浆搅拌；（d）重复下沉搅拌；
（e）重复提升搅拌；（f）结束

1. 工艺流程

搅拌桩成桩工艺流程如图 3.1.5 所示。

2. 操作工艺

（1）就位。深层搅拌桩机开行达到指定桩位、对中。桩机就位时，必须保持平稳，不发生倾斜、位移。当地面起伏不平时，应注意调整机架的垂直度。

（2）预搅下沉。深层搅拌机运转正常后，启动搅拌机电动机，放松起重机钢丝绳，使

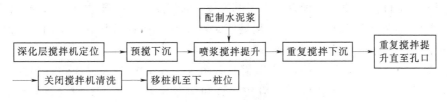

图 3.1.5　工艺流程

搅拌机沿导向架切土搅拌下沉。下沉速度控制在 0.8m/min 左右，可由电动机的电流监测表控制，工作电流不应大于 10A。如遇硬黏土等下沉速度太慢，可用输浆系统适当补给清水以利钻进。

（3）配制水泥浆。深层搅拌机预搅下沉到一定深度后，开始拌制水泥浆，待压浆时倾入集料斗中。配制好的浆液不得离析，泵送必须连续。拌制水泥浆液的罐数、水泥和掺和剂用量以及泵送浆液的时间等应有专人记录；喷浆量及搅拌深度必须采用国家计量部门认证的监测仪器进行自动记录。

（4）提升喷浆搅拌。深层搅拌机下沉到设计深度后，开起灰浆泵将水泥浆压入地基土中。当水泥浆液达到出浆口后，应喷浆搅拌 30s，在水泥浆与桩端土充分搅拌后，再开始提升搅拌头。此后边喷浆、边旋转、边提升深层搅拌机，直至设计桩顶标高。搅拌提升速度一般应控制在 0.5m/min。

（5）沉钻复搅。再次沉钻进行复搅，复搅下沉速度可控制在 0.5～0.8m/min。

如果水泥掺入比较多或因土质较密在提升时不能将应喷入土中的水泥浆全部喷完时，可在重复下沉搅拌时予以补喷，即采用"二次喷浆、三次搅拌"的工艺，但此时应注意喷浆的均匀性。第二次的喷浆量不宜过少，可控制在单桩总喷浆量的 30%～40%。这是因为过少的水泥浆很难做到沿全桩均匀分布。

（6）重复提升搅拌。边旋转、边提升，重复搅拌至桩顶标高，并将钻头提出地面，以便移机施工新的桩体。至此，完成一根桩的施工。

（7）移位。开行深层搅拌桩机至新的桩位，重复步骤（1）～（6），进行下一根桩的施工。

（8）清洗。一施工段成桩完成后，应及时进行清洗。清洗时向集料斗中注入适量清水，开启灰浆泵，将全部管道中的残存水泥浆冲洗干净，并将附于搅拌头上的土清洗干净。

3. 施工要点

（1）深层搅拌机械就位时应对中，最大偏差不得大于 20mm，并且调平机械的垂直度，偏差不得大于 1%桩长。深层搅拌单桩的施工应采用搅拌头上下各两次的搅拌工艺。输入水泥浆的水灰比不宜大于 0.5，泵送压力宜大于 0.3MPa，泵送流量应恒定。

（2）水泥土桩挡墙应采取切割搭接法施工，应在前桩水泥土尚未固化时进行后序搭接桩施工。相邻桩的搭接长度不宜小于 200mm。相邻桩喷浆工艺的施工时间间隔不宜大于 10h。施工开始和结束的头尾搭接处，应采取加强措施，消除搭接缝。

（3）深层搅拌水泥土桩挡墙施工前，应进行成桩工艺及水泥掺入量或水泥浆的配合比试验，以确定相应的水泥掺入比或水泥浆水灰比。

（4）水泥土桩挡墙顶部宜设置 $0.15\sim0.2\mathrm{m}$ 厚的钢筋混凝土压顶。压顶与水泥土用插筋连接，插筋长度不宜小于 $1.0\mathrm{m}$，采用钢筋时直径不宜小于 $\phi12\mathrm{mm}$，采用竹筋时断面不小于当量直径 $\phi16\mathrm{mm}$，每根至少 1 根。

（5）深层搅拌桩当设置插筋或 H 型钢时（图 3.1.6），桩身插筋应在桩顶搅拌完成后及时进行，插入长度和露出长度等均应按计算和构造要求确定，H 型钢靠自重下插至设计标高。

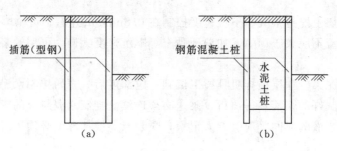

图 3.1.6　水泥土桩墙插筋设置
（a）两侧间隔插入型钢或钢筋；（b）两侧间隔设置钢筋混凝土桩

（6）水泥土挡墙应有 28d 以上的龄期，达到设计强度要求时，方能进行基坑开挖。

（7）水泥土墙的质量检验应在施工后一周内进行开挖检查或采用钻孔取芯等手段检查成桩质量，若不符合设计要求应及时调整设计工艺；水泥土墙应在设计开挖龄期采用钻芯法检测墙身完整性，钻芯数量不宜少于总桩数的 2%，且不少于 5 根；并应根据设计要求取样进行单轴抗压强度试验。

3.1.1.4　质量控制及检验

1. 工程质量标准

（1）基本规定。

1）水泥土墙支护结构指水泥土搅拌桩（包括加筋水泥土搅拌桩）、高压喷射注浆桩所构成的围护结构。

2）水泥土搅拌桩及高压喷射注浆桩的质量检验应满足规范规定。

（2）质量验收标准。

1）水泥土搅拌桩质量检验标准应符合表 3.1.1 的规定。

2）加筋水泥土搅拌桩应符合表 3.1.2 的规定。

表 3.1.1　　　　　　　　　　　水泥土搅拌桩质量检验标准

项	序	检查项目	允许偏差或允许值		检 查 方 法
			单位	数值	
主控项目	1	水泥及外掺剂质量	设计要求	设计要求	查产品合格证书或抽样送检
	2	水泥用量	参数指标	参数指标	查看流量计
	3	桩体强度	设计要求	设计要求	按规定办法
	4	地基承载力	设计要求	设计要求	按规定办法

续表

项	序	检查项目	允许偏差或允许值		检查方法
			单位	数值	
一般项目	1	机头提升速度	m/min	≤0.5	量机头上升距离及时间
	2	桩底标高	mm	±200	测机头深度
	3	桩顶标高	mm	+100 −50	水准仪（最上部 500mm 不计入）
	4	桩位偏差	mm	<50	用钢尺量
	5	桩径		<0.04D	用钢尺量，D 为桩径
	6	垂直度	%	≤1.5	经纬仪
	7	搭接	mm	>200	用钢尺量

表 3.1.2   **加筋水泥土搅拌桩质量检验标准**

序号	检查项目	允许偏差或允许值	检查方法
1	型钢长度（mm）	±10	用钢尺量
2	型钢垂直度（%）	<1	经纬仪
3	型钢插入标高（mm）	±30	水准仪
4	型钢插入平面位置（mm）	10	用钢尺量

2. 验收要求

（1）水泥土搅拌桩。

1）主控项目验收。

a. 水泥及外掺剂质量。按进货批查水泥出厂质量证明书和现场抽验试验报告；外掺剂按品种、规格查产品合格证书。

b. 水泥用量。逐桩查灰浆泵流量计，计算输入桩内浆液（粉体）的量与设计确定的水泥掺入置换率比较，以不小于设计置换率为合格。

c. 桩体强度。水泥土桩应在成桩后 7d 内进行质量跟踪检验。当设计没有规定方法时可用轻便触探器中附带的勺钻钻取桩身加固土样，观察搅拌均匀程度和判断桩身强度，或用静力触探测试桩身强度沿深度的变化。检验数量为总数的 0.5%～1%，但不能少于 3 根。对粉喷桩触探点的位置应在桩径方向 1/4 处。对 N_{10} 贯入 100mm 击数少于 10 击不合要求的桩体要进行桩头补强。轻便触探贯入桩的深度不小于 1.0m，当每贯入 100mm，$N_{10}≥30$ 击时可停止贯入。工程需要时，可在桩头截取试块或钻芯取样作抗压强度试验。当用试件作强度检验时，应取 28d 后的试件。

d. 地基承载力。按设计规定方法进行检验，当设计没有规定时，水泥土搅拌桩的承载力可用单桩载荷试验，载荷试验宜在 28d 后进行。承载力检验数量为每个场地（同一规格型号搅拌机、同一设计要求、同一地质条件为一个场地）桩总数的 0.5%～1%，但不应少于 3 根。

2）一般项目验收。

a. 机头提升速度。量每分钟机头上升距离，每桩全程控制，机头提升速度应控制在试桩确定提升速度不大于 0.5m/min 为合格。

b. 桩底标高。测机头喷浆口深度控制在 ±200mm 范围内为合格,全数测量。

c. 桩顶标高。用水准仪和钢尺配合,开挖后全数测量(桩最上部 500mm 不计入桩顶标高),桩顶标高控制在 +100～-50mm 范围内为合格。

d. 桩位偏差。用钢尺量,土方开挖后,桩顶松软部分凿除,弹出轴线,实际桩中心与设计桩中心位置比较,偏差值控制在小于 50mm 范围内为合格,全数测量。

e. 桩径。土方开挖后,凿去桩顶松软部分,用钢尺全数测量桩直径与设计直径相比,大于 $0.96D$ 为合格(D 为设计桩径)。

f. 垂直度。用经纬仪控制搅拌头轴的垂直度以不大于 1.5L‰ 为合格(L 为桩长)。

g. 搭接。对相邻搭接要求严格的工程,在养护到一定龄期后,选定数根桩体进行开挖检查,两桩的搭接应不小于 200mm 为合格,施工过程检验用测量搅拌头刀片长度不小于 700mm 和搅拌头定位正确来控制。

(2)加筋水泥土搅拌桩。加筋水泥土桩墙支护工程均为一般项目。

1)型钢长度。材料进场时全数检查,用钢尺量,控制在 ±10mm 范围内。

2)型钢垂直度。每根型钢插入时,用经纬仪测量,型钢插入水泥土搅拌桩或高压喷射注浆桩时的垂直度偏差控制在小于 1‰(型钢总长)。

3)型钢插入标高。在型钢插入沟槽内,沉桩接近设计标高用水平仪测量桩顶标高,控制在设计标高的 ±30mm 之内。

4)型钢插入平面位置。在型钢插入到位测好水平标高后,用尺测量型钢纵横轴线与定位型钢或定位轴线之间的距离对设计要求对比不大于 10mm。

3. 验收资料

(1)水泥的出厂证明及复验证明。

(2)施工记录。

(3)分项工程质量评定表。

(4)隐蔽工程验收表。

(5)其他必须提供的文件和记录。

3.1.1.5　成品保护

(1)基础底面以上应预留 0.7～1.0m 厚的土层,待施工结束后,将表层挤松的土挖除,或分层夯压密实后,立即进行下道工序施工。

(2)雨期或冬期施工,应采取防雨、防冻措施,防止灰土受雨水淋湿或冻结。

(3)水泥土施工完成后,不能随意堆放重物,防止桩变形。

3.1.1.6　安全环保措施

(1)施工机械、电气设备、仪表仪器等在确认完好后才可交由专人负责使用。所有机器操作人员必须持证上岗。

(2)对于深层搅拌机的入土切削和提升搅拌,当负荷太大及电机工作电流超过预定值时,应减慢升降速度或补给清水,一旦发生卡钻或停钻现象,应切断电源,将搅拌机强制提起之后,才能启动电机。

(3)施工场地内一切电源、电路的安装和拆除,应由持证电工负责,电器必须严格接地接零和设置漏电保护器,现场电线、电缆必须按规定架空,严禁拖地和乱拉、乱搭。

(4) 施工场地必须做到无积水,深层搅拌机行进时必须顺畅。

(5) 水泥堆放必须有防雨、防潮措施,砂子要有专用堆场,不得污染。

3.1.1.7 常见质量问题及处理

水泥土搅拌桩施工常见质量问题及防护措施见表 3.1.3。

表 3.1.3 水泥土搅拌桩施工中常见质量问题及防治措施

现　象	预　防　措　施
断桩	搅拌提升速度与输浆速度同步,制备的浆液不得离析,泵送要连续
桩端质量差	为保证桩端施工质量,当浆液到达出浆口时,应喷浆坐底 30s,使浆液完全达到桩端;当喷浆口到达桩顶标高时,应停止提升,再搅拌数秒,以保证桩头均匀密实
桩体不均匀	通过复喷的方法达到提高桩身强度的目的,搅拌次数以一次喷浆二次搅拌或二次喷浆三次搅拌为宜,且最后一次提升搅拌宜采用慢速提升
因故停浆	施工中因故停浆,宜在搅拌机下沉至停浆点以下 0.5m,待恢复供浆时,再喷浆提升。若停机时间超过 3h,应清洗管路,防止浆液硬化堵塞管子

3.1.2 土层锚杆支护结构施工

土层锚杆(亦称土锚)是一种新型的受拉杆件,它是一端与支护结构等连接,另一端锚固在土体中,将支护结构和其他结构所承受的荷载(侧向的土压力、水压力以及水上浮力和风力带来的倾覆力等)通过拉杆传递到处于稳定土层中的锚固体上,再由锚固体将传来的荷载分散到周围稳定的土层中去。土层锚杆不仅用于临时支护结构,而且在永久性建筑工程中亦得到广泛的应用。

土层锚杆由锚头、支护结构、拉杆、锚固体等部分组成,如图 3.1.7 所示。土层锚杆根据主动滑动面,分为自由段和锚固段。锚固段是上层锚杆在土中以摩擦力形式传递荷载的部分,它由水泥、砂浆等胶结物以压浆形式注入钻孔中凝固而成。其中有受拉的锚杆(钢筋或钢丝束等),它的上部连接自由段,自由段不与钻孔土壁接触,仅把锚固力传到锚头上。锚头是进行张拉和把锚固力锚碇在结构上的装置,它使结构产生锚固力。

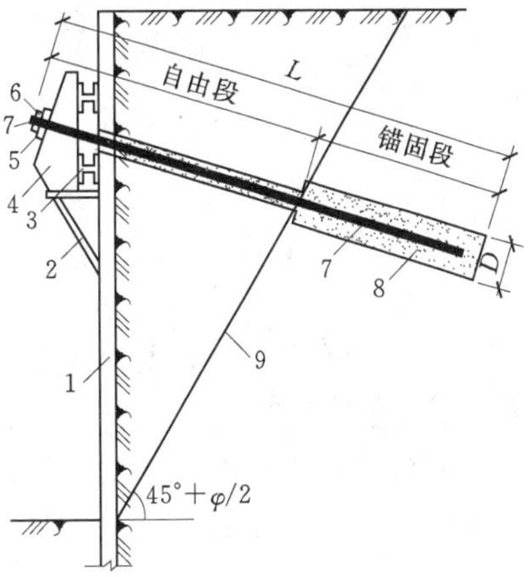

图 3.1.7 土层锚杆构造
1—挡土灌注桩(支护);2—支架;3—横梁;
4—台座;5—承压垫板;6—紧固器(螺母);
7—拉杆;8—锚固体;9—主动土压裂面

锚杆上下排间距不宜小于 2.5m,水平方向间距不宜小于 1.5m;锚杆锚固体上覆土层厚度不宜小于 4.0m。倾斜锚杆的倾角以 15°~35° 为宜。锚杆体材料宜选用钢绞线或热轧螺纹钢筋,当设计轴力较小时,可采用 HRB335 级或 HRB400 级钢筋。

土层锚杆根据支护深度和土质条件可设置一层或多层,通常会和排桩支护结合起来使用。适用于较硬土层或破碎岩石中开挖较大较深基坑。

3.1.2.1　材料要求

（1）拉杆。可用普通螺纹钢筋、钢管、钢丝束或钢绞线等，前两种使用较多，后者用于承载力很高的情况。

（2）锚头。由台座、承压垫板和紧固器等组成，通过钢横梁及支架将来自支护的力牢固地传给拉杆，台座用钢板或 C35 混凝土做成，应有足够的强度。

（3）灌浆材料。根据设计要求确定，一般宜选用灰砂比 1∶1～1∶2，水灰比 0.33～0.45 的纯水泥砂浆或水灰比为 0.40～0.45 的纯水泥浆，必要时可以加入一定量的外加剂或掺和料。

3.1.2.2　施工准备

1. 技术准备

（1）技术人员、施工人员熟悉设计图纸和有关规程。

（2）了解周边管线及建筑物，熟悉地质报告，特别注意土层分布、每层土的物理力学参数。

（3）检查机械设备的完好性，对所有的工程材料进行检查。

（4）与挖土单位协调，共同制定施工顺序，并做好施工前的动员和教育工作。

2. 机具准备

（1）成孔机具设备。常用的有螺旋式钻孔机、气动冲击式钻孔机和旋转冲击式钻孔机、履带全行走全液压万能钻孔机。

（2）其他。空气压缩机、风管。

3. 作业条件

（1）施工现场地质资料齐全，周围环境（包括地下管线、地下隐蔽工程和相邻建筑物的基础桩位等）已调查清楚。

（2）已按经审批的围护设计图纸和监测方案布置好监测点，并已完成初读数测试工作。

（3）施工前根据设计要求准备好钢绞线、水泥及加工机具等。

3.1.2.3　施工工艺

土层锚杆施工一般先将支护结构施工完成，开挖基坑至土层锚杆标高，随挖随设置一次土层锚杆（图 3.1.8），逐层向下设置，直至完成。

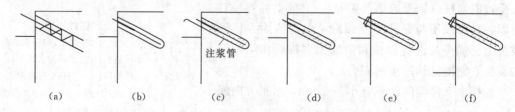

（a）　　　　　（b）　　　　　（c）　　　　　（d）　　　　　（e）　　　　　（f）

图 3.1.8　锚杆施工工艺过程

（a）钻孔；（b）插放钢筋或钢绞线；（c）灌浆；（d）养护；（e）安装锚头，预应力张拉；（f）挖土

1. 工艺流程

土层锚杆施工工艺流程如图 3.1.9 所示。

图 3.1.9　土层锚杆施工工艺流程

2. 操作工艺

（1）施工准备。

在钻孔前，根据设计要求和土层条件，定出孔位，做出标记。锚杆水平方向孔距误差应不大于 50mm，垂直方向孔距误差应不大于 100mm。钻孔底部的偏斜尺寸应不大于锚杆长度的 3%，可用钻孔测斜仪控制钻孔方向。锚杆孔深应不小于设计长度，也不宜大于设计长度的 1%。钻孔作业应做好记录。

（2）成孔。

土层锚杆的钻孔工艺，直接影响土层锚杆的承载能力、施工效率和整个支护工程的成本。因此，根据不同土质正确选择钻孔方法，对保证土层锚杆的质量和降低工程成本至关重要。按钻孔方法的不同，可分为干作业法和湿作业法（压水钻进法）。

1）干作业法。当土层锚杆处于地下水位以上时，可选用干作业法成孔。该法适用于黏土、粉质黏土和密实性、稳定性较好的砂土等土层，一般多用螺旋式钻机等施工。

干作业法有两种施工方法：①通过螺旋钻杆直接钻进取土，形成锚杆孔；②采用空心螺旋锚杆一次成孔。采用干作业法钻孔时，应注意钻进速度，防止卡钻，并应将孔内土充分取出后再拔出钻杆，以减小拔钻阻力，并可减少孔内虚土。

2）湿作业法。湿作业法即压水钻进成孔法，它是在成孔时将压力水从钻杆中心注入孔底，压力水携带钻削下的土渣从钻杆与孔壁间的孔隙处排出，使钻进、出渣、清孔等工序一次完成。由于孔内有压力水存在，故可防止塌孔，减少沉渣及虚土。其缺点是排出泥浆较多，需搞好排水系统，否则施工现场污染会很严重。

湿作业法采用回转式钻机施工。水压力控制在 0.15～0.30MPa，注水应保持连续钻进速度 300～400r/min 为宜，每节钻杆钻进后在进行接钻前及钻至规定深度后，均应彻底清孔，至出水清澈为止。在松软土层中钻孔，可采用套管钻进，以防塌孔。清孔是否彻底对土层锚杆的承载力影响很大。为改善土层锚杆的承载力，还可采用水泥浆清孔，有资料报道，它可提高锚固力 150%，但成本较高。

（3）安放拉杆。

拉杆使用前，要除锈和除油污。孔口附近拉杆钢筋应先涂一层防锈漆，并用两层沥青玻璃布包扎做好防锈层。成孔后即将通长钢拉杆插入孔内，在拉杆表面设置定位器，间距在锚固段为 2m 左右，在非锚固段为 4～5m。插入拉杆时，应把注浆管与拉杆绑扎后一起放入孔内，拉杆底部距孔底 0.1～0.2m。如钻孔时使用套管，则在插入钢筋拉杆后将套管拔出。为保证非锚固段拉杆可自由伸长，可在锚固段与非锚固段之间设置堵浆器，或在非锚固段处不灌水泥浆，而填以干砂、碎石或低强度等级混凝土；或在每根拉杆的自由部分套一根空心塑料管；或在锚杆的全长均灌水泥浆，但在非锚固段的拉杆上涂以润滑油脂以保证在该段自由变形和保证锚杆的承载能力不降低。在灌浆前将钻管口封闭，接上浆管，即可进行注浆，浇筑锚固体。

（4）锚杆灌浆。

灌浆的作用：①形成锚固段，将锚杆锚固在土层中；②防止钢拉杆腐蚀；③填充土层中的孔隙和裂缝。

灌浆方法分一次灌浆法和两次灌浆法两种。一次灌浆法是用压浆泵将水泥浆经胶管压入拉杆管内，再由拉杆端注入锚孔，管端保持离底 150mm。随着水泥浆灌入，逐步将注浆管向外拔出至孔口。待浆液回流至孔口时，用水泥袋纸等捣入孔内，再用湿黏土封堵孔口，并严密捣实，再以 0.4~0.6MPa 的压力进行补灌，稳压数分钟即告完成。二次灌浆法是待第一次灌注的浆液初凝后，进行第二次灌浆。先灌注锚固段，在灌注的水泥浆具备一定强度后，对锚固段进行张拉，然后再灌注非锚固段，可以用低强度等级水泥浆不加压力进行灌注。

（5）张拉与锚固。

锚杆紧拉前，应对张拉设备进行标定。待锚固体强度达到 80% 设计强度以上，便可对锚杆进行张拉和锚固。张拉前先在支护结构上安装围檩。锚杆正式张拉前，应取 0.1~0.2 设计轴向拉力值，对锚杆预张拉 1~2 次。

钢拉杆为变形钢筋者，其端部加焊一螺钉端杆，用螺母锚固。钢拉杆为光圆钢筋者，可直接在其端部攻螺纹，用螺母锚固。如用精轧螺纹钢筋，可直接用螺母锚固。张拉粗钢筋一般采用千斤顶。钢拉杆为钢丝束者，锚具多为墩头锚，宜用千斤顶张拉。

3. 施工要点

（1）锚杆施工必须要有一个施工作业面，所以锚杆实施前应预降水到每层作业面以下 0.5m，并保证降水系统能正常工作。

（2）锚杆作业面应分层分段开挖，分层分段支护。开挖作业面应在 24h 完成支护，不宜一次挖两层或全面开挖。

（3）锚杆钻孔前在孔口设置定位器，钻孔时使钻具与定位器垂直，钻出的孔与定位器垂直。钻孔的倾斜角度能与设计相符。

（4）钻孔结束后，应将孔内松土、泥浆等清除干净，方可送入锚杆。钻孔过程中，如发现土质与设计不符，要及时调整锚杆的长度。

（5）灌浆压力一般不得低于 0.4MPa，不宜大于 2MPa，宜采用封闭式压力灌浆或二次压浆。灌浆材料设计要求视环境温度、土质情况和使用要求，适量掺入碱水、早强、防冻剂，以确保浆液的流动性和早期强度，使锚杆早日进入工作状态。

（6）锚杆头是保证锚杆与竖向、水平加强钢筋（暗梁）和钢筋连接共同工作的关键部位，相互位置应正确，其由里向外铺设顺序是：钢筋网→竖向加强筋→水平加强筋→锚杆锁定筋。锚杆穿入锚头处四周应满焊，同时应保证钢筋网纵横各有两根钢筋与锚头点焊连接。

（7）锚杆需预张拉时，等灌浆强度达到设计强度等级 70% 时，方可进行张拉工艺。

（8）锚杆与土体间经灌浆产生的抗拔力与养护时间有关，应有足够强度才准许开挖。

3.1.2.4　质量控制及检验

1.　工程质量标准

（1）基本规定。

1）锚杆支护工程施工前应熟悉地质资料、设计图纸及周围环境，降水系统应确保正常工作，必需的施工设备如挖掘机、钻机、压浆泵、搅拌机等应能正常运转。

2）一般情况下，应遵循分段开挖、分段支护的原则，不宜按一次挖就再行支护的方式施工。

3）施工中应对锚杆位置、钻孔直径、深度及角度，锚杆插入长度、注浆配比、压力及注浆量、喷锚墙面厚度及强度、锚杆应力等进行检查。

4）每段支护体施工完后，应检查坡顶或坡面位移，坡顶沉降及周围环境变化，如有异常情况应采取措施，恢复正常后方可继续施工。

（2）质量验收标准。

锚杆支护工程质量检验应符合表 3.1.4 的规定。

表 3.1.4　　　　　　　　　　锚杆支护工程质量检验标准

项	序	检查项目	允许偏差或允许值		检查方法
			单位	数值	
主控项目	1	锚杆长度	设计要求	设计要求	用钢尺量
	2	锚杆锁定力	设计要求		现场实测
一般项目	1	锚杆位置	mm	±100	用钢尺量
	2	钻孔倾斜度	（°）	±1	测钻机倾角
	3	浆体强度	设计要求		试样送检
	4	注浆量	设计要求		检查计量数据
	5	墙体强度	设计要求		试样送检

2.　验收要求

（1）主控项目验收。

1）锚杆长度。材料进场时用钢尺量全数检查。

2）锚杆锁定力。按设计规定数量，现场用千斤顶做抗拉试验，实测抗拉值应符合设计要求。

（2）一般项目验收。

1）锚杆位置。每排锚杆抽验 10%。现场拉线后用钢尺量，控制在 ±100mm 范围内。

2）钻孔倾斜度。测钻机倾角，定位时全数测。

3）浆体强度。每天留一组试块，试样送检；查试块试验报告。

4）注浆量。检查压浆泵流量计每孔注浆数量应大于理论计算浆量。

5）墙体强度。每天喷锚墙体时，留一组试块，检查试块 28d 试验报告。

3.　验收资料

（1）锚杆锁定力测试报告。

（2）锚杆注浆浆体强度试验报告。

（3）墙面喷射混凝土强度试验报告。

（4）锚杆施工记录（锚杆位置、钻孔直径、深度和角度、锚杆插入长度、注浆配比、压力及注浆量、喷锚墙面厚度等）。

3.1.2.5　成品保护

（1）锚杆的非锚固段及锚头部分应及时做防腐处理。

（2）成孔后应立即安设锚杆，立即注浆，防止塌孔。

（3）锚杆施工应合理安排施工顺序，夜间作业应有足够的照明设施，防止砂浆配合比不准确。

（4）施工全过程中，应注意保护定位控制桩、水准基点桩，防止碰撞产生位移。

3.1.2.6　安全环保措施

（1）施工人员进入现场应戴安全帽，操作人员应精神集中，遵守有关安全规程。

（2）各种设备应处于完好状态，机械设备的运转部位应有安全防护装置。

（3）锚杆钻机应安设安全、可靠的反力装置，在有地下承压水地层中钻进，孔口应安设可靠的防喷装置，以便突然发生漏水涌砂时能及时封住孔口。

（4）锚杆的连接应牢靠，以防在张拉时发生脱扣现象。

（5）张拉设备应经检验可靠，并有防范措施，防止夹具飞出伤人。

（6）注浆管路应畅通，防止塞管、堵泵，造成爆管。

（7）电气设备应设接地、接零，并由持证人员安全操作。电缆、电线应架空。

（8）加强开挖支护过程中的监测，发现问题立即停止开挖施工、撤离基坑内施工人员，采取加固措施。

（9）钻孔泥浆妥善处理，避免污染周围环境。

（10）注浆时采取防护措施，避免水泥浆污染环境。

3.1.2.7　工程质量通病及防治措施

（1）根据设计要求、地质水文情况和施工机具条件，认真编制施工组织设计，选择合适的钻孔机具和方法，精心操作，确保顺利成孔和安装锚杆并顺利灌注。

（2）在钻进过程中，应认真控制钻进参数，合理掌握钻进速度，防止埋钻、卡钻、坍孔、掉块、涌砂和缩颈等各种通病的出现，一旦发生孔内事故，应尽快进行处理，并配备必要的事故处理工具。

（3）干作业钻机拔出钻杆后要立即注浆，以防塌孔；水作业钻机拔出钻杆后，外套留在孔内不会坍孔，但亦不宜间隔时间过长，以防流砂涌入管内，造成堵塞。

（4）锚杆安装应按设计要求，正确组装，正确绑扎，认真安插，确保锚杆安装质量。

（5）锚杆灌浆应按设计要求，严格控制水泥浆、水泥砂浆配合比，做到搅拌均匀，并使注浆设备和管路处于良好的工作状态。

（6）施加预应力应根据所用锚杆类型正确选用锚具，并正确安装台座和张拉设备，保证数据准确、可靠。

3.1.3　地下连续墙施工

地下连续墙是利用专用的成槽机械在指定位置开挖一条狭长的深槽，再使用膨润土泥浆进行护壁；当一定长度的深槽开挖结束，形成一个单元槽段后，在槽内插入预先在地面上制作的钢筋笼，以导管法浇筑混凝土，完成一个墙段，各单元墙段之间以各种特定的接头方法相互连接，形成一道现浇壁式地下连续墙（图 3.1.10）。连续墙与板桩的结构形式相似，区别在于板桩是打入土中的，而地下连续墙一般是指机械成槽、现场浇筑混凝土的地下墙。适用于开挖较大较深（＞10m）有地下水、周围有建筑物、公路的基坑，作为地下结构的外墙部分，或用于高层建筑的逆作法施工，作为地下室结构的部分。

图 3.1.10 地下连续墙支护

地下连续墙除应进行详细的设计计算和选用合理的施工工艺外，相应的构造设计是极为重要的，特别是混凝土和钢筋笼构造设计，墙段之间如何根据不同功能和受力状态选用刚性接头、柔性接头、防水接头等不同的构造形式。

3.1.3.1 材料要求

（1）水泥、砂和碎石。应按设计要求或水下混凝土选用。

（2）水。一般应为自来水或可饮用水，水质不明的水应经过化验，符合要求后方可使用。

（3）钢筋及钢材。应按设计要求选用。

（4）膨润土或优质黏土。其基本性能应符合成槽护壁要求。

（5）CMC 等附加剂。应按护壁泥浆的性能要求选用。

3.1.3.2 施工准备

1. 技术准备

（1）工程地质、水文地质资料。以了解施工场地的地层、岩性（包括物理力学性质）、地下水位及其变化、地下水的流动速度、承压水层的分布与压力大小、地下水水质等。工程地质、水文地质条件是决定施工方案的依据。

（2）施工场地情况资料。其包括工程附近建筑物及其基础结构情况、地下障碍物情况，进入施工场地的交通条件、现场排渣及废水浆处理条件以及现场水、电供给情况等。

（3）施工区的气象资料。其包括施工区在施工期的气温及其变化、降雨量及其变化、风暴情况等资料。

（4）制定施工方案（设计）。由于地下连续墙施工工艺特点，一般多用于施工条件较差的情况，而且施工的实际效果在施工时不能直接观察，一旦发生工程事故难以返工处理，所以在施工前应详细研究工程规模、质量要求、工程地质和水文地质情况、施工场地情况、环境条件、是否有施工障碍以及施工作业条件等方面的情况，然后编制工程的施工设计。

2. 机具准备

地下连续墙施工成槽及配套泥浆制备、处理、混凝土浇筑、槽段接头所需要主要机具设备有以下几种：

（1）成槽机具。成槽机具设备是地下连续墙施工的主要设备。由于地质条件变化很多，目前还没有能适用于所有地质条件的万能成槽机。因此，根据不同的土质条件和现场情况，选择不同的成槽机是极为重要的。

目前使用的成槽机，按成槽机理可分为抓斗式、回转式和冲击式 3 种。主要的成槽机分类见表 3.1.5。

表 3.1.5　　　　　　　　　　　　主 要 成 槽 机 分 类

分类	操作方式			代表性机种
	成槽装置	挖土操作	升降方式	
抓斗式	蛤式抓斗	机械式 油压式	钢索 钢索 导杆	重力式抓斗 日本振砂 卡萨格兰特
回转式	垂直多轴钻头 水平多轴钻头	反循环式	钢索	BW 型多头钻牙轮钻
冲击式	重锤凿具	正循环、反循环	钢索 导杆	自制简易锤

图 3.1.11　液压抓斗式成槽机

1）抓斗式成槽机（图 3.1.11）。液压抓斗式成槽机以其斗齿切削土体，将土渣收容在斗体内，开斗放出土渣，再返回到挖土位置，重复往返动作，即可完成挖槽作业，这种机械是最简单的成槽机，应用较广泛。

2）旋转切削土层和泥浆循环排土成槽机械。此类机械主要使用多头钻和单头钻，对土层进行切削破碎，然后用泥浆循环排土，这两种作业是同时进行的，在合适的土层情况下，有很高的工效。单头钻成槽机成槽形状为圆形断面，一般只用于钻导孔或桩排地下连续墙用；多头钻成槽机是由数个钻头并列钻进，并设有侧刀削平孔壁，有正循环和反循环两种排渣方式，较多地使用反循环法。还有钻头加压喷射泥浆装置，以便清扫钻头部分的土渣。这种机械由钻头自重铅直导向，在软土地区，只要控制得当，垂直精度较高，壁面平整、对槽段土体扰动少。

3）冲击式钻机。依靠钻头本身重量反复冲击破岩、碎石，然后用取渣筒将破碎的土或石屑取出成孔，用泥浆护壁。它设备简单可嵌岩，操作简单，可以大量钻机并排钻孔作业，但槽壁的平直度较差。

（2）泥浆制备及处理机具设备。旋流器机架、泥浆搅拌机、振动筛、灰渣泵、砂泵、潜式泥浆泵、空气压缩机。

（3）混凝土浇筑机具设备。混凝土浇筑架、卷扬机、混凝土上料斗、混凝土导管。

（4）接头管及其顶升提拔设备。接头管、接头管顶升架、油压千斤顶、高压油泵、吊车。

（5）钢筋加工设备。钢筋弯曲机、钢筋切割机、钢筋对焊机、电焊机。

（6）其他。起重机、渣土车、废浆运输车、反铲挖掘机、超声波测壁仪、刷壁器。

3. 作业条件

（1）具有施工现场的地质勘探和地下水勘测资料，据此以确定挖槽机械种类、槽段划分、地基加固和泥浆配备计划。

（2）具有地下埋设物的资料，以确定各种地下管线及障碍物的处理方案。

（3）具有施工现场及邻近结构物的调查资料，以确定施工场地布置、施工场地平整和施工防护措施。

（4）具备具有施工设备的运输条件和进退场条件。

（5）具备施工用水电的供给条件。

（6）具备钢筋加工和运输条件。

（7）具备混凝土生产、运输和灌注条件。

（8）具备泥浆配制、存储和再生处理的条件。

（9）具备弃土和废弃泥浆处理方法和位置。

（10）具备对于噪声、振动和废泥浆污染公害的防治措施。

3.1.3.3　施工工艺

1. 工艺流程

地下连续墙的施工大体上需要经过 6 个环节的工艺过程，即导墙、成槽、放接头管、吊放钢筋笼、浇捣水下混凝土及拔接头管成墙等，如图 3.1.12 所示。

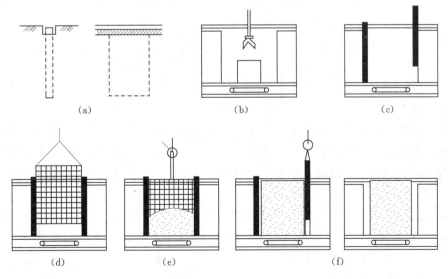

（a）　　　　　　　　（b）　　　　　　　　（c）

（d）　　　　　（e）　　　　　（f）

图 3.1.12　地下连续墙施工顺序

（a）挖导沟、筑导墙；（b）挖槽；（c）吊放接头管；（d）吊放钢筋笼；（e）浇灌水下混凝土；（f）拔出接头管成墙对于现浇钢筋混凝土地下连续墙，其施工工艺流程通常如图 3.1.13 所示。其中修筑导墙、泥浆制备与处理、深槽挖掘、钢筋笼制备与吊放以及水下混凝土浇筑是地下连续墙施工中的主要工序。

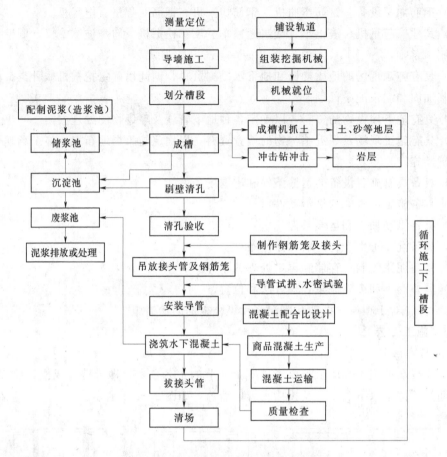

图 3.1.13 地下连续墙施工工艺流程

2. 操作工艺

（1）导墙施工。

在地下连续墙成槽前，先要构筑导墙。导墙是建造地下连续墙必不可少的临时构造物，在施工期间起以下作用：①在成槽时起挡土作用；②确定成槽位置与单元槽段划分，还可用作测定成槽精度、标高、水平及垂直等的基准；③支承成槽机；④防止泥浆流失及雨水流入槽内等。

导墙为通长整体的倒 L 形钢筋混凝土墙，深 1.5m，壁厚 200mm，顶面高出地面不小于 100mm，以防止地面水流入槽内，污染泥浆。导墙截面构造如图 3.1.15 所示。

1）施工工艺流程。

施工工艺流程如图 3.1.14 所示。

2）测量放样。为确保连续墙不侵入主体结构界限，导墙测量放样时，连续墙轴线整体向外放 80～120mm。根据连续墙平面控制点设计坐标和外放值重新计算坐标后进行轴线放样，并与监理方复核。导墙较连续墙设计宽度大50mm，拐角处需向外延伸，以满足最小开挖槽段及钻孔入岩需要，图3.1.16所示为两种导墙拐角。

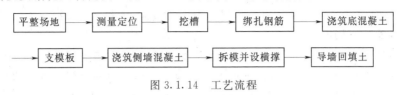

图3.1.14 工艺流程

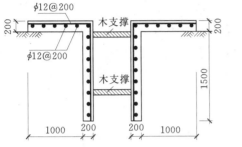

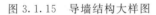

图3.1.15 导墙结构大样图

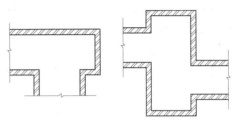

图3.1.16 导墙拐角示意图

3）导墙施工。导墙开挖采用反铲挖掘机，人工配合清底、夯填、整平、铺设砂浆垫层、扎筋浇筑底部混凝土。侧墙采用组合模板立模浇筑和振捣（图3.1.17），待混凝土强度达到设计强度70%时拆模和对称回填，然后沿其纵向每隔2.0m设上下两道对口撑（图3.1.18）。施工中还应保证导墙的顶面高程、内外墙间距、垂直度满足设计要求。每隔槽段范围内的内侧导墙顶留溢浆口300mm×400mm，同时沿着内导墙制作500mm×600mm泥浆沟连通泥浆池。

图3.1.17 导墙支模

图3.1.18 成型导墙

4）槽段划分。导墙施工后，按照设计图纸的槽段位置和长度在导墙上划分槽段并标注编号、墙底标高、墙顶标高、槽段高度等，每个槽段上设高程点以便控制连续墙和钢筋笼顶标高。

5）导墙施工要点。

在连续墙成槽过程中导墙起锁口和导向作用，因此它直接关系到连续墙顺利成槽和成槽精度，施工中必须保证以下措施的实现：

a. 严格控制导墙施工精度，确保连续墙轴线误差在±10mm内，内墙面垂直度0.3%，内外墙净距允许偏差±10mm，导墙顶面平整度为±10mm。

b. 墙背侧回填时对称进行回填，拆模后及时加设对口撑，且支撑仅在槽段开挖时才拆除，确保导墙垂直精度。

c. 用优质黏土回填导墙后背，尤以墙趾最为重要，防止墙趾坍塌。如无优质黏土来源，可在原状土中掺加7%水泥后，用水泥土回填。导墙后背回填后，灌注导墙面板。

d. 导墙未达设计强度禁止重型设备接近，不准在导墙上进行钢筋笼的制作及吊放。

（2）泥浆的配制与使用。

地下连续墙的深槽是在泥浆护壁下进行挖掘的。泥浆在成槽过程中起护壁、携砂、冷却和润滑作用。泥浆具有一定的密度，在槽内对槽壁产生一定的静水压力，相当于一种液体支撑，槽内泥浆面如高出地下水位0.5~1.0m，能防止槽壁坍塌。泥浆的费用占工程费用的一定比例，泥浆材料的选用既要考虑护壁效果，又要考虑其经济性，应尽可能地利用当地材料。

1）泥浆配合比。根据地质条件，泥浆一般采用膨润土泥浆，其各项性能指标经试验合格后才能使用。制备泥浆前，应根据地层条件进行泥浆配比设计。其性能指标按表3.1.6的规定执行。

2）泥浆池设计。配制储备泥浆量经验计算公式为

$$V = V_2 + V_3 + V_4 \tag{3.1.1}$$
$$V_2 = 1.1V_1, V_3 = 1.5V_1, V_4 = 4HL$$

式中　V_1、V_2——单元槽段土方量及泥浆需用量；

　　　　V_3——泥浆循环再生处理容量；

　　　　V_4——废浆估计处理量；

　　　　V——泥浆池总量；

　　　　H——连续墙厚度；

　　　　L——单元槽段长度。

表3.1.6　　　　　　　　　　　泥 浆 性 能 指 标

项·次	项　目		性 能 指 标	检 验 方 法
1	相对密度		1.0~1.3	泥浆比重计
2	黏度		18~25s	500mL/700mL漏斗法
3	含砂率		<5%	含砂量计
4	胶体率		>95%	重杯法
5	失水量		30mL/min	失水量计
6	泥皮厚度		1~3mm/30min	失水量计
7	静切力	1min	2~3N/m²	静切力计
		10min	5~10N/m²	
8	稳定性		30g/mm³	稳定性筒
9	pH值		7~9	pH试纸

3）泥浆循环。泥浆循环如图 3.1.19 所示。

a. 在挖槽过程中，泥浆由储浆池注入开挖槽段，边开挖边注入，保持泥浆液面距离导墙面 0.2m 左右，并高于地下水位 1m 以上。

图 3.1.19　泥浆循环流程

b. 入岩和清槽过程中，采用泵吸反循环，泥浆由储浆池泵入槽内，槽内泥浆抽到沉淀池，经过物理处理后，返回储浆池。

c. 混凝土灌注过程中，上部泥浆返回沉淀池，而混凝土顶面以上 4m 内的泥浆排到废浆池，原则上废弃不用。

4）泥浆质量管理。

a. 泥浆制作所用原料符合技术性能要求，制备时符合制备的配合比。

b. 新浆要充分搅拌并静置 24h，待其充分溶胀后使用。

c. 成槽过程中，及时根据地层变化情况对泥浆参数进行检验、调整。不同地层、不同施工范围性能指标按表 3.1.7 规定执行。

表 3.1.7　　　　　　　　　不同地层、不同施工范围泥浆性能指标

泥浆性能	新配制		循环泥浆		废弃泥浆		检验方法
	黏性土	砂性土	黏性土	砂性土	黏性土	砂性土	
相对密度（g/cm³）	1.04～1.05	1.06～1.08	<1.10	<1.15	>1.25	>1.35	比重计
黏度（s）	20～24	25～30	<25	<35	>50	>60	漏斗计
含砂率（%）	<3	<4	<4	<7	>8	>11	洗砂瓶
pH 值	8～9	8～9	>8	>8	>14	>14	试纸

d. 泥浆质量控制的试验项目、取样时间与位置见表 3.1.8。

表 3.1.8　　　　　　　　　泥浆检验时间、位置及试验项目

序号	泥　浆	取样时间和次数	取样位置	试验项目
1	新鲜泥浆	搅拌泥浆达 100m³ 时取样一次，分为搅拌时和放 24h 后各取一次	搅拌机内及新鲜泥浆池内	稳定性、密度、黏度、含砂率、pH 值
2	供给到槽内的泥浆	在向槽段内供浆前	优质泥浆池内泥浆送入泵收入口	稳定性、密度、黏度、含砂率、pH 值（含盐量）
3	槽段内泥浆	每挖一个槽段，挖至中间深度和接近挖槽完了时，各取样一次	在槽内泥浆的上部供给泥浆影响之处	
		在成槽后，钢筋笼放入后，混凝土浇灌前取样	槽内泥浆的上、中、下 3 个位置	

续表

序号	泥浆		取样时间和次数	取样位置	试验项目
4	混凝土置换出泥浆	判断置换泥浆能否使用	开始浇筑混凝土时和混凝土浇筑数米内	向槽内送浆泵吸入口	pH、黏度、密度、含砂率
		再生处理	处理前、处理后	再生处理槽	
		再生调制的泥浆	调制前、调制后	调制前、调制后	

（3）成槽施工。

连续墙施工采用跳槽法，根据槽段长度与成槽机的开口宽度，确定出首开幅和闭合幅，保证成槽机切土时两侧临界条件的均衡性，以确保槽壁垂直，部分槽段采取两钻一抓。成槽后以超声波检测仪检查成槽质量。

1）土层成槽。液压抓斗的冲击力和闭合力足以抓起强风化岩以上各层。标准槽段一般采取"三抓成槽"方式，即先挖两边，再挖中间（槽段开挖顺序见图3.1.20）。在成槽过程中，严格控制抓斗的垂直度及平面位置，并及时进行纠偏。抓斗贴临基坑侧导墙入槽，机械操作要平稳。并及时补入泥浆，维持导墙中泥浆液面稳定。

2）岩层成槽。桩机开始冲孔前要检查操作性能，检查桩锤的锤径、锤齿、锤体形状，并检查大螺杆、大弹簧垫、保护环、钢丝绳及卡扣等能否符合使用要求。冲孔过程中，钢丝绳上要设有标记，提升落锤高度要适宜，防止提锤过高击断锤齿，提锤过低进尺慢，工作效率低。每工作班至少测孔深3次，进入基岩要及时取样，并通知监理工程师确定，每次取出的岩样要详细做好记录，并晾干保留作为验收依据。

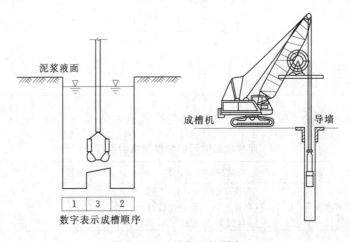

图3.1.20 槽段开挖顺序

冲孔完毕后，即以冲击钻根据槽宽配以特制的方钻，将剩余"岩墙"破碎。破碎时，以每两钻孔位中点作为中心下钻，以免偏锤。冲击过程中控制冲程在1.5m以内，并注意防止打空锤和放绳过多，减少对槽壁扰动。扫孔后再辅以液压抓斗清除岩屑。

3）成槽施工要点。

a. 成槽前全面检查泥浆是否备足、输送管道是否通畅、成槽机有无工作隐患存在等，以上问题解决后，才正式成槽。

b. 成槽过程中，根据地层变化及时调整泥浆指标，随时注意成槽速度、排土量、泥浆补充量之间的对比，及时判断槽内有无坍塌、漏浆现象。

c. 成槽时，成槽机垂直于导墙并距导墙至少 3m 以外停放，为避免成槽机自重产生过大的应力集中现象，成槽机下预铺 20mm 厚的减压钢垫板。成槽机起重臂倾斜度控制在 65°～75°之间，挖槽过程中起重臂只做回转动作不做俯仰动作。

d. 开始 6～7m 的范围，成槽速度要慢，这一段深度范围尽可能将槽壁垂直度调整到最好。在满足挖槽轴线偏差，保证槽位正确的情况下，适当加快成槽速度。

e. 成槽期间每隔 5m 检查一次泥浆质量，并检查有无漏浆现象存在，以便及时调整泥浆参数和采取相应的补救措施，并牢牢掌握地下水位的变化情况，将地下水对槽壁稳定的影响降低到最小程度。

f. 如成槽机停止挖掘时，抓斗不得停留在槽内。成槽过程中，槽段附近不放置可产生过大机械振动的设备。

g. 成槽过程中，勤测量成槽深度，同时密切注意抓斗所处地层的情况，防止超挖。接头处相邻两槽段中心线不影响内部界限。

h. 连续墙施工过程中，由于混凝土绕流给后开槽段的成槽施工带来较大的困难，因此在连续墙施工中，严格按设计做好连续墙接头，在钢筋笼两侧设无纺布等措施防止混凝土绕流。

（4）清孔。

1）清底换浆。单元槽段开挖结束之后，先用抓斗对槽底进行清理，再用特制钢丝刷刷壁器刷壁，反复刷数次，直至刷壁器上不沾泥为止，刷完壁后用砂石泵至少分 3 点定位法进行清孔，并利用沉渣测定仪测定槽底沉渣厚度，直至槽底沉渣厚度满足设计要求为止。

清槽的质量要求为：清底及换浆结束后 1h 测定槽底沉淀物淤积厚度不大于 10cm，槽底以上 0.2～1.0m 处的泥浆相对密度不小于 1.3，黏度小于 28s，含砂率小于 7%。

2）槽段接头清刷。刷壁器加工时沿侧向钢丝较长一些，这是因槽段接头侧壁的刷壁有一定困难，侧向钢丝刷应较长一些，增大侧向柔性，有利于侧向刷壁质量的保证。

3）清底施工技术要点。

a. 抓斗清淤结束后，即用刷壁器对接头壁面进行认真清刷，直至最终钢丝刷上基本不沾泥为止。

b. 用砂石泵底部抽吸方式清底，泥砂泵至少分 3 点定位，确保沉淤厚度小于 10cm。如槽底沉砂过多，用气举法清底。

c. 对以砂层和软土为主的地层，清底换浆时间不能过长，一般以不超过 2h 为好。

（5）钢筋笼制作与安装。

1）钢筋笼制作。钢筋笼以单元槽段为单位整体就近加工，由 10 号工字钢制作加工平台（图 3.1.21），间距 2m 排放，工字钢顶面高差小于 5cm。制作前先将底层分布筋位置用红油漆预先画在工字钢顶面，再铺底层钢筋网，钢筋全部点焊后，设架立筋，之后再铺上层钢筋网。所有钢筋全部采用焊接，以提高钢筋笼的整体刚度。钢筋笼制作后对钢筋笼的钢筋尺寸、直径、配筋间距、预埋件等进行严格检查。钢筋笼的制作允许偏差要求见

表 3.1.9。

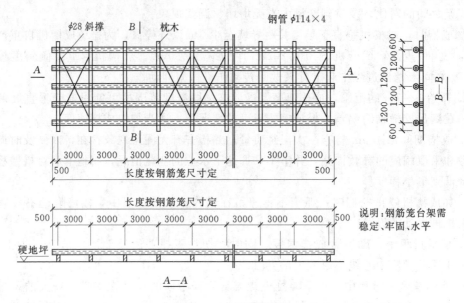

图 3.1.21　钢筋制作台

根据设计图纸对钢筋笼进行加工制作（图 3.1.22），其中纵向钢筋底端距槽底的距离在 10～20cm 以上，水平钢筋的端部至混凝土表面留 5～15cm 的间隙。为了确保混凝土保护层厚度并防止灌注混凝土时钢筋笼上浮，采用厚 3.2mm（30cm×50cm）钢板作为定位垫块焊接在钢筋笼上，即在每个单元槽段的钢筋笼前后两个面上分别在水平方向设置 3 块纵向间隔 5m 布置定位垫块。

图 3.1.22　制作钢筋笼

根据单元槽长度确定钢筋笼预留灌注混凝土导管位置（槽段为 3.2～5.4m 每 1/3 处预留灌注混凝土导管位置，槽段为 5.4～7.2m 每 1/4 处预留灌注混凝土导管位置。预留导管间距不大于 3m，预留导管位置和槽段端部接头部位不大于 1.5m）。

2）钢筋笼吊放。为了不使钢筋笼在起吊时产生很大的弯曲变形，在施工时由一台 50t 履带吊配合一台 100t 履带吊整体一次吊装，吊点位置事先进行验算进行确定，并在吊点周围 2m 范围进行加固焊接。确保起吊安全。起吊时其中一钩吊住顶部，另一钩在中间部位吊起，先使钢筋笼水平离开地面一定尺寸，然后主吊机升高，辅吊机配合使钢筋笼底端不接触或冲撞地面，直至主吊机将钢筋笼垂直吊起，这时由主吊机吊着钢筋笼运输、入槽、就位，用［12 槽钢横担于导墙上将钢筋笼吊住，稳定在设计标高位置，之后将钢筋笼与导墙顶的预埋件焊连，防止其上浮。钢筋笼吊装如图 3.1.23 所示。

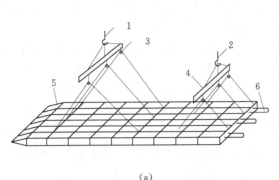

(a)

(b)

图 3.1.23 钢筋笼的吊装

(a) 钢筋笼起吊示意图；(b) 下放墙体钢筋笼

1，2—吊钩；3—滑轮；4—横梁；5—钢筋笼底端向内弯折；6—钩

☎ 如果钢筋笼不能顺利插入槽内，重新吊起，查明原因加以解决，如有必要，则在修槽之后再吊放，不得将钢筋笼做自由坠落状强行插入基槽。

3）钢筋笼制作、安装施工技术要点。

a. 钢筋笼焊接过程中，采用拉对角线的办法控制钢筋笼平面尺寸正确，避免出现"斜角"现象影响入槽。

b. 严格控制架立筋、桁架筋与上下两层钢筋网片的焊接质量。

c. 二期槽段钢筋笼宽度要考虑实际槽宽的影响。

d. 钢筋笼的制作速度要同成槽的速度保持一致。

e. 事先进行吊装设计，对吊索、吊具的强度、吊点位置进行验算。

f. 预埋件严格定位，尤其是抗浮压顶梁预埋件位置，应严格按照设计坡度精确计算、定位。

g. 钢筋笼的制作完毕后事先注明里侧、外侧；上、下头，并设置好控制钢筋笼标高的标高控制点。起吊后，在满足钢筋笼位置正确的情况下再缓慢下放。

h. 在清孔后立即起吊钢筋笼。

i. 钢筋笼吊起后，前、后、左、右均居中后再缓慢下放，最终放到位后要保持前、后、左、右均符合设计保护层厚度要求，特别是伸进接头处的钢筋笼长度符合要求，以确保接头刚度。

（6）接头施工。

地下墙的接头施工质量直接关系到其受力性能和抗渗能力，应在结构设计和施工中予以高度重视。施工接头应能承受混凝土灌注时的侧压力，倾斜度应不大于 0.4%，不至于妨碍下一槽段的开挖，且能有效地防止混凝土发生绕管现象。

施工接头可用钢管、钢板、型钢、预制混凝土、化学纤维、气囊、橡胶等材料制成，其结构形式应便于施工。在单元槽段的接头部位挖槽之后，应采用带刃角的专业工具沿接头表面插入将附着物清除，以保证混凝土的灌注质量，防止接头部位漏水（图 3.1.24）。

使用接头管接头时，要把接头管打入到沟槽底部，完全插入槽底。接头管宜用起重机吊放就位。起拔接头管时，宜用起重机或起拔千斤顶。接头管的拔出，应根据混凝土的硬

图 3.1.24　插入接头管

化速度，依次适当地拔动。在混凝土开始浇筑约 2h 后，为了便于使它与混凝土脱开，将接头管转动并将接头管拔出约 10cm，在浇筑完毕 2～3h 之后，采用起重机和千斤顶从墙段内将接头管慢慢地拔出来。先每次拔出 10cm，拔到 0.5m～1.0m，再每隔 30min 拔出 0.5～1.0m，最后根据混凝土顶端的凝结状态全部拔出。接头管位置就形成了半圆形的榫槽。

（7）水下混凝土灌注。

单元槽清底后下设钢筋笼和接头管完毕，应尽快进行单元槽段混凝土浇筑。地下连续墙的混凝土在护壁泥浆下通过导管进行灌注，应按水下浇筑的混凝土进行制备和灌注。

1）水下混凝土性能。混凝土的级配除了满足结构强度和抗渗要求外，还要满足水下混凝土的施工要求，具有良好的和易性和流动性。

混凝土配比中水泥用量一般大于 $370kg/m^3$，粗骨料最大料径不大于 30mm，混凝土拌和物中的含砂率不小于 45%。水灰比一般小于 0.6，混凝土入槽塌落度控制在 18～22cm，扩散度为 34～38cm，混凝土使用外掺剂以减少水灰比和离析现象。混凝土应掺加缓凝剂，缓凝时间不小于 4～6h。

2）混凝土浇筑。钢筋笼安装后浇灌混凝土前，再测一次槽底沉渣厚度，如不符合要求，利用混凝土导管进行二次清孔。

混凝土浇灌采用漏斗导管法以两套 $\phi300mm$ 导管对称浇筑。导管以丝扣连接并以环状橡胶垫密封，单节长度分 2m、1m、0.5m、0.75m、3.5m，使用前进行水密试验，试压压力为 0.6～1.0MPa。

在混凝土浇筑过程中，采取措施确保导管底距槽底距离控制在 0.35m 左右，初灌混凝土的导管埋深在 0.8m 以上，施工中，导管下口插入混凝土深度控制在 2～4m。施工中混凝土浇筑连续进行，混凝土面上升速度不小于 2m/h，最长允许间隔时间为 20～30min。在灌筑过程中，采用混凝土面测定仪每隔 30min 测量一次混凝土面上升高度，以此保证槽内混凝土面的高差不大于 30cm，并准确适时拔管。导管法浇筑混凝土如图 3.1.25 所示。

3）混凝土灌注施工要点。

a. 地下连续墙混凝土浇筑尽量安

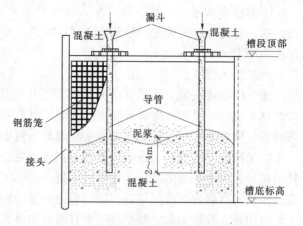

图 3.1.25　导管法混凝土浇筑示意图

排在无大风、雨的天气进行。

b. 导管水密性要好，混凝土灌注过程中绝对不能做横向运动。不能使混凝土溢出漏斗流进沟槽内。初灌混凝土导管的埋入深度不小于 0.8m，故而漏斗的容量要满足两倍漏斗容量的一次浇筑高度大于 0.8m 的要求才行。

c. 混凝土的供应速度不小于 20m³/h，中间间隔不超过 3min，塌落度控制在 18～22cm，缓凝时间为 4～6h。

d. 灌注时做好混凝土灌注记录，混凝土面每上升 3～4m，在两导管外和中间取 3 点以测量混凝土面高度，按最低面控制导管的提升高度。

e. 灌注初始，两管同时灌注，之后轮流灌注。两侧混凝土面的高差不能大于 30cm，否则调换浇入点，务必使混凝土面水平上升。灌注过程中，经常上下提动混凝土导管，以利墙体混凝土密实，导管每次升降高度控制在 30cm 以内。

f. 灌注中严禁混凝土等杂物跌落槽内，污染泥浆，增加灌注困难。

g. 混凝土导管轻拿轻放，每次灌注前均严格检查拼装垂直度及密封情况，确保混凝土导管拼装后垂直、水密封性合格。

3.1.3.4 质量控制及检验

1. 工程质量标准

（1）基本规定。

1）地下连续墙均应设置导墙，导墙形式有预制及现浇两种，现浇导墙形式有 L 形或倒 L 形，可根据不同土质选用。

2）地下墙施工前宜先试成槽，以检验泥浆的配合比、成槽机的选型，并可复核地质资料。

3）作为永久结构的地下连续墙，其抗渗质量标准可按现行国家标准《地下防水工程施工质量验收规范》（GB 50208—2002）执行。

4）地下墙槽段间的连接接头形式，应根据地下墙的使用要求选用，且应考虑施工单位的经验，无论选用任何接头，在浇筑混凝土前，接头处必须刷洗干净，不留任何泥砂或污物。

5）地下墙与地下室结构顶板、楼板、底板及梁之间连接可预埋钢筋或接驳器（锥螺纹或直螺纹），对接驳器也应按原材料检验要求，抽验复验。数量每 500 套为 1 个检验批，每批应抽检 3 件，复验内容为外观、尺寸、抗拉试验等。

6）施工前应检验进场的钢材、电焊条。已完工的导墙应检查其净空尺寸、墙面平整度与垂直度。检查泥浆用的仪器、泥浆循环系统应完好。地下连续墙应用商品混凝土。

7）施工中应检查成槽的垂直度、槽底的淤积物厚度、泥浆相对密度、钢筋笼尺寸、浇筑导管位置、混凝土上升速度、浇筑面标高、地下墙连接面的清洗程度、商品混凝土的塌落度、锁口管或接头箱的拔出时间及速度等。

8）成槽结束后应对成槽的宽度、深度及倾斜度进行检验，重要结构每段槽段都应检查，一般结构可抽查总槽段数的 20%，每槽段应抽查一个段面。

9）永久性结构的地下墙，在钢筋笼沉放后，应做二次清孔，沉渣厚度应符合要求。

10）每 50m³ 地下墙应做 1 组试件，每幅槽段不得少于 1 组，在强度满足设计要求后方可开挖土方。

11）作为永久性结构的地下连续墙，土方开挖后应进行逐段检查，钢筋混凝土底板也应符合现行国家标准《混凝土结构工程施工质量验收规范》（GB 50204—2002）的规定。

（2）质量验收标准。

1）地下连续墙的钢筋笼检验标准应符合表 3.1.9 的规定。

2）地下连续墙质量检验标准应符合表 3.1.10 的规定。

表 3.1.9　　　　　　　　　地下连续墙钢筋笼质量检验标准

项	序	检查项目	允许偏差或允许值（mm）	检验方法
主控项目	1	主筋间距	±10	用钢尺量
	2	笼长度（深度方向）	±50	
一般项目	1	钢筋材质检验	设计要求	抽样送检
	2	箍筋间距	±20	用钢尺量
	3	笼宽度（段长方向）	±20	
	4	笼厚度（槽宽方向）	±10	用钢尺量
	5	加强桁架间距	±30	用钢尺量

表 3.1.10　　　　　　　　　地下连续墙质量检验标准

项	序	检查项目		允许偏差或允许值		检查方法
				单位	数值	
主控项目	1	墙体强度		设计要求		查试件记录或取芯试压
	2	垂直度：永久结构 临时结构			1/300 1/150	测声波测槽仪或成槽机上的监测系统
一般项目	1	导墙尺寸	宽度 墙面平整度 导墙平面位置	mm mm mm	W+40 <5 ±10	用钢尺量，W 为地下墙设计厚度 用钢尺量 用钢尺量
	2	沉渣厚度：永久结构 临时结构		mm mm	≤100 ≤200	重锤测或沉积物测定仪测
	3	槽深		mm	+100	重锤测
	4	混凝土塌落度		mm	180～220	塌落度测定器
	5	钢筋笼尺寸		见表 3.1.9		见表 3.1.9
	6	地下墙表面平整度	永久结构 临时结构 插入式结构	mm mm mm	<100 <150 <20	此为均匀黏土层，松散及易塌土层由设计决定
	7	永久结构时的预埋件位置	水平向 垂直向	mm mm	≤10 ≤20	用钢尺量 水准仪

2. 验收要求

地下连续墙由两部分组成，钢筋笼的验收按钢筋混凝土灌注桩钢筋笼的标准验收，地下墙的验收按本标准进行。永久结构的抗渗质量标准按《地下防水工程施工质量验收规范》（GB 50208—2002）验收，也应符合《混凝土结构工程施工质量验收规范》（GB

50204—2002）的规定。

（1）主控项目验收。

1）墙体强度。检查试件试压报告或现场取芯试压。永久地下墙混凝土按每一个单元槽段留置一组抗压强度试件，每 5 个单元槽段留置一组抗渗试件；临时结构每幅槽段不少于一组抗压强度试块，一个槽段大于 50m³ 地下墙按 50m³ 一组试块计。

2）垂直度。重要结构每个槽段全数检查；一般结构抽查总槽段数的 20%，每槽段一个断面。检查成槽机上的监测系统的记录或用声波测槽仪检测。

（2）一般项目验收。

1）导墙尺寸。导墙宽度、墙面平整度、导墙平面位置每槽段各测两点。宽度与平面位置用钢尺测量，墙面平整度用拖尺和塞尺配合测量。

2）沉渣厚度。永久结构在钢筋笼沉放后，作第二次清孔，在灌注导管处测一点，灌注导管处全数检测；临时结构在第一次清孔后，在导管处检测一点，检测结束沉放钢筋笼。

3）槽深。永久结构每个槽段，清孔结束后测两点，临时结构抽查槽段的 20%，每槽段两点。用重锤测定。

4）混凝土塌落度。用塌落度测定器测。商品混凝土每 50 车测定一次；现场搅拌混凝土扣除砂石含水量，调整好加水量，第一拌混凝土测定一次符合 180～220mm 要求，目测塌落有变化时再测定，测定频次以能符合配合比要求为准。

5）钢筋笼尺寸。用钢尺测量，按表 3.1.9 检验标准，全数检测。

6）地下墙表层平整度。用拉线钢尺量或 2m 拖尺和楔形塞尺测量。每个槽段测两处。允许偏差标准见表 3.1.10。当遇到松散及易塌土层由设计决定允许偏差值。

7）永久结构时的预埋件位置。水平向放好轴线后用钢尺量，不大于 10mm 为合格；垂直向用水准仪测量，偏差不大于 20mm 为合格。全数检查。

3．验收资料

（1）导墙施工验收记录。

（2）钢筋、钢材合格证和复试报告。

（3）地下墙与地下室结构顶板、楼板、底板及梁之间连接预埋钢筋或接驳器（锥螺纹或直螺纹）抽样复验，每 500 套为一个检验批，每批抽查 3 件，复验内容为外观、尺寸和抗拉试验报告和记录。

（4）电焊条合格证和电焊条使用前烘焙记录。

（5）钢筋焊接接头试验报告（抽检数量按钢筋混凝土规范执行）。

（6）地下连续墙成槽施工记录。

（7）泥浆组合比及测试资料。

（8）水下混凝土浇筑记录。

（9）地下连续墙分项工程质量检验记录。

3.1.3.5　成品保护

（1）施工过程中，应注意保护现场的轴线桩和高程桩。

（2）在钢筋笼制作、运输、吊放过程中，应采取措施防止钢筋笼变形。

（3）钢筋笼在吊放入槽时，不得碰伤槽壁。

（4）钢筋笼入槽内之后，应在 4h 内灌注混凝土，在灌注过程中，应固定导管位置，并采取措施防止泥浆污染。

（5）注意保护外露的主筋和预埋件不遭破坏。

3.1.3.6　安全环保措施

（1）施工场地内一切电源、电路的安装和拆除，应由持证电工专管，电器必须严格接地接零和设置漏电保护器，现场电线、电缆必须按规定架空，严禁拖地和乱拉、乱搭。

（2）所有机器操作人员必须持证上岗。

（3）成槽开孔时设专人指挥，在转向时注意尾部的电源线是否有碰撞现象，并在开挖前检查电缆线是否损伤。

（4）成槽中暂停作业时，把抓斗提到地面停放，较长时间暂停将设备转移到远离槽段 10m 以外。

（5）抓斗入槽和出槽提升速度不要太快，防止抓斗钩住导墙根部造成事故。

（6）整个施工过程要注意泥浆恶化，如遇到大雨天气等。

（7）施工场地必须做到场地平整、无积水，挖好排浆沟。

3.1.3.7　常见质量问题及处理

地下连续墙施工常见质量问题及防护措施见表 3.1.11。

表 3.1.11　　　　　　　　地下连续墙施工常见问题及防治措施

现　象	原　因　分　析	处　理　措　施
单元槽段接头不良造成接头漏水	灌注混凝土时接头处有泥渣存在，使混凝土无法充填接头处缝隙所致	应在设计中采用合理的结构形式，在施工中注意消除接头处沉积物，使单元槽段间的衔接紧密，才能防止接头处漏水的发生
墙体壁面不够平直	挖槽机械选用不当，或因壁面局部坍塌所致	应注意选用合理的挖槽机械，采用合理的施工方法，配制合格的护壁泥浆
墙体混凝土质量欠佳	（1）挖槽时，护壁泥浆质量不合格 （2）消底时，消除沉渣及换浆不彻底 （3）灌注混凝土时，导管布置不合理 （4）导管埋入深度不够，混凝土的灌注不够连续	应注意保护护壁泥浆的质量，彻底进行消底换浆，严格按规定灌注水下混凝土，以确保墙体混凝土的质量
槽底沉渣过厚	（1）护壁泥浆不合格 （2）消底换浆不彻底	在灌注混凝土前，应测定沉渣厚度，符合设计要求后才能灌注水下混凝土
槽壁坍塌	（1）护壁泥浆选择不当，泥浆密度不够，不能形成坚韧可靠的护壁，地下水位过高，泥浆液面标高不够，或孔内出现承压水，降低了静水压力 （2）泥浆水质不合要求、泥浆配制不合要求、质量不合要求 （3）在松软砂层中钻进，进尺过快，将槽壁扰动 （4）成槽后搁置时间太长，泥浆沉淀失去护壁作用 （5）单元槽段太长，或地面附加荷载过大等	（1）适当加大泥浆密度，控制槽内液面标高高于地下水位 1m 以上，选用合格泥浆，通过试验确定泥浆相对密度 （2）在松软砂层中钻进，控制进尺，不要空置时间太长 （3）尽量缩短搁置时间，合理确定单元槽段长度，注意地面附加荷载不要过大

续表

现　象	原　因　分　析	处　理　措　施
钢筋笼难以放入槽内或上浮	(1) 槽壁凹凸不平或弯曲，钢筋笼尺寸不准，纵向接头处产生弯曲 (2) 槽底沉渣过多 (3) 钢筋笼刚度不够，吊放时产生变形，定位孔凸出，导管入深度过大，使钢筋笼托起上浮	(1) 成孔要保证槽壁面平整，严格控制钢筋笼外形尺寸 (2) 钢筋笼上浮，可在导墙上设置锚固点固定钢筋笼，清除槽底沉渣，控制导管的最大埋深不超过 6m
夹层	(1) 导管摊铺面积不够，部分角落灌筑不到，被泥渣填充，导管埋深不够，泥渣从底口进入混凝土内 (2) 导管接头不严密 (3) 首批下混凝土量不足，未能将泥浆与混凝土隔开 (4) 混凝土未连续灌筑 (5) 导管提升过猛，或测深错误，导管底口超出混凝土面，浇灌时局部堵孔	(1) 在槽段灌筑时，配备 3 套导管，导管间距严格按规范要求执行，导管埋入混凝土深度为 2～4m，导管采用丝扣连接，设橡胶圈密封 (2) 首批下混凝土量需充足，使其具有一定的冲击量，能将泥浆从导管挤出，同时保持连续快速进行，导管不提升过猛 (3) 快速浇灌，并对混凝土面及时、准确测量

任务 2　基坑降水与排水

【工作任务】

结合水文地质条件，对水位较高的基坑工程施工制定相应地下水控制措施或方案。

土方开挖过程中，当基坑（或沟槽）底面标高低于地下水位时，由于土的含水层被切断，地下水会不断渗入坑内。雨季施工时，地表水也会流入坑内。这种情况下，如果没有采取降水和排水措施把流入坑内的水及时排走或降低地下水位，不仅会使施工条件恶化，工效很低，还会造成边坡塌方和地基承载力下降。因此，在基坑土方开挖前和开挖过程中，应根据工程地质和地下水文情况，采取有效措施做好降水和排水工作，降低地下水位或设置止水帷幕，使地下水位在基坑底面 0.5～1.0m 以下，以保证土方开挖和地下室施工处于无水状态。

基坑开挖降低地下水位的方法主要有集水明排法和井点降水法两类。前者系在基坑内挖明沟排水，汇入集水井用水泵直接排走；后者是沿基坑外围以适当的距离设置一定数量的各种井点进行间接排水。常见的井点降水法有轻型井点、喷射井点、电渗井点及管井井点等。各种方法的选用一般根据含水层中土的类别及其渗透系数、降水深度、施工设备条件和施工期限等因素进行技术经济比较后确定，可参照表 3.2.1 选择。

☎　选择降水方案的原则一般为：当基坑（槽）开挖的降水深度较浅且地层中无流砂时，可采用明沟、集水坑降水；如降水深度较大，或地层中有流砂，或在软土地区，应尽量采用井点降水；当采用井点降水，仍有局部地段降深不够时，可辅以明沟、集水坑降水；当因降水而危及周边安全时，宜采用截水。

表 3.2.1	降水类型及适用条件	
井点类别	土的渗透系数（m/d）	降水深度（m）
一级轻型井点 多级轻型井点	0.1~50 0.1~50	3~6 视井点级数而定
喷射井点	0.1~50	8~20
电渗井点	<0.1	视选用的井点而定
管井井点	20~200	3~5
深井井点	10~250	>15

3.2.1　集水明排法

集水明排法是目前一种常用的降水方法，它是在基坑开挖过程中，在基坑底设置集水坑并沿基坑底周围或中央开挖排水沟，使水流入集水坑中，然后用水泵抽走，如图 3.2.1

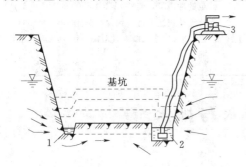

图 3.2.1　集水坑降水

1—排水沟；2—集水坑；3—水泵

所示。基坑内四周的排水沟及集水坑一般设置在基础以外，地下水流的上游。基坑面积较大时，可在基础范围内设置盲沟排水。集水坑降水用于土质较好、水量不大、基坑可扩大者，降水方法简单、经济，对周围影响小，因而应用较广。

3.2.1.1　施工机具及选用

集水明排水所用机具主要为水泵，如离心泵、潜水泵和泥浆泵等。水泵的主要性能包括流量（水泵单位时间内的出水量）、总扬程（水泵能扬水的高度，包括吸水扬程和出水扬程）

和功率等。选用水泵类型时，主要根据流量与扬程而定，水泵的流量应满足基坑涌水量要求，一般取水泵的总排水量 V 为基坑涌水量 Q 的 1.5~2.0 倍。

3.2.1.2　施工工艺

1. 工艺流程

施工工艺流程如图 3.2.2 所示。

挖至地下水位时,挖排水沟 → 设集水坑 → 抽水 → 再挖土、沟、井

图 3.2.2　工艺流程

2. 操作工艺

（1）挖排水沟。沿基坑底四周设置，底宽不小于 300mm，沟底低于坑底 500mm，坡度为 1‰。

（2）设集水坑。沿基坑底四角或间距 20~40m 设置，直径为 0.6~0.8m，深度随挖土的加深而加深，要始终低于挖土面 0.7~1.0m，井壁可用竹、木等简易加固。当基坑挖至设计标高后，井底应低于坑底 1~2m。集水坑底应铺设碎石压底（0.3m 厚），以免因

抽水时间较长，将泥沙抽走，并防止集水坑坑底被扰动。

（3）抽水。明沟、集水井排水，视水量多少连续或间断抽水，直至基础施工完毕、回填土为止。

3.2.1.3 排水计算

1．基坑涌水量

基坑涌水量为地下水渗入基坑的涌水量 Q 为从四周坑壁和坑底流入的水量之和，与土的种类、渗透系数、水头大小、坑底面积等有关，可通过抽水试验确定或实践经验估算，或按大井法计算。

2．水泵功率

水泵所需功率 N（kW）按式（3.2.1）计算，即

$$N = \frac{K_1 Q H}{75 \eta_1 \eta_2} \tag{3.2.1}$$

式中　K_1——安全因数，一般取2；

　　　Q——基坑涌水量，m^3/d；

　　　H——包括扬水、吸水及各种阻力造成的水头损失在内的总高度，m；

　　　η_1——水泵效率，0.4～0.5；

　　　η_2——动力机械效率，0.75～0.87。

☎ 采用集水明排法降水时，地下水沿基坑坡面、坡脚或坑底涌出，使坡面和坑底土软化、泥泞，影响施工，容易造成局部失稳；当涌水量较大、水位差较大或土质为细砂或粉砂时，易产生流砂、边坡塌方及管涌现象。这时往往采用强制降水的方法，人工控制地下水流的方向，降低地下水位。

3.2.2 轻型井点降水法

实际工程中，一般轻型井点应用最为广泛，下面结合案例重点介绍这类井点。

井点降水方案的设计步骤：①明确设计要求，包括降水面积、降水深度、要求的时间；②勘察场地的工程地质和水文条件，掌握地层分布、土的物理性质指标和地下水位等；③了解场地施工条件，分析降水对邻近建筑物的影响；④根据地基土层条件、要求降水深度，选择降水方法；⑤井点布置和设计；⑥制定施工和管理技术要求。

轻型井点系统降水设计实例

某工程基坑底的平面尺寸为 40.5mm×16.5m，底面标高为−7.0m（地面标高为−0.5m），基坑边坡为1∶0.5。根据地质勘察资料，该处地下水位面为−3m，地面下0.7m为杂填土，此层下面为12.8m的中砂层，土层渗透系数 $K=18m/d$，−14.0m以下为不透水的黏土层。拟采用轻型井点设备进行人工降低地下水位（其井管长度为6m，滤管长度待定，管径为38mm；总管直径100mm，每节长4m，与井点管接口的间距为1m），机械开挖土方，试进行降水设计。

3.2.2.1 设备组成

轻型井点设备由管路系统和抽水设备组成，如图3.2.3所示。

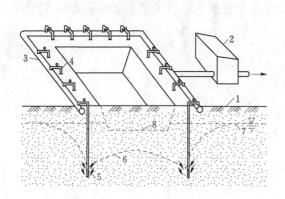

图 3.2.3 轻型井点法降低地下水位全貌

1—自然地面；2—水泵；3—总管；4—井点管；5—滤管；
6—降水后水位；7—原地下水水位；8—基坑底面

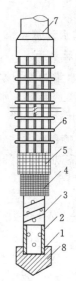

图 3.2.4 滤管构造

1—钢管；2—管壁上的小孔；3—缠绕
的塑料管；4—细滤网；5—粗滤网；
6—粗铁丝保护网；7—井点管；
8—铸铁头

1. 管路系统

管路系统包括滤管、井点管、弯联管及总管等。

（1）滤管（图3.2.4）。进水设备，通常采用长 1.0～1.5m、直径为 38mm 或 51mm 的无缝钢管，管壁钻有直径为 12～19mm、呈星棋状排列的滤孔，滤孔面积为滤管表面积的 20%～25%。管壁外面包以两层孔径不同的生丝布或尼龙丝布滤网。为使流水畅通，在管壁与滤网之间用铅丝绕成螺旋状隔开。滤网外面再绕一层粗铁丝保护网，滤管下端为一铸铁塞头，滤管上端与井点管连接。

（2）井点管。直径为 38mm 或 51mm、长 5～7m 的钢管。可整根或分节组成。井点管的上端用弯联管与总管相连。

（3）集水总管。直径为 100～127mm 的无缝钢管，每节长 4m，其上装有与井点管连接的短接头，间距为 0.8～1.5m。

2. 抽水设备

抽水设备是由真空泵、离心泵和水气分离器（又叫集水箱）等组成，其工作原理如图 3.2.5 所示。抽水时先开动真空泵 10，将水气分离器 6 内部抽成一定程度的真空，使土中的水分和空气受真空吸力作用而吸出，进入水气分离器 6。当进入水气分离器内的水达到一定高度，即可开动离心水泵 13。在水气分离器内水和空气向两个方向流去：水经离心水泵排出，空气集中在上部由真空泵排出，少量从空气中带来的水从循环水泵 12、放水口 9 放出。

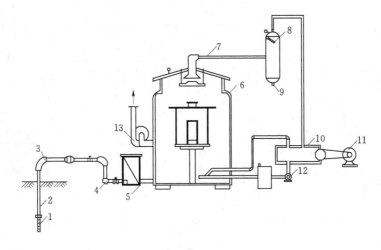

图 3.2.5　轻型井点设备工作原理

1—滤管；2—井点管；3—弯管；4—集水总管；5—过滤室；6—水气分离器；

7—进水管；8—副水气分离器；9—放水口；10—真空泵；11—电动机；

12—循环水泵；13—离心水泵

一套抽水设备的负荷长度（即集水总管长度）为 100～120m。常用的 W5、W6 型干式真空泵，其最大负荷长度分别为 100m 和 120m。

3.2.2.2　井点布置和计算

井点系统布置应根据水文地质资料、工程要求和设备条件等确定。一般要求掌握的水文地质资料有地下水含水层厚度、承压或非承压水及地下水变化情况、土质、土的渗透系数、不透水层位置等。要求了解的工程性质主要是基坑（槽）形状、大小及深度，此外尚应了解设备条件，如井管长度、泵的抽吸能力等。

轻型井点布置包括高程布置和平面布置。平面布置即确定井点布置的形式、总管长度、井点管数量、水泵数量及位置等。高程布置则确定井点管的埋置深度。

布置和计算的步骤是：确定平面布置→高程布置→计算确定井点管数量与间距→调整设计。下面针对案例具体讨论每一步的设计计算方法。

1. 井点平面布置

根据基坑（槽）形状，轻型井点可采用单排布置［图 3.2.6（a）］、双排布置［图 3.2.6（b）］、环形布置［图 3.2.6（c）］；当土方施工机械需进出基坑时，也可采用 U 形布置［图 3.2.6（d）］。单排布置适用于基坑（槽）宽度不大于 6m、降水深度不大于 5m 的情况，井点管应布置在地下水的上游一侧，两端延伸长度不宜小于坑（槽）宽度。双排布置适用于基坑宽度大于 6m 或土质不良的情况。环形布置适用于大面积基坑。如采用 U 形布置，则井点管不封闭的一段应设在地下水的下游方向。井点管距离基坑壁一般可取 0.7～1.0m，以防止局部发生漏气。井点管间距一般用 0.8～1.5m，或由计算和经验确定。

采用多套抽水设备时，井点系统应分段，各段长度应大致相等。分段地点宜选择在基坑转弯处，以减少总管弯头数量，提高水泵抽吸能力。水泵宜设置在各段总管中部，使泵

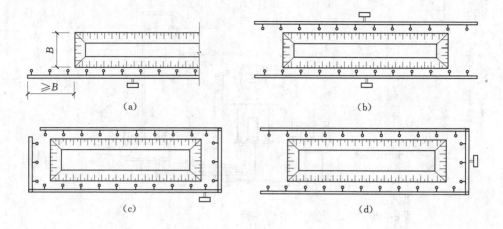

图 3.2.6　轻型井点的平面布置

（a）单排布置；（b）双排布置；（c）环形布置；（d）U 形布置

两边水流平衡。分段处应设阀门或将总管断开，以免管内水流紊乱，影响抽水效果。

📞　本案例基坑深为 7−0.5＝6.5m，宽为 16.5m，且面积较大，宜采用环形布置。

2. 高程布置

高程布置系确定井点管埋深，即滤管上口至总管埋设面的距离，如图 3.2.7 所示，按式（3.2.2）计算，即

$$h > h_1 + \Delta h + iL \tag{3.2.2}$$

式中　h——井点管埋深，m；

　　　h_1——总管埋设面至基底的距离，m；

　　　Δh——基底至降低后地下水位线的距离，一般取 0.5～1.0m，根据工程性质和水文地质状况确定；

　　　i——降水坡度，根据实测。环状井点为 1/10 左右，单排井点为 1/4～1/5，环形井点为 1/10；

　　　L——井点管至水井中心的水平距离，当水井管为单排布置时，为井点管至对边坡脚的水平距离，m。当基坑井点管为环形布置时，L 取短边长度，这是由于沿长边布置的井点管的降水效应比沿短边方向布置的井点管强的缘故。当基坑（槽）两侧是对称的，则 L 就是井点管至基坑中心的水平距离，如坑（槽）两侧不对称［如一边打板桩、一边放坡，见图 3.2.6（b）］，则取井点管之间 1/2 距离计算。

计算结果尚应满足

$$h \leq h_{pmax} \tag{3.2.3}$$

式中　h_{pmax}——抽水设备的最大抽吸高度，一般轻型井点为 6～7m。

如式（3.2.3）不能满足时，可采用降低总管埋设面或多级井点的方法。当计算得到的井点管埋深 H 略大于水泵抽吸高度 h_{pmax} 且地下水位离地面较深时，可采用降低总管埋设面的方法，以充分利用水泵的抽吸能力，此时总管埋设面可置于地下水位线以上。如略

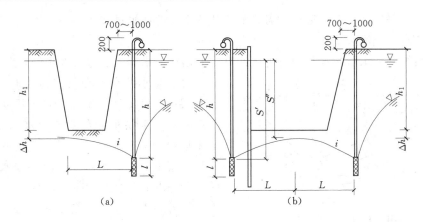

图 3.2.7 高程布置计算

(a) 单排井点；(b) 双排、U 形或环形布置

低于地下水位线也可，但在开挖第一层土方埋设总管时，应设集水坑降水。当按式 (3.2.3) 计算的 h 值与 h_{pmax} 相差很多且地下水位离地面较浅时，则可用多级井点。

任何情况下，滤管必须埋设在含水层内。实际工程中，井点管均为定型的，有一定的标准长度。通常根据给定井点管长度验算 Δh，如 $\Delta h \geqslant 0.5 \sim 1 m$，则可满足，$\Delta h$ 可按式 (3.2.4) 计算，即

$$\Delta h = h' - 0.2 - h_1 - iL \tag{3.2.4}$$

式中　h'——井点管长度，m；

　　　0.2——井点管露出地面的长度，m。

📞　本案例中，基坑上口宽为：$16.5 + 2 \times 6.5 \times 0.5 = 23$（m）；井管埋深：$h = 6.5 + 0.5 + 1/10 \times 12.5 = 8.25$（m）；井管长度：$h + 0.2 = 8.45 m > 6 m$，不满足要求（图 3.2.8，尺寸单位均为 m）。

若先将基坑开挖至 $-2.9 m$，再埋设井点（图 3.2.9），此时需井管长度为：$h' = 0.2 + 0.1 + 4 + 0.5 + (8.25 + 4.1 \times 0.5 + 1) \times 1/10 = 5.93$（m）$\approx 6 m$，满足要求。

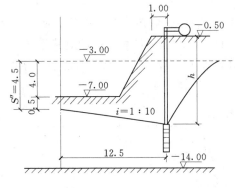

图 3.2.8 高程布置计算

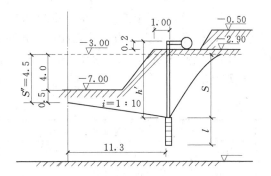

图 3.2.9 降低埋设面后的井点高程

3. 总管及井点管计算

总管长度根据基坑上口尺寸或基槽长度即可确定，进而可根据选用的水泵负荷长度确

定水泵数量。确定井点管数量时，需要知道井点系统的涌水量 Q。

（1）井点系统涌水量 Q 计算。

井点系统的涌水量按水井理论进行计算。

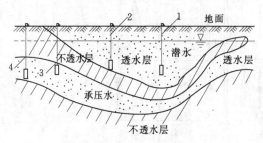

图 3.2.10 水井分类

1—无压非完整井；2—无压完整井；
3—承压非完整井；4—承压完整井

根据地下水有无压力，水井分为无压井和承压井。当水井布置在具有潜水自由面的含水层中时（即地下水面为自由面），称为无压井；当水井布置在承压含水层中时（含水层中的地下水充满在两层不透水水层间，含水层中的地下水水面具有一定水压），称为承压井；当水井底部达到不透水层时称完整井；否则称为非完整井（图 3.2.10），各类井的涌水量计算方法都不同。

1）对于无压完整井的环状井点系统，涌水量计算公式为

$$Q = 1.366K \frac{(2H-S)S}{\lg R - \lg x_0} \qquad (3.2.5)$$

式中　Q——井点系统的涌水量，$\mathrm{m^3/d}$；

　　　K——土的渗透系数，$\mathrm{m/d}$。该值对计算结果影响大，可由实验室或现场抽水试验确定；

　　　H——含水层厚度，m；

　　　S——井点管处的水位降低值，m；

　　　R——抽水影响半径，m，常用式（3.2.6）计算，即

$$R = 1.95s \sqrt{HK} \qquad (3.2.6)$$

　　　x_0——环状井点系统的假想半径，m。对于矩形基坑，其长度与宽度之比不大于 5 时，可按式（3.2.7）计算，即

$$x_0 = \sqrt{\frac{F}{\pi}} \qquad (3.2.7)$$

式中　F——环状井点系统所包围的面积，$\mathrm{m^2}$。

2）对于无压非完整井点系统，地下潜水不仅从井的侧面流入，还从井点底部深入，因此涌入量较完整井大。为了简化计算，仍可采用式（3.2.5）计算，但此时式中 H 应换成有效抽水影响深度 H_0。H_0 值可按表 3.2.2 确定，当算得 H_0 大于实际含水量厚度 H 时，仍取 H 值。

表 3.2.2　有效深度 H_0 值

$S/(S+l)$	0.2	0.3	0.5	0.8
H_0	$1.36(S+l)$	$1.5(S+l)$	$1.7(S+l)$	$1.85(S+l)$

注　S—井口管中水位降落值；l—滤管长度。

3）对于承压完整井点系统，涌水量计算公式为

$$Q = 2.73 \frac{KMS}{\lg R - \lg x_0} \qquad (3.2.8)$$

式中　M——承压含水层厚度，m；其余符号同式（3.2.5）。

若用以上各式计算轻型井点系统涌水量时，要先确定井点系统布置方式和基坑计算图形面积。如矩形基坑的长宽比大于 5 或基坑宽度大于抽水影响半径的 2 倍时，需将基坑分块，使其符合上述各式的适用条件，然后分别计算各块的涌水量和总涌水量。

☎　本案例：（1）判断井型。取滤管长度 1.5m，则滤管底可达到的深度为：

$2.9+5.9+1.5=10.3$m<14m，未达到不透水层，此井为无压非完整井。

（2）计算抽水有效深度。井管内水位降落值 $S=6-0.2-0.1=5.7$（m），则 $\dfrac{S}{S+l}=$

$\dfrac{5.7}{5.7+1.5}=0.792$，查书表经内插得：$H_0=1.845(S+l)=1.845\times(5.7+1.5)=13.28$

（m）$>$含水层厚度 $H_水=14-3=11$（m），故按实际情况取 $H_0=H_水=11$（m）。

（3）计算井点系统的假想半径。井点管包围的面积 $F=46.6\times22.6=1053.2$（m）^{2}，

且长度比不大于 5，所以 $x_0=\sqrt{\dfrac{F}{\pi}}=\sqrt{\dfrac{1053.2}{\pi}}=18.31$（m）。

（4）计算抽水影响半径 R：$R=1.95S\sqrt{H_0K}=1.95\times4.5\times\sqrt{11\times18}=123.84$（m）。

（5）计算涌水量 Q：

$$Q=1.366K\,\frac{(2H_0-S)S}{\lg R-\lg x_0}=1.366\times18\times\frac{(2\times11-4.5)\times4.5}{\lg123.48-\lg18.31}=2336(\text{m}^3/\text{d})$$

（2）井点管数量与井距的确定。

1）单根井管的最大出水量，由式（3.2.9）确定，即

$$q=65\pi dl\sqrt[3]{K}\quad(\text{m}^3/\text{d})\tag{3.2.9}$$

式中　d——滤管直径，m；

其余符号同前。

2）井点管数量。最少井点管数量由式（3.2.10）确定，即

$$n'=\frac{Q}{q}\text{（根）}\tag{3.2.10}$$

井点管最大间距便可求得

$$D'=\frac{L}{n}\text{（m）}\tag{3.2.11}$$

式中　L——总管长度，m；

n'——井点管最少根数。

实际采用的井点管 D 应当与总管上接头尺寸相适应。即尽可能采用 0.8m、1.2m、1.6m 或 2.0m，且 $D<D'$，这样实际采用的井点数 $n<n'$，一般 n 应当超过 $1.1n'$，以防井点管堵塞等影响抽水效果。

☎　本案例：（1）井点管的单管的极限出水量。

$$q=65\pi dl\sqrt[3]{K}=65\pi\times0.038\times1.5\times\sqrt[3]{18}=30.5(\text{m}^3/\text{d})$$

（2）需井点管最少数量 $n_{\min}$。$n_{\min}=1.1\dfrac{Q}{q}=1.1\times\dfrac{2336}{30.5}=84.2$（根）

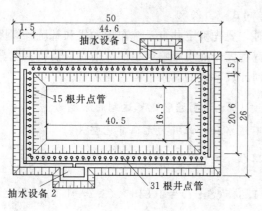

图 3.2.11　井点平面布置（尺寸单位均为 m）

（3）最大井距 D_{max}。

井点包围面积的周长：

$$L=(46.6+22.6)\times 2=138.4\,(m)$$

井点管最大间距：

$$D_{max}=L/n_{min}=138.4\div 84.2=1.64\,(m)$$

（4）确定井距及井点数量。按照井距的要求，并考虑总管接口间距为 1m，则井距确定为 1.5m（接 2 堵 1）。故实际井点数为：$n=138.4/1.5\approx 92$ 根。取长边则每边 31 根，短边则每边 15 根，共 92 根。

（5）井点及抽水设备的平面布置。如图 3.2.11 所示。

3.2.2.3　轻型井点施工

轻型井点的施工，大致包括下列几个过程：准备工作、井点系统的埋设、使用和拆除。

1. 施工准备

其包括井点设备、动力、水源及必要材料的准备，排水沟的开挖，附近建筑物的标高观测以及防止附近建筑物沉降措施的实施。

2. 施工工艺

（1）井点系统埋设。

1）埋设顺序。埋深井点的顺序是：放线定位→排放总管→冲孔→埋设井点管、填砂砾滤料，上部填黏土密封→用弯联管连接→安装抽水设备→安装集水箱和排水管→开动真空泵排气、再开动离心水泵抽水→测量观测井中地下水位变化。

2）埋设方法。井点管埋设一般用水冲法，分为冲孔和埋管两个过程，如图 3.2.12 所示。

冲孔时，先用起重设备将冲管吊起并插在井点的位置上，然后开动高压水泵，将土冲松，冲管则边冲边沉。冲孔直径一般为 300mm，以保证井管四周有一定厚度

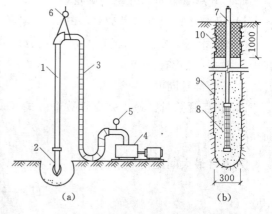

图 3.2.12　井点管的埋深
（a）冲孔；（b）埋管
1—冲管；2—冲嘴；3—胶管；4—高压水泵；5—压力表；
6—起重机吊钩；7—井点管；8—滤管；
9—填砂；10—黏土封口

的砂滤层，冲孔深度宜比滤管底深 0.5m 左右，以防冲管拔出时，部分土颗粒沉于底部而触及滤管底部。

井孔冲成后，立即拔出冲管，插入井点管，并在井点管与孔壁之间迅速填灌砂滤层，以防孔壁塌土。砂滤层的填灌质量是保证轻型井点顺利抽水的关键。一般宜选用干净粗

砂，填灌均匀，并填至滤管顶上 1～1.5m，以保证水流畅通。

井点填砂后，需用黏土封口，以防漏气。

井点管埋设完毕，应接通总管与抽水设备进行试抽水，检查有无漏水、漏气，出水是否正常，有无淤塞等现象，如有异常情况，应检修好后方可使用。

（2）轻型井点的使用。

轻型井点使用时，一般应连续（特别是开始阶段）抽水不间断。时抽时停，滤网易堵塞，也容易抽出土粒，使水混浊，并引起附近建筑物由于土粒流失而发生沉降开裂。正常的排水应是细水长流，出水澄清。抽水时需要经常检查井点系统工作是否正常，以及检查观测井中水位下降情况，如果有较多井点管发生堵塞，影响降水效果时，应逐根用高压水反向冲洗或拔出重埋。

（3）拔除井管。

基坑回填后，用安装卷扬机和支架拔出井点管。井孔必须用砂粒或黏土填实。

3．降水施工质量控制要点

（1）监理员测完孔深并达到要求后，施工人员应立即下入井点管，井点管应居孔中心，严禁将井点管强行压入孔中。

（2）滤料填至地面以下 1.0～1.5m 时，监理员到场，施工人员改用黏土填至地面，并压实封闭孔口，以防地面水的渗入，实现真空降水。

（3）井点施工结束，施工人员应立即组织洗井，洗井应自上而下进行，洗至水清基本不出砂、出水正常，井点底部不存砂为止，监理员应到场检查。

3.2.3　其他类型井点降水施工

3.2.3.1　管井井点

管井井点由滤水井管、吸水管和抽水机械等组成。管井井点设备简单，排水量大，降水较深，降水效果较轻型井点好，水泵设在地面，易于维护。适用于渗透系数较大、地下水丰富的土层、砂层，或用集水井排水法易造成土粒流失、引起边坡塌方及用轻型井点难以满足要求的情况下使用。由于它排水量大、降水较深，较轻型井点具有更大的降水效果，可代替多组轻型井点。

1．井点构造与设备

（1）滤水井管。下部滤水井管过滤部分可用钢筋焊接骨架，外包孔眼为 1～2mm 的滤网，长 2～3m。上部井管部分宜用直径为 150～250mm 的钢管、塑料管或混凝土管。

（2）吸水管。宜用直径为 50～100mm 的胶皮管或钢管，插入滤水井管内，其底端应沉入管井抽吸时的最低水位以下，并装逆止阀，上端装设带法兰盘的短钢管一节。

（3）水泵。采用 BA 型或 A 型，流量为 10～25m³/h 离心式水泵。每个井管装置一台，当水泵排水量大于单孔滤水涌水量数量时，可另加设集水总管将相邻的相应数量的吸水管连成一体，共用一台水泵。

2．管井井点的布置

沿基坑每隔 20～50m 设置一个管井，深度为 8～15m，每个管井单独用一台水泵不断抽水来降低地下水位，井内水位降低值可达 6～10m，而井中间则为 3～5m。滤水井管的沉没可采用泥浆护壁套管的钻孔法，钻孔直径比滤水井管外径大 150～250mm。井管下沉前应进行清孔，并保持滤网畅通，井管与土壁间用 3～15mm 砾石填充作为过滤层。

3.2.3.2 深井井点

深井井点是在深基坑的周围埋置深于基底的井管，通过设置在井管内的潜水电泵将地下水抽除，使地下水位低于坑底。适用于抽水量大、较深的砂类土层，降水深可达 50m 以内。

1. 井点系统设备

深井井点系统的主要设备由井管和水泵组成。

（1）井管。井管电钢管或混凝土管制成。管径一般为 300mm，井管内径一般应大于水泵外径 50mm。井管下部过滤部分带孔，外面包裹 10 孔/cm² 镀铸钢丝两层、41 孔/cm² 镀铸钢丝两层或尼龙网。

（2）水泵。可用 QY-25 型或 QJ-50-52 型油浸式潜水泵或深井泵。

2. 深井布置

一般沿工程基坑周围离边坡上缘 0.5～1.5m 呈环形布置，当基坑宽度较窄，也可在一侧呈直线形布置；当为面积不大的独立的深基坑，也可采用点式布置。井点宜深入到透水层 6～9m，通常还应比所需降水的深度深 6～8m，间距为 10～30m（相当于埋深），基坑开挖深在 8m 以内，井距为 10～15m；8m 以上，井距为 15～20m。在一个基坑布置的井点应尽可能多地为附近工程基坑降水所利用，或上部二节尽可能地回收利用。

3.2.3.3 电渗井点

在饱和软黏性土中，特别是在淤泥和淤泥质黏土中，由于土的透水性差（渗透系数小于 0.1m/d），普通井点抽水量很小，降水效率不高，如果要在细粒土中降水，可采用电渗井点。它的降水原理是利用黏性土中的电渗现象和电泳特性，使黏性土空隙中的水流动加快，起到一定的疏干作用，使排水效率得到提高。与轻型井点或喷射井点结合使用，效果较好。一般以轻型井点或喷射井点作为阴极，另在土中埋设 $\phi20～32mm$ 钢筋或 $\phi50～75mm$ 钢管作为阳极。阴极和阳极成对布置在边坡或围护结构的外侧，阳极在里，阴极在外。直流电源常采用直流电焊机或硅整流电焊机，工作电压不宜大于 60V，在土中通电时的电流容重宜为 0.5～1.0A/m²。

3.2.3.4 喷射井点

当降水深度超过 6m 时，一层轻型井点不能收到预期效果，这时就需要采用多级轻型井点。这样会增大基坑挖土量、增加设备用量和延长工期。为此，可考虑采用喷射井点，其降水深度可达 20m。喷射井点类似于轻型井点（滤水管直径小、长度短、非完整井、单井出水量小等），但总降水能力强于轻型井点，故适用范围较广。成井工艺要求高，工作效率低，最高理论效率仅 30%，运转过程要求管理严格。

1. 喷射井点的主要设备

喷射井点的主要设备有喷射井管、高压水泵和管路系统。它是利用井点管下部的喷射器，将高压水（喷水井点）或压缩空气（喷气井点）从喷射器喷嘴喷出，管内形成负压，使周围含水层中的水流向管中排出。

2. 喷射井点布置

喷射井点管的布置与井点管的埋设方法和要求与轻型井点相同。基坑面积较大时，采用环形布置，当基坑宽度小于 10m，用单排线形布置；大于 10m 时，作双排布置。喷射井点间距一般为 2~3m；采用环形布置，进出口（道路）处的井距为 5~7m。冲孔直径为 400~600mm，深度比滤管底深 1m 以上。

☎　在弱透水层和压缩性大的黏土层中降水时，由于地下水流失造成地下水位下降、地基自重应力增加和土层压缩等原因，会产生较大的地面沉陷；又由于土层的不均匀性和降水后地下水位呈漏斗曲线，四周土层的自重应力变化不一而导致不均匀沉降，使周围建筑物基础下沉或房屋开裂。在建筑物附近进行井点降水时，为防止降水影响或损害区域内的建筑物，必须阻止建筑物下的地下水流失，一般可用回灌井点补充地下水的办法来保持地下水位。此外，可采用在降水区域和原有建筑物之间的土层中设置止水帷幕的方法，来避免降低地下水位对周边建筑物造成的不良影响。目前在基坑工程中应用较多的止水帷幕有 3 种形式：深层搅拌法水泥土止水帷幕、高压喷射注浆法水泥土止水帷幕和素混凝土地下连续墙止水帷幕。水泥土重力式围护结构、地下连续墙围护结构和冻结法围护结构本身又是止水帷幕，而排桩墙围护结构等则需要另外设置止水帷幕以共同形成挡土和挡水的基坑围护体系。

3.2.4　质量控制与检验

3.2.4.1　工程质量标准

1. 基本规定

（1）降水与排水是配合基坑开挖的安全措施，施工前应有降水与排水设计。当在基坑外降水时，应有降水范围的估算，对重要建筑物或公共设施在降水过程中应监测。

（2）对不同的土质应用不同的降水形式。

（3）降水系统施工完成后，应试运转，如发现井管失效，应采取措施使其恢复正常，如无可能恢复则应报废，另行设置新的井管。

（4）降水系统运转过程中应随时检查观测孔中的水位。

（5）基坑内明排水应设置排水沟及集水井。

2. 质量验收标准

降水与排水施工的质量检验标准应符合表 3.2.3 的规定。

表 3.2.3　　　　　　　　降水与排水施工质量检验标准

序	检查项目	允许偏差或允许值		检查方法
		单位	数值	
1	排水沟坡度	%	1~2	目测：坑内不积水，沟内排水畅通
2	井管（点）垂直度	%	1	插管时目测
3	井管（点）间距（与设计相比）	%	≤150	用钢尺量
4	井管（点）插入深度（与设计相比）	mm	≤200	水准仪
5	过滤砂砾料填灌（与计算值相比）	mm	≤5	检查回填料用量
6	井点真空度：轻型井点 喷射井点	kPa kPa	>60 >93	真空度表 真空度表
7	电渗井点阴阳极距离：轻型井点 喷射井点	mm mm	80~100 120~150	用钢尺量 用钢尺量

3.2.4.2　验收要求

本项目没有主控项目，只有一般项目。

一般项目验收要求如下：

（1）排水沟坡度。目测法全数检查，坑内不积水，沟内排水畅通为合格。排水沟施工时应按 1‰～2‰坡度设置。

（2）井管（点）垂直度。下井管或井点时用目测，垂直偏差不大于井管、井点长度的 1％。

（3）井管（点）间距。在下管时用钢尺量间距与设计相比偏差不大于 150mm。

（4）井管（点）插入深度。在插入时用水准仪控制与设计值相比偏差值不大于 200mm。

（5）过滤砂砾料填灌。在每孔填料时与理论填料量相比偏差值不大于 5％理论填料量值。

（6）井点真空度。每台班检查真空度表，轻型井点真空度大于 60kPa、喷射井点真空度大于 93kPa 为合格。

（7）电渗井点阴阳极距离。打入轻型井点时用钢尺量间距控制在 80～100mm 间；打入喷射井点时用钢尺量间距控制在 120～150mm 之间。

3.2.4.3　验收资料

（1）降水设备埋设记录（井管、点埋设深度、标高、间距、填砂砾石量、抽水设备设置位置与标高）。

（2）降水系统完成后试运转记录，如发现井管（点）失效，采取措施恢复正常再试运转记录。

（3）每台井点设备每台班运行记录。

（4）降水系统运转过程中每天检查井内外观测孔水位记录，当坑外环境受到影响的处理记录。

（5）降排水设计文件。

（6）如坑外采用井点回灌技术处理时，回灌前后水位升降记录等。

（7）降排水停止与拆除及地下建（构）筑物标高变化的测量记录。

3.2.5　常见质量问题及处理

3.2.5.1　施工中应注意的问题

（1）降排水工程是岩土工程的内容之一。因此，降排水工程必须按岩土工程的要求，具有降排水工程的设计，坚持没有设计不施工降水工程的原则。降排水设计是建立在水文地质参数正确选择基础上的，由于水文地质参数是随机变量，变异性大，且不同的试验方法会得到不同的测试值，而且往往差异相当大，故在降排水施工中，不仅应理解设计意图和方案，而且也需认识到设计与实际之间的差异，并随时与设计人员保持联系，及时在施工中补充和修改设计。

（2）降水工程的成败关键在于单个井点的成井质量。井点施工系隐蔽工程，必须加强施工过程中的质量监督，严格控制成井口径、孔深、井管配置、砾料填筑、洗井试抽 5 道工序。要求做好现场施工记录，坚持现场试抽验收的质量否决制。

（3）降排水工作，由于宏观上的变异性，在施工材料选择、施工机械、操作方法及人员技术水平等方面，具有较大的人为性，且赋以经验为主的特点。因此，对各道工序要求必须严格细致，稍有不慎或某些条件的变化，就会造成井点的失败，即使熟练工人操作，仍有一定数量（10％左右）的不合格井点产生，在施工中应充分注意这一问题。

（4）施工前注意收集已有地下管线网位置的资料，避免对其产生破坏。

（5）注意施工现场的水、点、路等与其他工种间的协调。

3.2.5.2 降水工程常见故障与处理

（1）钻探成井常见故障与处理，见表3.2.4。

（2）基坑降水常见异常与处理，见表3.2.5。

表3.2.4　　　　　　　　　　　钻探成井常见故障与处理

现　象	原　因　分　析	处　理　措　施
回转遇阻	局部塌孔	立即上下活动钻具，保持冲洗液循环
提钻受阻	缩径掉块	转动钻具，送入冲洗液，严禁猛拉硬提
钻具卡在套管底端	套管与钻具不同心	转动钻具，使钻具进入套管
回转受阻，提不起来	孔壁坍塌，钻具被埋	保持冲洗液循环，上下活动钻具，边回转边上升；振动上拔；千斤顶升，保护孔壁，用反丝工具将钻杆逐根反出
井管内淤粉细砂	滤料颗粒粗，滤网孔隙大	捞砂；继续洗井，减缓洗井强度
井管内淤塞含水层中较粗颗砂	滤网破裂，反滤部分设计不合理	局部修补；重新成井
长时间出水浑浊	滤网、滤料设计不合理，止水不好	延长洗井时间，洗井强度应由小逐渐增大，减少停开次数
井点出水量小	泥浆堵塞；滤网容重大；抽水机械安装不合理	加大洗井强度，改变洗井方法，调整抽水机械安装
井点出水量逐渐减小或不出水	过滤器被堵；水位下降；水源不足	重新洗井；调整抽水机械安装

表3.2.5　　　　　　　　　　　基坑降水常见异常与处理

现　象	原　因　分　析	处　理　措　施
基坑内水位下降至一定深度后不再下降	降水井点 抽水设备类型不当 有新的水源补给	增加降水井点 调整或更换抽水设备
基坑内水位下降缓慢	井点较少 井点布置不合理	增加井点 延长抽水时间 增加坑内明排
基坑内水位持续下降，并超过设计降深	进点过多 水源不足	间断关停井点
基坑内水位下降不均匀	含水层渗透性差别 井点出水能力差别 井点布设不合理	调整井点布设 调整更换抽水设备
基坑内出现流砂	基坑开挖速度超过水位下降速度	放慢开挖进度 增大降水能力
基坑外侧地表变形大	水位下降过快过大	在降水井点外侧布设回灌水系统

任务 3　深 基 坑 开 挖

【工作任务】

编制简单的基坑开挖施工方案，并根据基坑开挖方案组织施工和质量验评。

深基坑挖土是基坑工程的重要部分。对于大型基坑开挖，事先应根据设计依据和设计标准确定合理、便捷、安全经济的挖土方案，全面考虑挖土顺序、挖土方法、运土方法及支护结构施工的配合协调，以利于土方开挖。基坑不太深时，宜放坡开挖；对于较深的基坑，如周围环境不允许放坡时，须进行支护后再行开挖。

3.3.1　施工准备

1. 技术准备

（1）按设计规定的技术标准、地质资料以及周围建筑物和地下管线等的翔实资料，严格、细致地做好基坑施工组织设计（包括周围环境的监控措施）和施工操作规程。

（2）对开挖中可能遇到的渗水、边坡稳定、涌泥流砂等现象进行技术讨论，提出应急措施预案，并提前进行相关的物资储备。

（3）施工期间需加强地表沉降监测，控制地表沉降范围，并采取相应措施确保其安全。

2. 机具准备

（1）主要开挖装土设备：短臂挖掘机、长臂挖掘机、小型挖掘机、装载机、电动空压机和气腿式风钻等。

（2）主要起吊、运输设备：汽车吊、自卸汽车等。

3. 作业条件

（1）按设计要求加工、购置（租赁）钢支撑，备足钢支撑，备好出土、运输和弃土条件，确保连续开挖。

（2）对基坑周边 30m 范围内的建筑物进行调查，并对基坑、周围建筑物、地面及地下管线等编制详细的监控和保护方案，预先做好监测点的布设、初始数据的测试和检测仪器的调试工作、检测工作准备就绪。

（3）配备足够的开挖及运输机械设备，做好机械的检测、维修保养等工作，确保机械正常作业。

（4）准备好地面排水及基坑内抽排水系统，在基坑开挖过程中做好基坑内的排水工作，以起到排水固结土体的作用。

（5）需要做挡土桩的深基坑，要先做挡土桩。

3.3.2　土方开挖方法

深基坑土方开挖一般需遵循"分段分层、由上而下、先撑后挖"的原则。深基坑的土方开挖方法，主要有无支护结构的放坡开挖、有支护结构的盆式开挖、中心岛式开挖和逆作法开挖等，应根据开挖区域的工程地质、水文地质、施工场地情况，综合考虑工期要求、施工总体安排等各种因素选用。

1. 放坡开挖

深基坑工程无支护的开挖多为放坡开挖。在条件许可的情况下,放坡开挖一般较经济。此外,放坡开挖时坑内作业空间大,方便挖土机械作业,也为施工主体工程提供了充足的工作空间。由于简化了施工程序,放坡开挖一般会缩短施工工期。

放坡开挖要验算边坡稳定性,可采用圆弧滑动简单条分法进行验算。采用简单条分法验算边坡稳定性时,对土层性质变化较大的土坡,应分别采用各土层的重度和抗剪强度。当含有可能出现流砂的土层时,宜采用井点降水等措施。

对于土质较差且施工工期较长的挖方边坡,为防止边坡因失水过多而松散,或因地面水冲刷而产生溜坡现象,可根据实际条件采取相关的边坡护面措施。常用的坡面保护方法有覆盖法、挂网法、挂网抹面法、土袋或砌石压坡法等,如图 3.3.1 所示。如是永久性土方边坡,则采取永久性加固措施。

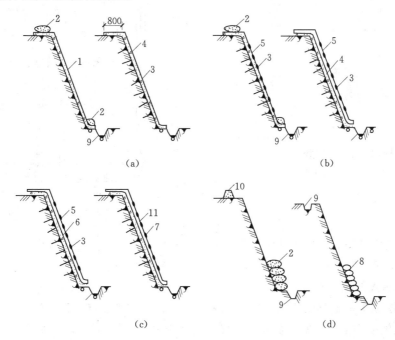

图 3.3.1　基坑边坡护面的方法

(a) 薄膜或砂浆覆盖;(b) 挂网或挂网抹面;(c) 喷射混凝土或混凝土护面;(d) 土袋或砌石压坡

1—塑料薄膜;2—草袋或编织袋装土;3—插筋 $\phi10\sim12$mm;4—抹 M5 水泥砂浆;5—20 号钢丝网;

6—C15 喷射混凝土;7—C15 细石混凝土;8—M5 砂浆砌石;9—排水沟;10—土堤;

11—$\phi4\sim6$mm 钢筋网片,纵横间距为 $250\sim300$mm

坑顶不宜堆土或存在堆卸(材料或设备),遇有不可避免的附加荷载时,在进行边坡稳定性验算时,应计入附加荷载的影响。

在地下水位较高的软土地区,应在降水达到要求后再进行土方开挖,宜采用分层开挖的方式进行土方开挖。分层开挖土厚度不宜超过 2.5m。挖土时要注意保护工程桩,防止碰撞或因挖土过快、高差过大使工程桩受侧压力而倾斜。此外,还应采取有效措施降低坑内水位和排除地表水，严防地表水或坑内排出的水倒流、回渗入基坑。

放坡开挖的特点是占地面积大，适用于基坑四周场地空旷，周围无邻近建筑物、地下管线和道路的情况，在城市密集地区往往不具备施工条件。

2. 盆式开挖

这种开挖方式是先分层开挖基坑中间部分土，基坑周边一定范围内的土暂不开挖（图3.3.2），可视土质情况按 1：1～1：1.25 放坡，使之形成对四周围护结构的被动土反压力区，以增强围护结构的稳定性。待中间部分的混凝土垫层、基础或地下室结构施工完成之后，再用水平支撑或斜撑对四周围护结构进行支撑，并突击开挖周边支护结构内部分被动土区的土，每挖一层支一层水平横顶撑（图3.3.3），直至坑底，最后浇筑该部分结构混凝土。

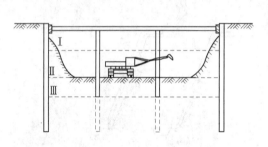

图 3.3.2 盆式挖土示意图

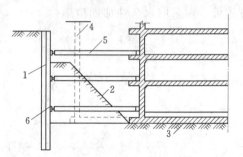

图 3.3.3 盆式开挖内支撑示意图
1—钢板桩或灌注桩；2—后挖土方；3—先施
工地下结构；4—后施工地下结构；
5—钢水平支撑；6—钢横撑

此方式的优点是周边的土坡对于围护墙受力有力，时间效应小，有利于减少围护墙变形。缺点是大量土方不能直接外运，需集中提升后装车外运。

3. 中心岛式开挖

这种开挖方式是先开挖基坑周边土，在中间留土墩作为支点搭设栈桥，挖土机利用栈桥下到基坑挖土，运土的汽车亦可利用栈桥进入基坑运土，可有效加快挖土和运土的速度，宜用于大型基坑（图3.3.4）。土墩留土高度、边坡坡度、挖土分层与高差应仔细研究决定。挖土也分层开挖，一般先全面挖去一层，然后中间部分留置土墩，周圈部分分层

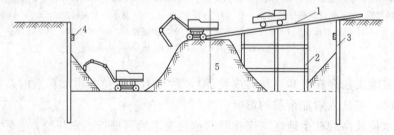

图 3.3.4 中心岛（墩）式挖土示意图
1—栈桥；2—支架或利用工程桩；3—围护墙；4—腰梁；5—土墩

开挖。挖土多用反铲挖土机，如基坑深度很大，宜采用向上逐级传递方式进行土方装车外运。整个土方开挖顺序应遵循开槽支撑、先撑后挖、分层开挖、防止超挖的原则。

☎ 深基坑开挖过程中，随着土的挖除，下层土因逐渐卸载而有可能回弹，尤其在基坑挖至设计标高后，如搁置时间过久，回弹更为显著。如弹性隆起在基坑开挖和基础工程初期发展很快，将加大建筑物的后期沉降。因此，对深基坑开挖后的土体回弹应有适当的估计，如在勘察阶段，土样的压缩试验中应补充卸荷弹性试验等。还可以采取结构措施，在基底设置桩基等，或事先对结构下部土质进行深层地基加固。施工中减少基坑弹性隆起的一个有效方法是把土体中有效应力的改变降低到最少。具体方法有加速建造主体结构，或逐步利用基础的重量来代替被挖去土体的重量。

3.3.3 施工注意事项

（1）开挖过程中设专人及时绘制地质素描图，当基底土层与设计不符时，及时通知设计、监理处理。当开挖有文物出现时，立即停止开挖，保护好现场，及时通知监理及相关部门进行处理。

（2）挖掘发现地下管线（管道、电缆、通信）等应及时通知有关部门来处理，如发现测量用的永久性标桩或地质、地震部门设置的观测孔等亦应加以保护。如施工必须毁坏时，亦应事先取得原设置或保管单位的书面同意。

（3）开挖纵向刷坡，随挖随刷坡，刷坡坡度在基坑允许开挖边坡坡度以内。素填土层、淤泥质土层采用1∶1.67的边坡；粉砂层采用1∶1.5的边坡；砂层采用1∶1.35的边坡；全风化花岗岩和变质岩层采用1∶0.85的边坡；在每一层之间设置宽度为3～4m的台阶。

（4）支护挡墙接头处出现的渗漏水及时封堵。

（5）为确保基坑稳定，开挖至基底，迅速施工接地网工程，并在垫层施作完后及时地将钢筋混凝土底板浇筑完毕。

（6）支撑应挖一层支撑好一层，并严密顶紧，支撑牢固，严禁一次将土挖好后再支撑。

（7）分段开挖设截流沟和排水沟，渗水及雨水及时泵抽排走。

（8）开挖过程中，按既定的监测方案对基坑及周围环境进行监测，以反馈信息指导施工。

3.3.4 常见质量问题及处理

基坑开挖施工常见质量问题及处理方法见表3.3.1。

表 3.3.1 基坑开挖施工常见问题及防治措施

现 象	防 治 措 施
涌水涌砂	（1）开挖过程中对支护挡墙接缝等薄弱部位设专人监视，若出现少量渗漏，及时处理，先堵漏后开挖，防止渗漏点扩大 （2）通过及时反馈的监测信息严格控制支护挡墙变形在允许范围内，必要时加密支撑，防止围护墙变形过大，遇接缝等薄弱环节错位开裂，出现渗水通道时及时处理

续表

现象	防治措施
钢支撑失稳	(1) 基坑开挖过程中，边开挖边架设钢支撑，支撑连接处要可靠，确保支撑体系稳定 (2) 施工时严格控制钢支撑各支点的竖向标高及横向位置，确保钢支撑轴力方向与轴线方向一致 (3) 支撑拼接采用扭矩扳手，保证法兰螺栓连接强度。拼接好支撑须经质检工程师检查合格后方可安装。对千斤顶、压力表等加力设备定期校验，并制定严格的预加力操作规程，保证预加轴力准确。加力后对法兰螺栓逐一检查进行复拧紧 (4) 当支撑轴力超过警戒值时，立即停止开挖，加密支撑，并将有关数据反馈给设计部门，共同分析原因，制定对策
边坡失稳	(1) 分层开挖，层间设台阶，每层开挖边坡坡率根据地质情况按规定放坡，必要时坡面喷射混凝土保证稳定 (2) 在基坑四周及基坑内设置完善通畅的排水系统，保证雨季施工时地表水的及时抽排 (3) 密切观测天气预报，暴雨或大雨来临前，停止开挖，立即对边坡进行覆盖防护。同时，及时抽排汇入排水沟内的水，尽量减少基坑积水，确保基坑安全
液化	(1) 基坑降水是开挖前的关键保证 (2) 可产生较大震动的设备应设减震底座 (3) 基坑边上不设过重堆载 (4) 暴雨过后及时将地面及坑内积水排走

A. 相 关 知 识

3.A.1 其他基坑支护结构工程构造

3.A.1.1 排桩墙支护结构

基坑开挖时，对不能放坡或由于场地限制不能采用搅拌桩支护、开挖深度在 6～10m 时，可采用排桩支护。排桩支护根据混凝土的浇筑方式可采用钻孔灌注桩、人工挖孔桩、预制钢筋混凝土板桩或钢板桩等。适用于基坑开挖深度在 10m 内的黏性土、粉土和砂土类。

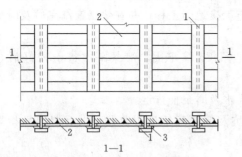

图 3.A.1 型钢桩横挡板支护
1—型钢桩；2—横向挡土板；3—木楔

1. 型钢桩横挡板支护

型钢桩横挡板支护是沿挡土位置锤击型钢桩达到预定深度，然后边挖方边将挡土板塞进两型钢桩之间，组成型钢桩与挡土板复合而成的挡土壁，如图 3.A.1 所示。型钢桩多采用钢轨、工字钢、H 型钢等，间距一般为 1.0～1.5m，横向挡板采用厚 30～80mm 松木板或厚 75～100mm 预制混凝土板。

型钢桩施工可采用打入法，也可采用预先用螺栓钻或普通钻机在桩位处成孔后，再插入型钢桩的埋入桩法。在施工挖方之后应随即安设横向挡板，并在横向挡板与型钢桩之间用楔子打紧，使横板与土体紧密接触。

本法结构简单，沉桩简单易行，材料可回收重复利用，是最常见的一种排桩支护方法；但不能止水，易导致周边地基产生下沉。适用于土质较好、地下水位较低、深度不很大的一般黏性土、砂土基坑中使用。

2. 挡土灌注桩支护

挡土灌注桩支护是在基坑周围用钻机钻孔、吊钢筋笼，现场灌注混凝土成桩，形成桩排作挡土支护。桩的排列形式有间隔式、双排式和连接式等（图 3.A.2）。间隔式是每隔一定距离设置一桩，成排设置，在顶部设联系梁连成整体共同工作。双排式是将桩前后或成梅花形按两排布置，桩顶也设有联系梁成门式钢架，以提高抗弯刚度，减小位移。连续式是一桩连一桩形成一道排桩，在顶部也设有联系梁连成整体共同工作。

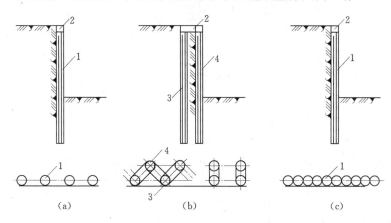

图 3.A.2 挡土灌注桩支护

(a) 间隔式；(b) 双排式；(c) 连续式

1—挡土灌注桩；2—连续梁（圈梁）；3—前排桩；4—后排桩

灌注桩间距、桩径、桩长、埋置深度，根据基坑开挖深度、土质、地下水位高低以及所承受的土压力由计算确定。挡土桩间距一般为 1~2m，桩直径为 0.5~1.1m，埋深为基坑深的 0.5~1.0 倍。桩配筋根据侧向荷载由计算而定，一般主筋直径为 14~32mm；当为构造配筋，每桩不少于 8 根，箍筋采用 ϕ8mm，间距为 100~200mm。灌注桩一般在基坑开挖前施工，成孔方法有机械和人工开挖两种，后者用于桩径不少于 0.8m 的情况。

挡土灌注桩支护具有桩刚度较大、抗弯强度高、变形相对较小、安全性好、设备简单、施工方便、需要工作场地不大、噪声低、振动小、费用较低等优点。但前两种支护止水性差，这种支护桩不能回收利用。适用于黏性土、开挖面积较大、较深（>6m）的基坑以及不允许邻近建筑物有较大下沉、位移时采用。一般土质较好可用于悬臂 7~10m 的情况，若在顶部设拉杆、中部设锚杆，可用于 3~4 层地下室开挖的支护。

3. 排桩内支撑支护

对深度较大面积不大、地基土质较差的基坑，为使围护排桩受力合理和受力后变形小，常在基坑内沿围护排桩（墙）竖向设置一定支承点组成内支撑式基坑支护体系，以减少排桩的无支长度，提高侧向刚度，减小变形。排桩内支撑支护的优点是：受力合理，安全可靠，易于控制围护排桩墙的变形；但内支撑的设置给基坑内挖土和地下室结构的施工带来不便，需要通过不断换撑来加以克服。适用于各种不宜设置锚杆的松软土层及软土地基支护。

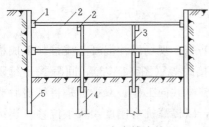

图 3. A. 3　内支撑支护

1—围檩；2—纵、横向水平支撑；3—立柱；
4—工程桩或专设桩；5—围护排桩（或墙）

排桩内支撑结构体系，一般由挡土结构和支撑结构组成，二者构成一个整体，共同抵挡外力的作用。支撑结构一般由围檩（横挡）、水平支撑、八字撑和立柱等组成，如图 3. A. 3 所示。围檩固定在排桩墙上，将排桩承受的侧压力传给纵、横支撑；支撑为受压构件，长度超过一定限度时稳定性降低，一般再在中间加设立柱，以承受支撑自重和施工荷载。立柱下端插入工程桩内，当其下无工程桩时再在其下设置专业灌注桩。

内支撑材料一般有钢支撑和钢筋混凝土两类。钢支撑常用钢管和型钢，前者多采用直径为 609mm、580mm、406mm 的钢管，后者多用 H 型钢。钢支撑的优点是：装卸方便、快速，能较快发挥支撑作用，减小变形，并可回收重复使用，可以租赁，可施加顶紧力，控制围护墙变形发展。

4. 挡土灌注桩与深层搅拌水泥土桩组合支护

挡土灌注桩支护，一般采取每隔一定距离设置，缺乏阻水、抗渗功能，在地下水较大的基坑应用，会造成桩间土大量流失，桩背土体被掏空，影响支护土体的稳定。为了提高挡土灌注桩的抗渗透功能，一般在挡土排桩的基础上，在桩间再加设水泥土桩，以形成一种挡土灌注桩与水泥土桩相互组合而成的支护体系，如图 3. A. 4 所示。

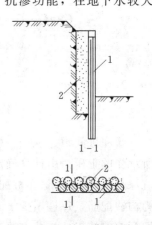

图 3. A. 4　挡土灌注桩与
水泥土桩组合支护

1—挡土灌注桩；2—水泥土桩

这种组合支护的做法是：先在深基坑的内侧设置直径为 0.6～1.0m 的混凝土灌注桩，间距 1.2～1.5m；然后在紧靠混凝土灌注桩的内侧，与外桩相切设置直径为 0.8～1.5m 的高压喷射注浆桩（又称旋喷桩），以旋喷水泥浆方式使形成具有一定强度的水泥土桩与混凝土灌注桩紧密结合，组成一道防渗帷幕。

本方法的优点是：既可挡土又可防渗透，施工比连续排桩支护快速，节省水泥、钢材，造价较低，但多一道施工高压喷射注浆桩工序。适用于土质条件差、地下水位较高、要求既挡土又挡水防渗的支护结构。

5. 钢板桩支护

钢板桩支护是用一种特制的型钢板桩，借打桩机沉入地下构成一道连续的板墙，作为深基坑开挖的临时挡土、挡水围护结构。由于这种支护需用大量特制钢材，一次性投资较高，现已很少采用。

3. A. 1. 2　土钉墙支护

土钉墙支护是在开挖边坡表面铺钢筋网喷射细石混凝土，并每隔一定距离埋设土钉，使其与边坡土体形成复合体，共同工作，从而有效提高边坡稳定的能力，增加土体破坏的延体，变土体荷载为支护结构的一部分，它与被动起挡土作用的围护墙不同，是对土体起到嵌固作用，对土坡进行加固，增加边坡支护锚固力，使基坑开挖后保持稳定。土钉墙支护为一种边坡稳定式支护结构，适用于淤泥、淤泥质土、黏土、粉质黏土、粉土等地基，地下水位较低、基坑开挖深度在 12m 以内时采用。

土钉墙支护一般由密集的土钉群、被加固的原位土体、喷射混凝土面层等组成。土钉墙支护构造做法如图 3.A.5 所示。其构造方法为：墙面坡度不宜大于 1：0.1；土钉必须和面层有效连接，应设承压板或加强钢筋与土钉螺栓连接或钢筋焊接连接；土钉钢筋宜采用 HPB235、HRB335 钢筋，钢筋直径宜为 16～32mm；土钉长度宜为开挖深度的 0.5～1.2 倍，间距宜为 1～2m，呈矩形或梅花形布置，与水平夹角宜为 5°～20°。钻孔直径宜为 70～120mm；注浆材料宜采用水泥浆或水泥砂浆，其强度等级不宜低于 M10；喷射混凝土面层宜配置钢筋网；钢筋直径宜为 6～10mm，间距宜为 150～300mm；面层中坡面上下段钢筋搭接长度应大于

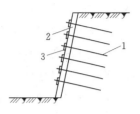

图 3.A.5　土钉墙支护
1—土钉；2—喷射混凝
土面层；3—垫板

300mm；喷射混凝土强度等级不宜低于坡顶和坡脚，应设排水措施，坡面上可根据具体情况设置泄水孔。

3.A.2　基坑工程施工要求

3.A.2.1　工程监测

基坑工程监测是基坑工程施工中的一个重要环节。组织良好的监测能够将施工中各方面信息及时反馈给基坑开挖组织者，根据对信息的分析，可对基坑工程围护体系变形及稳定状态加以评价，并预测进一步挖土施工后将导致的变形及稳定状态的发展。根据预测判定施工对周围环境造成影响的程度，以制定进一步施工策略，实现所谓信息化施工。

由于基坑工程监测不仅仅是一个简单的信息采集过程，而是集信息采集及预测于一体的完整系统，因此，在施工前应该制定严密的监测方案。一般来讲，监测方案设计包括下述几个方面。

1. 确定监测目的

根据场地工程地质和水文地质情况、基坑工程围护体系设计、周围环境情况确定监测目的。监测目的主要有 3 类：

（1）通过监测成果分析预估基坑工程围护体系本身的安全度，保证施工过程中围护体系的安全。

（2）通过监测成果分析预估基坑工程开挖对相邻建（构）筑物的影响，确保相邻建（构）筑物和各种市政设施的安全和正常工作。

（3）通过监测成果分析检验围护体系设计计算理论和方法的可靠性，为进一步改进设计计算方法提供依据。该项目具有科研性质。

不同的基坑工程的监测目的应有所侧重。当用于预估相邻建（构）筑物和各种市政设施的影响，要逐个分析周围建（构）筑物和各种市政设施的具体情况，如建筑物和市政设施的重要性、可能受影响程度、抗位移能力等，确定监测重点。

2. 确定监测内容

基坑开挖监测包括支护结构的内力和变形，地下水位变化及周边建（构）筑物、地下

管线等市政设施的沉降和位移等监测内容和测试方法可按表3.A.1选择。

3. 确定测点布置和监测频率

根据监测目的确定各项监测项目的测点数量和布置。根据基坑开挖进度确定监测频率，原则上在开挖初期可几天测一次，随着开挖深度发展，提高监测频率，必要时可一天测数次。

4. 建立监测成果反馈制度

应及时将监测成果报告给现场监理、设计和施工单位，达到或超过监测项目报警值应及时研究、及时处理，以确保基坑工程安全顺利施工。

5. 制定监测点的保护措施

由于监测点易于遭到破坏，因此必须使测点做得牢固，并配上醒目标志，并与各方密切配合，确保其安全。

表 3. A. 1　　　　　　　　　　　监测项目和测试方法

监测项目	测试方法	地基基础设计等级		
		甲级	乙级	丙级
支护结构水平位移	经纬仪及测斜仪	√	√	√
邻近建（构）筑物沉降与地下管线变形	水准仪	√	√	√
地下水位	地下水位观察孔	√	√	○
锚杆拉力	钢筋应力计或应变仪	√	√	○
支撑轴力或变形	钢筋应力计或应变仪	√	△	○
立柱变形	应变仪	√	△	○
桩墙内力	应变仪	√	△	○
地面沉降	水准仪	√	△	○
基坑底隆起	水准仪	√	△	○
土侧向变形	水准仪	√	△	○
孔隙水压力	孔压传感器	△	△	○
土压力	土压力计	△	△	○

注　1. √为应测项目，△为宜测项目，○为可不测项目。

　　2. 对深度超过15m的基坑宜设坑底土回弹监测点。

　　3. 基坑周边环境进行保护要求严格时，地下水位监测应包括对基坑内、外地下水位进行监测。

《建筑地基基础设计规范》（GB 50007—2011）规定基坑工程的设计等级：① 甲级：位于复杂地质条件及软土地区的2层及2层以上地下室的基坑工程；开挖深度不大于15m的基坑工程；周边环境条件复杂、环境保护要求高的基坑工程；② 乙级：除甲级、丙级以外的基坑工程；③ 丙级：非软土地区且场地地质条件简单、基坑周边环境条件简单、环境保护要求不高且开挖深度小于5.0m的基坑工程。

3. A. 2. 2　施工组织设计

深基坑工程的土方开挖施工组织是施工承包单位用以直接指导现场施工活动的技术经

济文件，它是基坑开挖前必须具备的。在施工组织设计中，应根据工程的具体特点、建设要求、施工条件和施工管理要求，选择合理的施工方案，制定施工进度计划，规划施工现场平面布置，组织施工技术物资供应，以降低工程成本，保证工程质量和施工安全。

在制定基坑开挖施工组织设计前，应该认真研究工程场地的工程地质和水文地质条件、气象资料、场地内和邻近地区地下管线图和有关资料以及邻近建（构）筑物的结构、基础情况等。深基坑开挖工程的施工组织设计的内容一般包括以下几个方面：

1. 开挖机械的选择

除很小的基坑外，一般基坑开挖均优先采用机械开挖方案。目前基坑工程中常用的挖土机械较多，有推土机、铲运机、正铲挖土机以及反铲、拉铲、抓铲挖土机等，前 3 种机械适用于土的含水量较小且基坑较浅时，而后 3 种机械则适用于土质松软、地下水位较高或不进行降水的较深大基坑，或者是在施工方案比较复杂时采用，如逆作法施工等。总之，挖土机械的选择应考虑到地基土的性质、工程量的大小、挖土机和运输设备的行驶条件等。

2. 开挖程序的确定

较浅基坑可以一次开挖到底，较深大的基坑则一般采用分层开挖方案，每次开挖深度可结合支撑位置来确定，挖土进度应根据预估位移速率及气候情况来确定，并在实际开挖后进行调整。为保持基坑底土体的原状结构，应根据土体情况和挖土机械类型，在坑底以上保留 15～30cm 土层由人工挖除。

3. 施工现场平面布置

基坑工程往往面临施工现场狭窄而基坑周边堆载又要严格控制的难题，因此必须根据有限场地对装土运土及材料进场的交通路线、施工机械放置、材料堆场、工地办公及食宿生活场所进行全面规划。

4. 降、排水措施及冬期、雨期、汛期施工措施的拟定

当地下水位较高且土体的渗透系数较大时应进行井点降水。井点降水可采用轻型井点、喷射井点、电渗井点、深井井点等，可根据降水深度要求、土体渗透系数及邻近建（构）筑物和管线情况选用。排水措施在基坑开挖中的作用也比较重要，设置得当可有效地防止雨水浸透土层而降低土体的强度。

5. 合理施工监测计划的拟定

施工监测计划是基坑开挖施工组织计划的重要组成部分，从工程实践来看，凡是在基坑施工过程中进行了详细监测的工程，其失事率远小于未进行监测的基坑工程。

6. 合理应急措施的拟定

为预防在基坑开挖过程中出现意外，应事先对工程进展情况预估，并制定可行的应急措施，做到防患于未然。

3.A.2.3 施工注意要点

深基坑工程有着与其他工程不同的特点，它是一项系统工程，而基坑土方开挖施工是这一系统中的一个重要环节，它对工程的成败起着相当大的作用，因此，在施工中必须非常重视以下几个方面：

（1）做好施工管理工作，在施工前制定好施工组织计划，并在施工期间根据工程进展

及时做必要调整。

（2）对基坑开挖的环境效应作出事先评估，开挖前对周围环境做深入的了解，并与相关单位协调好关系，确定施工期间的重点保护对象，制定周密的监测计划，实行信息化施工。

（3）当采用挤土和半挤土桩时应重视其挤土效应对环境的影响。

（4）重视围护结构施工质量，包括维护桩（墙）、止水帷幕、支撑及坑底加固处理等。

（5）重视坑内及地面的排水措施，以确保开挖后土体不受雨水冲刷，并减少雨水渗入；在开挖期间若发现基坑外围土体出现裂缝，应及时用水泥砂浆灌堵，以防雨水渗入，导致土体强度降低。

（6）当围护体系采用钢筋混凝土或水泥土时，基坑土方开挖应注意其养护龄期，以保证其达到设计强度。

（7）挖出的土方以及钢筋、水泥等建筑材料和大型施工机械不宜堆放在坑边，应尽量减少坑边的地面堆载。

（8）当采用机械开挖时，严禁野蛮施工和超挖，挖土机的挖斗严禁碰撞支撑，注意组织好挖土机械及运输车辆的工作场地和行走路线，尽量减少它们对围护结构的影响。

（9）基坑开挖前应了解工程的薄弱环节，严格按施工组织规定的挖土程度、挖土速度进行挖土，并备好应急措施，做到防患于未然。

（10）注意各部门的密切协作，尤其是要注意保护好监测单位设置的测点，为监测单位提供方便。

3. A. 3　基坑工程施工质量验收规定

（1）在基坑（槽）或管沟工程等开挖施工中，现场不宜进行放坡开挖，当可能对邻近建（构）筑物、地下管线、永久性道路产生危害时，应对基坑（槽）、管沟进行支护后再开挖。

（2）基坑（槽）、管沟开挖前应做好下述工作：

1）基坑（槽）、管沟开挖前，应根据支护结构形式、挖深、地质条件、施工方法、周围环境、工期、气候和地面载荷等资料制定施工方案、环境保护措施、监测方案，经审批后方可施工。

2）土方工程施工前，应对降水、排水措施进行设计，系统应经检查和试运转，一切正常时方可开始施工。

3）有关围护结构的施工质量验收可按《建筑地基基础工程施工质量验收规范》（GB 50202—2002）的规定执行，验收合格后方可进行土方开挖。

（3）土方开挖的顺序、方法必须与设计工况相一致，并遵循"开槽支撑，先撑后挖，分层开挖，严禁超挖"的原则。

（4）基坑（槽）、管沟的挖土应分层进行。在施工过程中基坑（槽）、管沟边堆置土方应不超过设计荷载，挖方时应不碰撞或损伤支护结构、降水设施。

（5）基坑（槽）、管沟土方施工中应对支护结构、周围环境进行观察和监测，如出现异常情况应及时处理，待恢复正常后方可继续施工。

（6）基坑（槽）、管沟开挖至设计标高后，应对坑底进行保护，经验槽合格后，方可进行垫层施工。对特大型基坑，宜分区分块挖至设计标高、分区分块及时浇筑垫层。必要时，可加强垫层。

（7）基坑（槽）、管沟土方工程验收必须确保支护结构安全和周围环境安全为前提。当设计有指标时，以设计要求为依据，如无设计指标时应按表3.A.2的规定执行。

表 3. A. 2 　　　　　　　　　　　　　基坑变形的监控值 　　　　　　　　　　　　单位：cm

基坑类别	围护结构墙顶位移监控值	围护结构墙体最大位移监控值	地面最大沉降监控值
一级基坑	3	5	3
二级基坑	6	8	6
三级基坑	8	10	10

注　1. 符合下列情况之一，为一级基坑：
　　　①重要工程或支护结构做主体结构的一部分；②开挖深度大于10m；③与邻近建筑物、重要设施的距离在开挖深度以内的基坑；④基坑范围内有历史文物、近代优秀建筑、重要管线等需严加保护的基坑。
　　2. 三级基坑为开挖深度小于7m，且周围环境无特别要求时的基坑。
　　3. 除一级和三级外的基坑属二级基坑。
　　4. 当周围已有的设施有特殊要求时，尚应符合这些要求。

B. 　拓 展 知 识

3.B.1　土压力

由于土体自重、土上荷载或结构物的侧向挤压作用，挡土结构物所承受的来自墙后填土的侧向压力。由于土压力是基坑支护结构的主要外荷载，因此，基坑支护设计首先要确定土压力的性质、大小和作用点。

在工程实践中，土压力的计算类型主要取决于挡土结构的位移情况。作用于挡土结构上的土压力不是一个常数，其土压力的性质、大小及其分布规律与挡土结构的位移方向、挡土结构的高度及填土的性质、挡土结构的形状和截面刚度及地基的变形有关。

根据挡土结构物可能位移的方向，土压力可分为以下3种（图3.B.1）。

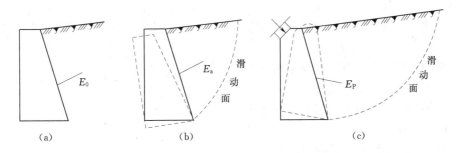

图 3. B.1　挡土结构的3种土压力
（a）静止土压力；（b）主动土压力；（c）被动土压力

1. 静止土压力

挡土结构在土压力作用下不发生任何位移（平移或倾覆），墙后土体处于完全静止的弹性平衡状态，这时墙后土体对墙背所产生的侧向压力称为静止土压力（如地下室外墙所承受的土压力），用 E_0 表示，如图 3.B.1（a）所示。

2. 主动土压力

挡土结构在墙后填土压力作用下向离开土体方向偏移，使墙后填土松动下滑，墙背上的侧向土压力随之减小。当墙体达到一定位移量时，墙后土体处于主动极限平衡状态，这时填土对墙背所产生的侧向压力称为主动土压力，用 E_a 表示，如图 3.B.1（b）所示。

3. 被动土压力

挡土结构在外力作用下向土体方向偏移（如桥梁结构的边桥墩），使墙后土体被挤压，土压力随之增加。当墙体达到一定位移量时，墙后土体达到被动极限平衡状态，这时土体对墙背所产生的侧向压力称为被动土压力，用 E_p 表示，如图 3.B.1（c）所示。

试验证明，在相同的条件下，3 种土压力在数值上是主动土压力最小，被动土压力最大，静止土压力介于二者之间，即 $E_a < E_0 < E_p$。

静止土压力的计算主要应用弹性理论方法，主动土压力和被动土压力的计算则应用土体极限平衡理论，其经典计算方法有朗肯土压力理论和库仑土压力理论。

朗肯土压力理论概念比较明确，公式简单，适用于黏性土和无黏性土，在工程中应用广泛，但必须假定墙背垂直光滑，墙后填土面水平，故应用范围受到了限制。又由于该理论忽略了墙背与填土之间摩擦的影响，使计算的主动土压力值偏大，被动土压力值偏小。库仑土压力理论考虑了墙背与土之间的摩擦力，并可用于墙背倾斜、填土面倾斜的情况。但由于该理论假设填土是无黏性土，因此不能直接应用库仑公式计算黏性土的土压力。此外，库仑理论假设填土滑裂面为通过墙踵的平面，而实际上却是曲面。

 《建筑地基基础设计规范》（GB 50007—2011）规定：主动土压力、被动土压力可采用库仑或朗肯土压力理论计算。当对支护结构水平位移有严格限制时，应采用静止土压力计算。

3.B.2 基坑开挖与支护设计

3.B.2.1 一般规定

（1）《建筑地基基础设计规范》（GB 50007—2011）规定，基坑工程设计应包括下列内容：

1）支护结构体系的方案和技术经济比较。

2）基坑支护体系的稳定性验算。

3）支护结构的承载力、稳定和变形计算。

4）地下水控制设计。

5）对周边环境影响的控制设计。

6）基坑土方开挖方案。

7）基坑工程的监测要求。

（2）基坑支护结构设计应符合下列规定：

1）所有支护结构设计均应满足强度和变形计算及土体稳定性验算的要求。

2）设计等级为甲级、乙级的基坑工程，应进行因土方开挖、降水引起的基坑内外土体的变形计算。

3）高地下水位地区设计等级为甲级的基坑工程，按规定进行地下水控制专项设计。

（3）基坑开挖与支护设计应具备下列资料：

1）岩土工程勘察报告。

2）建筑总平面图、用地红线图。

3）建筑物地下结构设计资料，以及桩基础或地基处理设计资料。

4）基坑环境调查报告，包括基坑周边建（构）筑物、地下管线、地下设施及地下交通工程等的相关资料。

3. B. 2. 2　水泥土桩墙

水泥土桩墙的计算主要包括整体稳定、抗滑移稳定、抗倾覆稳定验算及墙身强度验算。图 3. B. 2 所示为水泥土支护结构的计算简图。

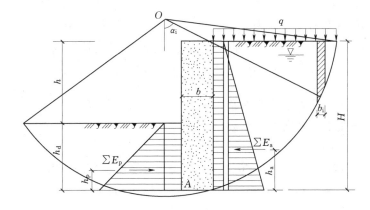

图 3. B. 2　水泥土墙的计算简图

1. 整体稳定验算

水泥土桩墙的嵌固深度 h_d 应满足整体稳定性，整体稳定验算按式（3. B. 1）简单条分法计算，即

$$K_z = \frac{\sum c_i l_i + \sum (q_i b_i + W_i)\cos\alpha_i \tan\varphi_i}{\sum (q_i b_i + W_i)\sin\alpha_i} \tag{3. B. 1}$$

式中　l_i——第 i 条沿滑弧面的弧长，m，$l_i = b_i/\cos\alpha_i$；

　　　q_i——第 i 条土条处的地面荷载，kN/m；

　　　b_i——第 i 条土条宽度，m；

　　　W_i——第 i 条土条重量，kN。不计渗透力时，坑底地下水位以上取天然重度，坑底地下水位以下取浮重度；当计入渗透力作用时，坑底地下水位至墙后地下水位范围内的土体重度在计算滑动力矩（分母）时取饱和重度，在计算抗滑力距（分子）时取浮重度；

　　　α_i——第 i 条滑弧中点的切线和水平线的夹角，（°）；

　　　c_i、φ_i——表示第 i 条土条滑动面上土的黏聚力（kPa）和内摩擦角，（°）；

K_z——整体稳定安全系数，一般取 1.2～1.5。

2. 抗倾覆稳定验算

根据整体稳定得出的水泥土墙的嵌固深度 h_d 以及选取的 b 按重力式挡土墙验算墙体绕前趾 A 的抗倾覆稳定安全系数，即

$$K_q = \frac{\sum E_p h_p + Wb/2}{\sum E_a h_a} \qquad (3.\text{B}.2)$$

式中　W——水泥土挡墙的自重，kN，$W = \gamma_c bH$，γ_c 为水泥土墙体的自重，kN/m³；

$\sum E_a$——基坑外侧（主动侧）水平力的总和；

$\sum E_p$——基坑内侧（被动侧）水平力的总和；

h_a，h_p——分别为基坑外侧及内侧水平力合力作用点距围护结构底部的距离，m；

K_q——抗倾覆安全系数，一般取 1.3～1.5；

其他符号意义同前。

3. 抗滑移稳定验算

水泥土墙如满足整体稳定性及抗倾覆稳定性，一般可不必进行抗滑移稳定的验算，在特殊情况下可按式（3.B.3）验算沿墙底面滑移的安全系数，即

$$K_h = \frac{W\tan\varphi_0 + c_0 b + \sum E_p}{\sum E_a} \qquad (3.\text{B}.3)$$

式中　φ_0、c_0——表示墙底土层的内摩擦角（°）与黏聚力，kPa；

K_h——抗滑移稳定安全系数，一般取 1.2～1.3。

4. 正截面承载力验算

水泥土墙的正截面承载力验算包括正截面受弯及受剪验算。作用于结构某深度处的截面最大压应力 p_{max}、最大拉应力 p_{min} 及最大剪应力 τ_{max} 分别应满足

$$p_{max} = \gamma_c z + \frac{M_{max}}{W} \leqslant f_{cs} \qquad (3.\text{B}.4)$$

$$p_{min} = \frac{M_{max}}{W} - \gamma_c z \leqslant 0.1 f_{cs} \qquad (3.\text{B}.5)$$

$$\tau_{max} \leqslant \left(\frac{1}{2} - \frac{1}{3}\right) f_{cs} \qquad (3.\text{B}.6)$$

以上式中　γ_c——水泥土墙体的自重，kN/m³；

z——计算点深度，m；

M_{max}——墙身最大弯矩，kN·m；

W——水泥土墙截面模量，m³；

f_{cs}——水泥开挖龄期抗压强度设计值，kN/m²。

3.B.2.3　锚杆设计

土层锚杆的计算主要包括抗拔计算、锚杆杆件计算及锚杆围护结构稳定性验算。

1. 设计内容

（1）确定锚杆类型、间距、排距和安设角度、断面形状及施工工艺。

（2）确定锚杆自由段、锚固段长度、锚固体直径、锚杆抗拔承载力特征值。

（3）锚杆筋体材料设计。

（4）锚具、承压板、台座及腰梁设计。

（5）预应力锚杆张拉荷载值、锁定荷载值。

（6）锚杆试验和监测要求。

（7）对支护结构变形控制需要进行的锚杆补张拉设计。

2. 锚杆的布置

（1）锚杆层数。取决于支护结构的截面和其所承受的荷载，考虑挖土后施加锚杆前支护结构所能承受的最大弯矩，由计算确定。一般来说，对于黏土、砂土地区，12～13m 的基坑，用一层锚杆即可。锚杆布置的标高设置应考虑：①从结构物的受力分析作为支撑点的最佳位置；②根据地层条件能够提供较大锚固力；③方便施工，即与锚杆施工时的开挖标高及成孔机械的机头高度相适应；④在设置锚杆标高处无地下障碍。

☎ 为了不致引起地面隆起，最上层锚杆的上面要有足够的覆土厚度，该覆土厚度通过计算确定，即锚杆的向上垂直分力应小于上面的覆土重量。一般来说，锚杆（单层或多层）第一层的标高一般为地表下 3～4m。

（2）锚杆水平间距。取决于支护结构承受的荷载和每根锚杆能够承受的极限抗拔力，一般需计算确定。一般来说，锚杆的最大水平间距要求不大于锚杆长度的一半，而锚杆的最小水平间距要求大于钻孔直径的 5 倍。

（3）锚杆的倾角。它指锚杆与水平线的夹角。与施工力学性能和地层土质有关。锚杆倾角的确定亦是锚杆设计中的重要问题。根据经验，锚杆的倾角一般不宜小于 $12.5°$，也应不大于 $45°$，以 $15°～35°$ 为宜。

3. 土层锚杆的抗拔计算（确定土层锚杆长度）

锚杆长度由内锚固段长度、自由张拉段长度和外锚固段长度组成。

（1）内锚固段长度计算。由锚杆设计安全系数概念和极限抗拔公式可得

$$L_{\mathrm{m}} \geqslant \frac{K N_t}{\pi D q_s} \tag{3.B.7}$$

式中　N_t——相应于作用的标准组合时，锚杆所承受的拉力值，kN；

　　　　q_s——土体与锚固体间粘接强度特征值，kPa，可通过试验或经验法获取；

　　　　K——抗拔安全系数，可取 1.6；

　　　　D——锚固体直径，m。

（2）锚杆自由张拉段长度计算。如图 3.B.3 所示，O 点为土压力为零点，OE 为设想滑裂面，锚杆 AD 与水平线 AC 夹角为 α，AB 为非锚固段，求自由度 AB 长度，即。

$$AB = \frac{AO \tan\left(45° - \dfrac{\varphi}{2}\right) \sin\left(45° + \dfrac{\varphi}{2}\right)}{\sin\left(135° - \dfrac{\varphi}{2} - \alpha\right)} \tag{3.B.8}$$

一般自由段取 5m，如几层锚杆，可采取分层计算方法。

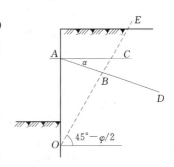

图 3.B.3　锚杆设计简图

（3）外锚固段长度确定。锚杆外锚固段长度与锚杆是否施加预应力，即是否进行张拉有关，若锚杆不施预应力，则外锚固段一般十几厘米即可，但若要进行张拉，则需要根据施加预应力的张拉设备来确定。

4. 锚杆杆件（钢绞线、粗钢筋）计算

锚杆预应力筋的截面面积应按式（3.B.9）确定：

$$A_s \geqslant 1.35 \frac{N_t}{\gamma_P f_{Pt}} \qquad (3.B.9)$$

式中　γ_P——锚杆张拉施工工艺控制系数，预应力筋为单束时可取 1.0，预应力筋为多束时可取 0.9；

f_{Pt}——钢筋、钢绞线强度设计值，kPa。

5. 锚杆围护结构稳定性验算

锚杆围护结构的稳定性分为整体稳定和锚杆深部破裂面稳定两种，须分别予以验算。

（1）整体稳定。整体失稳的破坏方式如图 3.B.4 所示，即包括锚杆与围护结构在内的土体发生整体滑移。这种破坏方式可按土坡稳定性分析方法用圆弧条分法进行验算。

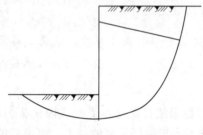

图 3.B.4　锚杆围护结构整体稳定性验算

（2）锚杆深部破裂面稳定。锚杆深部破裂面失稳是由于锚杆长度不足，锚杆设计拉力过大，导致围护结构底部到锚杆锚固段中点附近产生深层剪切滑移，使围护结构倾覆。这种稳定性验算目前已有德国 E.Kranz 的简易算法。

学习情境4 地基处理施工

【教学目标】

通过该学习情境的学习训练，要求学生初步掌握各类软弱地基处理方法的基本原理、适用条件与局限性，能根据工程地质条件、施工条件、资金情况等因素因地制宜地选择合适的地基处理方案，能组织合适的人员、机械和材料开展地基处理施工，并会检查和检验地基处理施工质量。

【教学要求】

1. 能力要求

- 能读懂软弱地基处理施工方案，会根据现场条件选择合适的地基处理方法。
- 具有软弱地基处理施工组织及管理的初步能力。
- 具有进行软弱地基处理施工质量控制、质量验评的能力。

2. 知识要求

- 能陈述软弱地基的特点及其相关知识。
- 掌握常见地基处理的方法及适用范围。

地基是指建筑物基础底部下方一定深度与范围内的土层，一般把地层中由于承受建筑物全部荷载而引起的应力和变形不能忽略的那部分土层，称为建筑物的地基。地基中直接与基础接触的土层称为持力层，持力层下受建筑物荷载影响范围内的土层称为下卧层，如图4.0.1所示。当地基强度与稳定性不足或压缩变形很大，不能满足设计要求时，常采取各种地基加固、补强等技术措施，改善地基土的工程性状、增加地基的强度和稳定性、减少地基变形，以满足工程要求，这些措施统称为地基处理。经过处理后的地基称为人工地基。

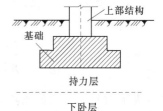

图4.0.1 地基、基础示意图

随着我国基本建设的发展，大规模的工业及民用建筑、高速公路、水利工程、港口工程、环境工程等在兴建，且常常建筑在软弱地基或不良地基上，因而对地基的要求越来越高，对沉降和变形的要求也越来越严格，地基处理已成为设计、施工过程中一个必须重视的问题，也是工程技术人员必须掌握的一门工程基础理论知识。

地基处理的方法很多，本文主要介绍目前在工程建设中应用较多的换土垫层法及高压喷射注浆法。

任务1　换 填 地 基 施 工

【工作任务】

合理选择软土地基的换填处理方法并制定相应的施工方案，依据相关规范进行施工质量控制与验收。

换填垫层法是将基础底面下要求范围内的软弱土层挖去或部分挖去，分层回填强度较高的砂、碎石或灰土以及其他性能稳定、无侵蚀性的材料，夯实或压实后作为地基持力层。当建筑物荷载不大，软弱土层厚度较小时，采用换土垫层法能取得较好的效果。常用的垫层有砂、砂卵石、碎石、灰土或素土、煤渣和矿渣等。

- 换填地基的适用范围

换填垫层法具有提高浅层地基承载力、减少地基沉降量、加速软弱土层的排水固结并防止冻胀等作用，适用于淤泥、淤泥质土、湿陷性黄土、膨胀土、素填土、季节性冻土地基以及暗沟、暗塘等的浅层处理，多用于处理多层或低层建筑的条形基础、独立基础以及基槽开挖后局部具有软弱土层的地基。

- 垫层设计要点

在进行换填地基施工之前，需要进行垫层设计。垫层的设计不但要满足建筑物对地基变形及稳定的要求，而且应符合经济合理的原则，其设计内容主要是确定断面的合理厚度和宽度。

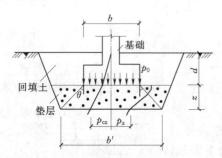

图 4.1.1　垫层内压力分布

对于垫层，既要求有足够的厚度来置换可能被剪切破坏的软弱土层，又要有足够的宽度以防止垫层向两侧基础挤出。对于有排水要求的垫层来说，还需形成一个排水面，促进软弱土层的固结，提高其强度，以满足上部荷载的要求。

1. 垫层厚度的确定

垫层厚度应根据需置换软弱土的深度或下卧土层的承载力确定，即作为在垫层底面处土的自重压力（标准值）与附加压力（设计值）之和不大于软弱土层经深度修正后的地基承载力特征值（图 4.1.1），并应符合式（4.1.1）要求，即

$$p_z + p_{cz} \leqslant f_{az} \tag{4.1.1}$$

式中　p_z——相应于荷载效应标准组合时垫层底面处的附加压力值，kPa；

p_{cz}——垫层底面处土的自重压力值，kPa；

f_{az}——垫层底面处经深度修正后的地基承载力特征值，kPa。

垫层底面处的附加压力值 p_z 可根据基础不同形式按压力扩散角法进行简化计算。

条形基础：

$$p_z = \frac{b(p_k - p_c)}{b + 2z\tan\theta} \tag{4.1.2}$$

矩形基础:

$$p_z = \frac{bl(p_k - p_c)}{(b + 2z\tan\theta)(l + 2z\tan\theta)} \tag{4.1.3}$$

式中 b——矩形基础或条形基础底面宽度，m；

l——矩形基础底面的长度，m；

p_k——荷载效应标准组合时，基础底面处的平均压力值，kPa；

p_c——基础底面处土的自重压力值，kPa；

z——基础底面下垫层的厚度，m；

θ——垫层的压力扩散角，(°)，宜通过试验确定，当无试验资料时，可按表 4.1.1 采用。

☏ 按式 (4.1.1) 确定垫层厚度时，需要用试算法，即预先估计一个厚度，再按式 (4.1.1) 校核，如不能满足要求，再增加垫层厚度，直至满足要求为止。垫层的厚度一般为 0.5～2.5m，不宜大于 3.0m，否则不经济、施工困难，太薄（<0.5m）则换土垫层作用不明显。

表 4.1.1　　　　　　　　　　压力扩散角 θ (°)

z/b	换填材料		
	中砂、粗砂、砾砂、碎石土、石屑	粉质黏土和粉土（$8 < I_p < 14$）	灰土
<0.25	0	0	
0.25	20	6	30
≥0.50	30	23	

注　当 0.25 < z/b < 0.50 时，θ 值可内插求得。

垫层的承载力应根据现场试验确定，一般工程如无试验资料，可按《建筑地基处理技术规范》（JGJ 79—2002）选用。

2. 垫层宽度的确定

垫层的宽度 b' 应满足两方面要求，一是满足基础底面应力扩散的要求，二是应防止垫层向两边挤动。常用的计算方法是扩散角法，通常可按当地经验确定或按式 (4.1.4) 计算，即

$$b' \geqslant b + 2z\tan\theta \tag{4.1.4}$$

式中 b'——垫层底面宽度，m；

z——基础底面下垫层的厚度，m；

θ——垫层的压力扩散角，可按表 4.1.1 采用，当 $z/b < 0.25$ 时按表 4.1.1 中 $z/b = 0.25$ 取值。

垫层顶面每边宜比基础底面大 0.3m，或从垫层底面两侧向上按当地开挖基坑经验的要求放坡，整片垫层的宽度可根据施工的要求适当加宽。

对于重要的或垫层下存在软弱下卧层的建筑，还应进行基础沉降的验算，要求最终沉降量小于建筑物的允许沉降值。验算时不考虑垫层的压缩变形，仅按常规的沉降公式计算下卧软土层引起的基础沉降。

4.1.1　灰土地基

灰土地基是将基础底面下要求范围内的软弱土层挖去，用一定比例的石灰与黏性土在最优含水量情况下充分拌和，分层回填夯实或压实而成。灰土垫层具有一定的强度、水稳定性和抗渗性，施工工艺简单，取材容易，费用较低，是一种应用广泛、经济、实用的地基加固方法。适用于加固深1～4m厚的软弱土、湿陷性黄土、杂填土等，还可用作结构的辅助防渗层。

4.1.1.1　材料要求

（1）土料。采用就地挖出的黏性土及塑性指数大于4的粉土，土内不得含有松软杂质或耕植土；土料需过筛，其颗粒不应大于15mm。严禁采用冻土、膨胀土、盐渍土等活动性较强的土料。

（2）石灰。应用Ⅲ级以上新鲜的块灰，含氧化钙、氧化镁越高越好，使用前1～2d消解并过筛，其颗粒不得大于5mm，且不应夹有未熟化的生石灰块粒及其他杂质，也不得含有过多的水分。石灰储存期不得超过3个月。

4.1.1.2　施工准备

1. 技术准备

（1）收集场地工程地质资料和水文地质资料。

（2）编制施工方案，经审批后进行技术交底。

（3）施工前应合理确定填料含水量控制范围、铺土厚度和夯打遍数等参数。重要灰土工程的参数应通过压实试验确定。

2. 机具准备

压路机、蛙式或柴油打夯机、手推车、石夯、木夯、平头铁锹、铁耙、胶皮管、筛子（孔径有6～10mm和16～20mm两种）、标准斗、靠尺、小线和木折尺等。

3. 作业条件

（1）基坑（槽）在铺灰土前先行钎探验槽，并按设计和勘察部门的要求处理（松土已清除，并夯打两遍，槽底平整干净）完地基，办完隐检手续。

（2）当地下水位高于基坑（槽）时，施工前应采取排降水措施，使地下水位经常保持在施工面以下0.5m左右，在3d内不得受水浸泡。

（3）施工前应根据工程特点、设计压实系数、土料种类、施工条件等，合理确定土料含水量控制范围，铺灰土的厚度和夯打遍数等参数。

（4）施工前，应做好水平高程的标志。如在基坑（槽）或管沟的边坡上每隔3m钉上表示灰土上平的木橛，在室内和散水的边墙上弹上水平线或在地坪上钉好控制标高的标准木桩。

（5）房心和管沟铺夯灰土前，应先完成上下水管道的安装或墙间的加固措施。

（6）做好测量放线工作，在基坑（槽）边坡上钉好标高、轴线桩。

（7）灰土夯实试验完成。

4.1.1.3　施工工艺

1. 工艺流程

施工工艺流程如图 4.1.2 所示。

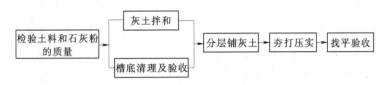

图 4.1.2　工艺流程

2. 操作工艺

（1）检查土料种类和质量以及石灰材料的质量是否符合标准的要求，然后分别过筛。如果是块灰闷制的熟石灰，要用 6～10mm 的筛子过筛，是生石灰粉可直接使用；土料要用 16～20mm 筛子过筛，均应确保粒径的要求。

（2）槽底清理及验收。对基槽（坑）应先验槽，消除松土，并打两遍底夯，要求平整干净。如有积水、淤泥应晾干；局部有软弱土层或孔洞，应及时挖除后用灰土分层回填夯实。

（3）灰土拌和。灰土的配合比应用体积比，除设计有特殊要求外，一般用 3∶7 或 2∶8（石灰∶土）。多用人工翻拌，机械混合，不少于 3 遍，使其达到均匀、颜色一致，并适当控制含水量，现场以手握成团，两指轻捏即散为宜，一般最优含水量为 14%～18%；如含水分过多或过少时，应稍晾干或洒水湿润，如有球团应打碎，要求随拌随用。

（4）分层铺灰土。铺灰应分段分层夯筑，每层最大虚铺厚度可根据不同夯实机具按照表 4.1.2 选用。灰土夯打（压）的遍数应根据设计要求的灰土干密度在现场试验确定，一般不少于 3 遍。人工打夯应一夯压半夯，夯行相接，行行相接，纵横交叉。灰土回填每层夯（压）实后，应根据规范规定进行质量检验，达到设计要求时，才能进行上一层灰土的铺摊。

表 4.1.2　　　　　　　　　　　　　灰土最大虚铺厚度

序号	夯实机具	重量（t）	虚铺厚度（mm）	备　　注
1	石夯、木夯	0.04～0.08	200～250	人力送夯，落距 400～500mm，每夯搭接半夯，夯实后为 80～100mm 厚
2	轻型夯实机具	0.12～0.4	200～250	蛙式打夯机或柴油打夯机，夯实后为 100～150mm 厚
3	压路机	机重 6～10	200～300	双轮静作用或振动压路机

灰土分段施工时，不得在墙角、柱基及承重窗间墙下接缝，上、下两层的接缝距离不得小于 500mm，接缝处应夯压密实，并做成直槎。当灰土地基高度不同时，应做成阶梯形，每阶宽不少于 500mm；对作辅助防渗层的灰土，应将地下水位以下结构包围，并处理好接缝，同时注意接缝质量，每层虚土从留缝处往前延伸 500mm，夯实时应夯过接缝300mm 以上；接缝时，用铁锹在留缝处垂直切齐，再铺下段夯实。

灰土应当日铺填夯压，入槽（坑）灰土不得隔日夯打。夯实后的灰土 30d 内不得受水浸泡，并及时进行基础施工与基坑回填，或在灰土表面作临时性覆盖，避免日晒雨淋。雨期施工时，应采取适当防雨、排水措施，以保证灰土施工在基坑内无积水的状态下进行。刚打完的灰土，如突然遇雨，应将松软灰土除去，并补填夯实；稍受潮的灰土可在晾干后补夯。

（5）找平与验收。灰土最上一层完成后，应拉线或用靠尺检查标高和平整度，超高处用铁锹铲平；低洼处应及时补打灰土。

（6）冬期施工时，基坑（槽）或管沟灰土回填应连续进行，尽快完成。必须在基层不冻的状态下进行，土料应覆盖保温，回填灰土的土料，不得含有冻土块，要做到随筛、随拌、随打、随盖，认真执行留、接搓和分层夯实的规定。在土壤松散时可允许洒盐水。气温在−10℃以下时，不宜施工，并且要有冬期施工方案。

4.1.1.4　质量控制及检验

1. 工程质量标准

（1）基本规定。

1）灰土土料、石灰或水泥（当水泥替代灰土中的石灰时）等材料及配合比应符合设计要求，灰土应搅拌均匀。

2）施工过程中应检查分层铺设的厚度、分段施工时上、下两层的搭接长度、夯实时加水量、夯压遍数、压实系数。

3）施工结束后，应检验灰土地基的承载力。

（2）质量验收标准。

灰土地基的质量验收标准应符合表 4.1.3 的规定。

表 4.1.3　　　　　　　　　　　　灰土地基质量检验标准

项	序	检查项目	允许偏差或允许值		检查方法
			单位	数值	
主控项目	1	地基承载力	设计要求		按规定方法
	2	配合比	设计要求		按拌和时的体积比
	3	压实系数	设计要求		现场实测
一般项目	1	石灰粒径	mm	≤5	筛分法
	2	土料有机质含量	%	≤5	实验室焙烧法
	3	土颗粒粒径	mm	≤15	筛分法
	4	含水量（与要求的最优含水量比较）	%	±2	烘干法
	5	分层厚度偏差（与设计要求比较）	mm	±50	水准仪

2. 验收要求

（1）主控项目验收。

1）地基承载力。经灰土加固后的地基承载力必须达到设计要求的标准。

检查方法：按设计规定的检查方法或浅层平板载荷法。

检验数量：每单位工程应不少于 3 点。1000m² 以上工程每 100m² 至少应有 1 点；3000m² 以上工程每 300m² 至少应有 1 点。每一独立基础下至少应有 1 点，基槽每 20m 应有 1 点。

2）配合比。量测配合比量具，目测量具容积并拌和到色泽均匀，在施工时全数目测检验并记录。

3）压实系数。每层施工结束后检查灰土地基的压实系数。压实系数 λ（$\lambda = \lambda_d / \rho_{dmax}$，为土在施工时实际达到的干密度 ρ_d 与最大干密度 ρ_{dmax} 之比）一般为 0.93～0.95，也可参照表 4.1.4 的规定执行。压实系数的检查宜用环刀取样法测定其干密度。也可用环刀取样法和贯入测定法配合使用，在环刀取样的周围用贯入法测定（钢筋贯入测定法：用直径为 20mm，长 1250mm 的平头钢筋，举起高于施工换垫层面 700mm 自由落下的贯入深度），贯入仪（钢筋）的贯入深度不大于环刀取样合格干密度时贯入仪的深度为合格。分层检验，检验数量同地基承载力。

表 4.1.4　　　　　　　　　　　　　灰土干质量密度标准

项 次	土料种类	灰土最小干土质量密度（g/cm³）
1	粉土	1.55
2	粉质黏土	1.50
3	黏土	1.45

（2）一般项目验收。

1）石灰粒径。每天对不同批的熟石灰用筛分法检测（同批只需检测一次）。

2）土料有机质含量。选定土料场地时，用焙烧法检测有机物含量。土料变化时重新检测。

3）土颗粒粒径。每天对不同批的土料用筛分法检测（同批只需检测一次）。

4）含水量。用烘干法检测决定最优含水量后，用手紧握成团、两指轻捏即碎的目测法全过程控制。

5）分层厚度偏差。用水准仪插杆配合分层全数控制。

3. 验收资料

（1）地基验槽记录。

（2）配合比试验记录。

（3）环刀法与贯入度法检测报告。

（4）最优含水量检测记录和施工含水量实测记录。

（5）载荷试验报告。

（6）每层现场实测压密系数的施工竣工图。

（7）分段施工时上、下两侧搭接部位和搭接长度记录。

（8）灰土地基分项质量检验记录（每一个验收批提供一份记录）。

4.1.1.5　成品保护

（1）施工时应注意妥善保护定位桩、轴线引桩，以防止碰撞产生位移，并应经常复测。

（2）夜间施工时，应合理安排施工顺序，要配备有足够的照明设施，防止虚铺厚度过大或配合比不准。

（3）夯实后的灰土 30d 内不得受水浸泡，并及时进行基础施工、地坪面层施工与基坑回填，或在灰土表面做临时性覆盖，避免日晒雨淋。四周应做好排水设施，防止受水浸泡。

4.1.1.6　安全环保措施

（1）进入现场必须遵守安全生产六大纪律。

（2）进入灰土垫层施工时要注意土壁的稳定性，发现有裂缝及倾塌可能时，人员要立即离开并及时处理。

（3）每日或雨后须检查土壁及支撑的稳定情况。

（4）基坑四周必须设置 1.2m 高护栏并进行围挡，要设置一定数量的临时上下施工楼梯。

（5）及时清理施工现场周围的泥土、泥水，保证施工现场周围的清洁卫生。

（6）应采取有效防尘措施，避免石灰粉污染周围环境。环境因素识别及控制措施见表 4.1.5。

表 4.1.5　　　　　　　　　　　　环境因素识别及控制措施

序号	作业活动	环境因素	控制措施
1	拉运灰土过程中	粉尘	拉运过程中对车辆进行覆盖
2	铺垫灰土	粉尘	经常洒水湿润

注　表中内容仅供参考，现场应根据实际情况重新识别。

（7）施工过程危害识别及控制措施见表 4.1.6。

4.1.1.7　常见质量问题及处理

灰土地基施工常见质量问题及防治措施见表 4.1.7。

表 4.1.6　　　　　　　　　　　　施工过程危害识别及控制措施

序号	作业活动	危险源	控 制 措 施
1	土方机械操作	机械伤害	机械操作人员必须身体健康，并经专业培训合格，持证上岗，学员不得独立操作
2	土方运输	翻车	卸土的地方应设车挡杆防止翻车下坑；施工中应使边坡有一定坡度，保持稳定，不得直接在坡顶用汽车直接卸料
3	机械碾压	机械倾倒	压路机制动器必须保持良好，机械碾压运行中，碾轮边缘应大于 500mm，以防发生溜坡倾倒。停车时应将制动器制动住，并楔紧滚轮，禁止在坡道上停车
4	机械行走	触电	碾压机行走和自卸汽车卸土时，必须注意上方电线，不得在架空输电线路下工作；如在架空输电线一侧工作时，垂直距离不小于 2.5m，水平距离不小于 4～6m（110～220kV 时）
5	夜间作业	人身事故	夜间作业，机上及工作地点必须有充足照明设施，在危险地段应设置明显的警示标志和护栏
6	夯实机械操作	触电	作业时应按规定穿戴绝缘鞋、绝缘手套及其他防护用品。检查施工用电缆、闸箱等，防止电缆老化、脱皮、闸箱漏雨、开关破损等安全隐患的存在，对有问题的电缆、配电箱、开关等应及时进行更换和维护

注　表中内容仅供参考，现场应根据实际情况重新识别。

表 4.1.7　　　　　　　　　　　**常见问题及防治措施**

现　象	防治措施
未按要求测定干土质量密度	灰土垫层施工时，注意每层灰土夯实后都得测定干土的质量密度，符合要求后，才能铺摊上层的灰土。并且在试验报告中，注明土料种类、配合比、试验日期、层数（步数）、结论、试验人员签字等。密实度未达到设计要求的部位，均应有自理方法和复验结果
留、接槎不符合规定	灰土垫层施工时严格执行留接槎的规定。灰土基础标高不同时，应作成阶梯形，上、下层的灰土接槎距离不得小于 500mm。接槎的槎子应垂直切齐
生石灰块熟化不良（没有认真过筛，颗粒过大，造成颗粒遇水熟化体积膨胀，会将上层垫层、基础拱裂）	务必认真对待熟石灰的过筛要求
灰土配合比不准确	施工时应严格控制质量、配合比及充分拌匀
房心灰土表面平整偏差过大，致使地面混凝土垫层过厚或过薄，造成地面开裂、空鼓	认真检查灰土表面的标高及平整度

4.1.2　砂和砂石地基

　　砂和砂石地基系采用砂或砂砾石（碎石）混合物，经分层夯实，作为地基的持力层，提高基础下部地基强度，并通过垫层的压力扩散作用，降低地基的压应力，减少变形量。砂垫层还可起到排水作用，地基土中孔隙水可通过垫层快速地排出，能加速下部土层的沉降和固结。

　　砂和砂石地基应用范围广泛。因其不用水泥、石材，且由于砂颗粒大，可防止地下水因毛细作用上升，使地基不受冻结影响，能在施工期间完成沉陷。用机械或人工夯实都可使垫层密实，施工工艺简单，可缩短工期，降低造价等。适用于处理 3m 内的软弱、透水性强的黏性土地基，不宜用于加固湿陷性黄土地基及渗透系数小的黏性土地基（图4.1.3）。

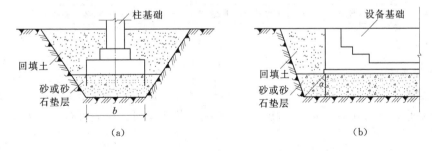

图 4.1.3　施工做法
(a) 柱基础垫层；(b) 设备基础垫层

4.1.2.1　材料要求

　　（1）砂。宜用颗粒级配良好、质地坚硬的中砂或粗砂，当用细砂、粉砂时，应掺和粒径为 20～50mm 的卵石（或碎石），但要分布均匀。砂中有机质含量不超过 5%，含泥量应小于 5％，兼作排水垫层时，含泥量不得超过 3％。

（2）砂石。用自然级配的砂砾石（或卵石、碎石）混合物，粒级应在 50mm 以下，其含量应在 50％以内，不得含有植物残体、垃圾等杂物，含泥量小于 5％。

对级配砂石进行检验，人工级配砂石应通过试验确定配合比例，使之符合设计要求。

4.1.2.2　施工准备

1．技术准备

（1）编制砂石地基施工方案并经审批后，向操作人员等进行施工技术交底。

（2）对施工中所用的天然级配砂石或人工级配砂石进行试验检验。

（3）对操作人员进行上岗前培训。

2．机具准备

插入式振动器、平板式振动器、振动碾、翻斗汽车、机动翻斗车、轮式装载机、铁锹、铁耙、胶管、喷壶、铁筛、手推胶轮车。

3．作业条件

（1）已对基坑（槽）进行验槽（包括基底表面浮土、淤泥、杂物等已清除干净），对轴线尺寸、水平标高已检查符合要求，并办理完隐蔽验收手续。

（2）在边坡以及适当部位设置控制铺填厚度的水平木桩或标高桩，在边墙上弹好水平控制线。

（3）确定好土方机械、车辆的行走路线，应事先经过检查，必要时要进行加固、加宽等准备工作。同时要编好施工方案。

（4）在地下水位高于基坑（槽）底面的工程中施工时，应采取排水或降低地下水位的措施，使基坑（槽）保持无水状态。

（5）人工级配的砂砾石，已按比例将砂、卵石拌和均匀。

4.1.2.3　施工工艺

1．工艺流程

施工工艺流程如图 4.1.4 所示。

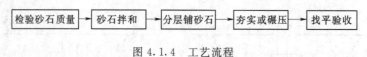

图 4.1.4　工艺流程

2．操作工艺

（1）验槽。铺设垫层前应验槽，将基底表面浮土、淤泥、杂物清除干净，两侧应设一定坡度，防止振捣时塌方。基坑（槽）附近有洞穴等现象时，应先进行填实处理，然后再铺设垫层。

（2）砂石拌和。人工级配的砂石，应先将砂、卵石拌和均匀后，再铺夯压实。

（3）砂或砂石铺筑。分层铺设，分层夯（或压）实。基坑内预先安好 5m×5m 网格标桩，控制每层砂垫层的铺设厚度。每层铺设厚度、砂石最优含水量控制及施工机具、方法的选用参见表 4.1.8。振夯压要做到交叉重叠 1/3，防止漏振、漏压。夯实、碾压遍数、振实时间应通过试验确定。

表 4.1.8　　　　　　　　　　砂垫层和砂石铺设厚度及施工最优含水量

捣实方法	每层铺设厚度（mm）	施工时最优含水量（%）	施 工 要 点	备 注
平振法	200～250	15～20	（1）用平板式振捣器往复振捣，往复次数以简易测定密实度合格为准 （2）振捣器移动时，每行应搭接 1/3，以防振动面积不搭接	不宜使用干细砂或含泥量较大的砂铺筑砂垫层
插振法	振捣器插入深度	饱和	（1）用插入式振捣器 （2）插入间距可根据机械振捣大小设定 （3）不应插至下卧黏性土层 （4）插入振捣完毕，所留的孔洞应用砂填实	不宜使用细砂或含泥量较大的砂铺筑砂垫层
水撼法	250	饱和	（1）注水高度应超过每次铺筑面层 （2）用钢叉摇撼捣实，插入点间距为 100mm 左右 （3）有控制地注水和排水 （4）钢叉分 4 齿，齿的间距为 30mm，长 300mm，木柄长 900mm	湿陷性黄土、膨胀土、细砂地基上不得使用
夯实法	150～200	8～12	（1）用木夯或机械夯 （2）木夯重 40kg，落距为 400～500mm （3）一夯压半夯，全面夯实	适用于砂石垫层
碾压法	250～350	8～12	6～10t 压路机往复碾压；碾压次数以达到要求密实度为准，一般不少于 4 遍；用振动压实机械，振动 3～5min	适用于大面积施工的砂和砂石地基，不宜用于地下水位以下的砂垫层

　　垫层铺设时，严禁扰动垫层下卧层及侧壁的软弱土层，在碾压荷载下抛石能挤入该层底面时，可采取挤淤处理。

　　砂和砂石地基底面宜铺设在同一标高上。垫层底面标高不同时，土面应挖成阶梯或斜坡搭接，并按先深后浅的顺序施工，搭接处应夯压密实。分层铺设时，接头应做成斜坡或阶梯形搭接，每层错开 0.5～1.0m，并注意充分捣实。

　　碾压前，应根据其干湿程度和气候条件，适当地洒水以保持砂石的最佳含水量，一般为 8%～12%。

　　（4）夯实或碾压。碎石垫层一般用碾压法或振捣法压实。前者用于大面积垫层压实；后者仅适用于小面积垫层及碾压不到的部位压实。侧边砂框边缘与土接触处的砂层，用振动器振实或人工夯实。

　　夯实或碾压的遍数，由现场试验确定。用木夯或蛙式打夯机时，应保持落距为 400～500mm，要一夯压半夯，行行相接，全面夯实，一般不少于 3 遍。采用压路机往复碾压，一般碾压不少于 4 遍，其轮距搭接不小于 500mm，边缘和转角处应用人工或蛙式打夯机补夯密实。

　　当采用水撼法或插振法施工时，以振捣棒振幅半径的 1.75 倍为间距插入振捣，依次振实，以不再冒气泡为准，直至完成；同时应采取措施做到有控制地注水和排水。垫层接头应重复振捣，插入式振动棒振完所留孔洞应用砂填实。在振动首层的垫层时，不得将振捣棒插入原土层或基槽边部，以避免使软土混入砂垫层而降低砂垫层的强度。用细砂作垫层材料时，不宜使用振捣法或水撼法，以免产生液化现象。

（5）找平和验收。

1）施工时应分层找平，夯压密实，并应设置纯砂检查点，用 200cm³ 的环刀取样测定干砂的质量密度。下层密实度合格后，方可进行上层施工。用贯入法测定质量时，用贯入仪、钢筋或钢叉等以贯入度进行检查，小于试验所确定的贯入度为合格。

2）最后一层压（夯）完后，表面应拉线找平，并且要符合设计规定的标高。

3）垫层施工完后，除检验施工质量外，还须对地基强度或承载力进行试验。

（6）垫层铺设完毕，应立即进行下道工序施工，严禁小车及人在砂层上面行走，必要时应在垫层上铺板行走。在邻近进行低于砂垫层顶面的开挖时，应采取措施保证砂垫层稳定。

4.1.2.4　质量控制及检验

1. 工程质量标准

（1）基本规定。

1）砂、石等原材料及配合比应符合设计要求，砂、石应搅拌均匀。

2）施工过程中应检查分层铺设的厚度、分段施工时搭接部分的压实情况、加水量、压实遍数、压实系数。

3）施工结束后，应检验砂石地基的承载力。

（2）质量验收标准。

砂和砂石地基的质量验收标准应符合表 4.1.9 的规定。

表 4.1.9　　　　　　　　　　　砂和砂石地基质量检验标准

项	序	检 查 项 目	允许偏差或允许值		检 查 方 法
			单位	数值	
主控项目	1	地基承载力	设计要求		按规定方法
	2	配合比	设计要求		检查拌和时的体积比或重量比
	3	压实系数	设计要求		现场实测
一般项目	1	砂石料有机质含量	%	≤5	焙烧法
	2	砂石料含泥量	%	≤5	水洗法
	3	石料粒径	mm	≤100	筛分法
	4	含水量（与最优含水量比较）	%	±2	烘干法
	5	分层厚度（与设计要求比较）	mm	±50	水准仪

2. 验收要求

（1）主控项目验收。

地基承载力、配合比、压实系数（中砂在中密状态的干密度，一般为 1.55～1.60g/cm³）的检查方法、检查数量与灰土地基同。

（2）一般项目验收。

1）砂石料有机质含量与含泥量。在选料时进行有机质含量和含泥量检测，材料有变更时重新检测，有机质含量用焙烧法检测，含泥量用水洗法检测。

2）石料粒径。砂、砂石、干渣粒径每批来料现场用筛分法检测，石料粒径不大于 100mm；干渣按设计要求和现场压实试验段规定粒径。

3）含水量（与最优含水量比较）。现场用烘干法检测，每天拌料前测量，材料变更或环境变更时重新测量，与最优含水量的偏差控制在±2％内。

4）分层厚度（与设计要求比较）。每层下料前用水准仪测定基层高程，用插杆法控制分层厚度，扦的设点数视现场平面形状而定，以能控制分层厚度为原则，分层厚度偏差控制在±50mm 范围内。

3. 验收资料

（1）地基验槽记录。

（2）配合比试验记录。

（3）环刀法与贯入度法检测报告。

（4）最优含水量检测记录和施工含水量实测记录。

（5）载荷试验报告。

（6）每层现场实测压密系数的施工竣工图。

（7）分段施工时上、下两层搭接部位和搭接长度记录。

（8）砂和砂石地基分项质量检验记录（每一个验收批提供一份记录）。

4.1.2.5 成品保护

（1）回填砂石时，注意妥善保护定位桩、轴线引桩、高程桩，以防止碰撞产生位移，并应经常复测。

（2）地基范围内不应留孔洞。

（3）注意边坡稳定，防止坍塌。

（4）当地下水位较高或在饱和的软弱地基上铺设垫层时，应加强基坑内及外侧四周的排水工作，防止砂垫层泡水引起砂的流失，保持基坑边坡稳定；或采取降低地下水位措施，使地下水位降低到基坑底 500mm 以下。

（5）夜间施工时，应合理安排施工顺序，要配备有足够的照明设施，防止虚铺厚度过大或配合比不准。

（6）垫层铺设完毕，应立即进行下道工序的施工，严禁小车及人在砂层上面行走，必要时应在垫层上铺板行走。

4.1.2.6 安全环保措施

（1）环境因素识别及控制措施见表 4.1.10。

（2）施工过程危害识别及控制措施见表 4.1.11。

表 4.1.10   环境因素识别及控制措施

序号	作业活动	环境因素	控 制 措 施
1	拉运砂石过程中	粉尘	拉运过程中对车辆进行覆盖
2	现场清理	垃圾	设置分类垃圾箱及时清运建筑垃圾

注 表中内容仅供参考，现场应根据实际情况重新识别。

表 4.1.11　　　　　　　　　　　　施工过程危害识别及控制措施

序号	作业活动	危险源	控 制 措 施
1	土方机械操作	机械伤害	机械操作人员必须身体健康，并经专业培训合格，持证上岗，学员不得独立操作
2	砂石运输	翻车	卸土的地方应设车挡杆防止翻车下坑；施工中应使边坡有一定坡度，保持稳定，不得直接在坡顶用汽车直接卸料
3	机械碾压	机械倾倒	压路机制动器必须保持良好，机械碾压运行中，碾轮边缘应大于500mm，以防发生溜坡倾倒。停车时应将制动器制动住，并楔紧滚轮，禁止在坡道上停车
4	机械行走	触电	碾压机械行走和自卸汽车卸土时，必须注意上方电线，不得在架空输电线路下工作；如在架空输电线一侧工作时，垂直距离不小于2.5m，水平距离不小于4~6m（110~220kV时）
5	夜间作业	人身事故	夜间作业，机上及工作地点必须有充足照明设施，在危险地段应设置明显的警示标志和护栏
6	振动器操作	触电	作业时应按规定穿戴绝缘鞋、绝缘手套及其他防护用品。检查施工用电缆、闸箱等，防止电缆老化、脱皮、闸箱漏雨、开关破损安全隐患的存在，对有问题的电缆、配电箱、开关等应及时进行更换和维护

注　表中内容仅供参考，现场应根据实际情况重新识别。

4.1.2.7　常见质量问题及处理

砂和砂石地基施工常见质量问题及防治措施见表 4.1.12。

表 4.1.12　　　　　　　　　　　　常见问题及防治措施

现象	防 治 措 施
大面积下沉	可以通过控制垫层的分层厚度不要过大、碾压遍数要满足要求而不要太少、含水量不要太低
局部下沉（有些地方，如边缘处、拐角处、接槎处没有压实）	严格监控、验收
密实度不符合要求	施工中可加强分层检查砂石地基（垫层）质量的力度，确保密实度符合相关要求
压实系数达不到设计要求	砂垫层和砂石垫层地基宜采用质地坚硬的中砂、粗砂、砾砂、卵石或碎石。根据所使用的机具来掌握分层虚铺厚度。现场施工随时检查分层铺筑厚度，分段施工搭接部位的压实情况，随时检查压实遍数，按规定检测压系数，结果应符合设计要求。注意边缘和转角处夯打密实
夯实碾压过程中出现"橡皮土"	（1）避免在含水量过大的黏土、粉质黏土、淤泥质土、腐殖土等原状土上进行回填 （2）填方区如有地表水时，应设排水沟排走；有地下水应降低至基底面500mm 以下 （3）挖掉橡皮土，换填

4.1.3　粉煤灰地基

粉煤灰地基是以粉煤灰为垫层，经压实而成的地基。粉煤灰可用于道路、堆场和小型建筑、构筑物等的地基换填。

近年来，随着燃煤发电厂排放出越来越多的燃烧废料——粉煤灰，其堆放不仅占用了大量的土地资源，而且还会对周围环境造成不同程度的污染。建造储灰场地又要耗费大量的基本建设费用。因此，合理利用这部分资源，变废为宝，已成为紧迫的问题。

4.1.3.1 材料要求

(1) 粉煤灰作为建筑物基础时应符合有关放射性安全标准的要求。

(2) 大量填筑时应考虑对地下水和土壤的环境影响。

(3) 可用电厂排放的硅铝型低钙粉煤灰，含总量 SiO_2、Al_2O_3、Fe_2O_3 越高越好的，含 SO_2 宜小于 0.4%，以免对地下金属管道等产生腐蚀。

(4) 颗粒粒径宜控制在 0.001～2.00mm 之间。

(5) 烧失量宜低于 12%。

(6) 粉煤灰中严禁混入植物、生活垃圾及其他有机杂质。

(7) 粉煤灰进场，其含水量应控制在 31%±4% 范围内，且还应防止被污染。

4.1.3.2 施工准备

1. 技术准备

(1) 收集场地工程地质资料和水文地质资料。

(2) 施工前应合理确定粉煤灰含水量控制范围、铺土厚度和夯打遍数等参数。

2. 机具准备

平碾、振动碾或羊足碾、平板振动器、木夯、铁夯、石夯、蛙式或柴油打夯机、推土机、压路机 (6～10t)、手推车、筛子、标准斗、靠尺、耙子、铁锹、胶管、小线和钢尺等。

3. 作业条件

(1) 基坑（槽）内换填前，应先进行钎探并按要求处理完基层，办理验槽隐检手续。

(2) 当地下水位高于基坑（槽）底时，应采取排水或降水措施，使地下水位保持在基底以下 500mm 左右，并在 3d 之内不得受水浸泡。

(3) 基础外侧换填前，必须对基础、地下室和地下防水层、保护层进行检查，发现损坏时应及时修补，并办理隐检手续；现浇的混凝土基础墙、地梁等均应达到规定的强度，施工中不得损坏混凝土。

4.1.3.3 施工工艺

1. 工艺流程

施工工艺流程如图 4.1.5 所示。

图 4.1.5　工艺流程

2. 操作工艺

(1) 基底清理。铺设垫层前应验槽，将基底表面浮土、淤泥、杂物清除干净。

（2）分层铺设与碾压。铺设厚度：用机械夯为 200～300mm，夯完后厚度为 150～200mm；用压路机为 300～400mm，压实后为 250mm 左右。对小面积基坑（槽）垫层，可用人工分层摊铺，用平板振动器或蛙式打夯机进行振（夯）实，每次振（夯）板应重叠 1/3～1/2 板，往复压实，由两侧或四侧向中间进行，夯实不少于 3 遍。大面积垫层应采用推土机摊铺，先用推土机预压两遍，然后用 8t 压路机碾压，施工时压轮重叠 1/3～1/2 轮宽，往复碾压，一般碾压 4～6 遍。

（3）粉煤灰铺设含水量应控制在最优含水量 31％±4％范围内。如含水量过大时，需摊铺晾干后再碾压。粉煤灰铺设后，应于当天压完；如压实时含水量过小，呈现松散状态，则应洒水湿润再压实，洒水的水质不得含有油质。

（4）每层铺完经检验合格后，应及时铺筑上层，以防干燥、松散、起尘、污染环境。

（5）全部粉煤灰垫层铺设完经验收合格后，应及时进行浇筑混凝土垫层，以防日晒、雨淋破坏。

（6）夯实或碾压时，如出现"橡皮土"现象，应暂停压实，可采取将垫层开槽、翻松、晾或换灰等办法处理。

（7）在软弱土地基上填筑粉煤灰垫层时，应先铺设 200mm 的中、粗砂或高炉干渣，以免下卧软土层表面受到扰动，同时有利于下卧软土层的排水固结，并切断毛细水的上升。

（8）冬季施工，最低气温不得低于 0℃，以免粉煤灰含水冻胀。

4.1.3.4 质量控制及检验

1. 工程质量标准

（1）基本规定。

1）施工前应检查粉煤灰材料，并对基槽清底状况、地质条件予以检验。

2）施工过程中应检查分层铺设的厚度、分段施工时搭接部分的压实情况、加水量、夯压遍数、压实系数。

3）施工结束后，应检验地基的承载力。

（2）质量验收标准。

粉煤灰地基质量检验标准应符合表 4.1.13 的规定。

表 4.1.13   粉煤灰地基质量检验标准

项	序	检 查 项 目	允许偏差或允许值		检 查 方 法
			单位	数值	
主控项目	1	压实系数	设计要求		现场实测
	2	地基承载力	设计要求		按规定方法
一般项目	1	粉煤灰粒径	mm	0.001～2.000	过筛
	2	氧化铝及二氧化硅含量	%	≥70	试验室化学分析
	3	烧失量	%	≤12	实验室烧结法
	4	每层铺筑厚度	mm	±50	水准仪
	5	含水量（与最优含水量比较）	%	±2	取样后试验室确定

2. 验收要求

(1) 主控项目验收。

1) 压实系数。现场用击实仪或环刀和贯入度法测试，每柱坑不少于 2 点；基坑每 20m² 查 1 点，但不少于 2 点；基槽、管沟、路面基层每 20m 查 1 点，但不少于 5 点；地面基层每 30～50m² 查 1 点，但不少于 5 点；场地铺垫每 100～400m² 查 1 点，但不少于 10 点。测得的压实系数应符合设计要求。

2) 地基承载力。经粉煤灰加固后的地基承载力必须达到设计要求的标准。

检查方法：按设计规定的检查方法或浅层平板载荷法。

检验数量：每单位工程应不少于 3 点。1000m² 以上工程每 100m² 至少应有 1 点；3000m² 以上工程每 300m² 至少应有 1 点。每一独立基础下至少应有 1 点，基槽每 20m 应有一点。

(2) 一般项目验收。

1) 粉煤灰粒径。选择供应厂时进行过筛测试粒径在 0.001～2.0mm 范围内，如供应厂变换时重新测试。

2) 氧化铝及二氧化硅含量。试验室化学分析法测试。检验频次同粉煤灰粒径。氧化铝及二氧化硅总和含量不小于 70% 为合格。

3) 烧失量。试验室焙烧法测试，测试频次同上。

4) 每层铺筑厚度。用水准仪和插扦配合分层全数控制。

5) 含水量（与最优含水量比较）。现场取样试验室用烘干法测试比较，以 $\omega_{op}+2\%$ 为合格，环境影响材料含水量多时重新测定。

3. 验收资料

(1) 地基验槽记录。

(2) 最优含水量检测记录和施工含水量实测记录。

(3) 载荷试验报告。

(4) 每层现场实测压实系数的施工竣工图。

(5) 每层施工记录（包括分层厚度和碾压遍数、搭接区碾压程度）。

(6) 粉煤灰地基工程分项质量验收记录。

4.1.3.5 成品保护

(1) 每层铺完经检测合格后，应及时铺筑上层，防止浸水及扰动基土，以及防干燥、松散、起尘、污染环境。

(2) 地基施工完毕后，应及时进行基础施工，以防日晒、雨淋破坏。

4.3.1.6 安全环保措施

(1) 粉煤灰应遮盖存放，以防松散、起尘、污染环境。

(2) 施工现场配备洒水降尘器具，指定专人负责现场洒水降尘。

(3) 对噪声较大设备采取隔声措施，减少扰民。

4.3.1.7 常见质量问题及处理

(1) 粉煤灰遇水强度降低，选择的地基场地须将含水量控制在一定范围。

(2) 地下水位过高时，须降低地下水位。

任务 2 高压喷射注浆地基施工

【工作任务】

阅读高压喷射注浆地基处理方案并编写简单施工方案，依据相关规范进行高压喷射注浆地基施工质量控制与验收。

高压喷射注浆法是利用钻机把带有特殊喷嘴的注浆管钻入土层的预定位置后，用高压设备（工作压力在 20MPa 以上）将水泥浆液通过钻杆下端的喷射装置向四周以高速水平喷入土体，借助液体的冲击力切削土层，使喷流射程内土体遭受破坏，土体与水泥浆充分搅拌混合，胶结硬化后形成高强的加固体，从而使地基得到加固。它具有增大地基承载力，止水防渗，减少支挡结构物的土压力，防止砂土液化和降低土的含水量等多种功能。

高压喷射注浆法按喷射方向和形成加固体的形状可分为旋喷、定喷和摆喷 3 种。旋喷时喷嘴边喷射边旋转和提升，固结体呈圆柱状，称为旋喷法，主要用于加固地基，提高地基承载力，改善土的变性性质，也可组成闭合的帷幕，用于截阻地下水流和治理河砂；定喷时喷嘴边喷射边提升，喷射方向不变，固结形状有板状和壁状；摆喷时喷嘴边喷射边摆动一定角度和提升，固结体呈厚墙状。定喷和摆喷常用于基坑防渗和边坡稳定等工程。这里着重介绍旋转喷射法。

旋转喷射法根据使用机具设备和基本工艺的不同可分为单管法、二重管法、三重管法及多重管法。单管法指用一根单管将高压水泥浆液这种单一介质作为喷射流，由于高压浆液的喷射力在土中衰减较大，破碎土的射程较短，因而成桩直径较小，一般为 0.3～0.8m ［图 4.2.1 (a)］；二重管法指用同轴双通道的二重注浆管复合喷射高压水泥浆和压缩空气两种介质，在浆液外包裹着一圈空气流称为复合喷射流，成桩直径在 1.0m 左右 ［图 4.2.1 (b)］；三重管法是指用同轴三重注浆管复合喷射高压水流、压缩空气及水泥浆液，由于高压水流的作用，使地基中一部分土粒随着水、气排出地面，高压浆流随之填充孔隙。其成桩直径较大，一般有 1.0～2.0m，但成桩强度较低，为 0.9～1.2MPa ［图 4.2.1 (c)］。

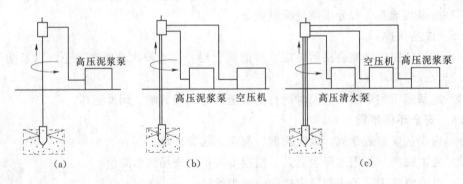

图 4.2.1 喷射注浆法施工

(a) 单管法；(b) 双管法；(c) 三管法

高压喷射注浆法适用于处理淤泥、淤泥质土、流塑、软塑或可塑黏性土、粉土、砂土、黄土、素填土和碎石土等地基的加固，可用于既有建筑和新建筑的地基处理、基坑底部加固防止管涌与隆起、深基坑侧壁挡土或挡水、坝的加固等工程。对于砾石粒径过大的土、坚硬黏性土、含腐殖质过多或对水泥有严重腐蚀性的土以及地下水流过大、喷射浆液无法在注浆管周围凝聚的地基土加固效果较差，不宜采用。

☎　高压喷射注浆法和深层搅拌法均属化学加固法，它是利用特制的机具向土层中喷射浆液或拌入粉剂，与破坏的土混合或拌和，从而使地基土固化，达到加固的目的。

4.2.1　材料要求

（1）水泥。一般采用强度等级不低于 32.5MPa 的普通硅酸盐水泥。不得使用过期或有结块水泥。

（2）水。宜用自来水或无污染的自然水。

（3）抗离析外加剂。陶土或膨润粉。

（4）水灰比。0.7～1.0 较妥。

（5）高压喷射注浆地基。1m 桩长喷射桩水泥用量见表 4.2.1。

表 4.2.1　　　　　　　　　每 1m 桩长喷射桩水泥用量表

桩径（mm）	桩长（m）	强度等级为 32.5 级普通硅酸盐水泥单位用量	喷射施工方法		
			单管法	二重管法	三重管法
600	1	kg/m	200～250	200～250	—
800	1	kg/m	300～350	300～350	—
900	1	kg/m	350～400（新）	350～400	—
1000	1	kg/m	400～450（新）	400～450（新）	700～800
1200	1	kg/m	—	500～600（新）	800～900
1400	1	kg/m	—	700～800（新）	900～1000

注　"新"系指采用高压水泥浆泵，压力为 36～40MPa，流量为 80～110L/min 的新单管法和二重管法。

4.2.2　施工准备

4.2.2.1　技术准备

（1）收集完整的工程地质勘察资料及工程附近管线、建筑物、构筑物和其他公共设施的构造情况，当地下水流动速度较快时，应进行专项水文地质勘察。

（2）具备工程设计图纸、设计文件、设计要求和标准及检测手段。

（3）编制施工方案，进行施工技术交底。

（4）施工前应根据现场的环境和地下埋设物的位置等情况，复核高压喷射注浆的设计孔位。

4.2.2.2　机具准备

（1）主要设备。其包括钻机、高压泥浆泵、高压水泵、空压机、泥浆搅拌机。

（2）辅助设备。其包括操纵控制系统，高压管路系统，压力流量仪表，材料储存、运输系统，各种管材、阀门、接头阀门设置等。

4.2.2.3　作业条件

（1）场地应具备"三通一平"条件，旋喷钻机行走范围内无地表障碍物。

（2）按有关要求铺设各种管线（施工电线、输浆、输水、输气管），开挖储浆池及排浆沟（槽）。

4.2.2.4 施工参数选择

高压喷射注浆的施工参数应根据土质条件、加固要求通过试验或根据工程经验确定，并在施工中严格加以控制。

1．旋喷直径

通常应根据估计直径来选用喷射注浆的种类和喷射方式。对于大型或重要的工程，估计直径应在现场通过试验确定。在无试验资料的情况下，对小型的或不太重要的工程，可根据经验选用表4.2.2中数值。可采用矩形或梅花形布桩形式。

表4.2.2   旋 喷 桩 的 设 计 直 径

土质	方法	单管法	二重管法	三重管法
黏性土	0<N<5	0.5～0.8	0.8～1.2	1.2～1.8
	6<N<10	0.4～0.7	0.7～1.1	1.0～1.6
	11<N<20	0.3～0.6	0.6～0.9	0.7～1.2
砂性土	0<N<10	0.6～1.0	1.0～1.4	1.5～2.0
	11<N<20	0.5～0.9	0.9～1.3	1.2～1.8
	21<N<30	0.4～0.8	0.8～1.2	0.9～1.5

注 N 值为标准贯入击数。

2．旋喷强度

旋喷桩的强度，应通过现场试验确定。当无现场试验资料时，也可参照相似土质条件下其他喷射工程的应验。喷射固结体有较高的强度，外形凸凹不平，因此有较大的承载力。固结体直径越大，承载力越高。

3．地基承载力

用旋喷桩处理的地基，应按复合地基设计。旋喷桩复合地基承载力标准值应通过现场复合地基载荷试验确定，也可按式（4.2.1）计算且结合当地情况与其土质相似工程的经验确定，即

$$f_{\mathrm{sp,k}} = \frac{1}{A_{\mathrm{e}}}\left[R_{\mathrm{k}}^{\mathrm{d}} + \beta f_{\mathrm{s,k}}(A_{\mathrm{e}} - A_{\mathrm{p}})\right] \qquad (4.2.1)$$

式中 $f_{\mathrm{sp,k}}$ ——复合地基承载力标准值，kPa；

A_{e} ——一根桩承担的处理面积，m²；

A_{p} ——桩的平均截面积，m²；

$f_{\mathrm{s,k}}$ ——桩间天然地基土承载力标准值，kPa；

β ——桩间天然地基土承载力折减系数，可根据试验确定，在无试验资料时，可取 0.2～0.6，当不考虑桩间软土的作用时，可取零；

$R_{\mathrm{k}}^{\mathrm{d}}$ ——单桩竖向承载力标准值，kN，可通过现场载荷试验确定。

单桩竖向承载力标准值也可按式（4.2.2）和式（4.2.3）计算，并取其中较小值，即：

$$R_k^d = \eta f_{cu,k} A_p \qquad (4.2.2)$$

$$R_k^d = \pi \overline{d} \sum_{i=1}^{n} h_i q_{si} + A_p q_p \qquad (4.2.3)$$

上二式中 $f_{cu,k}$——桩身试块（边长为 70.7mm 的立方体）的无侧限抗压强度平均值，kPa；

     η——强度折减系数，可取 0.35～0.50；

     $\overline{d}$——桩的平均直径，m；

     n——桩长范围内所划分的土层数；

     h_i——桩周第 i 层土的厚度，m；

     q_{si}——桩周第 i 层土的摩擦力标准值，可采用钻孔灌注桩侧壁摩擦力标准值，kPa；

     q_p——桩端天然地基土的承载力标准值，kPa，可按国家标准《建筑地基基础设计规范》（GBJ 50007—2011）第三章第二节的有关规定确定。

4. 沉降计算

旋喷桩的沉降计算应为桩长范围内复合土层以及下卧层地基变形值之和，计算时应按国家标准《建筑地基基础设计规范》（GBJ 50007—2011）的有关规定进行计算。其中复合土层的压缩模量可按式（4.2.4）确定，即

$$E_{sp} = \frac{E_s(A_e - A_p) + E_p A_p}{A_e} \qquad (4.2.4)$$

式中 E_{sp}——旋喷桩复合土层的压缩模量，kPa；

     E_s——桩间土的压缩模量，可用天然地基土的压缩模量代替，kPa；

     E_p——桩体的压缩模量，可采用测定混凝土割线模量的方法确定，kPa。

4.2.3 施工工艺

4.2.3.1 工艺流程

施工工艺流程如图 4.2.2 所示。

图 4.2.2 工艺流程

高压喷射注浆地基施工的一般施工工艺顺序如图 4.2.3 所示。

4.2.3.2 操作工艺

1. 场地平整

施工前先进行场地平整，挖好排浆沟，并应根据现场环境和地下埋设物的位置等情况，复核高压喷射注浆的设计孔位。

2. 钻机就位

将使用的钻机安置在设计的孔位上，使钻杆头对准孔位中心。同时为保证钻孔达到设计要求的垂直度，钻机就位后，必须做水平校正，使其钻杆轴线垂直对准钻孔中心位置。喷射注浆管的允许倾斜度不得大于 1.5%。

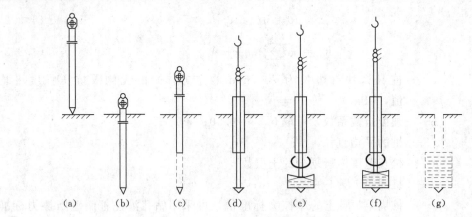

图4.2.3　高压喷射注浆施工程序

(a) 振动打桩机就位；(b) 桩管打入土中；(c) 拔起一段套管；(d) 拆除地面上套管，插入喷射注浆管；
(e) 喷浆；(f) 自动提升喷射注浆管；(g) 拔出喷射注浆管与套管，下部形成喷射桩加固体

3. 钻孔

钻孔的目的是为将喷射注浆管插入预定土层中。钻孔方法主要视地层中地质情况、加固深度、机具设备等条件而定。在标准贯入度 N 值小于40的砂土和黏性土层中进行单管喷浆作业时，可采用76型旋转振动钻机直接将注浆管插入，钻进深度可达30m以上。当遇到比较坚硬的地层时宜用地质钻机预先成孔（在二重管和三重管喷浆法施工中均采用地质钻机钻孔），成孔直径一般为75～130mm。孔壁易坍塌时，应下套管。

4. 插管

插管是将喷射注浆管插入地层预定的深度。使用76型振动钻机钻孔时，插管与钻孔两道工序合二为一，即钻孔完毕，插管作业同时完成。使用地质钻机钻孔完毕，必须拔出岩芯管，并换上喷射注浆管插入预定深度。在插管过程中，为防止泥沙堵塞喷嘴，可边射水边插管，水压力一般不超过1MPa。压力过高，易将孔壁射塌。

5. 旋喷作业

当旋喷管插入预定深度后，立即按设计配合比搅拌浆液，开始旋喷后即旋转提升旋喷管。旋喷参数中有关喷嘴直径、提升速度、旋转速度、喷射压力、流量等应根据土质情况、加固体直径、施工条件及设计要求由现场试验确定。当浆液初凝时间超过20h时，应及时停止使用该水泥。

6. 冲洗

喷射施工完毕后，应把注浆管等机具设备冲洗干净，管内机内不得残存水泥浆。通常把浆液换成水，在地面上喷射，以便把泥浆泵、注浆管软管内的浆液全部排除。

7. 移动机具

把钻机等机具设备移到新孔位上。

4.2.3.3　施工要点

(1) 通过试成桩，确认符合设计要求的压力、水泥喷浆量、提升速度、旋转速度等施工参数。

(2) 水泥浆的水灰比一般为0.7～1.0。为消除纯水泥浆离析和防止泥浆泵管道堵塞，

可在纯水泥浆中掺入一定数量的陶土和纯碱，其配合比为水泥：陶土：纯碱＝1：1：0.03。根据需要可加入适量的减缓浆液沉淀、缓凝或速凝、防冻、防蚀等外加剂。

（3）由于喷射压力较大，容易发生窜浆（即第二个孔喷进的浆液，从相邻的孔内冒出），影响邻孔的质量，应采用间隔跳打法施工，一般两孔间距大于1.5m。

（4）水泥浆的搅拌宜在旋喷前1h以内搅拌。旋喷过程中冒浆量应控制在10％～25％内。根据经验，冒浆量小于注浆量20％者为正常现象，超过25％或完全不冒浆时，应查明原因并采取相应的措施。

（5）在高压喷射注浆过程中出现压力骤然下降、上升或大量冒浆等异常情况等故障时，应停止提升和喷射注浆以防桩体中断，同时立即查明产生的原因并及时采取措施排除故障。如发现有浆液喷射不足，影响桩体的设计直径时，应进行复核。

（6）当高压喷射注浆完毕，应迅速拔出注浆管，用清水冲洗管路。为防止浆液凝固收缩影响桩顶高程，必要时可在原孔位采用冒浆回灌或第二次注浆等措施。

4.2.4 质量控制及检验

4.2.4.1 工程质量标准

1. 基本规定

（1）施工前应检查水泥、外掺剂等的质量、桩位、压力表、流量表的精度和灵敏度及高压喷射设备的性能等。

（2）施工中应检查施工参数（压力、水泥浆量、提升速度、旋转速度等）及施工程序。

（3）施工结束后，应检验桩体强度、平均直径、桩身中心位置、桩体质量及承载力等。桩体质量及承载力检验应在施工结束后28d进行。

2. 质量验收标准

高压喷射注浆地基质量检验标准应符合表4.2.3的规定。

表 4.2.3　　　　　　　　　　　高压喷射注浆地基质量检验标准

项	序	检 查 项 目	允许偏差或允许值		检 查 方 法
			单位	数值	
主控项目	1	水泥及外掺剂质量	符合出厂要求		查产品合格证书或抽样送检
	2	水泥用量	设计要求		查看流量表及水泥浆水灰比
	3	桩体强度或完整性检验	设计要求		按规定方法
	4	地基承载力	设计要求		按规定方法
一般项目	1	钻孔位置	mm	≤50	用钢尺量
	2	钻孔垂直度	%	≤1.5	经纬仪测钻杆或实测
	3	孔深	mm	±200	用钢尺量
	4	注浆压力	按设定参数指标		烘干法
	5	桩体搭接	mm	>200	用钢尺量
	6	桩体直径	mm	≤50	开挖后用钢尺量
	7	桩身中心允许偏差		≤0.2D	开挖后桩顶下500mm处用钢尺量，D为桩径

4.2.4.2　验收要求

1. 主控项目

（1）水泥及外掺剂质量。查每批水泥产品合格证书和复试试验报告；外掺剂查每批产品合格证书。

（2）水泥用量。检查拌浆桶体积和加水计量控制每拌水灰比，查看每个桩喷射注浆开始至结束时段的泥浆泵（高压水泥浆泵）的流量计，计算出整孔注浆量应符合设计要求。

（3）桩体强度或完整性检验。检验时间：成桩后 28d；检验数量：按设计要求，当设计没有规定时按总桩数的 0.5%～1% 抽检，但不应少于 3 根，抽检部位结合施工情况由设计、施工、建设、监理洽商决定；检验方法：按设计规定的方法，当设计没有明确规定时，可选用静力触探、标准贯入或铝芯取样，所得试验结果、强度必须符合设计要求。

（4）地基承载力。检验时间、数量、方法、要求同上。

2. 一般项目

（1）钻孔位置。每一个钻孔在钻头下到定位桩上时，用钢尺量测钻头与定位桩的距离即钻孔位置偏差，若定位桩与设计放样轴线间已经发生偏差，应把两个偏差累计算得的钻孔位置偏差不大于 50mm 为合格。

（2）钻孔垂直度。全数检查，检查方法用经纬仪测钻杆垂直度或用测斜仪测孔井垂直度。

（3）孔深。全数检查，用钢尺量机上余尺测定钻孔深度，孔深应控制在 ±200mm 范围内为合格。

（4）注浆压力。压力大小直接影响桩体直径，按设定的施工参数指标全数检查，查看每桩施工记录，或施工过程查压力表读数等数据。

（5）桩体搭接。检查数量：结合施工情况，挑搭接可能最差的部位检查；检查方法：用挖开桩搭接部位用钢尺量，搭接应大于 200mm 为合格。

（6）桩体直径。开挖后凿去桩顶酥松部位，用钢尺量桩体直径，控制在不大于 50mm 范围内为合格，全数测量。

4.2.4.3　验收资料

（1）高压喷射注浆施工桩位图。

（2）材料检验报告或复试试验报告。

（3）试成桩确认的施工参数。

（4）浆液配合比与拌浆记录。

（5）施工竣工平面图（包括孔深、桩体直径、桩身中心偏差等）。

（6）高压喷射注浆施工记录。

（7）高压喷射注浆地基的测试报告。

（8）高压喷射注浆验收批检验记录。

4.2.5　成品保护

施工完成后 12h 内应避免重车等在桩上行走、堆放重物及土方开挖。未达到养护龄期 28d 时不得投入使用。

4.2.6　安全环保措施

1. 安全操作要求

（1）水泥浆泵站操作人员应戴口罩上岗。

（2）储浆罐、高压注浆泵等注浆设备以及管路必须经常清洗，定期检查。各类密封圈必须完整良好，无泄漏现象。

（3）安全阀应定期测定，压力表应定期检修。

（4）司钻人员应经过培训考核后持证上岗。钻孔的位置需经确认无误后方可开钻。

2. 环保措施

（1）施工过程中应对冒浆进行妥善处理，不得在场地内随意排放。可采用泥浆泵将浆液抽至沉淀池中，对浆液中的水与固体颗粒进行沉淀分离，用泥浆车将沉淀固体运至指定排放地点。

（2）水泥和其他细颗粒散体材料，应在库内存放或加以遮盖。运输细颗粒散体材料或渣土时，必须覆盖，不得沿途遗撒。

（3）现场制定洒水降尘措施，指定专人负责现场洒水降尘和清理浮土。

（4）注浆过程中，对邻近建（构）筑物应进行监测，发生问题及时处理。

4.2.7　常见质量问题及处理

高压喷射注浆地基施工常见问题及防治措施见表 4.2.4。

表 4.2.4　　　　　　　　高压喷射注浆法施工常见问题及防治措施

现　　象	原　因　分　析	预防措施及处理方法
固结体强度不均、缩颈	（1）喷射方法与机具设备没有根据地质条件进行选择 （2）喷浆设备出现故障（管路堵塞、串漏、卡钻）中断施工 （3）拔管速度、旋喷速度及注浆量没有配合好，造成桩身直径不均匀 （4）喷射的浆液与切削土体拌和不充分、不均匀 （5）穿过较硬的黏性土	（1）应根据设计要求和地质条件，选用不同的旋喷法，不同的机具和不同的桩位布置 （2）旋喷浆液前，应做压水压浆压气试验，检查各部件各部位的密封性和高压泵、钻机等的运转情况。一切正常后，方可配浆，准备旋喷，保证旋喷连续进行 （3）配浆时必须用筛过滤，过滤网眼应小于喷嘴直径，搅拌池（槽）的浆液要经常翻动，不得沉淀，因故需较长时间中断旋喷时，应及时压入清水，使泵、注浆管和喷嘴内无残液 （4）对易出现缩颈部位及底部不易检查处，采用定位旋喷喷射（不拉升）或复喷的扩大桩径的方法 （5）根据旋喷固结体的形状及桩身匀质性，调整喷嘴的旋转速度、提升速度、喷射压力和喷射量 （6）控制浆液的水灰比及稠度 （7）严格要求喷嘴的加工精度、位置、形状、直径等，保证喷浆效果
桩顶部位下凹	（1）浆液与土搅拌混合后，由于浆液的析水特性产生收缩，而没有及时补浆 （2）没有按浆液收缩值预先增加桩长	（1）对于新建工程的地基在旋喷完毕后，挖出固结体顶部，对凹凸灌注混凝土或直接从旋喷孔中再次注入浆液 （2）对于构筑物地基，采用两次注浆法较为有效，即旋喷注浆完成后，对固结体顶部与构筑物基础底部之间的空隙，在原旋喷孔位上，进行第二次注浆，浆液的配方应用无收缩或具有微膨胀性的材料

续表

现　　象	原 因 分 析	预防措施及处理方法
钻孔沉管困难，偏斜冒浆，完全不冒浆	（1）遇有地下埋设物，地面不平不实，钻杆倾斜度过大 （2）注浆量与实际需要量相差较大	（1）放桩位点时应钎探，摸清情况，遇有地下物，应清除或移桩位点 （2）旋喷前场地要平整夯实或压实，稳钻杆或下管要双向校正，使垂直底控制在1‰范围内 （3）利用侧口式喷头，减小出浆口孔径并提高喷射压力，使压浆量与实际需要量相当，以减少冒浆量 （4）回收冒浆量，除去泥土过滤后再用 （5）采取控制水泥浆配合比（一般为0.6~1.0），控制好提升、旋转、注浆等措施
压力上不去	（1）安全阀和管路接头处密封圈不严而有泄漏现象 （2）泵阀破坏，油管破裂漏油 （3）安全阀的安全压力过低，或吸浆管内留有空气或封密圈泄漏 （4）栓塞油泵压力过低	检查各部位的泄漏情况必要时拔出注浆喷管检查密封性能更换过度磨损的喷嘴
压力骤然上升	（1）喷嘴堵塞 （2）高压管路清洗不净，浆液沉淀或其他杂物堵塞管路 （3）泵体或出泵管有堵塞	应及时停喷，认真检查气浆软管。必要时拔出注浆管检查注浆通道及喷嘴

A.　相 关 知 识

4. A. 1　软弱地基与不良地基

通常将不能满足建筑物承载力、稳定变形和渗流 3 方面要求的地基统称为软弱地基或不良地基。软弱地基在地表下相当深度范围内存在软弱土，软弱土包括淤泥及淤泥质土（软土）、冲填土、杂填土或其他高压缩性土。

工程上一般需要处理的土类主要包括淤泥及淤泥质土（软土）、冲填土、杂填土、粉质黏土、饱和细粉砂土、泥炭土、砂砾石类土、膨胀土、湿陷性黄土、多年冻土及岩溶等。

1. 淤泥及淤泥质土

淤泥及淤泥质土，简称软土，主要是第四纪后期在滨海、湖泊、河漫滩、三角洲等地质沉积环境下的黏性土沉积形成的，还有部分冲填土和杂填土。这类土大部分处于饱和状态，含有机质，天然含水量 w 大于液限 w_L。天然孔隙比 $e>1$。当 $e>1.5$ 时，称为淤泥；$1.0<e<1.5$ 时，则称为淤泥质土。

淤泥和淤泥质土的工程特性表现为抗剪强度很低，压缩性高，渗透性很小，并具有结构性（施工时扰动结构，则强度降低）。这类土比较软弱，天然地基的承载力较小，易出现地基局部破坏和滑动；在荷载作用下产生较大的沉降和不均匀沉降，以及较大的侧向变形，且沉降与变形持续的时间很长，甚至出现蠕变等。它广泛分布于我国沿海地区和内陆江河湖泊周围，长江三角洲、珠江三角洲、渤海湾以及浙江、福建沿海地区都有大面积的软土。我国典型软土地区有天津、上海、温州、杭州、广州和昆明等。

2. 杂填土

杂填土是由建筑垃圾、工业废料或生活垃圾组成，其成分复杂，性质也不相同，且无规律性。在大多数情况下，杂填土是比较疏松和不均匀的。在同一场地的不同位置，地基承载力和压缩性也可能有较大的差异。

3. 冲填土

冲填土是由水力冲填泥沙至岸上形成的。冲填土的性质与所冲填泥沙的来源及淤填时的水力条件有密切关系。含黏土颗粒较多的冲填土往往是欠固的，其强度和压缩性指标都比同类天然沉积土差。以粉土或粉细砂为主的冲填土容易产生液化。

4. 饱和粉细砂及部分粉土

相对而言，饱和粉细砂及部分粉土比淤泥质土的强度要大，压缩性较小，可以承受一定的静荷载；但在机器振动、波浪和地震等动荷载作用下可能产生液化、震陷，地基会因液化而丧失承载能力。这类土的地基处理问题主要是抗震动液化和隔震等。

5. 砂土、砂砾石等

砂土、砂砾石等的强度和变形性能随着其密度的大小而变化，一般来说强度较高，压缩性不大，但透水性较大，所以这类土的地基处理问题主要是抗渗和防渗、防止土的流失和管涌等。

6. 其他类土

黄土具有湿陷性，膨胀土具有胀缩性，红黏土具有特殊的结构性，以及岩溶易出现坍陷等，它们的地基处理方法应针对其特殊的性质进行处理。

4. A. 2　软弱地基处理方法

软弱地基处理的目的主要是改善地基的工程性质，达到满足建筑物对地基稳定和变形的要求，包括：改善地基上的变形特性和渗透性；提高其抗剪强度或增加其稳定性；降低地基的压缩性，以减少其变形；改善地基的动力特性，提高其抗液化性能。

《建筑地基处理技术规范》（JGJ 79—2002）给出了 13 种地基处理方法，在考虑地基处理的设计与施工时，必须注意坚持因地制宜的原则，不可盲目施工。根据地基处理方法的基本原理，常用的软弱土地基处理方法见表 4. A. 1。

表 4. A. 1 中的很多地基处理方法具有多重加固处理的功能，如砂石桩具有挤密、置换、排水和加筋等多重功能；而灰土桩则具有挤密和置换等功能。不同的地基处理方法之间相互渗透、交叉，功能也在不断地扩大，上述分类方法并非是严格统一的。

表 4. A. 1　　　　　　　　　　软弱土地基处理方法分类表

编号	分类	处理方法	原 理 及 作 用	适用范围
1	碾压及夯实	重锤夯实、机械碾压、振动压实、强夯（动力固结）	利用压实原理，通过机械碾压夯击，把表层地基土压实；强夯则利用强大的夯击能，在地基中产生强烈的冲击波和动应力，迫使土动力固结密实	适用于碎石土、砂土、粉土、低饱和度的黏性土、杂填土等；对饱和黏性土应慎重采用

续表

编号	分类	处理方法	原理及作用	适用范围
2	换土垫层	砂石垫层、素土垫层、灰土垫层、矿渣垫层	以砂土、素土、灰土和矿渣等强度较高的材料置换地基表层软弱土，提高持力层的承载力，扩散应力，减小沉降量	适用于处理暗沟、暗塘等软弱土地基
3	排水固结	天然地基预压、砂井预压、塑料排水带预压、真空预压、降水预压	在地基中增设竖向排水体，加速地基的固结和强度增长，提高地基的稳定性；加速沉降发展，使基础沉降提前完成	适用于处理饱和软弱土层；对于渗透性极低的泥炭土必须慎重对待
4	振冲挤密	振冲挤密、灰土挤密桩、砂桩、石灰桩、爆破挤密	采用一定的技术措施，通过振动或挤密，使土体的孔隙减少，强度提高；必要时，在振动挤密的过程中，回填砂、砾石、灰土、素土等，与地基土组成复合地基，从而提高地基的承载力，减少沉降量	适用于处理松砂、粉土、杂填土及湿陷性黄土
5	置换及拌入	振冲置换、深层搅拌、高压喷射注浆、石灰桩等	采用专门的技术措施，以砂、碎石等置换软弱土地基中部分软弱土，或在部分软弱土地基中掺入水泥、石灰或砂浆等形成加固体，与未处理部分土组成复合地基，从而提高地基承载力，减少沉降量	适用于黏性土、冲填土、粉砂、细砂等；振冲置换法对于不排水抗剪强度 $\tau_f < 20\text{kPa}$ 时慎用
6	加筋	土工合成材料加筋、锚固、树根桩、加筋土	在地基或土中埋设强度较大的土工合成材料、钢片等加筋材料，使地基或土体能承受抗拉力，防止断裂，保持整体性，提高刚度，改变地基土体的应力场和应变场，从而提高地基的承载力，改善变形特性	软弱土地基、填土及陡坡填土、砂土
7	其他	灌浆、冻结、托换技术、纠偏技术	通过独特的技术措施处理软弱土地基	根据实际情况确定

4.A.3　地基处理方案的确定

地基处理的首要问题是处理方案的正确选择。应针对各工程的具体要求，本着技术上安全可靠、经济上节约合理的原则，精心进行处理方案设计。在选择处理方法时需要综合考虑各种影响因素，以获得最佳的处理效果。

4.A.3.1　准备工作

（1）搜集详细的工程地质、水文地质及地基基础的设计资料。

（2）论证地基处理的必要性；了解采用天然地基存在的主要问题；是否可用建筑物移位、修改上部结构设计或其他简单措施来解决；明确地基处理的目的、处理范围和要求处理后达到的技术经济指标。

（3）调查本地区地基处理经验和施工条件。

4.A.3.2　地基处理方法确定的步骤

1. 初选几种可行性方案

根据结构类型、荷载大小及使用要求，结合地形地貌、地层结构、土质条件、地下水特征、周围环境和相邻建筑物等因素的影响进行选择。在进行处理方案选择时，应同时考虑上部结构、基础和地基的共同作用，采取上下结合的方式，即一方面采取加强上部结构的措施，如设置圈梁和沉降缝等，另一方面有针对性地进行地基处理。

2. 选择最佳方案

对初步选定的各种地基处理方案，分别从处理效果、材料消耗、施工条件、环境影响等多方面进行分析比较，因地制宜选择最佳的处理方法。需要注意的是，每一种处理方法都有一定的适用范围和局限性，没有万能的处理方案。必要时也可将多种地基处理方法进行综合应用，以达到取长补短的目的。

3. 现场试验

对已选定的地基处理方法，根据建筑物本身的具体特点和场地情况，进行相应的试验性施工，并进行必要的测试以验算设计参数和检验处理效果。如达不到设计要求时，应查找原因并采取措施或必要时修改处理方案。

B. 拓 展 知 识

4.B.1 预压地基施工

预压地基就是在建筑物施工前，对建筑地基进行预压，使土体中的孔隙水排出，以实现土的排水固结，减少建筑物地基后期沉降和提高地基承载力。

预压地基与两个条件有关：①必要的荷载；②必要的排水条件和足够的排水固结时间。预压法由排水系统和加压系统两部分组成（图 4.B.1）。

1. 排水系统

根据固结理论，黏性土固结所需时间与排水距离的平方成正比，因此加速土层固结最有效的方法是增加土层的排水途径、缩短排水距离。排水系统包括水平排水垫层和各类竖向排水体，如普通砂井、袋装砂井、塑料排水带等。常用竖向排水体的特征、性能要求见表 4.B.1。

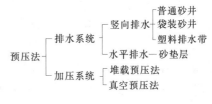

图 4.B.1 预压法组成

📞 工程上选用竖向排水体时，塑料排水带质轻价廉，具有足够的通水能力，施工简便，质量易于保证，可制成不同通水能力的系列产品供设计应用，一般情况下优先考虑选用。当工程场地砂料来源比较丰富，透水性良好，造价低廉，打入深度在 15m 以内，可考虑用砂井或袋装砂井。

表 4.B.1   竖向排水体的类型、特征及性能要求

项目 \ 类型	普 通 砂 井	袋 装 砂 井	塑 料 排 水 带
特征	用打桩机沉管成孔，内填充粗砂密实后形成，圆形直径为 300～400mm	用土工编织袋内装砂密实，制成砂袋，用专用机具打入地基中制成，直径为 70～100mm	工厂制造，由塑料芯带外包滤膜制成，宽 100mm、厚 3.5～6.0mm，用专用机具打入地基中形成

续表

项目 \ 类型	普通砂井	袋装砂井	塑料排水带
性能	渗透性较强，排水性能良好，井阻和涂抹作用的影响不明显	排水性能良好，但随打入深度的增大，井阻增大，并受涂抹作用影响	一般具有较大的通水能力，排水性能良好；井阻与通水能力和打入深度大小有关，并受涂抹作用影响
施工技术特点	需用桩基施工，速度较慢；井径大，用料费，工程量大，造价较高	施工机具简单轻便，用料较省，造价低廉，质量易于控制	产品质轻价廉，专业施工机具轻便，速度快，质量易于控制，造价低

2. 加压系统

加压系统常用堆载预压、真空预压、降水预压等方法。堆载预压是工程上常用的软土地基处理方法，一般用填土、砂石等材料堆载，如图4.B.2所示。真空预压的做法是在砂垫层上覆盖不透气的薄膜，薄膜四周埋入水中，使软土地基与大气隔绝。通过埋设在砂垫层中的吸水管道，用真空泵抽气，使垫层及竖向排水通道内形成负压（真空度在650mmHg以上），促使土体中的孔隙水从排水通道中流出，从而使土体固结。降水预压是借井点抽水降低地下水位，从而增加土体自重应力，达到预压固结的目的。在工程应用中，可根据不同的土质条件选择相应的方法，也可以采用几种方法联合使用。

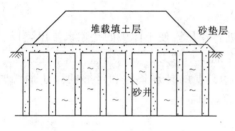

图4.B.2　堆载预压法示意图

预压法适用于处理淤泥质土、淤泥和冲填土等饱和黏性土地基。我国沿海地区和内陆湖泊及河流各分布着大量软弱质黏土。这种土的特点是含水量大、压缩性高、强度低、透水性差，在这种地基上建造建筑物或进行填土时，地基由于固结和剪切变形而产生很大的沉降和沉降差异，而且沉降延续时间较长，因而影响到建筑物的正常使用。另外，由于其强度低、地基承载力和稳定性往往不能满足工程要求而产生地基土破坏。因此，这类软土地基通常采用预压地基。下面主要介绍堆载预压加固地基施工。

4.B.1.1　材料要求

1. 堆载材料

一般用填土、石料、砂、砖等散粒材料，也可用充水油罐作为堆载材料；对堤坝等以稳定为控制的工程，则有控制地分级加载，以其本身的重量作为堆载材料。

2. 竖向排水体材料

（1）普通砂井。砂井砂料宜采用中、粗砂，渗透系数宜大于1×10^{-2}cm/s，含泥量小于3%。

（2）袋装砂井。砂袋必须选用抗拉、抗腐蚀和抗紫外线能力强、透水和透气性好、韧性和柔性好、在水中能起到滤网作用并不外露砂料的材料。一般选用聚丙烯编织布、玻璃丝纤维布、黄麻布和再生布等。

（3）塑料排水带。要求滤网膜渗透性好，与黏土接触后，滤网膜渗透系数不低于中粗砂，排水沟槽输水畅通，不因受土压力作用而减小。不同型号塑料排水带的质量应符合规定的要求。

3. 水平砂垫层

砂料宜用中、粗砂，含泥量应小于 5%，砂料中可混有少量粒径小于 50mm 的砾石。砂垫层的干重度应大于 15kN/m³。

4.B.1.2 施工准备

1. 技术准备

（1）收集工程地质勘察资料、设计文件及图纸、施工现场平面图、控制桩点的测量资料。

（2）编制施工方案并经审批，方案内容主要包括水平排水垫层、竖向排水体、堆载施工工艺和技术要求、设备及材料计划，监测仪器的选型及安装方法，预压加固效果自检评价方法和监测手段等。

（3）施工前对操作人员进行安全技术交底。

（4）对砂料取样，进行含泥量、颗粒分析和渗透性试验。

（5）塑料排水带现场随机抽样进行性能指标测试。

（6）进行场区加固区划分，按基准点、施工图标定水平排水管及竖向排水体轴线，并进行复测。

（7）在现场选择试验区进行预压试验，在预压过程中应进行地基竖向变形、侧向变形、孔隙水压力、地下水位等项目的监测，并进行原位十字板剪切试验和室内土工试验。根据试验区获得的监测资料确定加载速率控制指标、推算土的固结系数、固结度及最终竖向变形，分析地基处理效果，对原设计进行修正，并指导施工。

2. 机具准备

砂井、塑料排水带施工用打设机、振动锤、导管靴、桩尖、辅助设备与机具、监测设备。

3. 作业条件

（1）清除地上和地下的障碍物，清除杂草。

（2）施工场地达到"三通一平"，对松软地面进行碾压、夯实处理，或预先铺设一层水平砂石排水垫层。

（3）施工前应对机械设备进行检查、维修、安装调试，确保各机械设备均处于正常状态。

4. 施工参数选择

（1）排水系统设计。

1）砂井的直径和间距。由黏性土层的固结特性和施工期限确定。砂井的直径不宜过大或过小，过大不经济，过小施工易造成灌砂率不足、缩颈或砂井不连续等质量问题。砂井的常用直径为 0.3～0.5m，间距常为直径的 6～8 倍；袋装砂井的直径可小到 0.07～0.12m，间距为井径的 15～22 倍。当采用塑料排水带时，间距可为塑料排水带当量换算直径（塑料排水带的截面周长作圆周长换算）的 15～22 倍。

2）竖向排水体的深度。砂井的深度应根据建筑物对地基的稳定性和变形要求确定。对以地基抗滑稳定性控制的工程，砂井深度至少应超过最危险滑动面 2m。对以沉降控制的建筑物，如压缩土层厚度不大，砂井宜贯穿压缩土层；对深厚的压缩土层，砂井深度应根据在限定的预压时间内消除的变形量确定，若施工设备条件达不到设计深度，则可采用超载预压等方法来满足工程要求。

3）竖向排水体的平面布置。竖向排水体在平面上宜布置成梅花形（等边三角形），这样紧凑、高效。布置范围不应小于建筑物基础范围，扩大的范围可由基础轮廓线向外增大 2～4m。

4）水平垫层铺设。在砂井顶面应铺设排水砂垫层，以连通各个砂井形成通畅的排水面，将水排到场地以外。砂垫层厚度一般为 0.3～0.5m；水下施工时，砂垫层厚度一般为 1m 左右。为节省砂子，也可采用连通砂井的纵横砂沟代替整片砂垫层，砂沟的高度一般为 0.5～1.0m，砂沟宽度取砂井直径的 2 倍。

（2）加压系统设计。

1）堆载数量。预压荷载的大小，应根据设计要求确定，通常可与建筑物的基底压力大小相同。对于沉降有严格限制的建筑，应采用超载预压法处理地基，超载数量应根据预定时间内要求消除的变形量通过计算确定，并宜使预压荷载下受压土层各点的有效竖向压力不小于建筑荷载所引起的相应点的附加压力。

2）堆载范围。加载的范围不应小于建筑物基础外缘所包围的范围，以保证建筑物范围内的基底得到均匀加固。

3）堆载速率。加载速率应与地基土增长的强度相适应，待地基在前一级荷载作用下达到一定的固结度后，再施下一级荷载，特别是在加荷后期，更需严格控制加荷速率。加荷速率应通过对地基抗滑稳定计算来确定，以确保工程安全。但更为直接而可靠的方法是通过各种现场观测来控制，边桩位移速率应控制在 3～5mm/d；地基竖向变形速率不宜超过 10mm/d。

4）预压时间。对主要以沉降控制的建筑，当地基经预压消除的变形量满足设计要求且受压土层的平均固结度达到 80％以上时，方可卸载。对主要以地基承载力或抗滑稳定性控制的建筑，当地基土经预压而增长的强度满足建筑物地基承载力或稳定性要求时，方可卸载。

（3）地基土固结度计算。

地基土固结度计算是根据各级荷载下不同时间的固结度，推算地基强度的增长值，分析地基的稳定性，确定相应的加载计划，估算加荷期间地基的沉降量，确定预压荷载的期限等。受压土层平均固结度包括径向排水平均固结度和竖向排水平均固结度，一般采用砂井固结理论分析。

（4）地基土强度增长计算。

饱和黏性土在预压荷载作用下排水固结，从而提高了地基土抗剪强度。但同时随着荷载的增加，地基中剪应力也在增大，在一定条件下，因为剪切蠕动还有可能导致强度的衰减。因此，地基土强度增长的预计需要考虑到剪应力因素的影响。

4. B. 1. 3 施工工艺

1. 工艺流程

施工工艺流程如图 4. B. 3 所示。

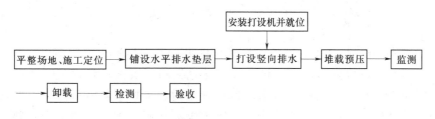

图 4. B. 3 工艺流程

2. 操作工艺

（1）铺设水平排水垫层。铺设水平排水垫层前，先挖排水盲沟，排水盲沟的填料一般采用粒径为 30～50mm 的碎石和砾石。当地基表层有一定厚度的硬壳层，且硬壳层承载力较好、能运输机械时，一般采用机械分堆摊铺法，即先堆成若干砂堆，然后用机械或人工摊平；当硬壳层承载力不足时，一般采用顺序推进摊铺法。地基较软不能承受机械碾压时，可用人力车或轻型传递带由外向里（或由一边向另一边）铺设。当地基很软无法施工时，可采用铺设荆笆或其他透水性好的编织物的办法。在铺设好的水平排水垫层砂面上用明显标志标出竖向排水体位置。塑料排水带和袋装砂井砂袋埋入砂垫层中的长度不应小于 500mm。

（2）打设竖向排水体。打设机安装、调试好后，按施工方案中施工顺序行走就位，打设机上应设有进尺标志或配置能检验其深度的设备，控制打设深度。

1）普通砂井。普通砂井成孔后在孔内灌砂即成砂井，成孔方法有沉管法（包括静压沉管法、锤击沉管法和振动沉管法）、螺旋钻成孔法、射水法和爆破法。施工方法应根据待加固软土地基的特性、施工环境、本地区经验，并结合施工方法自身的特点进行选择。施工时应尽量减少对周围土的扰动。砂井的长度、直径和间距应满足设计要求。砂井的灌砂量，应按井孔的体积和砂在中密状态时的干密度计算，其实际灌砂量不得小于计算值的 95%。

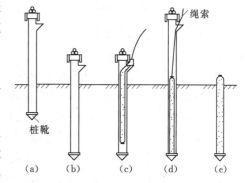

图 4. B. 4 袋装砂井的施工工艺流程
(a) 打入成孔套管；(b) 套管到达规定标高；
(c) 放下砂袋；(d) 拔套管；(e) 袋装砂井施工完毕

2）袋装砂井（图 4. B. 4）。袋装砂井施工所用套管内径宜略大于砂井直径。打设设备就位后，套管对准井位并整理好桩尖，开动机器把套管打至设计深度，将砂袋从套管上部侧面进料口投入，并随之灌水，拔起套管（移至下一井位）。向砂袋内补灌砂至设计高程，灌入砂袋中的砂宜用干砂，并应灌制密实。施工中应经常检查桩尖与导管口的密封情况，避免导管内进泥过多，将袋装砂井回带，影响加固深度。拔管后砂袋回带的长度不宜超过 500mm。砂袋的长度应较砂井长度长 500mm，使其放入井孔内能露出地面，以便埋入排水砂垫层中。确定袋装砂井施工深度时，应考虑袋内砂体积减小，袋装砂井在孔内的弯曲、超深以及伸入水平排水垫层内的长度等因素，避免砂井全部落入孔内，造成与砂垫层不连接。砂井验收后，及时按要求埋入砂垫层。袋装砂井施工时，平面井距偏差不应大于井径，垂直度偏差不应大于 1.5%；深度不得小于设计要求。

3）塑料排水带。打设设备就位后将塑料排水带通过导管从管靴穿出，并与桩尖连接，拉紧，使与管靴口贴牢，对准桩位，将导管振动下沉至设计深度，然后边振动边提至地面。塑料排水带与软土粘接锚固留在软基内，当排水带有可能带上时，停振静拔至地面，在砂垫层上预留不小于 500mm 塑料排水带后剪断，完成一个塑料排水带的打设。塑料带滤水膜在转盘和打设过程中应防止阳光照射、破损或污染。破损或污染的塑料排水带不得在工程中使用。防止淤泥进入带芯堵塞输水孔，影响塑料带的排水效果。塑料带与桩尖连接要牢固，避免提管时脱开，将塑料带拔出。塑料排水带施工所用套管应保证插入地基中的带子不扭曲。塑料排水带需接长时，应采用滤膜内芯带平搭接的连接方法，搭接长度宜大于 200mm。塑料排水带的打设应严格控制间距和深度，平面井距偏差不应大于井径，垂直度偏差不应大于 1.5%；深度不得小于设计要求。若塑料带拔起 2m 以上时应补打。竖向排水体打设完毕后，按设计要求埋设孔隙水压力计及其他监测设施。

（3）堆载预压。

1）大面积施工时通常采用自卸汽车与推土机联合作业。对超软地基的堆载预压，第一级荷载宜用轻型机械或人工作业。荷载分布要与建筑物设计荷载分布基本相同且不小于相应部分的设计荷载。有时为了加快预压进度，可超载预压，但超载部分不得超过设计荷载的 0.2～0.6 倍。当在场地外不设反压平衡情况下，施加的荷载在任何时候都不得超过当时地基的极限承载力，以免地基在预压过程中发生土体滑移而失稳破坏。

2）堆载预压中，荷载应分级逐渐施加，确保每级荷载下地基的稳定性。加荷速率应与软土地基强度增加的速率相适应，防止因整体或局部加荷过大、过快而使地基发生剪切破坏。

3）堆载预压时，分级加荷的堆载高度偏差不应大于本级荷载折算堆载高度的 ±5%。最终堆载高度不应小于设计总荷载的折算高度。

4）堆载预压中，应及时把因地基土固结而溢出地面的水排到场外。

5）预压后需卸荷的工程，其预压荷载面积要大于建筑物的面积。

（4）监测。对堆载预压工程，在加载过程中应进行竖向变形、边桩水平位移及孔隙水压力等项目的监测，且根据监测资料控制加载速率。对竖井地基，最大竖向变形量每天不应超过 15mm；对天然地基，最大竖向变形量每天不应超过 10mm；边桩水平位移每天不应超过 5mm，并且应根据上述观察资料综合分析，判断地基的稳定性。

（5）卸载。当最后一级荷载达到稳定并满足设计要求后，经设计许可后卸载。卸载也应分级进行，并继续做好各项监测。卸载时，要控制好卸载速率，应避免因卸载过快造成附加应力与孔隙压力相差悬殊，影响地基的稳定。

（6）检测。卸载完成后，按设计要求及规范规定进行检测。

（7）验收。检测合格后进行工程验收。

3. 施工要点

（1）铺设水平排水垫层和砂井施工中不得扰动天然地基。

（2）普通砂井施工应保持砂井的连续性和密实度，不出现缩颈现象，灌砂时应防止孔口掉泥或其他杂物，以免出现砂柱中断或缩颈。

（3）袋装砂井施工时，砂袋入口处的导管口应装设滚轮，套管内壁应光滑，避免砂袋被剐破漏砂。

（4）灌入砂袋的砂宜用干砂，并应灌制密实，不宜采用潮湿砂，以免袋内砂干燥后体积减小，造成袋装砂井缩短、缩颈、中断等。

（5）塑料排水带打设后，应把每根塑料排水带周围在打设时形成的孔洞用砂料回填好，以防抽真空时这些孔洞附近的密封膜破损、漏气。

（6）堆载的顶面积应不小于建筑物底面积，堆载的底面积也应适当扩大，以保证建筑物范围内的地基得到均匀加固。

4.B.1.4 质量控制及检验

1. 工程质量标准

（1）基本规定。

1）施工前应检查施工监测措施，沉降、孔隙水压力等原始数据，排水设施，砂井（包括袋装砂井）、塑料排水带等位置。

2）堆载施工应检查堆载高度、沉降速率。真空预压施工应检查密封膜的密封性能、真空表读数等。

3）施工结束后，应检查地基土的强度及要求达到的其他物理力学指标，重要建筑物地基应做承载力检验。

（2）质量验收标准。

预压地基和塑料排水带质量检验标准应符合表 4.B.2 的规定。

表 4.B.2　　　　　　　　　预压地基和塑料排水带质量检验标准

项目	序	检 查 项 目	允许偏差或允许值		检 查 方 法
			单位	数值	
主控项目	1	预压载荷	%	≤2	水准仪
	2	固结度（与设计要求比）	%	≤2	根据设计要求采用不同的方法
	3	承载力或其他性能指标	设计要求		按规定方法
一般项目	1	沉降速率（与控制值比）	%	±10	水准仪
	2	砂井或塑料排水带位置	mm	±100	用钢尺量
	3	砂井或塑料排水带插入深度	mm	±200	插入时用经纬仪检查
	4	插入塑料排水带时的回带长度	mm	≤500	用钢尺量
	5	砂井或塑料排水带高出砂垫层距离	mm	≥200	用钢尺量
	6	插入塑料排水带的回带根数	%	<5	目测

注　如真空预压，主控项目中预压载荷的检查为真空度降低值小于 2%。

2. 验收要求

(1) 主控项目验收。

1) 预压载荷。根据设计要求每次堆载的载荷折算成堆载材料的高度，堆完后用水准仪测量，实际堆载高度与设计要求堆载高度应不大于 2％为合格。当选用真空预压时，主控项目中的预压载荷的检查即每次抽真空度的数值，其真空度降低值小于 2％为合格。

2) 固结度（与设计要求比）。根据设计规定的检查方法，当设计没有规定时可选用标准贯入法或锤击取土分析法来检查土体的固结度，试验结果的固结度与设计要求固结度偏差应不大于 2％，检查数量根据设计要求。

3) 承载力或其他性能指标。预压地基一般用于堆场、港区陆域大面积填土和建筑等工程，一般堆场工程在施工结束后，应检查地基土的强度和设计要求达到的物理力学指标。检查数量和方法按设计要求。对于重要建筑物的地基应做地基承载力测试，检验方法：根据设计规定方法或选用静荷载检测等。检验数量：每单位工程不应少于 3 点，1000m² 以上工程每 100m² 至少应有 1 点，3000m² 以上工程每 300m² 至少应有 1 点。每一独立基础下至少应有 1 点，基槽每 20m 应有 1 点。

(2) 一般项目验收。

1) 沉降速率。对堆载预压工程，根据设计要求分级逐渐堆载，堆载过程每天进行沉降、边柱位移及孔隙水压力等项目的观测，沉降每天控制在 10～15mm，边柱水平位移每天控制在 4～7mm；孔隙水压力系数 $u/p \leqslant 0.6$，对其进行综合分析后与设计值相比应控制在 ±10％范围内。测定时用水准仪和钢尺。

2) 砂井或塑料排水带位置。按平面布置各全数用钢尺测量，量测定位桩与实际埋设砂井或塑料排水带的位置，其偏差控制在 ±100mm 范围内。

3) 砂井或塑料排水带插入深度。按设计要求施工前先整平场地，用经纬仪测出场地标高，砂井或塑料排水带插入时用经纬仪控制砂井和塑料排水带的垂直度，宜控制在不大于 1.5％范围内，用砂井或塑料排水带的长度减去砂井或塑料排水带露出场地的长度即插入深度，实测所得的插入深度应控制在 ±200mm 范围内为合格。

4) 插入塑料排水带时的回带长度。回带长度是插板机拔出把塑料排水带送入土体中导管时带出塑料排水带的长度，每根塑料排水带插入后被导管带出的长度应控制在不大于500mm 范围内为合格。

5) 塑料排水带或砂井高出砂垫层距离。每根塑料排水带或砂井插入后，用钢尺量塑料排水带或砂井留在砂垫层上的长度应不小于 200mm 为合格。留出 200mm 塑料排水带或砂井是竖向排水体与横向排水体砂垫层连通的纽带。

6) 插入塑料排水带的回带根数。用插入根数除以回带根数所得百分率小于 5％为合格。

3. 验收资料

(1) 工程地质勘察报告。

(2) 设计说明与图纸，现场预压试验的数据，经确认或经修正确认的预压设计要求和施工方案。

(3) 每级加载的记录和加载后每天沉降、侧向位移、孔隙水压力和十字板抗剪强度等测试数据。

（4）卸载标准的确认测试记录。

（5）固结度、承载力或其他性能指标试验报告。

（6）塑料排水带质量检验记录或合格证。

（7）隔离补给水施工记录和隔离墙内外水位观察记录。

（8）预压地基和塑料排水带施工验收批质量检验记录。

4.B.1.5　成品保护

（1）塑料排水带在现场应妥善保护，防止阳光照射、破损或污染，破损或污染的塑料排水带不得在工程中使用。

（2）编织袋应避免裸晒，防止老化。

（3）水平排水垫层与竖向排水体的连接通道不得受到破坏，不得混入泥土或其他杂物。

（4）不允许堵塞或隔断连接通道连接处。

（5）不得破坏和干扰堆载及监测设施，一旦发生损坏应及时补救。

4.B.1.6　安全环保措施

1. 安全操作要求

（1）进入施工现场必须戴安全帽；冬、雨期施工必须配备相应的劳保用品。

（2）对施工操作人员必须经安全培训，持证上岗。

（3）施工机械、操作应遵守国家现行标准《建筑机械使用安全技术规程》（JGJ 33）的规定。

（4）施工用电应执行国家现行标准《施工现场临时用电安全技术规程》（JGJ 46）的规定。

2. 安全技术措施

钻机和打设机械应置于平整、坚实的地面上。堆载要严格控制加荷速率，保证在各级荷载下地基的稳定性，同时要避免部分堆载过高而引起地基的局部破坏。

3. 环保措施

（1）地基固结产生的溢水，应设置排水通道把水排到指定区域。

（2）堆载预压排水过程中，要注意加强对周围环境（如建筑物、道路、管线等）的监测，发现异常时应及时采取补救措施。

（3）废弃砂石料、生产及生活垃圾等必须及时清理，不能随处抛撒。

（4）施工现场靠近居住区时，应控制施工噪声，避免扰民。

4.B.1.7　应注意的质量问题

预压加固地基施工常见质量问题见表 4.B.3。

表 4.B.3　　　　　　　　预压加固地基施工常见质量问题

现　象	原　因　分　析
土体加固效果差	土体增长强度小于所产生的剪力增加
塑料排水板带出长变大	排水板与桩尖没有牢固连接、发生松弛；桩尖与导管下端连接不紧密、有错缝
塑料排水板排水不畅	排水板与桩尖连接不实，排水板打设过程中将淤泥带入了排水管内，导致堵塞；排水板打水过程中滤水膜遭到破坏

4. B. 2　水泥粉煤灰碎石桩复合地基施工

水泥粉煤灰碎石桩（Cement Fly-ash Gravel Pile）简称 CFG 桩，是由水泥、粉煤灰、碎石、石屑或砂等混合料加水拌和，采用各种成桩机械形成的具有一定强度的桩体。

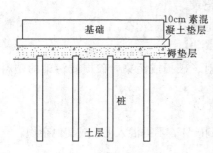

图 4. B. 5　水泥粉煤灰碎石桩
复合地基示意

通过调整水泥的用量及配比，可使桩体强度等级最高可达 C25，相当于刚性桩。因此，常常在桩顶与基础之间铺设一层 150～300mm 厚的中砂、粗砂、级配砂石或碎石（称为褥垫层），以利于桩间土发挥承载力，与桩组成复合地基，见图 4. B. 5。

CFG 桩是近年发展起来的处理软弱地基的一种新方法，它的特点是：①改变桩长、桩径、桩距等设计参数，可使承载力在较大范围内调整；②有较高的承载力，承载力提高幅度在 250%～300%，对软土地基承载力提高更大；③沉降量小，变形稳定快；④工艺性好，灌注方便，易于控制施工质量；⑤可节约大量水泥、钢材，利用工业废料，消耗大量粉煤灰，降低工程费用，与预制钢筋混凝土桩加固相比，可节省投资 30%～40%。适用于多层和高层建筑地基，如黏性土、粉土、砂土和已自重固结的素填土等的处理，对淤泥质土应按地区经验或通过现场试验确定其适用性。

4. B. 2. 1　材料要求

（1）水泥。宜采用 32.5 级普通硅酸盐水泥。

（2）粉煤灰。选用Ⅲ级或Ⅲ级以上等级的粉煤灰。

（3）碎石。采用粒径 20～50mm，松散容重 1.39t/m³，杂质含量小于 5%。

（4）石屑。采用粒径 2.5～10mm，松散容重 1.47t/m³，杂质含量小于 5%。

（5）褥垫层材料。宜用中砂、粗砂、碎石或级配砂石等，最大粒径不宜大于 30mm。卵石不宜选用（咬合力差，施工扰动容易使褥垫层厚度不均匀）。

（6）混合材料配合比。根据拟加固地基场地的地质情况及加固后要求达到的承载力而定。

4. B. 2. 2　施工准备

1. 技术准备

（1）熟悉场地工程地质勘察报告，编制施工方案，对操作人员进行技术交底。

（2）测放场地的水准控制点和建筑物轴线桩，注明桩位编号。

（3）试桩应不小于 2 个，以复核地质资料以及设备、工艺是否适宜，核定选用的技术参数。

（4）确定施打顺序及桩机行走路线。

（5）收集场地邻近的高压电缆、电话线、地下管线、地下构筑物及障碍物等调查资料。

（6）由实验室对材料进行配合比试验。

2. 机具准备

（1）长螺旋钻机。常用钻机直径为 300～800mm，钻孔深度为 8～27.5m。

（2）振动沉管机。激振力在 74kN 以上，允许加压力 60kN 以上。

（3）洛阳铲。选用直径多为 110～130mm。

（4）辅助设施与机具。强制式搅拌机、高压混凝土泵、混凝土泵管、振捣器、材料秤、机动翻斗车、小推车、重锤、水准仪、经纬仪、测绳、钢尺等检测工具。

3. 作业条件

（1）场地具备"三通一平"，对软弱地面进行碾压或夯实处理。

（2）施工范围内的地上、地下障碍物应清理或改移完毕，对不能改移的障碍物必须进行标识，并有技术保护措施。

4. 施工参数选择

（1）桩径。桩孔直径可根据选用的成孔设备或成孔方法确定，一般为 300～450mm。桩孔宜按等边三角形布置。

（2）桩距。桩距为桩孔之间的中心距离，取决于复合地基承载力、土质及施工机具，考虑到施工方便及桩作用的发挥造价因素，可取桩孔直径的 2.0～2.5 倍，也可按《建筑地基处理技术规范》（JGJ 79—2002）提供的有关公式估算。

（3）桩长。根据加固深度而定，一般为 6～12m。

（4）承载力。复合地基承载力应通过现场复合地基载荷试验确定。

（5）沉降。地基处理后的变形验算应按照《建筑地基基础设计规范》（GB 50007—2011）有关规定进行。桩长范围内复合土层的分层方法与天然地基相同。

4.B.2.3　施工工艺

CFG 桩复合地基的施工，应按设计要求和现场条件选用相应的施工工艺，常用的有以下 4 种：

（1）长螺旋钻孔灌注成桩。适用于地下水位以上的黏性土、粉土、素填土、中等密实以上的砂土，成孔时不会发生塌孔现象，且当周围环境对噪声、泥浆污染要求比较严格时。

（2）长螺旋钻孔、管内泵压混合料成桩。适用于黏性土、粉土、砂土以及对噪声或泥浆污染要求严格的场地。施工时，先用长螺旋钻钻孔达到设计孔深后，提升钻杆，同时用高压泵将桩体混合料通过高压管路及长螺旋钻杆的内管压到孔内成桩。本施工方法噪声低。

（3）振动沉管灌注成桩。适用于粉土、非饱和黏性土及素填土地基，且周围环境对噪声要求不严格的场地。由于振动沉管打桩机施工效率高，造价相对较低，因此目前采用该工艺较多。采用振动沉管工艺时，由于要产生挤土效应，有可能对周围环境造成影响，且易造成相邻桩移位、开裂或上浮等，因此要妥善制订施工方案。

（4）泥浆护壁钻孔灌注成桩。适用分布有砂层以及对振动噪声要求严格的场地。由于采用泥浆循环和护壁，将产生泥浆，泥浆的排放将对环境造成一定污染。

1. 工艺流程

工艺流程见图 4.B.6。

2. 施打顺序

设计桩的施打顺序时，主要考虑新打桩对已打桩的影响。施打顺序大体可分为两种类型：一是连续施打，如图 4.B.7（a）所示，从 1 号桩开始，依次 2 号、3 号、……连续打下去；二是间隔跳打，可以隔一根桩，也可隔多个桩，如图 4.B.7（b）所示，先打 1、3、5、…，后打 2、4、6、…。

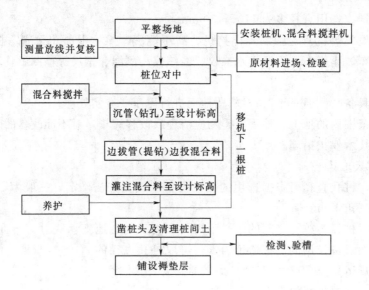

图 4.B.6　CFG 桩施工流程

图 4.B.7　桩的施打顺序示意图
（a）连续施打；（b）间隔跳打

　　施打顺序与土性和桩距有关，在软土中，桩距较大，可采用隔桩跳打；在饱和的松散粉土中施工，如果桩距较小，不宜采用隔桩跳打方案。因为松散粉土振密效果较好，打的桩越多，土的密度越大，桩越难打。在补打新桩时，一是加大了沉管的难度，二是非常容易造成已打的桩成为断桩。

　　对满堂布桩，无论桩距大小，均不宜从四周转圈向内推进施工，因为这样限制了桩间土向外的侧向变形，容易造成大面积土体隆起，断桩的可能性增大。可采用从中心向外推进的方案，或从一边向另一边推进的方案。桩距偏小或夹有比较坚硬的土层时，亦可采用螺旋钻引孔的措施，以减少沉、拔管时对已结硬的已打桩的振动力。

　　3. 施工要点

　　（1）施工时按配合比配制混合料。长螺旋钻孔、管内泵压混合料成桩施工的混合料塌落度宜为 160～200mm。振动沉管灌注成孔所需混合料塌落度宜为 30～50mm。振动沉管灌注成桩后桩顶浮浆厚度不宜超过 200mm。

　　（2）长螺旋钻孔、管内泵压混合料成桩施工在钻至设计深度后，应准确掌握提拔钻杆时间，混合料泵送量应与拔管速度相配合，遇到饱和砂土或饱和粉土层，不得停泵待料；沉管灌注成桩施工拔管速度应按匀速控制，拔管速度应控制在 1.2～1.5m/min 内，如遇淤泥或淤泥质土，拔管速度应适当放慢。

　　（3）施工桩顶标高宜高出设计桩顶标高不少于 0.5m。

　　（4）成桩过程中，抽样做混合料试块，每台机械 1d 应做一组（3 块）试块（边长为

150mm 的立方体），进行标准养护，测定其立方体抗压强度。

（5）冬期施工时混合料入孔温度不得低于 5℃，对桩头和桩间土应采取保温措施。

（6）进行基坑开挖时，复合地基基坑的保护土层可采用人工或机械、人工联合开挖。开挖时应采取有效措施防止桩身断裂。机械、人工联合开挖时，预留人工开挖厚度应由现场试开挖确定；机械开挖造成桩的断裂部位不得低于基础底面标高，桩间土应不受扰动。

（7）褥垫层铺设宜采用静力压实法，当基础底面下桩间土的含水量较小时，也可采用动力夯实法，夯填度（夯实后的褥垫层厚度与虚铺厚度的比值）不得大于 0.9。

（8）桩体施工垂直度偏差应不大于 1%；对满堂布桩基础，桩位偏差应不大于 0.4 倍桩径；对条形基础，桩位偏差应不大于 0.25 倍桩径，对单排布桩桩位偏差不得大于 60mm。

（9）桩体经 7d 达到一定强度后，始可进行基槽开挖；如桩顶离地面在 1.5m 以内，宜用人工开挖；如大于 1.5m，下部 700mm 亦宜用人工开挖，以避免损坏桩头部分。为使桩与桩间土更好地共同工作，在基础下宜铺一层 150～300mm 厚的碎石或灰土垫层。

4.B.2.4　质量控制及检验

1. 工程质量标准

（1）基本规定。

1）水泥、粉煤灰、砂及碎石等原材料应符合设计要求。

2）施工中应检查桩身混合料的配合比、塌落度和提拔钻杆速度（或提拔套管速度）、成孔深度、混合料灌入量等。

3）施工结束后，应对桩顶标高、桩位、桩体质量、地基承载力及褥垫层的质量进行检查。

（2）质量验收标准。

水泥粉煤灰碎石桩复合地基的质量检验标准应符合表 4.B.4 的规定。

表 4.B.4　　　　　水泥粉煤灰碎石桩复合地基质量检验标准

项	序	检 查 项 目	允许偏差或允许值		检 查 方 法
			单位	数值	
主控项目	1	原材料	设计要求		查产品合格证书或抽样送检
	2	桩径	mm	−20	用钢尺量或计算填料量
	3	桩身强度	设计要求		查 28d 试块强度
	4	地基承载力	设计要求		按规定方法
一般项目	1	桩身完整性	按桩基检测技术规范		按桩基检测技术规范
	2	桩位偏差	满堂布桩≤0.40D 条基布桩≤0.25D		用钢尺量，D 为桩径
	3	桩垂直度	%	≤100	用经纬仪测桩管
	4	桩长	mm	+100	测桩管长度或垂球测孔深
	5	褥垫层夯填度	≤0.9		用钢尺量

注　1. 夯填度指夯实后的褥垫层厚度与虚铺厚度的比值。

　　　2. 桩径允许偏差负值是指个别断面。

2. 验收要求

(1) 主控项目验收。

1) 原材料。水泥查每批出厂质量证明书或抽样送检试验报告；粉煤灰决定供货电厂后做一次检验，更换供货电厂时重新检验；砂、石料决定产地（供货）后检验，更换产地再检验。原材料合格后应按设计规定的配合比做夯填度和强度试验，若夯填度和强度达不到设计要求，应与设计联系，调整配合比（在工艺试桩时做）。

2) 桩径。土方开挖后，凿去高出设计标高部分桩段，露出桩顶，把桩顶削平整，用钢尺测量桩的直径，以小于－20mm 为合格；也可用每桩填实混合料的总数来计算桩的直径。抽检数量不得少于总桩数的 20％。

3) 桩身强度。检查每台班制作的 28d 强度试验报告；每台班制作试块应示明代表哪几根桩，28d 试块强度应符合设计要求。

4) 地基承载力。地基土在水泥粉煤灰碎石桩施工过程受到扰动，地基承载力的检测应在地基土结构恢复以后再做。对黏性土地基，间隔 4 周后检测；对粉质土、砂土，间隔 2～3 周后检测。检测数量为桩总数的 0.5％～1％，但应不少于 3 点；当有单桩强度检验要求时，检验数量同上。检查方法根据设计规定的方法，当设计没有规定时可用单桩或复合地基载荷试验方法，测得地基承载力应符合设计要求。

(2) 一般项目验收。

1) 桩身完整性。按设计规定检查的比例，当设计无规定时不得少于 20％，按桩基检测技术规范规定方法，在土方开挖后，凿去浮桩削平桩顶时检测。

2) 桩位偏差。土方开挖后，把轴线放到基坑中，用钢尺全数测量，把数据记入竣工桩位图，满堂布桩桩位偏差不大于 0.4D；条基布桩不大于 0.25D（D 为桩径）。

3) 桩垂直度。在每根桩下桩管时用经纬仪测桩管垂直度，不大于 1.5％ 为合格。

4) 桩长。每根桩桩管到达设计孔深时计算桩管长度或用垂球测量孔深等于设计桩长或＋100mm 为合格。

5) 褥垫层夯填度。先测量孔深，泵入混合料，测量混合料虚体厚度，夯实后再次测夯实后的褥垫层应不大于 0.9 为合格，抽检不得少于 20％。

3. 验收资料

(1) 岩土工程勘察资料。

(2) 成桩工艺和成桩质量检验记录和工艺参数确认签证。

(3) 桩位竣工图（包括桩长、桩径、垂直度、桩位偏差等）。

(4) 地基承载力测试报告。

(5) 桩身完整性测试报告。

(6) 桩身强度测试报告。

(7) 制桩施工记录。

(8) 水泥粉煤灰碎石桩复合地基验收批质量检验记录。

4. B. 2. 5　成品保护

(1) 桩头的保护。

1) 为了达到桩顶标高及保证桩顶的强度，应设置保护桩长，一般为 500～700mm。

2）桩体达到一定强度后（一般3～7d），方可挖槽；严禁挖槽时机械撞击桩头。

3）剔除桩头时，用钢钎等工具沿桩周向桩心逐次剔除多余的桩头，直到设计桩顶标高，并把桩顶找平。

4）不可用重锤或重物横向击打桩体。

5）合理安排施工顺序，避免后序桩的施工对已施工桩头的破坏。

（2）桩尖土的保护。为了避免扰动桩间地基土，桩顶标高以上宜预留300～500mm厚的保护土层；雨后钻机下应铺设方木，避免扰动地基土；设计桩顶标高以上应预留50～100mm厚土层，待验槽合格后，方可人工开挖至设计桩顶标高。

（3）挖至设计标高后，应剔除多余的桩头，剔除桩头采取的措施：

1）找出桩顶标高位置，在同一水平面按同一角度对称放置2个或4个钢钎，用大锤同时击打，将桩头截断。桩头截断后，再用钢钎、手锤等工具沿桩周向桩心逐渐剔除多余的桩头，直至设计桩顶标高，并在桩顶上找平。

2）不可用重锤或重物横向击打桩体。

3）桩头剔至设计标高，桩顶表面应凿至平整。

4）桩头剔至设计标高以下时，必须采取补救措施。如断裂面距桩顶标高不深，可接桩至设计标高，方法如图4.B.8所示。

（4）保护土层和桩头清除至设计标高后，应尽快进行褥垫层的施工，以防桩间土被扰动。

（5）冬期施工时，保护土层和桩头清除至设计标高后，立即对桩间土和CFG桩采用草帘、草袋等保温材料进行覆盖，防止桩间土冻胀而造成桩体拉断，同时防止桩间土受冻后复合地基承载力降低。

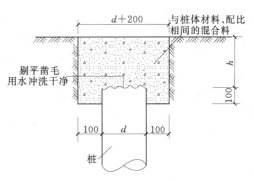

图4.B.8　接桩头示意图

4.B.2.6　安全环保措施

1. 安全操作要求

（1）干作业施工应做好孔口防护，防止人或异物坠入。

（2）钻杆上的土应及时清理干净，防止坠下伤人。

（3）机械设备的运转部位应有安全防护装置，电气设备安装操作应严格执行国标《施工现场临时用电安全技术规范》（JGJ 46）的规定。

（4）高压泵管不得超过压力范围使用，防止高压泵管破裂。

（5）施工人员严格遵守安全操作技术规程，严禁违章指挥、违章作业。

（6）夜间施工应有足够的照明。

2. 环保措施

（1）生产及生活垃圾应用封闭运土车运走，不得随处遗撒。

（2）现场的散水泥、砂石料等必须遮盖存放，废水泥应回收，避免扬尘。

（3）尽量避免夜间施工，对设备应采取隔音措施，施工场地的噪声应符合《建筑施工场地噪声限值》(GB 12523—1990) 的规定。

4.B.2.7　应注意的质量问题

CFG 桩复合地基施工常见质量问题及防治措施见表 4.B.5。

表 4.B.5　　　　　　　　CFG 桩复合地基施工常见质量问题及防治措施

现　象	原　因　分　析	预防措施及处理方法
缩颈和断桩(成桩困难时,从工艺试桩中发现缩颈或断桩)	(1) 由于土层变化,在高水位和黏性土中,振动作用下会产生缩颈 (2) 灌桩填料没有严格按配合比进行配料、搅拌及搅拌时间不够 (3) 在冬期施工中,对混合料保温措施不当,灌片温度不符合要求,浇灌不及时,使之受冻或达到初凝。雨季施工,防雨措施不利,材料中混入较多的水分塌落度大,从而使强度降低 (4) 拔管速度控制不严 (5) 冬期施工冻层与非冻层结合部易产生缩颈或断桩 (6) 开槽或桩顶处理不好	(1) 严格按不同土层进行配料,搅拌时间要充分,每盘至少 3min (2) 控制拔管速度,一般 1～2m/min。用浮标观测(测每米混凝土灌量是否满足设计灌量)以找出缩颈部位,每拔管 1.5～2.0m,留振 20s 左右(根据地质情况掌握留振次数与时间或者不留振) (3) 出现缩颈或断桩,可采取扩颈方法(如复打法、翻插法),或者加桩处理 (4) 混合料应注意,做好季节施工
成桩偏斜达不到设计深度(成桩未达到设计深度,桩体偏斜过大)	(1) 遇到地下物(如孤石、大混凝土块、老房基及各种管道等) (2) 遇到干硬黏土或硬夹层(如砂、卵石层) (3) 遇到了倾斜的软硬土结合处,使桩尖滑移向软弱土方向 (4) 地面不平坦,致使桩机倾斜,桩机垂直度又未调整好 (5) 桩管本身弯曲过大,又未及时更正或调直	(1) 施工前场地要平整压实,若雨期施工地面较软,可铺设一定厚度的砂卵石、碎石、灰土 (2) 施工前要选好合格的桩管,稳桩管要双向校正,规范控制垂直度 0.5%～1.0% (3) 放桩位点最好用钎探查找地下物,过深的地下物用补桩或移桩位的方法处理 (4) 遇到硬夹层造成沉桩困难或穿不过时,可选用射水管或用"植桩法" (5) 遇到软硬土层交接处,沉降不均或滑移时,应与设计研究采用缩短桩长或加密桩的方法等 (6) 选择合理的打桩顺序,如连续施打、间隔施打、视土性和桩距全面考虑

学习情境5 浅基础施工

【教学目标】

通过该学习情境的学习训练，要求学生熟悉浅基础的构造要求，并能够熟练阅读、编制浅基础施工方案，能组织开展浅基础施工并进行质量验评。

【教学要求】

1. 能力要求

🔩 能读懂浅基础的施工图纸，并组织进行天然地基上的浅基础施工及质量验评。

🔩 能编制浅基础施工方案。

2. 知识要求

🔩 熟悉常见浅基础的构造要求。

🔩 掌握常见浅基础施工方案的内容，熟悉浅基础施工工艺及相关的规范、标准等。

基础是建筑物的墙或柱埋入地下的扩大部分。基础承担着建筑物上部的自重荷载、使用荷载、风荷载和地震力等的作用，并将其传至地基。地基基础对整个建筑物的安全、使用、工程量、造价和施工工期影响很大，且属于地下隐蔽工程，在设计和施工时应引起高度重视。

根据相对埋深、施工方法及施工设备的不同，基础一般可分为两类，即深基础和浅基础。一般在天然地基上修筑浅基础技术简单、施工方便，不需要复杂的施工设备，因而可以缩短工期，降低工程造价；而人工地基和深基础往往施工比较复杂、工期较长、造价较高。因此在保证建筑物安全和正常使用的前提下，应优先选用天然地基上浅基础的设计方案。

钢筋混凝土基础是目前应用最为广泛的浅基础形式，主要采用钢筋和混凝土材料按照一定的构造形式浇筑而成，也称柔性基础。与刚性基础（无筋扩展基础）相比，钢筋混凝土基础具有良好的抗弯能力和抗剪能力，基础尺寸不受限制。当上部结构荷载较大、地基承载力较低时，多采用钢筋混凝土基础。

按构造形式的不同，钢筋混凝土基础主要可分为独立基础、条形基础、筏板基础和箱形基础等。

任务 1 钢筋混凝土独立基础施工

【工作任务】

阅读或编制钢筋混凝土独立基础施工方案，依据相关规范进行施工质量验收评定。

柱下钢筋混凝土独立基础通常是指在一根柱子下面单独设置一个基础的基础形式，其抗弯、抗剪、抗冲切的能力良好，被广泛应用于多层框架结构和单层厂房结构中。

柱下钢筋混凝土独立基础有很多形式，一般有锥形、阶梯形、杯形及相邻两柱相连的双柱联合基础（简称联合基础）等，如图 5.1.1 所示。以受力性能分有中心受压基础和偏心受压基础等；以施工方法分有现浇柱基础和预制柱基础等。

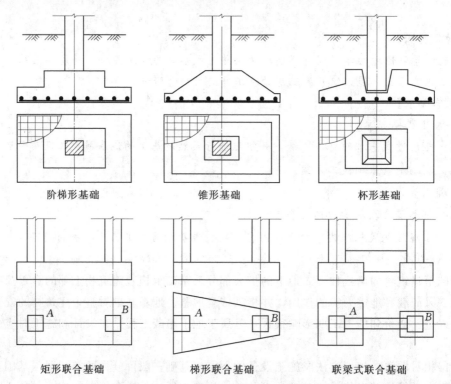

图 5.1.1 独立基础的类型

在以恒载为主的多层框架房屋中，柱下独立基础通常为轴心受压，而单层厂房的柱下独立基础通常是偏心受压基础。轴心受压基础常做成方形，而偏心受压基础常做成矩形，且 $l/b \leqslant 2$。

柱下钢筋混凝土基础中的钢筋可以承受较大弯拉应力，因此，该类基础高度较小，基础埋置深度较浅。

钢筋混凝土柱下独立基础的施工，涉及钢筋制作安装、混凝土浇筑及模板的安装等主要工种。为了保证施工质量，施工前应编写施工方案，主要包括施工准备、施工工艺、质量验收等内容。

5.1.1　柱下独立基础构造要求

1. 一般构造要求

柱下钢筋混凝土独立基础的构造，应满足下列要求：

（1）锥形基础的边缘高度不宜小于 200mm，且两个方向的坡度不宜大于 1:3；其顶部每边沿柱边放出 50mm（便于柱支模）。阶梯形基础的每阶高度宜为 300~500mm，如图 5.1.2 所示。因阶梯形基础的施工质量较易保证，可优先采用。

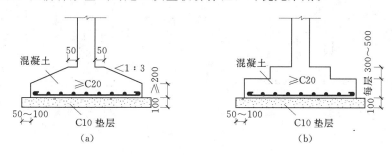

图 5.1.2　独立基础的一般构造要求

（a）锥形基础；（b）阶梯形基础

（2）钢筋混凝土基础下通常设置混凝土垫层，垫层混凝土强度不宜低于 C10，厚度不宜小于 70mm，垫层两边伸出基础底板 100mm。

（3）基础的混凝土标号不应低于 C20。要注意工作环境对混凝土标号的要求。

（4）基础底板受力钢筋一般采用 I 级或 II 级钢筋，受力钢筋最小配筋率不应 <0.15%，直径不宜小于 10mm，间距不应大于 200mm，也不应小于 100mm。

2. 现浇柱基础构造要求

（1）在柱下独立基础宽度不小于 2.5m 时，底板钢筋可以 $0.9l$ 交错布置，如图 5.1.3 所示。

（2）钢筋混凝土柱和剪力墙纵向受力钢筋在基础内的锚固长度 l_a 应根据钢筋在基础内的最小保护层厚度按现行《混凝土结构设计规范》（GB 50010—2010）的有关规定确定。

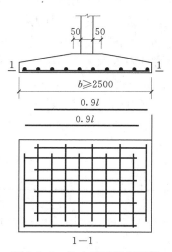

图 5.1.3　独立基础底板钢筋布置示意图

有抗震设防要求时，纵向受力钢筋的最小锚固长度 l_{aE} 应按式（5.1.1）~式（5.1.3）计算，即

一、二级抗震等级	$l_{aE} = 1.15 l_a$	(5.1.1)
三级抗震等级	$l_{aE} = 1.10 l_a$	(5.1.2)
四级抗震等级	$l_{aE} = 1.0 l_a$	(5.1.3)

式中　l_a——纵向受拉钢筋的锚固长度。

（3）现浇柱的基础，其插筋的数量、直径以及钢筋种类应与柱内纵向受力钢筋相同。

插筋的锚固长度应满足上述要求，插筋与柱的纵向受力钢筋的连接方法，应符合现行《混凝土结构设计规范》（GB 50010—2010）的规定。插筋的下端宜做成直钩放在基础底板钢筋网上。当符合下列条件之一时，可仅将四角的插筋伸至底板钢筋网上，其余插筋锚固在基础底面下 l_a 或 l_{aE}（有抗震设防要求时）处，如图 5.1.4 所示。

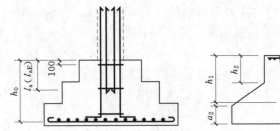

图 5.1.4　现浇柱的基础中插筋　　　　图 5.1.5　预制钢筋混凝土柱
构造示意图　　　　　独立基础示意图（注：$a_2 \geqslant a_1$）

1）柱为轴心受压或小偏心受压时，基础高度不小于 1200mm。

2）柱为大偏心受压时，基础高度不小于 1400mm。

插入基础的钢筋，上、下至少应有两道箍筋固定。插筋与柱的纵向受力钢筋的搭接长度，应按现行的《混凝土结构设计规范》（GB 50010—2010）的规定执行，在搭接长度内箍筋应加密，柱为纵向受压时，箍筋间距不应大于 $10d$（d 为纵筋的直径）；为受拉时，箍筋间距不应大于 $5d$。

3. 预制柱基础构造要求

预制钢筋混凝土柱与杯口基础的连接，应符合下列要求（图 5.1.5）：

（1）柱的插入深度，可按表 5.1.1 选用，并应满足钢筋锚固长度的要求及吊装时柱的稳定性要求。

表 5.1.1　　　　　　　　　　　　柱的插入深度 h_1　　　　　　　　　　　单位：mm

矩形或工字形柱				双肢柱
$h<500$	$500 \leqslant h<800$	$800 \leqslant h \leqslant 1000$	$h \geqslant 1000$	
$h\sim1.2h$	h	$0.9h$ 且不小于 800	$0.8h$ 且不小于 1000	$(1/3\sim2/3) h_a$ $(1.5\sim1.8) h_b$

注　1. h 为柱截面长边尺寸；h_a 为双肢柱全截面长边尺寸；h_b 为双肢柱全截面短边尺寸。

　　2. 柱轴心受压或小偏心受压时，h_1 可适当减小，偏心距大于 $2h$ 时，h_1 应适当加大。

（2）基础的杯底厚度和杯壁厚度，可按表 5.1.2 选用。

（3）当柱为轴心受压或小偏心受压且 $t/h_2 \geqslant 0.65$ 时，或大偏心受压且 $t/h_2 \geqslant 0.75$ 时，杯壁可不配筋；当柱为轴心受压或小偏心受压且 $0.5 \leqslant t/h_2 \leqslant 0.65$ 时，杯壁可按表 5.1.3 构造配筋；其他情况下，应按计算配筋。

5.1.2　材料准备

（1）水泥、碎石、砂、钢筋、模板等材料应提前进场，如分批进场应保证工程连续进行，并应按材料强度、外观质量等进行验收。

表 5.1.2 　　　　　　　　　　　　　　**基础的杯底厚度和杯壁厚度**

柱截面长边尺寸 h （mm）	杯底厚度 a_1 （mm）	杯壁厚度 t （mm）	柱截面长边尺寸 h （mm）	杯底厚度 a_1 （mm）	杯壁厚度 t （mm）
$h<500$	$\geqslant150$	$150\sim200$	$1000\leqslant h<1500$	$\geqslant250$	$\geqslant350$
$500\leqslant h<800$	$\geqslant200$	$\geqslant200$	$1500\leqslant h<2000$	$\geqslant300$	$\geqslant400$
$800\leqslant h<1000$	$\geqslant200$	$\geqslant300$			

注　1. 双肢柱的杯底厚度值，可适当加大。

　　2. 当有基础梁时，基础梁下的杯壁厚度，应满足其支承宽度的要求。

　　3. 柱子插入杯口部分的表面应凿毛，柱子与杯口之间的空隙，应用比基础混凝土强度等级高一级的细石混凝土充填密实，当达到材料设计强度的 70% 以上时，方能进行上部吊装。

表 5.1.3 　　　　　　　　　　　　　　**杯 壁 构 造 配 筋**

柱截面长边尺寸（mm）	$h<1000$	$1000\leqslant h<1500$	$1500\leqslant h\leqslant2000$
钢筋直径（mm）	$8\sim10$	$10\sim12$	$12\sim16$

注　表中钢筋置于杯口顶部，每边两根（图 5.1.5）。

（2）根据施工组织设计要求，确定是否采用外加剂、掺和料等，质量应符合现行标准要求。

（3）混凝土的材料供应要保证工程连续进行。

5.1.3　施工准备

1. 技术准备

（1）熟悉本工程的基础施工图，在工程所涉及的范围内进行现场勘察，收集场地工程地质资料和水文地质资料。

（2）编制基础施工方案，经审批后进行技术交底。

（3）施工前应合理确定混凝土的配合比，熟悉基础混凝土浇筑的操作规程。

2. 机具准备

基础施工前，必须按施工组织设计所规定的垂直和水平运输方案组织机械进场，并做好机械的架设工作。同时要搭设好搅拌棚，安设好搅拌机，并准备好下列机具：

（1）混凝土搅拌机械：搅拌机（自落式、强制式）。

（2）混凝土运输机械：机动翻斗车、双轮手推车，用商品混凝土时可采用混凝土泵车等。

（3）混凝土振捣机械：平板振动器、插入式振动器等。

（4）钢筋加工机械：钢筋除锈机、调直机、切断机、弯曲机、弯箍机、手工成型设备、点焊机等。

（5）其他。准备好各种小型机具。

3. 作业条件

（1）现场准备。施工场地、临时道路、防洪排水、临时供水、临时供电等已基本落实。

（2）若地下水位较高，基础施工前必须先落实人工降低地下水位的措施，确保基坑底部无水，便于施工。

（3）基础施工前，进行测量定位放线工作，在建筑地点标出建筑物的准确位置，将建筑物的纵横轴线、基础边线和基坑边线在场地上标出。

（4）当基坑（槽）开挖完毕并经测量达到设计标高后，在正式开始基础施工前应当会同有关人员验槽，检查坑底土层是否与设计勘察资料相符，办好隐蔽工程检验手续。

5.1.4　施工工艺

1. 工艺流程

施工工艺流程如图5.1.6所示。

图5.1.6　工艺流程

2. 操作工艺

（1）验槽。在基坑（槽）开挖后基础施工前，应先进行验槽。轴线、基坑尺寸和土质应符合设计规定；地基表面的浮土及垃圾应清除干净；局部软弱土层应挖去，用灰土或砂砾回填并夯实基底设计标高。

（2）基础垫层施工。在基坑验槽后及时浇筑混凝土垫层，以保护地基。混凝土宜用表面振捣器进行振捣，要求表面平整。

（3）绑扎钢筋。当垫层达到一定强度后（一般达到设计强度的70%），即在其上弹线进行钢筋绑扎。钢筋绑扎不允许漏扣，柱插筋弯钩部分必须与底板筋成45°绑扎，连接点处必须全部绑扎，距底板5cm处绑扎第一道箍筋，距基础顶5cm处绑扎最后一道箍筋，作为标高控制筋及定位筋；柱插筋最上部再绑扎一道定位筋，上下箍筋及定位箍筋绑扎完成后将柱插筋调整到位并用井字木架临时固定，然后绑扎剩余箍筋，保证柱插筋不变形走样。两道定位筋在基础混凝土浇完后，必须进行更换。

钢筋绑扎好后底部及侧面应采用与混凝土保护层相同的水泥砂浆垫块垫塞，以保证位置正确。

（4）支模板。钢筋绑扎及相关专业施工完成后立即进行模板安装。模板采用小钢模或木模，利用架子管或木方加固。锥形基础坡度大于30°时，采用斜模板支护，利用螺栓与底板钢筋拉紧，防止上浮，模板上部设透气及振捣孔；坡度不大于30°时，利用钢丝网（间距30cm）防止混凝土下坠，上口设井字木控制钢筋位置。不得用重物冲击模板，不准在吊帮的模板上搭设脚手架，保证模板的牢固和严密。

（5）浇筑混凝土。木模浇水湿润、堵严板缝及孔洞后，开始浇筑混凝土。混凝土浇筑应分层连续进行，间歇时间不超过混凝土初凝时间，一般不超过2h。为保证钢筋位置正确，先浇一层5～10cm厚混凝土固定钢筋。阶梯形基础应按台阶分层浇筑，每浇筑完一个台阶后应待其初步沉实后，再浇筑上层，以防止下台阶混凝土溢出，在上台阶根部出现烂根。台阶表面应基本抹平。

（6）混凝土养护。混凝土浇灌完，应用草帘等覆盖并浇水加以养护。一般常温养护不得少于7d，特种混凝土养护不得少于14d。养护设专人检查落实，防止由于养护不及时，造成混凝土表面裂缝。

（7）模板拆除。侧面模板在混凝土强度能保证其棱角不因拆模板而受损坏时方可拆模，拆模前设专人检查混凝土强度，拆除时采用撬棍从一侧顺序拆除，不得采用大锤砸或撬棍乱撬，以免造成混凝土棱角破坏。

5.1.5　质量控制及检验

钢筋混凝土柱下独立基础的质量标准应满足模板工程质量、钢筋工程质量、混凝土工程质量 3 方面的要求。

5.1.5.1　工程质量标准

1. 基本规定

（1）模板。

模板有足够强度和稳定性；模板接缝宽度符合规定；模板与混凝土接触面应清理干净并涂刷隔离剂；安装模板时，要把轴线、表面平整度等偏差控制在规定范围之内。

（2）钢筋。

钢筋的品种、质量和焊条、焊剂的牌号符合设计要求；钢筋的规格、形状、尺寸、数量、间距、锚固长度、接头位置符合设计和施工规范的要求；钢筋网片、骨架的绑扎和焊接质量符合施工规范要求；弯钩朝向正确，绑扎接头位置及搭接长度符合规范要求；箍筋数量、弯钩角度和平直长度符合规范要求；钢筋焊点、接头尺寸和外观质量符合规范要求。

（3）混凝土。

混凝土所用原材料符合设计要求；混凝土配合比、原材料计量、搅拌、养护和施工缝处理符合施工规范规定；混凝土强度试块的取样、制作、养护和试验应符合《混凝土强度检验评定标准》（GBJ 107—87）的规定；混凝土应振捣密实等。

2. 质量验收标准

详见 5.A.2 节内容。

5.1.5.2　验收要求

详见 5.A.2 节内容。

5.1.5.3　验收资料

（1）水泥的出厂证明及复验证明。

（2）钢筋的出厂证明或合格证以及钢筋试验报告。

（3）混凝土试配申请表和实验室签发的配合比通知单。

（4）钢筋隐蔽验收记录。

（5）模板验收记录。

（6）混凝土施工记录。

（7）混凝土试验 28d 标准养护抗压强度试验报告。

（8）混凝土基础隐蔽验收记录。

（9）商品混凝土的出厂合格证。

5.1.6　成品保护

1. 钢筋绑扎

（1）顶板的弯起钢筋、负弯矩钢筋绑好后，应作保护，不准在上面踩踏行走。浇筑混凝土时派钢筋工专门负责修理，保证负弯矩筋位置的正确性。

（2）绑扎钢筋时禁止碰动预埋件及洞口模板。

（3）钢模板内面涂隔离剂时不要污染钢筋。

（4）安装电线管、暖卫管线或其他设施时，不得任意切断和移动钢筋。

2. 模板安装

（1）预组拼的模板要有存放场地，场地要平整夯实。模板平放时，要有木方垫架。立放时，要搭设分类模板架，模板触地处要垫木方，以此保证模板不扭曲、不变形。不可乱堆乱放或在组拼的模板上堆放分散模板和配件。

（2）工作面已安装完毕的墙模板，不准在吊运其他模板时碰撞，不准在预拼装模板就位前作为临时倚靠，以防止模板变形或产生垂直偏差。工作面已安装完毕的平面模板，不可做临时堆料和作业平台，以保证支架的稳定，防止平面模板标高和平整产生偏差。

（3）拆除模板时，不得用大锤、撬棍硬砸猛撬，以免混凝土的外形和内部受到损伤。

3. 混凝土浇筑

（1）要保证钢筋和垫块的位置正确，不得踩楼梯、楼板的弯起钢筋，不碰动预埋件和插筋。在楼板上搭设浇筑混凝土使用的浇筑人行道，保证楼板钢筋的负弯矩钢筋的位置。

（2）不用重物冲击模板，不在梁或楼梯踏步模板吊帮上踩，应搭设跳板，保护模板的牢固和严密。

（3）在浇筑混凝土时，要对已经完成的成品进行保护。对浇筑上层混凝土时流下的水泥浆要专人及时地清理干净，洒落的混凝土也要随时清理干净。

（4）所有甩出钢筋，在进行混凝土施工时，必须用塑料套管或塑料布加以保护，防止混凝土污染钢筋。

（5）对阳角等易碰坏的地方，应当有防护措施，有专人负责保护。

5.1.7　安全环保措施

（1）进入现场必须遵守安全生产六大纪律。

（2）搬运钢筋要注意附近有无障碍物、架空电线和其他临时电气设备，防止钢筋在回转时碰撞电线或发生触电事故。

（3）起吊钢筋骨架，下方禁止站人，必须待骨架降到距模板 1m 以下才准靠近，就位支撑好方可摘钩。

（4）切割机使用前，须检查机械运转是否正常，有无二级漏电保护；切割机后方不准堆放易燃物品。

（5）车道板单车行走不小于 1.4m 宽，双车来回不小于 2.8m 宽。在运料时，前后应保持一定车距，不准奔跑、抢道或超车。到终点卸料时，双手应扶牢车柄倒料，严禁双手脱把，防止翻车伤人。

（6）用塔吊、料斗浇捣混凝土，在塔吊放下料斗时，操作人员应主动避让，应随时注意料斗以防碰头，并应站立稳当，防止料斗碰人、坠落。

（7）使用振动机前应检查电源电压，必须经过二级漏电保护，电源线不得有接头，观察机械运转是否正常。振动机移动时，不能硬拉电线，更不能在钢筋和其他锐利物上拖拉，防止割破拉断电线而造成触电伤亡事故。

（8）钢筋头及其他下脚料应及时清理，成品堆放要整齐。

（9）严禁用废机油做模板隔离剂，刷隔离剂时避免污染环境。

（10）优先使用商品混凝土，避免环境污染。

5.1.8 常见质量问题及处理

钢筋混凝土基础的质量通病主要有孔洞、蜂窝、外形缺陷、裂缝等，其防治措施见表 5.1.4。

表 5.1.4   钢筋混凝土基础中常见质量问题及防治措施

现　象	原 因 分 析	预防措施及处理方法
孔洞（混凝土结构内部有尺寸较大的孔隙，局部没有混凝土，钢筋局部全部裸露，混凝土中孔穴深度和长度均超过保护层厚度）	（1）混凝土捣空，砂浆严重分离，石子成堆，严重跑浆 （2）在钢筋较密的部位或预留孔洞处，混凝土下料被卡住，未振捣就继续浇筑上层混凝土 （3）混凝土内掉入工具、木块、泥块等杂物，混凝土被卡住	（1）保证混凝土质量，不发生分层离析；浇筑时，混凝土充满模板，认真分层捣实 （2）在钢筋密集处及复杂部位，采用细石混凝土浇灌 （3）砂石中混有黏土块或模板工具等杂物掉入混凝土内时，应及时清除干净 （4）将孔洞周围的松散混凝土凿除，用压力水冲洗，支设模板，洒水充分湿润后用高强度等级细石混凝土仔细浇灌、捣实
蜂窝（混凝土结构局部有类似蜂窝形的窟窿，石子之间有孔隙，混凝土表面缺少水泥砂浆而使石子外露）	（1）模板缝隙未堵严，水泥浆流失 （2）混凝土配合比不当或材料量计量不准，造成砂浆少、石子多 （3）混凝土搅拌不均匀，和易性差 （4）混凝土下料不当，未设串筒使石子集中，未分层浇筑，造成石子砂浆离析 （5）混凝土振捣不实 （6）钢筋较密，使用的石子粒径过大或塌落度过小 （7）基础台阶根部末稍加间歇就继续灌上层混凝土	（1）模板缝应堵塞严密，浇灌中应随时检查模板支撑情况，防止漏浆 （2）严格控制混凝土配合比，经常检查，做到计量准确；混凝土拌和均匀，塌落度适合 （3）混凝土下料高度超过 2m 时，应设串筒或溜槽；应分层下料，分层捣实，防止漏振 （4）基础台阶部应在下部浇完间歇 1～1.5h，沉实后再浇上部混凝土，避免出现"烂脖子" （5）小蜂窝处理：洗刷干净后，用 1∶2 或 1∶2.5 水泥砂浆抹平压实 （6）较大蜂窝处理：凿去蜂窝处薄弱松散颗粒，刷洗干净后，用强度高一级的细石混凝土仔细填塞捣实 （7）较深蜂窝处理：如清除困难，可埋压浆管、排气管、表面抹砂浆或灌筑混凝土封闭后，进行水泥压浆处理
外形缺陷（结构或构件边角处混凝土局部掉落，棱角有缺陷）	（1）木模板未充分浇水湿润或湿润不够，棱角处混凝土浇筑中水分被模板吸去，水化不充分，强度低，拆模时棱角损坏 （2）低温施工时，过早拆除侧面非承重模板 （3）拆模时保护不好，边角受外力或重物撞击，棱角被碰掉 （4）模板未涂刷隔离剂，或涂刷不均	（1）木模板在浇筑前应充分浇水湿润，浇筑混凝土后应认真浇水养护 （2）拆除侧面非承重模板时，混凝土应达到 1.2MPa 以上强度 （3）拆模时，注意保护棱角，避免用力过猛过急；吊运模板时，防止撞击棱角 （4）缺棱掉角，可将该处松散颗粒凿除，冲洗充分湿润后，视破损程度用 1∶2 或 1∶2.5 水泥砂浆抹平，或用比原来高级的混凝土捣实补好，认真养护

续表

现象	原因分析	预防措施及处理方法
	不均匀沉降裂缝：裂缝多为贯穿性的，其走向与沉降情况有关，一般与地面呈 45°～90°方向发展，裂缝的宽度与荷载的大小有较大的关系，而且与不均匀沉降值成比例	（1）结构和构件下面的地基未经夯实和必要的加固处理或地基受到破坏，在混凝土浇筑后地基产生不均匀沉降 （2）模板、支撑没有固定牢固以及过早地拆模，也常会引起不均匀沉降裂缝	（1）结构和构件下面的地基应夯实和进行必要的加固处理 （2）模板、支撑固定牢固，模板及支撑拆除时间不宜过早
裂缝	干缩裂缝：裂缝在表面出现，宽度较细，多在 0.05～0.2mm 之间，走向无规律，发生在基础的侧面	（1）混凝土成型后养护不当，表面水分散失快，内部湿度变化很小，混凝土表面剧变收缩受到内部的约束，出现拉应力而引起开裂 （2）混凝土基础长期暴露，未进行回填，表面湿度发生剧烈变化 （3）采用含泥量大的粉砂配制混凝土，收缩大，抗拉强度低	（1）加强混凝土早期养护，并适当延长养护时间；控制混凝土水泥用量、水灰比和砂率不要过大；混凝土应振捣密实，并注意对表面进行二次抹压，以提高抗拉强度，减少收缩 （2）长期暴露应覆盖草帘、草袋，避免暴晒，并定期适当洒水，保持湿润 （3）严格控制砂石含泥量，避免使用过量粉砂 （4）表面干缩裂缝，一般可不处理
	温度裂缝：温度裂缝有表面的、深入的和贯穿的，裂缝走向无规律，平行于基础短边；裂缝沿全长分段出现，中间较密。裂缝宽度大小不一，一般在 0.5mm 以下。表面裂缝多发生在施工期，深入的或贯穿的裂缝多发生在灌注 2～3 个月或更长时间，裂缝受温度影响较大，冬季较粗，夏季较细	（1）表面温度裂缝，多由于温差较大引起，如冬期施工过早拆除模板或受到寒潮袭击，导致混凝土表面急剧降温收缩，但受到内部混凝土约束，产生较大的拉应力而使表面出现裂缝 （2）深入的和贯穿的温度裂缝，多由于结构温差较大，受到外界约束而引起，如混凝土浇筑时温度较高，加上水泥水化热温升很大，当混凝土冷却收缩，受到地基、混凝土垫层或其他外部结构的约束，将使混凝土内部出现很大拉应力，产生降温收缩裂缝，裂缝为深入的、有时是贯穿性的，常破坏结构整体性 （3）基础长期不回填，受风吹日晒或寒潮袭击作用	（1）预防表面温度裂缝，应控制构件内外不出现过大温差。浇灌混凝土后应及时覆盖，并洒水养护；在冬期混凝土表面应采取保温措施，不过早拆除模板和保温层；拆模时块体中部和表面温差不宜大于 20℃，以防急剧冷却造成表面裂缝 （2）预防深入的和贯穿性温度裂缝，应尽量选用矿渣水泥或粉煤灰水泥配制混凝土，或混凝土中掺适量粉煤灰、减水剂，以减少水化热 （3）基础拆模后要及时回填土

任务 2　筏 形 基 础 施 工

【工作任务】

读懂筏形基础专项施工方案，能组织施工并进行施工质量验评。

5.2.1　构造要求

常见钢筋混凝土筏形基础形式见图 5.A.4，其主要构造要求如下：

5.2.1.1　材料要求

筏形基础的混凝土强度等级不应低于 C30。当有地下室时应采用防水混凝土，防水混凝土的抗渗等级应根据地下水的最大水头与防渗混凝土厚度的比值，按现行《地下工程防水技术规范》（GB 50108—2008）选用，但不应小于 0.6MPa。必要时宜设架空排水层。

5.2.1.2　筏形基础的平面布置

确定筏形基础底面形状和尺寸时首先应考虑使上部结构荷载的合力点接近基础底面的形心。如果荷载不对称，宜调整筏板的外伸长度，但伸出长度从轴线算起横向不宜大于 1500mm，纵向不宜大于 1000mm，且同时宜将肋梁挑至筏板边缘。无外伸肋梁的筏板，其伸出长度宜适当减小。如上述调整措施不能完全达到目的，对上肋式、地面架空的布置形式，尚可采取调整筏上填土等措施以改变合力点的位置。

5.2.1.3　筏板厚度

（1）梁板式筏形基础。底板的厚度按受冲切和受剪切承载力验算确定，且不应小于 300mm，其板厚尚不宜小于计算区段内最小板跨的 1/20，而肋的高度宜不小于柱距的 1/6。对 12 层以上建筑的梁板式筏基础，其底板厚度与最大双向板格的短边净跨之比不应小于 1/14，且板厚不应小于 400mm。

（2）平板式筏形基础。基础的板厚按受冲切承载力验算确定，可按楼层层数×每层 50mm 初定，但不宜小于 400mm。

5.2.1.4　地下室底层柱（墙）与基础梁的连接

地下室底层柱、剪力墙至梁板式筏基的基础梁边缘的距离不应小于 50mm，构造示例如图 5.2.1 所示。

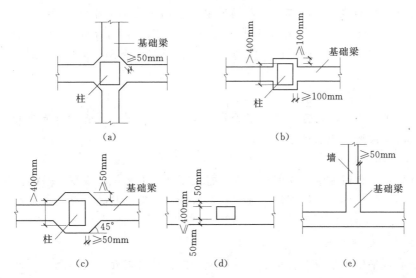

图 5.2.1　基础梁与地下室底层柱或剪力墙连接的构造

（1）当交叉基础梁的宽度小于柱截面边长，交叉基础梁连接处应设置八字角，柱角和八字角之间的净距不宜小于 50mm，如图 5.2.1（a）所示。

（2）当单向基础梁与柱连接时，柱截面边长大于 400mm 时，可按图 5.2.1（b）、（c）

采用。

(3) 柱截面边长小于 400mm 时，可按图 5.2.1 (d) 采用。

(4) 基础梁与剪力墙连接时，基础梁边至剪力墙边的距离不宜小于 50mm，见图 5.2.1 (e)。

5.2.1.5　筏板配筋

筏形基础配筋应由计算确定，按双向配筋，并考虑下述原则：

(1) 平板式筏基。按柱上板带和跨中板带分别计算配筋，以柱上板带的正弯矩计算下筋，用跨中板带的负弯矩计算上筋，用柱上和跨中板带正弯矩的平均值计算跨中板带下筋。

(2) 梁板式筏基。在用四周嵌固双向板计算跨中和支座弯矩时，应适当予以折减。肋梁按 T 形梁计算，肋板也应适当地挑出 $1/6 \sim 1/3$ 柱距。

配筋除满足上述要求外，纵横方向的底部钢筋尚应有 $1/3 \sim 1/2$ 贯通全跨，且其配筋率不应小于 0.15%。顶部钢筋按计算配筋全部连通。分布钢筋在板厚 $h \leqslant 250$mm 时，取 $\phi 8@250$；$h > 250$mm 时，取 $\phi 10@200$。

若考虑上部结构与地基基础相互作用引起的架桥作用，可在筏板端部的 $1 \sim 2$ 个开间范围适当将受力钢筋的面积增加 $15\% \sim 20\%$。筏板边缘的外伸部分应上下配置钢筋；对基础梁不外伸的双向外伸部分，应在板底布置放射状附加钢筋，其直径与边跨主筋相同，间距不大于 200mm，一般 $5 \sim 7$ 根。

板厚 $h > 2000$mm 时，宜在板厚中间部位设置直径不小于 12mm、间距不大于 300mm 的双向钢筋网。

5.2.1.6　墙体

采用筏形基础的地下室，地下室钢筋混凝土外墙厚度不应小于 250mm，内墙厚度不应小于 200mm。墙的截面设计除了应满足计算承载力要求外，尚应考虑变形、抗渗及防渗等要求。墙体内应设置双向钢筋，竖向和水平钢筋的直径不应小于 12mm，间距不应大于 300mm。

5.2.1.7　施工缝

筏板与地下室外墙的接缝、地下室外墙沿高度处的水平接缝应严格按施工缝要求采取措施，必要时可设通长止水带。

1. 施工缝的位置

施工缝的位置宜留在结构受剪力较小，且便于施工的部位。混凝土基础，除设计图纸有说明（如后浇带）外，一般不得留施工缝。基础（如箱形基础、筏板基础）内的柱应留水平缝，梁、板、墙应留垂直缝。

2. 施工缝的处理要点

(1) 所有水平施工缝应保持水平，并做成毛面，垂直缝处应支模浇筑；施工缝处的钢筋均应留出，不得切断。为防止钢筋混凝土内产生沿构件轴线方向错动的剪力，柱、梁的施工缝应垂直于构件的轴线；板的施工缝应与其表面垂直；梁、板亦可留企口缝，但企口缝不得留斜槎。

(2) 在施工缝处继续浇筑混凝土时，已浇筑混凝土的抗压强度不应小于 1.2N/mm^2。首先应清除已硬化的混凝土表面上的水泥薄膜和松动石子及软弱混凝土层，并加以充分湿润和冲洗干净，然后在施工缝处铺一层水泥砂浆（与混凝土的成分相同）；浇筑混凝土时应仔细捣实，使新旧混凝土紧密结合。

5.2.1.8 后浇带

后浇带是指后来浇筑的混凝土板带，通常是由于筏板基础、箱形基础等大体积混凝土结构的尺寸过大，整体一次浇筑会产生较大的温度应力，有可能产生温度裂缝时，可采用合理分段、分时浇筑，即设置混凝土后浇带的方法进行处理。后浇带的留设位置以设计图纸为准。

1. 后浇带的构造形式

常见后浇带的构造形式如图 5.2.2 所示。施工后浇带的断面形式应考虑浇筑混凝土后连接牢固，一般宜避免留直缝。对于板，可留斜缝；对于梁及基础，可留企口缝。而企口缝又有多种形式，可根据结构断面情况确定。

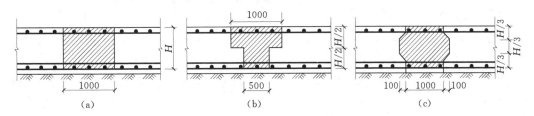

图 5.2.2 后浇带构造形式示意图
(a) 平接式；(b) T 字式；(c) 企口式

2. 后浇带施工要点

后浇带的间距，在正常情况下为 20～30m，一般设在柱距 3 等分中间范围内，宜贯通整个底板。后浇带带宽以 700～1000mm 为宜，以设计要求为准。后浇带处的钢筋原则上不断开，如设计要求断开，则应按照设计进行处理，以保证后浇带质量。

施工至少 40d 后（以设计要求为准），才可浇筑后浇带混凝土。使用比原设计强度等级提高一级的无收缩混凝土浇筑密实。在混凝土继续浇筑前，应将后浇带的混凝土表面凿毛，清除杂物，表面冲洗干净，注意接浆质量，然后浇筑混凝土，并加强养护，一般湿养护不得少于 15d。

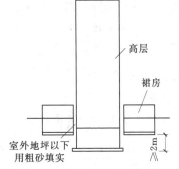

图 5.2.3 高层建筑与裙房间的沉降缝处

5.2.1.9 裙房

高层建筑筏形基础与裙房之间的构造应符合下列要求：

（1）当高层建筑与相连的裙房之间设置沉降缝时，高层建筑的基础埋深应大于裙房基础的埋深至少 2m。当不满足要求时必须采取有效措施。沉降缝地面以下的空应用粗砂填实（图 5.2.3）。

（2）当高层建筑与相连的裙房之间不设置沉降缝时，宜在裙房一侧设置后浇带。后浇带的位置宜设在距主楼边柱的第二跨内。后浇带混凝土宜根据实测沉降值并计算后期沉降差能满足设计要求后方可进行浇筑。

（3）当高层建筑与相连的裙房之间不允许设置沉降缝和后浇带时，应进行地基变形验算。验算时需考虑地基变形对结构的影响并采取相应的有效措施。

5.2.1.10　墙外回填土

筏板基础地下室施工完毕后，应及时进行基坑回填工作。回填基坑时，必须先清除基坑中的杂物，在相对的两侧或四周同时回填并分层夯实。

5.2.2　施工准备

1. 技术准备

（1）编制施工组织设计或施工方案，包括土方开挖、地基处理、深基坑降水和支护、支模和混凝土浇灌程序方法以及对邻近建筑物的保护等。

（2）施工前应合理确定混凝土的配合比，熟悉基础混凝土浇筑的操作规程。

（3）混凝土的浇筑程序、方法、质量要求已进行详细的层层技术交底。

2. 机具准备

（1）机械设备。混凝土搅拌机、皮带输送机、插入式振动器、平板式振动器、自卸翻斗汽车、机动翻斗车、混凝土搅拌运输车和输送泵车（泵送混凝土用）等。

（2）主要工具。大小平锹、串筒、溜槽、胶皮管、混凝土卸料槽、吊斗、手推胶轮车、抹子。

3. 材料准备

水泥、碎石、砂、钢筋、模板等材料应提前进场，如分批进场应保证工程连续进行。

4. 作业条件

（1）施工场地临时供水、供电线路已设置。施工机具设备已安装就位并试运转正常。

（2）根据地质勘察和水文资料，地下水位较高时，应采取人工降低地下水位法使地下水位降至基坑底下不少于500mm，保证基坑在无水情况下进行开挖和钢筋混凝土筏板施工。

（3）基础施工前，进行测量定位放线工作，在建筑地点标出建筑物的准确位置，将建筑物的纵横轴线、基础边线和基坑边线在场地上标出。

（4）当基坑（槽）开挖完毕并经测量达到设计标高后，在正式开始基础施工前应当会同有关人员验槽，检查坑底土层是否与设计勘察资料相符，办好隐蔽工程检验手续。

5.2.3　施工工艺

1. 工艺流程

施工工艺流程如图5.2.4所示。

图5.2.4　施工工艺流程

2. 施工要点

（1）基坑开挖时，若地下水位较高，应采取明沟排水、人工降水等措施，使地下水位降至基坑底下不少于500mm，保证基坑在无水情况下进行开挖和基础结构施工。

（2）开挖基坑应注意保持基坑底土的原状结构，尽可能不要扰动。当采用机械开挖基坑时，在基坑底面设计标高以上保留 200～400mm 厚的土层，采用人工挖除并清理平整，如不能立即进行下道工序施工，应预留 100～200mm 厚土层，在下道工序进行前挖除，以防止地基土被扰动。在基坑验槽后，应及时浇筑混凝土垫层。

（3）当垫层达到一定强度后，在其上弹线、支模、铺放钢筋，连接柱的插筋。

（4）浇筑混凝土前，清除模板和钢筋上的垃圾、泥土和油污等杂物，木模板浇水加以润湿，钢模板面要涂隔离剂。

（5）筏板基础长度很长（40m 以上）时，应考虑在中部适当部位留设贯通后浇缝带，以避免出现温度收缩裂缝和便于进行施工分段流水作业；对超厚的筏形基础，应考虑采取降低水泥水化热和浇筑入模温度措施，以避免出现过大收缩应力，导致基础底板裂缝。

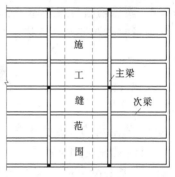

（6）混凝土浇筑方向应平行于次梁长度方向，对于平板式片筏基础则应平行于基础长边方向。

混凝土应一次浇灌完成，若不能整体浇灌完成，则应留设垂直施工缝，并用木板挡住。施工缝留设位置：当平行于次梁长度方向浇筑时，应留在次梁中部 1/3 跨度范围内；对平板式可留设在任何位置，但施工缝应平行于底板短边且不应在柱脚范围内，如图 5.2.5 所示。

图 5.2.5　筏板基础施工缝位置

在施工缝处继续浇灌混凝土时，应将施工缝表面清扫干净，清除水泥薄层和松动石子等，并浇水湿润，铺上一层水泥浆或与混凝土成分相同的水泥砂浆，再继续浇筑混凝土。

对于梁板式片筏基础，梁高出底板部分应分层浇筑，每层浇灌厚度不宜超过 200mm。当底板上或梁上有立柱时，混凝土应浇筑到柱脚顶面，留设水平施工缝，并预埋连接立柱的插筋。水平施工缝处理与垂直施工缝相同。

（7）沉降观测。在浇筑混凝土时，应在基础底板上埋设好沉降观测点，定期进行观测、分析，作好记录。

（8）加强养护。混凝土浇灌完毕，在基础表面应覆盖草帘和洒水养护，并不少于 7d。待混凝土强度达到设计强度的 25% 以上时，即可拆除梁的侧模。

（9）基坑回填。当混凝土基础达到设计强度的 30% 时，应进行基坑回填。基坑回填应在四周同时进行，并按基底排水方向由高到低分层进行。

3. 施工注意事项

（1）混凝土应分层浇灌，分层振捣密实，防止出现蜂窝麻面和混凝土不密实；在吊帮（模、板）根部应待梁下底板浇筑完毕，停 0.5～1.0h，待沉实后，再浇上部梁，以免在根部出现"烂脖子"现象。

（2）在混凝土浇捣中应防止垫块位移，钢筋紧贴模板，或振捣不实造成露筋。

（3）为严格保持混凝土表面标高正确，要注意避免水平桩移动，或混凝土多铺过厚，少铺过薄；操作时要认真找平，模板要支撑牢固等。

（4）对厚度较大的筏板浇筑，应采取预防温度收缩裂缝措施并加强养护，防止出现裂缝。

（5）模板拆除应在混凝土强度能保证其表面及棱角不同受损坏时，方可进行。

（6）在已浇筑的混凝土强度达到 1.2MPa 以上后，方可在其上行人或进行下道工序施工。

（7）在施工过程中，对暖卫、电气、暗管以及所立的门口等进行妥善保护，不得碰撞。

（8）基础内预留孔洞、预埋螺栓、铁件，应按设计要求设置，不得后凿混凝土。

（9）如基础埋深超过相邻建（构）筑物基础时，应有妥善的保护措施。

5.2.4　质量检验与安全环保措施

质量验收与安全环保措施与"柱下独立基础施工"相同。

A.　相 关 知 识

5.A.1　浅基础的类型和构造

《建筑地基基础设计规范》（GB 50007—2011）中将浅基础按结构形式分为无筋扩展基础、钢筋混凝土扩展基础、柱下条形基础、筏形基础和箱形基础等。

　　1. 无筋扩展基础

无筋扩展基础又称刚性基础（图 5.A.1），是指由砖、毛石、混凝土或毛石混凝土、灰土和三合土等材料组成的不配置钢筋的墙下条形基础或柱下条形基础。这些基础具有就地取材、价格较低、施工方便等特点，但抗拉、抗弯性能较差，在地基反力作用下，基础下部的扩大部分像倒悬臂梁一样向上弯曲，如悬臂过长，则宜产生弯曲破坏。因此需要用台阶宽高比的允许值来限制其悬臂长度。

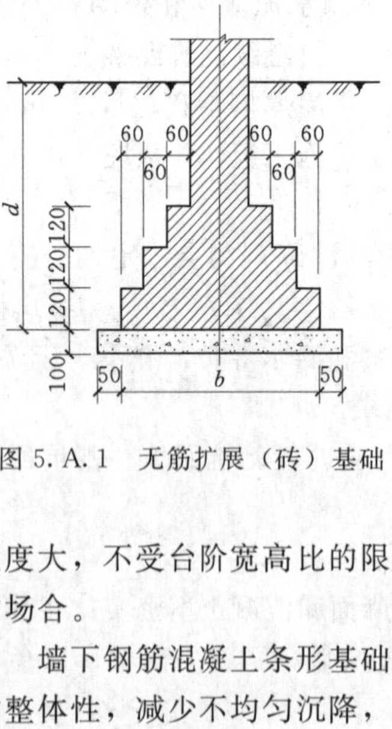

无筋扩展基础适用于多层民用建筑和轻型厂房。

　　2. 钢筋混凝土扩展基础

钢筋混凝土扩展基础系指通过向侧边扩展成一定底面积，能起到应力扩散作用的柱下钢筋混凝土独立基础和墙下钢筋混凝土条形基础。这种基础整体性好，抗弯和抗剪

图 5.A.1　无筋扩展（砖）基础

强度大，不受台阶宽高比的限制，在基础设计中广泛采用，特别适用于需要"宽基浅埋"的场合。

墙下钢筋混凝土条形基础一般做成无肋式，当地基的压缩性不均匀时，为了增加基础的整体性，减少不均匀沉降，也可采用带肋式的条形基础，如图 5.A.2 所示。

　　3. 柱下条形基础

在框架结构中，当地基软弱而荷载较大时，如采用柱下独立基础，基础底面积很大而互相靠近或重叠时，为增加基础的整体性和便于施工，可将同一柱列的柱下基础连通，做成钢筋混凝土条形基础，如图 5.A.3（a）所示。当荷载很大或地基软弱且两个方向的荷载和土质都不均匀，单向条形基础不能满足地基基础设计要求时，可采用柱下十字交叉条

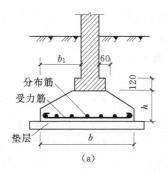

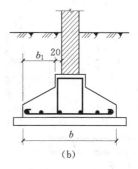

图 5.A.2　钢筋混凝土扩展基础

(a) 无肋式；(b) 有肋式

形基础，如图 5.A.3（b）所示。由于在纵、横两向均具有一定的刚度，柱下十字交叉条形基础具有良好的调整不均匀沉降的能力。

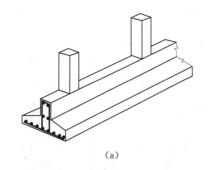

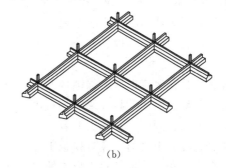

图 5.A.3　柱下条形基础

(a) 单向条形基础；(b) 十字交叉条形基础

4. 筏形基础

当地基软弱而上部结构的荷载又很大，采用十字交叉基础仍不能满足要求或相邻基础距离很小时，可将整个基础底板连成一个整体而成为钢筋混凝土筏形基础，俗称满堂基础。筏形基础可扩大基底面积，增强基础的整体刚度，较好地调整基础各部分之间的不均匀沉降。对于设有地下室的结构物，筏形基础还可兼作地下室的底板。筏形基础在构造上可视为一个倒置的钢筋混凝土楼盖，可做成平板式和梁板式，如图 5.A.4 所示。

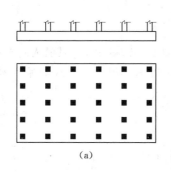

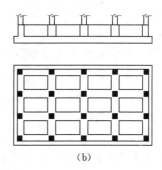

图 5.A.4　筏形基础

(a) 平板式；(b) 梁板式

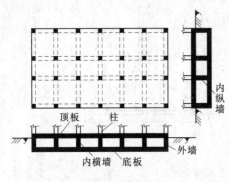

图 5.A.5 箱形基础

筏形基础可用于框架、框剪、剪力墙结构，还广泛用于砌体结构。

5. 箱形基础

箱形基础是由钢筋混凝土顶板、底板和纵横交错的内外墙组成的空间结构（图 5.A.5），多用于高层建筑。它是筏板基础的进一步发展，可做成多层，基础的内部空间可用作地下室。箱形基础整体抗弯刚度很大，使上部结构不易开裂，调整不均匀沉降能力强；由于空腹，可减少基底的附加压力；埋深大，稳定性较好。但箱形基础耗用的钢筋及混凝土较多，需考虑基坑支护和降水、止水问题，施工技术复杂。

5. A. 2 钢筋混凝土基础施工质量验收标准

钢筋混凝土基础施工要求符合《建筑地基基础工程施工质量验收规范》（GB 50202—2002）、《钢筋混凝土结构工程施工质量验收规范》（GB 50204—2002）的规定。

5. A. 2. 1 模板工程

模板及其支架应根据工程结构形式、荷载大小、地基土类别、施工设备和材料供应等条件进行设计。模板及其支架应具有足够的承载能力、刚度和稳定性，能可靠地承受浇筑混凝土的重量、侧压力及施工荷载。

在浇筑混凝土之前，应对模板工程进行验收。模板安装和浇筑混凝土时，应对模板及其支架进行观察和维护。发生异常情况时，应按施工组织设计方案及时进行处理。

模板工程质量分为合格和不合格。合格标准：主控项目全部符合要求；一般项目有 80% 以上检查点符合要求。

模板工程质量包括模板安装质量和模板拆除质量两部分内容。

1. 模板安装工程

（1）主控项目。

在涂刷模板隔离剂时，不得沾污钢筋和混凝土接槎处。

检查数量：全部检查。

检查方法：观察。

（2）一般项目。

1）模板安装应满足下列要求：

a. 模板接缝不应漏浆。在浇筑混凝土前，木模板应浇水湿润，但模板内不应有积水。

b. 模板与混凝土的接触面应清理干净并涂刷隔离剂，但不得采用影响结构性能的隔离剂；浇筑混凝土前，模板内的杂物应清理干净。

检查数量：全部检查。

检查方法：观察。

2）用作模板的地坪、胎模等应平整光洁，不得产生影响构件质量的下沉、裂缝、起砂或起鼓。

检查数量：全部检查。

检查方法：观察。

3）固定在模板上的预埋件、预留孔和预留洞均不得遗漏，且应安装牢固，其偏差应符合表 5.A.1 的规定。

表 5.A.1　　　　　　　　　　预埋件和预留孔洞的允许偏差

项　　目		允许偏差（mm）
预埋钢板中心线位置		3
预埋管、预留孔中心线位置		3
插　筋	中心线位置	5
	外露长度	+10，0
预埋螺栓	中心线位置	2
	外露长度	+10，0
预留洞	中心线位置	10
	尺寸	+10，0

注　检查中心线位置时，应沿纵、横两个方向量测，并取其中的较大值。

检查数量：在同一检验批内，对梁、柱和独立基础，应抽查构件数量的 10%，且不少于 3 件。

检查方法：钢尺检查。

4）现浇结构模板安装的偏差应符合表 5.A.2 的规定。

检查数量：在同一检验批内，对梁、柱和独立基础，应抽查构件数量的 10%，且不少于 3 件；对墙和板应按有代表性自然间抽查 10%，且不少于 3 间；对大空间结构，墙可按相邻轴线间高度 5m 左右划分检查面，板可按纵、横轴线划分检查面，抽查 10%，且均不少于 3 面。

检查方法：钢尺检查。

表 5.A.2　　　　　　　现浇结构模板安装的允许偏差及检验方法

项　　目		允许偏差（mm）	检查方法
轴线位置		5	钢尺检查
底模上表面标高		±5	水准仪或拉线、钢尺检查
截面内部尺寸	基础	±10	钢尺检查
	柱、墙、梁	+4，−5	钢尺检查
层高垂直度	不大于 5m	6	经纬仪或吊线、钢尺检查
	大于 5m	8	经纬仪或吊线、钢尺检查
相邻两板表面高低差		2	钢尺检查
表面平整度		3	2m 靠尺和塞尺检查

注　检查轴线位置时，应沿纵、横两个方向量测，并取其中的较大值。

2. 模板拆除工程

模板及其支架拆除的顺序及安全措施应按施工组织设计方案执行。

（1）主控项目。

1）底模及其支架拆除时的混凝土强度应符合设计要求；当设计无具体要求时，混凝土强度应不低于表 5.A.3 的规定。

表 5.A.3　　　　　　　　　　　底模拆除时的混凝土强度要求

构件类型	构件跨度（m）	达到设计的混凝土立方体抗压强度标准值的百分率（%）
板	≤2	≥50
	>2，≤8	≥75
	>8	≥100
梁、拱、壳	≤8	≥75
	>8	≥100
悬臂构件	—	≥100

检查数量：全数检查。

检验方法：检查同条件养护试件强度试验报告。

2）后浇带模板拆除和支顶应按施工组织设计方案执行。

检查数量：全数检查。

检验方法：观察。

（2）一般项目。

1）侧模拆除时的混凝土强度应能保证其表面及棱角不受损伤。

检查数量：全部检查。

检查方法：观察。

2）模板拆除时，不应对楼层形成冲击荷载。拆除的模板和支架宜分散堆放并及时清运。

检查数量：全数检查。

检验方法：观察。

5.A.2.2　钢筋工程

当钢筋的品种、级别或规格需作变更时，应办理设计变更文件。在浇筑混凝土之前，应进行钢筋隐蔽工程验收，其主要包括：纵向受力钢筋的品种、规格、数量、位置等；钢筋的连接方式、接头位置、接头数量、接头面积百分率等；箍筋、横向钢筋的品种、规格、数量、间距等；预埋件的品种、规格、数量、位置等。

钢筋工程质量分为合格和不合格。合格标准：主控项目全部符合要求；一般项目有80%以上检查点符合要求。

钢筋工程质量包括原材料检验项目、钢筋加工检验项目、钢筋连接检验项目、钢筋安装检验项目。

1. 原材料检验项目

（1）一般项目。

钢筋应平直、无损伤，表面不得有裂纹、油污、颗粒状或片状老锈。

检查数量：进场时和使用前全数检查。

检验方法：观察。

（2）主控项目。

钢筋进场时，应按现行国家标准《钢筋混凝土用热轧带肋钢筋》（GB1499）等的规定抽取试件做力学性能检验，其质量必须符合有关标准的规定。

检查数量：按进场的批次和产品的抽样检验方案确定。

检验方法：检查产品合格证、出厂检验报告和进场复验报告。

2. 钢筋加工检验项目

（1）主控项目。

1）受力钢筋的弯钩和弯折应符合下列规定：

a. HPB235 级钢筋末端应作 180° 弯钩，其弯弧内直径不应小于钢筋直径的 2.5 倍，弯钩的弯后平直部分长度不应小于钢筋直径的 3 倍。

b. 当设计要求钢筋末端需作 135° 弯钩时，HRB335 级、HRB400 级钢筋的弯弧内直径不应小于钢筋直径的 4 倍，弯钩的弯后平直部分长度应符合设计要求。

c. 钢筋做不大于 90° 弯折时，弯折处的弯弧内直径不应小于钢筋直径的 5 倍。

检查数量：按每工作班同一类型钢筋、同一加工设备抽查不应少于 3 件。

检查方法：钢尺检查。

2）除焊接封闭环式箍筋外，箍筋的末端应作弯钩，弯钩形式应符合设计要求；当设计无具体要求时，应符合下列规定：

a. 箍筋弯钩的弯弧内直径除应满足上述规定外，尚应不小于受力钢筋直径。

b. 箍筋弯钩的弯折角度。一般结构，不小于 90°，有抗震要求的结构，应为 135°。

c. 箍筋弯后平直部分长度。对一般结构，不宜小于箍筋直径的 5 倍；对有抗震等要求的结构，不应小于箍筋直径的 10 倍。

检查数量：按每工作班同一类型钢筋、同一加工设备抽查不应少于 3 件。

检查方法：钢尺检查。

（2）一般项目。

1）钢筋调直宜采用机械方法，也可采用冷拉方法：HPB235 级钢筋的冷拉率不大于 4%，HRB335、HRB400、RRB400 级钢筋的冷拉率不大于 1%。

检查数量：按每工作班同一类型钢筋、同一加工设备抽查不应少于 3 件。

检查方法：钢尺检查。

2）钢筋加工的形状、尺寸应符合设计要求，其允许偏差应符合表 5.A.4 的规定。

检查数量：按每工作班同一类型钢筋、同一加工设备抽查不应少于 3 件。

检查方法：钢尺检查。

3. 钢筋连接检验项目

（1）主控项目。

1）纵向受力钢筋的连接方式应符合设计要求。

检查数量：全数检查。

表 5.A.4　钢筋加工的允许偏差

项　　目	允许偏差（mm）
受力钢筋顺长度方向全长的净尺寸	±10
弯起钢筋的弯折位置	±20
箍筋内净尺寸	±5

检查方法：观察。

2）在施工现场，应按国家现行标准《钢筋机械连接通用技术规程》（JGJ 107—2003）、《钢筋焊接及验收规程》（JGJ 18—2003）的规定抽取钢筋机械连接接头、焊接接头试件做力学性能检验，其质量应符合有关规程的规定。

检查数量：按有关规定确定。

检查方法：检查产品合格证、接头力学性能试验报告。

（2）一般项目。

1）钢筋的接头宜设置在受力较小处。同一纵向受力钢筋不宜设置两个或两个以上接头，接头末端至钢筋弯起点的距离不应小于钢筋直径的 10 倍。

检查数量：全数检查。

检查方法：观察，钢尺检查。

2）在施工现场，应按国家现行标准的规定对钢筋机械连接接头、焊接接头的外观进行检查，其质量应符合有关规程的规定。

检查数量：全数检查。

检查方法：观察。

3）受力钢筋采用机械连接接头或焊接接头时，设置在同一构件内的接头宜相互错开。

纵向受力钢筋机械连接接头及焊接接头连接区段的长度为 $35d$（d 为纵向受力钢筋的较大直径）且不小于 500mm，凡接头中点位于该连接区段长度内的接头均属于同一连接区段。同一连接区段内，纵向受力钢筋机械连接及焊接的接头面积百分率为该区段内有接头的纵向受力钢筋截面面积与全部纵向受力钢筋截面面积的比值。

同一连接区段内，纵向受力钢筋的接头面积百分率应符合设计要求；当设计无具体要求时，应符合下列规定：

a. 在受拉区不宜大于 50%。

b. 接头不宜设置在有抗震设防要求的框架梁端、柱端的箍筋加密区；当无法避开时，对等强度高职类机械连接接头，不应大于 50%。

c. 直接承受动力荷载的结构构件中，不宜采用焊接接头；当采用机械连接接头时，不应大于 50%。

检查数量：在同一检验批内，对梁、柱和独立基础，应抽查构件数量的 10%，且不少于 3 件；对墙和板，应按有代表性的自然间抽查 10%，且不少于 3 间；对大空间结构，墙可按相邻轴线间高度 5m 左右划分检查面，板可按纵、横轴线划分检查面，抽查 10%，且均不少于 3 面。

检查方法：观察，钢尺检查。

4）同一构件中相邻纵向受力钢筋的绑扎搭接接头宜相互错开。绑扎搭接接头中钢筋的横向净距不应小于钢筋直径，且不应小于 25mm。

钢筋绑扎搭接接头连接区段的长度为 $1.3l_1$（l_1 为搭接长度），凡搭接接头中点位于该连接区段长度内的搭接接头均属于同一连接区段。同一连接区段内，纵向钢筋搭接接头面积百分率为该区段内有搭接接头的纵向受力钢筋截面面积与全部纵向受力钢筋截面面积的比值，如图 5. A. 6 所示。

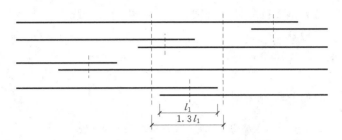

图 5.A.6　钢筋绑扎搭接接头连接区段及接头面积百分率

☎ 需要说明的是，图 5.A.6 所示的搭接接头同一连接区段内的搭接钢筋为两根，当各钢筋直径相同时，接头面积百分率为 50%。

同一连接区段内，纵向受拉钢筋搭接接头面积百分率应符合设计要求；当设计无具体要求时，应符合下列规定：

a. 对梁类、板类及墙类构件，不宜大于 25%。

b. 对柱类构件，不宜大于 50%。

c. 当工程中确有必要增大接头面积百分率时，对梁类构件，不应大于 50%；对其他构件，可根据实际情况放宽。

纵向受力钢筋绑扎搭接接头的最小搭接长度应符合有关规定。

检查数量：在同一检验批内，对梁、柱和独立基础，应抽查构件数量的 10%，且不少于 3 件；对墙和板，应按有代表性的自然间抽查 10%，且不少于 3 间；对大空间结构，墙可按相邻轴线间高度 5m 左右划分检查面，板可按纵、横轴线划分检查面，抽查 10%，且均不少于 3 面。

检查方法：观察，钢尺检查。

5）在梁、柱类构件的纵向受力钢筋搭接长度范围内，应按设计要求配置箍筋。当设计无具体要求时，应符合下列规定：

a. 箍筋直径不应小于搭接钢筋较大直径的 0.25 倍。

b. 受拉搭接区段的箍筋间距不应大于搭接钢筋较小直径的 5 倍，且不应大于 100mm。

c. 受压搭接区段的箍筋间距不应大于搭接钢筋较小直径的 10 倍，且不应大于 200mm。

d. 当柱中纵向受力钢筋直径大于 25mm 时，应在搭接接头两个端面外 100mm 范围内各设置两个箍筋，其间距宜为 50mm。

检查数量：在同一检验批内，对梁、柱和独立基础，应抽查构件数量的 10%，且不少于 3 件；对墙和板，应按有代表性的自然间抽查 10%，且不少于 3 间；对大空间结构，墙可按相邻轴线间高度 5m 左右划分检查面，板可按纵、横轴线划分检查面，抽查 10%，且均不少于 3 面。

检查方法：钢尺检查。

4. 钢筋安装检验项目

(1) 主控项目。

钢筋安装时，受力钢筋的品种、级别、规格和数量必须符合设计要求。

检查数量：全数检查。

检查方法：观察，钢尺检查。

（2）一般项目。

钢筋安装位置的偏差应符合表 5. A. 5 的规定。

表 5. A. 5　　　　　　　　　钢筋安装位置的允许偏差及检验方法

项　　目			允许偏差（mm）	检查方法
绑扎钢筋网	长、宽		±10	钢尺检查
	网眼尺寸		±20	钢尺量连续 3 挡，取最大值
绑扎钢筋骨架	长		±10	钢尺检查
	宽、高		±5	钢尺检查
受力钢筋	间距		±10	钢尺量两端、中间各一点，取最大值
	排距		±5	
	保护层厚度	基础	±10	钢尺检查
		柱、梁	±5	钢尺检查
		板、墙、壳	±3	钢尺检查
绑扎箍筋、横向钢筋间距			±20	钢尺量连续 3 挡，取最大值
钢筋弯起点位置			20	钢尺检查
预埋件	中心线位置		5	钢尺检查
	水平高差		+3, 0	钢尺和塞尺检查

> 注　1. 检查预埋件中心线位置时，应沿纵、横两个方向量测，并取其中的较大值。
> 　　 2. 表中梁类、板类构件上部纵向受力钢筋保护层厚度的合格点率应达到 90% 及以上，且不得有超过表中数值 1.5 倍的尺寸偏差。

检查数量：在同一检验批内，对梁、柱和独立基础，应抽查构件数量的 10%，且不少于 3 件；对墙和板，应按有代表性的自然间抽查 10%，且不少于 3 间；对大空间结构，墙可按相邻轴线间高度 5m 左右划分检查面，板可按纵、横轴线划分检查面，抽查 10%，且均不少于 3 面。

5. A. 2. 3　混凝土工程

结构构件的混凝土强度应按现行国家标准《混凝土强度检验评定标准》（GB/T 50107—2010）的规定分批检验评定。当混凝土中掺用矿物掺和料时，确定混凝土强度的龄期可按现行国家标准《粉煤灰混凝土应用技术规范》（GBJ 146—90）等的规定取值。

检验评定混凝土强度用的混凝土试件，其标准成型方法、标准养护条件及强度试验方法应符合普通混凝土力学性能试验方法标准的规定。

当混凝土试件强度评定为不合格时，采用非破损或局部破损的监测方法，按国家现行有关标准的规定对结构构件中的混凝土强度进行推定，并作为处理依据。

混凝土工程质量分为合格和不合格。合格标准：主控项目全部符合要求；一般项目有 80% 以上检查点符合要求。

混凝土工程质量包括原材料检验项目、混凝土配合比检验项目、混凝土施工检验项目、现浇结构检验项目等几方面内容。

1. 原材料检验项目

(1) 主控项目。

1) 水泥进场时应对其品种、级别、包装或散装仓号、出厂日期等进行检查，并应对其强度、安定性及其他必要的性能指标进行复验，其质量必须符合现行国家标准《通用硅酸盐水泥》(GB 175—2007) 的规定。当在使用中对水泥质量有怀疑或水泥出厂超过 3 个月 (快硬硅酸盐水泥超过 1 个月) 时，应进行复验，并按复验结果使用。

2) 混凝土中掺用外加剂的质量及应用技术应符合现行国家标准《混凝土外加剂》(GB 8076—1997)、《混凝土外加剂应用技术规范》(GB 50119—2003) 等和有关环境保护的规定。

(2) 一般项目。

1) 普通混凝土所用的粗、细集料的质量应符合国家现行标准《普通混凝土用碎石或卵石质量标准及检验方法》(JGJ 53—1992)、《普通混凝土用砂、石质量及检验方法标准》(JGJ 52—2006) 的规定。

2) 拌制混凝土宜采用饮用水；当采用其他水源时，水质应符合国家现行标准《混凝土用水标准》(JGJ 63—2006) 的规定。

2. 配合比设计检验项目

(1) 主控项目。

混凝土应按国家现行标准《普通混凝土配合比设计规程》(JGJ 55—2000) 的有关规定，根据混凝土强度等级、耐久性和工作性等要求进行配合比设计。

对有特殊要求的混凝土，其配合比设计尚应符合国家现行有关标准的专门规定。

检查方法：检查配合比设计资料。

(2) 一般项目。

1) 首次使用的混凝土配合比应进行开盘鉴定，其工作性应满足设计配合比要求。开始生产时应至少留置一组标准养护试件，作为验证配合比的依据。

检查方法：检查开盘鉴定资料和试件强度试验报告。

2) 混凝土拌制前，应测定砂、石含水量，并根据测试结果调整材料用量，提出施工配合比。

检查数量：每工作班检查一次。

检查方法：检查含水量测试结果和施工配合比通知单。

3. 混凝土施工检验项目

(1) 主控项目。

1) 结构混凝土的强度等级必须符合设计要求。用于检查结构构件混凝土强度的试件，应在混凝土的浇筑地点随机抽取。取样与试件留置应符合下列规定：

a. 每拌制 100 盘且不超过 100m³ 的同配合比的混凝土，取样不得少于一次。

b. 每工作班拌制的同一配合比的混凝土不足 100 盘时，取样不得少于一次。

c. 当一次连续浇筑超过 1000m³ 时，同一配合比的混凝土每 200m³ 取样不得少于一次。

d. 每次取样应至少留置一组标准养护试件，同条件养护试件的留置组数应根据实际需要确定。

检验方法：检查施工记录及试件强度试验报告。

2）对有抗渗要求的混凝土结构，其混凝土试件应在浇筑地点随机取样。同一工程、同一配合比的混凝土，取样不应少于一次，留置组数可根据实际需要确定。

检验方法：检查试件抗渗试验报告。

3）混凝土原材料每盘称量的偏差应符合表5.A.6的规定。

检查数量：每工作班抽查不应少于一次。

检查方法：复称。

表5.A.6　原材料每盘称量的允许偏差

材料名称	允许偏差（%）
水泥、掺和料	±2
粗、细骨料	±2
水、外加剂	±2

4）混凝土运输、浇筑及间歇的全部时间不应超过混凝土的初凝时间。同一施工段的混凝土应连续浇筑，并应在底层混凝土初凝之前将上层混凝土浇筑完毕。当底层混凝土初凝后浇筑上一层混凝土时，应按施工组织设计方案中对施工缝的要求进行处理。

检查数量：全数检查。

检查方法：观察、检查施工记录。

（2）一般项目。

1）施工缝的位置应在混凝土浇筑前按设计要求和施工技术方案确定。施工缝的处理应按施工技术方案执行。

检查数量：全数检查

检查方法：观察、检查施工记录。

2）后浇带的留置位置应按设计要求和施工技术方案确定。后浇带混凝土浇筑应按施工技术方案进行。

检查数量：全数检查

检查方法：观察、检查施工记录。

3）混凝土浇筑完毕后，应按施工技术方案及时采取有效养护措施，并符合下列规定：

a. 应在浇筑完毕后的12h以内对混凝土加以覆盖并保湿养护。

b. 混凝土浇水养护的时间。对采用硅酸盐水泥、普通硅酸盐水泥或矿渣硅酸盐水泥拌制的混凝土，不得少于7d；对掺用缓凝型外加剂或有抗渗要求的混凝土，不得少于14d。

c. 浇水次数应能保持混凝土处于湿润状态；混凝土养护用水应与拌制用水相同。

d. 采用塑料布覆盖养护的混凝土，其敞露的全部表面应覆盖严密，并应保持塑料布内有凝结水。

e. 混凝土强度达到$1.2N/mm^2$前，不得在其上踩踏或安装模板及支架。

☎　注意事项：当日平均气温低于5℃时，不得浇水；当采用其他品种水泥时，混凝土的养护时间应根据所采用水泥的技术性能确定；混凝土表面不便浇水或使用塑料布时，宜涂刷养护剂；对大体积混凝土的养护，应根据气候条件按施工技术方案采用控温措施。

检查数量：全数检查。

检验方法：观察、检查施工记录。

5. A. 2. 4 现浇结构工程

1. 主控项目

（1）现浇结构的外观质量不应有严重缺陷。对已经出现的严重缺陷，应由施工单位提出技术处理方案，并经监理（建设）单位认可后进行处理。对经过处理的部位，应重做检查验收。

检查数量：全数检查。

检验方法：观察、检查技术处理方案。

（2）现浇结构不应有影响结构性能和使用功能的尺寸偏差；混凝土设备基础不应有影响结构性能和设备安装的尺寸偏差。对超过尺寸允许偏差且影响结构性能和安装、使用功能的部位，应由施工单位提出技术处理方案，并经监理（建设）单位认可后进行处理。对经过处理的部位，应重新检查验收。

检查数量：全数检查。

检验方法：观察、检查技术处理方案。

2. 一般项目

（1）现浇结构的外观质量不宜有一般缺陷。对已经出现的一般缺陷，应由施工单位按技术处理方案进行处理，并重新检查验收。

检查数量：全数检查。

检验方法：观察、检查技术处理方案。

（2）现浇结构基础拆模后的尺寸偏差应符合表 5. A. 7 的规定。

检查数量：在同一检验批内，对梁、柱和独立基础，应抽查构件数量的 10%，且不少于 3 件；对设备基础，应全数检查。

表 5. A. 7　　　　　　　　现浇结构尺寸允许偏差和检查方法

项　　目			允许偏差（mm）	检 查 方 法
轴线位置	基础		15	钢尺检查
	独立基础		10	
	柱、墙、梁		8	
	剪力墙		5	
垂直度	层高	≤5m	8	经纬仪或吊线、钢尺检查
		>5m	10	经纬仪或吊线、钢尺检查
	全高 H		$H/1000$ 且不大于 30	经纬仪、钢尺检查
标高	层高		±10	钢尺检查
	全高		±30	水准仪或拉线、钢尺检查

续表

项　目		允许偏差（mm）	检查方法
截面尺寸		+8，－5	钢尺检查
表面平整度		8	2m靠尺和塞尺检查
预埋设施 中心线位置	预埋件	10	钢尺检查
	预埋螺栓	5	
	预埋管	5	
预留洞中心线位置		15	钢尺检查

注　检查轴线、中心线位置时，应沿纵、横两个方向量测，并取其中的较大值。

B. 拓 展 知 识

5.B.1　地基基础的设计原则、内容和步骤

1．地基基础设计等级

根据地基复杂程度、建筑物规模和功能特征以及由于地基问题可能造成建筑物破坏或影响正常使用的程度，将地基基础设计分为 3 个设计等级，设计时应根据具体情况按表5.B.1 选用。

2．地基基础设计原则

《建筑结构可靠度设计统一标准》（GB 50068—2001）所规定的建筑结构应满足的安全性、适用性和耐久性等功能要求的实现，在地基基础设计中，通常通过以下 3 项基本原则来保证：

（1）地基应具有足够的强度和稳定性。规范要求所有建筑物的地基计算均应满足承载力计算的有关规定；对经常受水平荷载作用的高层建筑、高耸结构，以及建造在斜坡或边坡附近的建筑物和构筑物，尚应验算其稳定性。

表 5.B.1　　　　　地 基 基 础 设 计 等 级

设 计 等 级	建筑和地基类型
甲 级	（1）重要的工业与民用建筑 （2）30 层以上的高层建筑 （3）体型复杂、层数相差超过 10 层的高低层连成一体的建筑物 （4）大面积的多层地下建筑物（如地下车库、商场、运动场等） （5）对地基变形有特殊要求的建筑物 （6）复杂地质条件下的坡上建筑物（包括高边坡） （7）对原有工程影响较大的新建建筑物 （8）场地和地基条件复杂的一般建筑物
乙 级	除甲级、丙级以外的工业与民用建筑物
丙 级	场地和地基条件简单，荷载分布均匀的 7 层及 7 层以下民用建筑及一般工业建筑物； 次要的轻型建筑物

（2）地基应满足变形方面的要求。规范规定：设计等级为甲级、乙级的建筑物，均应按地基变形设计；建筑物情况和地基条件复杂的丙级建筑物地基尚应做变形验算，以保证建筑物不因地基沉降影响正常使用。

（3）基础的形式、构造和尺寸，除应能适应上部结构、符合使用需要、满足地基承载力（稳定性）和变形要求外，还应满足对基础结构的强度、刚度和耐久性要求。

3. 荷载取值

（1）确定基础底面积及埋深时，传至基础底面上的荷载效应应按正常使用极限状态下荷载效应的标准组合值。相应的抗力应采用地基承载力特征值。

（2）计算地基变形时，传至基础底面上荷载效应应按正常使用极限状态下荷载效应的准永久组合值，且不计入风荷载和地震作用。相应的限值应为地基变形允许值。需要验算基础裂缝宽度时，应按正常使用极限状态荷载效应标准组合。

（3）验算地基稳定性时，传至基础底面上的荷载效应应按承载力极限状态下荷载效应的基本组合值，但其分项系数均为 1.0。

（4）确定基础高度、内力和验算材料强度时，传至基础底面上的荷载效应应按承载力极限状态下荷载效应的基本组合值，采用相应的分项系数。

4. 常规设计方法

地基基础的设计不能孤立地进行，既要考虑上部结构的形式、规模、荷载大小与性质、对不均匀沉降的敏感性，又要研究下部地质条件、土层分布、土的性质、地下水等情况，因地制宜进行设计。常用浅基础由于体型不大、结构简单，在计算单个基础时，通常把上部结构、基础与地基三者作为彼此离散的独立结构单元进行力学分析，既不遵循上部结构与基础的变形协调条件，也不考虑地基与基础的相互作用。这种简化的设计方法称为常规设计方法，也经常用于其他复杂基础的初步设计。

采用常规设计方法时应妥善处理以下几方面问题：

（1）充分掌握拟建场地的工程地质条件和地基勘察资料。例如，不良地质现象和发震断层的存在及其危害性，地基土层分布的均匀性和软弱下卧层的位置和厚度，各层土的类别及其工程特性指标等。地基勘察的详细程度应与建筑物的安全等级和场地的工程地质条件相适应。

（2）了解当地的建筑经验、施工条件和就地取材的可能性，并结合实际考虑采用先进的施工技术和经济、可行的地基处理方法。

（3）在研究地基勘察资料的基础上，结合上部结构的类型、荷载的性质、大小和分布、建筑布置和使用要求，以及拟建的基础对原有建筑或设施的影响，考虑选择的基础类型和平面布置方案，确定地基持力层和基础埋深。

（4）按地基承载力确定基础底面尺寸，进行必要的地基稳定性和特征变形验算，以便地基的稳定性能得到充分的保证，使地基的沉降不致引起结构损坏、建筑物倾斜与开裂或影响其使用和外观。

（5）以简化的或考虑相互作用的计算方法进行基础结构的内力分析和截面设计，以保证基础具有足够的强度、刚度和耐久性。最后绘制施工详图并作出施工说明。

一般情况下，进行地基基础设计时，应具备以下一些基本资料：①建筑场地的地形图和岩土工程地质勘察报告；②建筑物的平面、立面、剖面图，作用在基础上的荷载，设备基础及各种设备管道的布置与标高；③建筑材料的供应情况、施工技术和设备力量。

　　5.地基基础设计内容和步骤

　　(1) 选择方案，确定基础的结构形式和材料。

　　(2) 确定基础的埋置深度，即确定地基持力层。

　　(3) 确定地基承载力特征（设计）值。

　　(4) 根据传至基础底面上的荷载效应和地基承载力特征（设计）值，确定基础底面尺寸。

　　(5) 根据传至基础底面上的荷载效应进行相应的地基验算（变形和稳定性验算）。

　　(6) 根据传至基础底面上的荷载效应确定基础构造尺寸，进行必要的结构计算。

　　(7) 绘制基础施工图，编制施工说明。

5.B.2　大体积混凝土基础施工

5.B.2.1　大体积混凝土基础的特点

　　大体积混凝土是指最小断面尺寸大于1m的混凝土结构，其尺寸已经大到必须采用相应的技术措施妥善处理温度差值，合理解决温度应力并控制裂缝开展的混凝土结构。

　　高层建筑的箱形基础或片筏基础等都有厚度较大的钢筋混凝土底板，高层建筑的桩基础则常有厚大的承台，这些基础底板和桩基承台均属大体积钢筋混凝土结构。还有较常见的一些厚大结构转换层楼板和大梁也属大体积钢筋混凝土结构。

　　大体积混凝土基础具有以下特性：

　　(1) 混凝土设计强度高，单方水泥用量较多，水化热引起的混凝土内部温度较一般混凝土要大得多。

　　(2) 结构断面内配筋多，整体性要求高，如无特殊情况，混凝土须不间断一次连续浇筑。

　　(3) 基础结构大多埋置地下，要求抗渗性能较高。

　　(4) 混凝土浇筑后的升温易使结构产生温度裂缝，硬化过程中的收缩易产生收缩裂缝。

5.B.2.2　大体积混凝土基础裂缝产生原因及防治措施

　　1.裂缝产生的原因

　　(1) 水泥水化热。水泥在水化过程中要产生大量的热量，是大体积混凝土内部热量的主要来源。由于大体积混凝土截面厚度大，水化热聚集在结构内部不易散失，使混凝土内部的温度升高。混凝土内部的最高温度，大多发生在浇筑后的3～5d，当混凝土内部与表面温差过大时，就会产生温度应力和温度变形。温度应力与温差成比，温差越大，温度应力也越大。当混凝土的抗拉强度不足以抵抗该温度应力时，便开始产生温度裂缝。这就是大体积混凝土容易产生裂缝的主要原因。

　　(2) 约束条件。大体积钢筋混凝土与地基浇筑在一起，当早期温度上升时产生的膨胀变形受到下部地基的约束而形成压应力。由于混凝土的弹性模量小，徐变和应力松弛度大，使混凝土与地基连接不牢固，因而压应力较小。但当温度下降时，产生较大的拉应力，若超过混凝土的抗拉强度，混凝土就会出现垂直裂缝。

（3）外界气温变化。大体积混凝土在施工期间，外界气温的变化对大体积混凝土的开裂有重大影响。混凝土内部温度是由浇筑温度、水泥水化热的绝热温度和混凝土的散热温度三者叠加。外界温度越高，混凝土的浇筑温度也越高。外界温度下降，尤其是骤降，大大增加外层混凝土与混凝土内部的温度梯度，产生温差应力，造成大体积混凝土出现裂缝。因此控制混凝土表面温度与外界气温温差，也是防止裂缝的重要一环。

（4）混凝土的收缩变形。混凝土的拌和水中，只有约 20% 的水分是水泥水化所必需的，其余 80% 要被蒸发。混凝土中多余水分的蒸发是引起混凝土体积收缩的主要原因之一。这种收缩变形不受约束条件的影响，若存在约束，就会产生收缩应力而出现裂缝。

2. 控制温度裂缝措施

（1）合理选择配合比，降低水化热温度。在保证可泵性的前提下，选用大粒径粗骨料，严格控制砂、石级配和含泥量，在混凝土中掺加木钙减水剂和粉煤灰等，优选混凝土配合比，以减少水泥用量，使水泥用量减到 $320 kg/m^3$，降低水化热温升，同时浇筑底板时在混凝土中加 10% 左右的块石，既节省混凝土，又起吸热降低水化热温升的作用。

（2）降低混凝土入模温度。为降低浇筑温度，采用地下低温水中加入适量冰屑、石子洒水冷却、混凝土表面护盖等方法降低搅拌温度，尽量缩短混凝土运输时间，混凝土中掺加木钙缓凝剂，使初凝时间延长到 6h 以上，减缓浇筑速度，并薄层浇筑，通风机强制通风，以加快浇筑期间热量的散发，推迟水化热峰值出现，延长混凝土升温期。

（3）适当配置温度构造筋。对结构薄层和应力集中部位，加设 $\phi 12mm$ 细密钢筋网片，在洞口四周应力集中部位适当增配构造筋，以分散应力。

（4）控制拆模时间。根据测温结果，若混凝土拆模后的表面温度或大气温度与混凝土内部温度差小于 25℃，即可拆模；若降低后的表面温度或大气温度与混凝土内部温度差大于 25℃ 时，不仅不能拆模，还应采取模板上覆盖保温材料的保温措施，以减小温差。

（5）加强混凝土的养护和保温。①底板侧模内衬 80mm 厚塑料泡沫保温板一层，减少混凝土的侧面温差。②混凝土浇筑后做好早期湿养护，底板采取围垅蓄水养护，拆模后及时覆盖一层塑料薄膜，在薄膜上加盖两层草垫保温，以减少混凝土内外温差。③使混凝土中心温度与表面温度差在 25℃ 左右，以提高早期弹性模量，增强抗裂性。

（6）避免降温与干缩共同作用。大体积混凝土降温与干缩同时发生，导致应力累加，是后期出现裂缝的主要原因之一。为此在混凝土拆模养护后，随即回填土，使地下水位相应上升 2/3 全高，整个基础底板部分保持湿润状态，预防在降温期内混凝土产生过大的脱水干缩和湿度变化。

5. B. 2. 3　大体积混凝土基础的施工

1. 材料准备

（1）粗骨料宜采用连续级配，细骨料宜采用中砂。

（2）外加剂宜采用缓凝剂、减水剂；掺合料宜采用粉煤灰、矿渣粉等。

（3）大体积混凝土在保证混凝土强度及坍落度要求的前提下，应提高掺合料及骨料的含量，以降低单方混凝土的水泥用量。

（4）水泥应尽量选用水化热低、凝结时间长的水泥，优先采用中热硅酸盐水泥、低热矿渣硅酸盐水泥、大坝水泥、矿渣硅酸盐水泥、粉煤灰硅酸盐水泥、火山灰质硅酸盐水泥等。

注：水化热低的矿渣水泥的析水性比其他水泥大，在浇筑层表面有大量水析出。这种泌水现象不仅影响施工速度，同时影响施工质量。所以，在选用矿渣水泥时应尽量选择泌水性的品种，并应在混凝土中掺入减水剂，以降低用水量。在施工中应及时排出析水或拌制一些干硬性混凝土均匀浇筑在析水处，用振捣器振实后，再继续浇筑上一层混凝土。

2. 施工准备

大体积混凝土施工前的准备工作除按一般混凝土施工前，必须进行物料、机具、技术和现场准备外，还应根据其施工的特殊性做好附属材料和辅助设备的准备工作，如水泵、测温设备等。

3. 施工要点

（1）泵送混凝土水灰比控制在不大于 0.6，混凝土塌落度应根据配合比要求严格控制，一般控制在 160～180mm±20mm 为宜。塌落度的增加应通过调整砂率和掺用减水剂解决，严禁在现场随意加水以增加塌落度。

（2）搅拌后的混凝土及时运抵浇灌地点并入模浇筑。在运送过程中要防止混凝土离析、灰浆流失、塌落度变化等现象，如发生离析现象，必须进行人工二次拌和后方可入模。

（3）大体积混凝土浇筑。应根据整体连续浇筑的要求，结合结构实际尺寸的大小、钢筋疏密、混凝土供应条件等具体情况，分别选用不同的浇筑方案，以保证结构的整体性。常用的浇筑方案有 3 种：

1）全面分层。即将整个结构浇筑层分为数层浇筑，在已浇筑的下层混凝土尚未凝结时，即开始浇筑第二层，如此逐层进行，直至浇筑完毕。这种浇筑方案一般适用于结构平面尺寸不大的工程。施工时宜从短边开始，沿长边方向进行。

2）分段分层。即将基础划分为几个施工段，施工时从底层一端开始浇筑混凝土，进行到一定距离后就回头浇筑该区段的第二层混凝土，如此依次向前浇筑其他各段（层）。这种浇筑方案适用于厚度较薄而面积或长度较大的结构。

3）斜面分层。即混凝土浇筑时，不再水平分层，由底一次浇筑到结构面。但应注意向前推进的速度不能太快，每浇一段（相当于一层）混凝土后，其末端宜做出一定坡度的斜面，并要充分做好振捣工作，以保证前后层混凝土之间结合紧密。这种浇筑方案适用于长度大大超过厚度的结构，也是大体积混凝土底板浇筑时应用较多的一种方案。

（4）为了防止混凝土发生离析，当混凝土的自由倾落度超过 2m 时，采用串筒下料。

（5）混凝土采用机械振捣。振棒的操作要做到"快插慢拔"，在振捣过程中，宜将振棒上下略有抽动，以使上下振动均匀。每点振捣时间一般为 20～30s 为宜，但还应视混凝土表面呈水平不再显著下沉、不再出现气泡及表面泛出灰浆为准。分层浇筑时，振棒应插入下层 5cm 左右，以消除两层之间的接缝。振捣时要防止振动模板，并应尽量避免碰撞钢筋、预埋件等。每完成一段，应随即用铁铲摊平拍实。

（6）混凝土的养护。为了保证新浇筑混凝土有适宜的硬化条件，防止在早期由于干缩而产生裂缝，大体积混凝土浇筑后要在 12h 内加以覆盖，并蓄水 20cm 养护不少于 3d。

（7）混凝土测温。为了掌握大体积混凝土的温升和温降的变化规律，对混凝土进行全过程的监测控制。测温点的布置要有代表性，沿浇筑的高度布置在底部、中部和表面，垂直测点间距为 80cm 左右；平面则布置在边缘和中间，平面测点间距取 5m。采用预留孔洞的方法测温，一个测温孔只能反映一个点的数据。在温度上升阶段（1～3d 龄期内）每 2～4h 测一次，温度下降阶段每 8h 测一次，同时应测大气温度。测温工具选用半导体液晶显示温度计。在测温过程中，当发现温度差超 25℃时，若在混凝土温升阶段，要尽量减少覆盖，尽量让其降温；若在混凝土降温阶段，要及时加强保温或延缓拆除保温材料。

学习情境6 桩基工程施工

【教学目标】

【教学目标】

通过该学习情境的学习训练，要求学生掌握桩基础的施工流程及质量验评方法，能读懂桩基础专项施工方案，会编制简单的桩基础施工技术交底。

【教学要求】

1. 能力要求

🔨 具有编制桩基础专项施工方案的能力。

🔨 具有进行桩基础施工技术交底的能力。

🔨 具有进行桩基础施工质量验评的能力。

2. 知识要求

🔨 了解桩的类型、适用条件和施工工艺、质量控制要点及相关的规范、标准等。

🔨 熟悉常见桩基础的受力特点及构造要求。

🔨 掌握常见桩基础施工质量事故产生的原因、预防措施和根治方法。

桩基础是应用最为广泛的一种深基础形式。当建筑物荷载较大，地基软弱土层较厚，浅层地基土质无法满足建筑物对地基承载力和变形的要求且不宜采用地基处理等措施时，常采用这种基础。

桩基础由设置于土中的基桩和连接于桩顶的承台共同组成，如图6.0.1所示。按照承台的位置高低，可分为低承台桩基和高承台桩基两种。若桩身全部埋于土中，承台底面与土体接触，则称为低承台桩基；若桩身上部露出地面而承台底位于地面以上，则称为高承台桩基。由于承台位置的不同，两种桩基础中基桩的受力、变形情况也不一样，因而其设计方法也不相同。建筑桩基通常为低承台桩基，而码头、桥梁等构筑物经常采用高承台桩基。采用一根桩（通常为大直径桩）以承受和传递上部结构（通常为柱）荷载的独立基础称为单桩基础，由两根以上基桩组成的桩基础称为群桩基础。

桩基础的作用是将上部结构的荷载传至深层较坚硬、压缩性小的土层或岩层上，因而具有承载力高、沉降量小、沉降速率缓慢且均匀的特点，能承受竖向荷载、水平荷载、土拔力及由机器产生的振动和动力作用等。通常下列情况考虑采用桩基础：

（1）地基的上层土质太差而下层土质较好，或地基软硬不均或荷载不均，不能满足上部结构对不均匀变形的要求。

（2）地基软弱，采用地基加固措施不合适，或地基土性特殊，如存在可液化土层、自重湿陷性黄土、膨胀土及季节性冻土等。

（3）除承受较大垂直荷载外，尚有较大偏心荷载、水平荷载、动力荷载或周期性荷载作用。

（4）上部结构对基础的不均匀沉降相当敏感，或建筑物受到大面积地面超载的影响。

（5）地下水位很高，采用其他基础形式施工困难；或位于水中的构筑物基础，如桥梁、码头、钻采平台等。

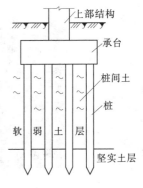

图 6.0.1　低承台桩基础
　　　　　示意图

（6）需要减少基础振幅或应控制基础沉降和沉降速率的精密或大型设备基础。

桩基础历史悠久，应用广泛，近年来随着生产水平的不断提高，科学技术的不断进步，桩的种类和形式、施工工艺都在高速发展。目前，我国桩基最大入土深度已达107m，桩径已经达到5m以上。

<h1>任务 1　混凝土预制桩施工</h1>

【工作任务】

编制钢筋混凝土预制桩基础的专项施工方案，对预制桩基础施工进行质量验评。

混凝土预制桩是目前国内工程中应用最广泛的一种桩基施工方式，它是指在工厂（或现场）预制成桩以后再运到施工现场，在设计桩位处用沉桩机械沉至地基土中设计深度的桩。混凝土预制桩分普通钢筋混凝土预制桩和预应力混凝土管桩两种。

普通钢筋混凝土预制桩多为实心的方形断面，截面边长以 300～500mm 较为常见。现场预制桩的单根桩最大长度主要取决于运输条件和打桩架的高度，一般不超过 30m。如桩长超过 30m，可将桩分成几段预制，在打桩过程中进行接桩处理。预应力混凝土管桩是采用先张法预应力工艺和离心成型法制成的一种空心圆筒体混凝土预制桩（图 6.1.1），包括预应力混凝土管桩（代号 PC）、预应力混凝土薄壁管桩（代号 PTC）和预应力高强混凝土管桩（代号 PHC）。管桩外径为 300～600mm，分节长度为 7～13mm，沉桩时桩节处通过焊接端头板接长。

钢筋混凝土预制桩基础常常采用锤击、振动及静力压桩等方法施工。由于每种施工方法又有多种施工工艺，因此，选择合理的桩型并编制相应的施工方案显得尤为重要。

6.1.1　锤击沉桩（打入法）施工

锤击沉桩也称打入桩，是利用桩锤落到桩顶上的冲击力来克服土对桩的阻力，使桩沉到预定的深度或达到持力层的一种打桩施工方法，如图 6.1.2 所示。锤击沉桩是混凝土预制桩常用的沉桩方法，施工速度快，机械化程度高，适用范围广，但施工时有冲撞噪声和对地表层有振动，在城区和夜间施工有所限制。

图 6.1.1   预应力混凝土管桩

图 6.1.2   锤击沉桩施工

6.1.1.1 材料要求

（1）钢筋混凝土预制桩。规格、质量必须符合设计要求和施工规范的规定，并有出厂合格证，强度要求达到 100%，且无断裂等情况。

（2）焊条（接桩用）。型号、性能必须符合设计要求和有关标准的规定，一般宜用 E43 牌号。

（3）钢板（接桩用）。材质、规格符合设计要求，宜用低碳钢。

6.1.1.2 施工准备

1. 技术准备

（1）会同有关单位进行图纸会审和打试验桩工作，确定打桩施工标准，并采取有效措施保证地下管线（管道、电缆）和周边建筑物的安全。

（2）根据建设单位和单位提供的规划及设计图纸进行轴线控制网点和标高控制点的移交、验收和校核工作。

（3）编制切实可行的施工组织设计和方案，组织施工管理人员熟悉图纸和打桩施工标准，并对进场的施工作业人员进行技术及安全交底。

2. 机具准备

（1）打桩设备。

其包括桩锤、桩架和动力装置 3 部分。

1）桩锤。桩锤的选择。桩锤是对桩施加

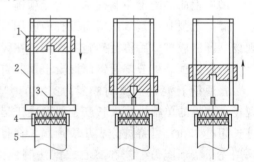

图 6.1.3   柴油锤工作示意图

1—活塞；2—导杆；3—喷嘴；4—桩帽；5—桩

冲击力，将桩打入土层中的主要机具。按目前工程中使用频繁的程度，依次为柴油锤（图 6.1.3）、蒸汽锤（分单作用和双作用）、落锤、液压锤、振动锤。桩锤的工作原理和适用范围和特点见表 6.1.1。

☎ 在民用建筑中，大量采用柴油锤施工，主要是其能量大，供选择的规格多；蒸汽锤由于其配套设备较庞大，打桩能量及打桩速率均受限制，因此在市场上已日趋减少。液压锤因其锤击效率高，无油烟，振动小，深得工程界青睐，但国产液压锤尚少，进口液压锤价格昂贵。

表 6.1.1　　　　　　　　　　　各种桩锤适用范围及其特点

桩锤种类	工作原理	适用范围	特　点
落锤	用人力或卷扬机拉起桩锤，然后自由下落，利用锤重力夯击桩顶，将桩打入土中	适用于黏土和含砂、砾石较多的土层	构造简单、使用方便、费用低；能随意调整落距；打桩速度慢、工效低（锤击次数 6～12 次/min）；对桩的损伤较大，施工时产生噪声大，影响环境
蒸汽锤	以蒸汽或压缩空气为动力对桩顶进行锤击	适宜打各种桩，还可用于打斜桩、水下打桩、打钢板桩、拔桩	结构简单、工作可靠、精度高，能适应各种地层土质；打桩的辅助设备多，运输费用高，落距不能调节，效率一般
柴油锤	以柴油为燃料，利用柴油燃烧膨胀产生的压力推动活塞往复运动进行锤击打桩	适宜打各种桩，也可用于打斜桩（最大斜桩角度为 45°）	结构简单、移动灵活、使用方便，不需从外部提供能源；在过软的土中由于桩的贯入度过大，容易熄火，使打桩中断；施工噪声大，排出的废气污染环境
振动锤	利用偏心轮引起激振，通过刚性连接的桩帽将振动力传到桩上	宜于打钢板桩、钢管桩、钢筋混凝土管桩；帮助卷扬机拔桩；适用于在砂土、塑性黏土及松软砂黏土上打桩，在卵石夹砂及紧密黏土中效果较差	施工速度快，使用方便，施工费用低，施工时噪声低，没有其他公害污染，结构简单；维修保养方便，可兼用作沉桩和拔桩作业，启动、停止容易；不适宜打斜桩，在硬质土层中打桩有时不易贯入，需要大容量电力
液压锤	冲击块通过液压装置提升到预定的高度后快速释放，冲击块以自由落体方式打击桩体	适宜于打各种桩；适宜于在一般土层中打桩	施工无公害污染，打击力峰值小，桩顶不易损坏，可用于水下打桩、打斜桩；结构复杂，保养与维修工作量大，价格高，冲击频率小，作业效率较低

2）桩架。桩架的作用为吊桩就位、悬吊桩锤、打桩时引导桩身方向，主要由底盘、导杆或龙门架、斜杆、滑轮组和动力设备等组成。桩架的种类很多，常用的通用桩架（能适应多种桩锤）有两种基本形式：一种是沿轨道行驶的多功能桩架（图 6.1.4）；另一种是装在履带底盘上的打桩架（图 6.1.5）。

a. 多功能桩架。由立柱、斜撑、回转工作台、底盘及传动机构等部分组成。它的机动性和适应性较大，在水平方向可做 360°回转，立柱可伸缩和前后倾斜。底盘下装有铁轮，可在轨道上行走。这种桩架可适用于各种预制桩和灌注桩施工。缺点是机构较庞大，现场组装、拆卸和转运较困难。

b. 履带式桩架。以履带式起重机为底盘，增加了斜撑、导杆以及可以在底盘上自由行走的桩架。其机架移动转向最灵活，移动速度快，使用方便，适用范围广，可用于各种预制桩和灌注桩施工。

桩架的种类和高度，应根据桩锤的种类、桩的长度和施工条件确定。

桩架高度＝桩长＋桩帽高度＋桩锤高度＋滑轮组高度＋起锤工作伸缩的余位高度(1～2m)

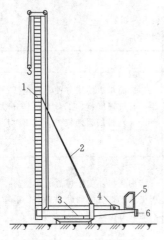

图 6.1.4　多功能桩架
1—立柱；2—斜撑；3—回转平台；4—卷扬机；
5—司机室；6—平衡重

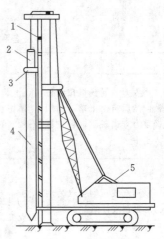

图 6.1.5　履带式桩架
1—导架；2—桩锤；3—桩帽；
4—桩；5—吊车

若桩架高度不足，则桩可考虑分节制作、现场接桩；若采用落锤，还应考虑落距高度。

3）动力装置。打桩机械的动力装置及辅助设备主要根据选定的桩锤种类而定。落锤以电源为动力，需配置电动卷扬机、变压器、电缆等；蒸汽锤以高压蒸汽为动力，需配置蒸汽锅炉和卷扬机；空气锤以压缩空气为动力，需配置空气压缩机、内燃机等；柴油锤以柴油作为能源，桩锤本身有燃烧室，不需外部动力设备。

（2）其他辅助机具。

其包括电焊机、桩帽、运桩小车、氧割工具、索具、扳手、撬棍和钢丝刷等。

3. 作业条件

（1）整平场地，清除桩基范围内的高空、地面、地下障碍物；修设桩机进出行走道路，做好排水措施，以便打桩机进场并在工地进行拼装就位。

（2）桩基的轴线和标高均已测定完毕，并经过检查办了预检手续。

（3）根据轴线放出桩位线，即按图纸布置进行测量放线，定出桩基纵横轴线。先定中心，再引出两侧，并将桩的正确位置测设到地面上，每一个桩位打一个小木桩；并测出每个桩位的实际标高，场地外设 2～3 个水准点，以便随时检查之用。施工中注意看管，及时复位。

（4）检查桩的质量，将需用的桩按平面布置图堆放在打桩机附近，不合格的桩不能运至打桩现场。

（5）检查打桩机设备及起重工具，铺设水电管网，进行设备架立组装和试打桩（在桩架上设置标尺或在桩的侧面画上标尺，以便能观测桩身入土深度）。

（6）施工前必须细致地进行试桩工作，根据地质勘探钻孔资料，选择能代表工程所处场地地质条件的桩位，进行数量不少于两根桩的试桩试验，确定贯入度并检验打桩设备、施工工艺及技术措施是否适宜。

（7）打桩场地建（构）筑物有防振要求时，应采取必要的防护措施。

（8）学习、熟悉桩基施工图纸，并进行会审；要选择和确定打桩机进出路线和打桩顺序，制定施工方案，做好技术交底，特别是地质情况、设计要求、操作规程和安全措施的交底。

（9）准备好桩基工程沉桩记录和隐蔽工程验收记录表格，安排好记录和监理人员等。

6.1.1.3 施工工艺

1. 工艺流程

施工工艺流程如图 6.1.6 所示。

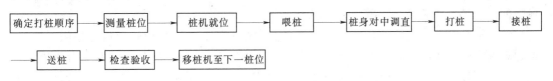

图 6.1.6 工艺流程

2. 操作工艺

（1）确定打桩顺序。打桩时，由于桩对土体的挤密作用，使先打入的桩受到水平推挤而造成偏移和变位，或被垂直挤涌造成浮桩；而后打入的桩难以达到设计标高或入土深度，造成土体隆起和挤压，截桩过大。打桩顺序是否合理直接影响到打桩进度和打桩质量。因此，群桩施打时，应根据桩的密集程度（桩距大小）、桩的规格、长短、桩的设计标高、工作面布置、工期要求等因素来正确选择打桩顺序。

打桩顺序一般分为逐段打设、自中部向四周打设和由中间向两侧打设 3 种，如图 6.1.7 所示。当桩规格、埋深、长度不同时，宜按先深后浅、先大后小、先长后短的顺序施打；当与其他建筑邻近时，宜先在邻近建筑物周围打桩；对于粉质黏土及黏土地区，避免按一个方向打；当桩头高出地面时，桩机宜采用往后退打；否则可采用往前顶打。

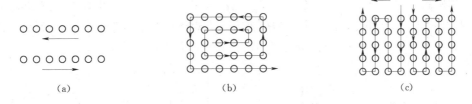

(a)　　　　　　　　　　　(b)　　　　　　　　　　　(c)

图 6.1.7 打桩顺序

（a）逐段打设；（b）自中部向四周打设；（c）由中间向两侧打设

☎　一般情况下，当桩的中心距不大于 4 倍桩径（边长）时应该拟定打桩顺序；桩距大于 4 倍桩径（边长）时，打桩顺序与土壤挤压情况关系不大，可根据施工方便选择打桩顺序。

（2）测量桩位。根据设计的桩位图，按桩的施工顺序将桩逐一编号，根据桩号所对应的轴线按尺寸要求施放桩位。

在打桩施工区域附近不受桩基础施工影响之处设置控制桩和水准基点，一般要求不少于两个。在施工过程中可据此检查桩位的偏差及桩的入土深度。

（3）桩机就位。桩机设备进场后进行安装调试，然后移机至起点桩位处就位。桩架安装就位后应保证垂直稳定，在施工中不发生倾斜、移动。打桩前应用两台经纬仪对打桩机进场垂直度调整，使导杆保持垂直，并应在打桩期间经常检验。

（4）喂桩。先拴好吊桩用的钢丝绳和索具，然后应用索具捆住桩上端吊环附近处，一般不宜超过30cm；再启动机器起吊预制桩，使桩尖垂直对准桩位中心，缓缓放下插入土中，位置要准确；再在桩顶扣好桩帽或桩箍，即可除去索具。如无吊环的，吊点位置的选择随桩长而异，并应符合起吊弯矩最小的原则。

（5）桩身对中调直。桩就位后在桩顶安上桩帽，然后放下桩锤轻轻压住桩帽。桩锤、桩帽和桩身中心线应在同一垂直线上。等桩下沉达到稳定状态后，再一次检查其平面位置和垂直度，校正符合要求后即可进行打桩。为了防止击碎桩顶，应在混凝土桩的桩顶和桩帽之间、桩锤与桩帽之间放上硬木、麻袋等弹性衬垫作缓冲层。桩在打入前，应在桩的侧面或桩架上设置标尺，以便在施工中观测桩的入土深度。

（6）打桩。打桩开始时，应先采用短落距（0.5～0.8m）轻击桩顶，使桩正常沉入土中1～2m后，检查桩身垂直度及桩尖偏移，符合要求后再逐渐增大至规定落距，直至将桩沉到设计要求的深度。在较厚的软土、粉质黏土层中每根桩要连续施打，中间停歇时间不可太久。

桩的施工原则是"重锤低击"，这样可以使桩锤对桩头的冲击小、回弹小，桩头不易损坏，大部分能量用于沉桩。锤重的选择应根据工程地质条件、桩的类型、结构、密集程度及施工条件选用，其落距为：落锤小于1.0m，单动汽锤小于0.6m，柴油锤小于1.5m。

打桩过程中，遇见下列情况应暂停，并及时与有关单位研究处理：① 贯入度剧变；② 桩身突然发生倾斜、位移或有严重回弹；③ 桩顶或桩身出现严重裂缝或破碎。

（7）接桩。混凝土预制桩按设计要求有时长达30～40m，高层建筑甚至超过60m，但由于打桩机高度有限或预制、运输等因素，只能采用分段预制、分段打入的方法，需在打桩现场的打入过程中将桩接长。常用的接桩方法有焊接、法兰盘连接和硫磺胶泥锚接（浆锚法）等几种（图6.1.8）。各接头的优、缺点如表6.1.2所示。

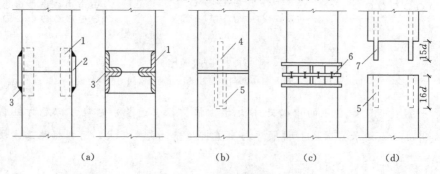

图6.1.8　桩的接头形式

(a) 焊接接合；(b) 管式接合；(c) 管桩螺旋接合；(d) 硫磺砂浆锚筋接合

1—角钢与主筋焊接；2—钢板；3—焊缝；4—预埋钢管；5—浆锚孔；

6—预埋法兰；7—预埋锚筋；d—锚栓直径

表 6.1.2　　　　　　　　　　各种桩接头优、缺点

接头种类	特点	适用范围	优、缺点
角钢绑焊接头	角钢与桩节端部钢板焊接，需验算连接焊缝的抗剪、抗拉强度	各类土层	接头连接强度能保证，接头承载力大，能用于长径比大或密集布置或需穿过一定厚度较硬土层的预制桩；但焊接时间长，沉桩效率降低
钢板对焊接头	上下桩节预埋钢板对接焊接	各类土层	
法兰盘接头	用螺栓连接，螺栓拧紧后，锤击数次，使上下桩节端部密合，再拧紧螺帽，并将螺母焊死	各类土层	连接操作时间较短，沉桩效率较高；但耗钢量较多
硫磺胶泥锚固接头	在上节桩的下端伸出 $\phi 22 \sim 25mm$ 锚筋，下节桩的上端预留 $\phi 56 \sim 60mm$ 内螺纹锚筋孔。接桩时使上节桩的 4 根锚筋插入下节桩的锚筋孔内，其间用硫磺胶泥予以胶结	大多数用于软弱土层或沉桩无困难的地层	节约钢材，操作简便，接桩时间短，沉桩效率较高；但接头承载力不如前 3 种大

接桩前应先检查下节桩的顶部，如有损伤应适当修复，并清除两桩端的污染和杂物等。如下节桩头部严重破坏时应补打桩。

焊接接桩，钢板宜用低碳钢，焊条宜用 E43，焊接时其预制桩表面上的预埋件应清洁，上、下节之间的间隙应用铁片焊牢。施焊时应先将四角点焊固定，然后对称焊接，并应采取措施减少焊缝变形，焊缝应连续焊满，确保焊缝质量和设计尺寸。法兰接桩，钢板和螺栓亦宜用低碳钢并紧固牢靠。浆锚法接桩时，接头间隙内应填满熔化了的硫磺胶泥（由硫磺、填充料、骨料及增韧剂按一定比例配制而成，其配合比通过试验确定），硫磺胶泥温度控制在 145℃ 左右。接桩后应停歇至少 7min 后才能继续打桩。

接桩时，宜在下截桩头露出地面（或水面）1m 左右进行。上下节桩的中心线偏差不得大于 10mm，节点折曲矢高不得大于 0.1％桩长，接触面应平齐，连接应牢固，接桩处外露铁件再次补刷防腐漆。

一般来说，接桩接头不宜过多，总数不超过 3 个。桩的接头应尽量避免下述位置：①桩尖刚达到硬土层的位置；②桩尖将穿透硬土层的位置；③桩身承受较大弯矩的位置。

（8）送桩。当桩顶标高较低，须送桩入土时，则采用送桩器，以减少预制桩的长度、节省材料。送桩时将桩送入地下的工具式短桩安放在桩顶承受锤击，通常用钢材制作，其长度和尺寸视需要而定。送桩施打时，应保证桩与送桩尽量在同一垂直轴线上。送桩器两侧应设置拔出吊环，拔出送桩后，桩孔应及时回填。

（9）检查验收。打桩质量包括两个方面的内容：一是能否满足贯入度或标高的设计要求；二是打入后的偏差是否在施工及验收规范允许的范围以内（表 6.B.3）。在打桩过程中必须做好打桩记录，作为工程验收的重要依据，包括每打入 1m 的锤击数和时间、桩位置的倾斜、贯入度和最后贯入度、总锤击数等数据。

☎　贯入度是指一阵（每 10 击为一阵，落锤、柴油桩锤）或者 1min（单动汽锤、双动汽锤）桩的入土深度。最后贯入度为打桩终止前的一个定量指标，即打桩即将终止时的

最后 2～3 阵，每阵的平均沉入量。一般常用控制贯入度为 2～5cm/10 击。

桩端设计标高是指桩底端全断面进入桩端持力层的必要深度，一般土为 3 倍桩径，碎石土为 1 倍桩径。

预制桩打入深度以最后贯入度及桩端设计标高为准，即"双控"。亦即桩停止锤击的控制原则如下：

1）桩端（桩的全断面）位于一般土层时，以控制桩端设计标高为主，贯入度为辅。

2）桩端达到坚硬、硬塑的黏土、中密以上粉土、砂土、碎石类土、风化岩时，以贯入度控制为主，桩端标高为辅。

3）贯入度已达到而桩尖标高未达到时，应继续锤击 3 次，按每次 10 锤的平均贯入度不大于规定数值加以确认，必要时施工控制贯入度应通过试验与有关单位会商确定。

符合设计要求后，填好施工记录。如发现桩位与要求相差较大时，应会同有关单位研究处理（一般采取补桩方法），然后移桩机到新桩位。

每根桩桩顶打至设计标高时应进行中间验收。待全部桩打完后，开挖至设计标高，做最后检查验收（验收前不得截桩头），并将技术资料提交总包。

3. 施工要点

（1）打桩时，桩的平面位置及垂直度经校正后，方可将锤连同桩帽压在桩顶，开始沉桩。桩锤、桩帽与桩身中心线要一致，桩插入时的垂直度偏差不得超过 0.5%。桩顶不平时，应用厚纸板垫平或用环氧树脂砂浆补抹平整。在桩锤和桩帽之间应加弹性衬垫，桩帽和桩顶周围应有 5～10mm 的间隙，以防损伤桩顶。

（2）打桩开始时，应采用小落距，轻击数锤，观察桩身、桩架、桩锤等垂直度，待桩入土一定深度后，才可转入正常施打。

（3）预制钢筋混凝土方桩的喂桩比较困难。因此在喂桩时，为能自由转动直立的桩身，打桩工人往往用铁板做成一个"大扳手"，扳手的钳口做成一个四方形，内口比桩边长大 20mm 左右，钳口外配一个大手把。当钳口钳住桩身后，推动手柄，垂直的桩身能左右转动，方便对中就位。

（4）在较厚的软土、粉质黏土层中每根桩要连续施打，中间停歇时间不可太久。

（5）在凿除高出设计标高的桩顶混凝土时，应自上而下进行，不允许横向凿打，以免桩受水平冲击力而受到破坏或松动。

6.1.1.4　质量控制及检验

1. 工程质量标准

（1）基本规定。

1）桩在现场预制时，应对原材料、钢筋骨架、混凝土强度进行检查；采用工厂生产的成品桩时，要有出厂合格证，桩进场后应进行外观及尺寸检查。

2）施工中应对桩体垂直度、沉桩情况、桩顶完整情况、接桩质量等进行检查，对电焊接桩，重要工程应做 10% 的焊缝探伤检查。

3）施工结束后，应对承载力及桩体质量做检验。

4）对长桩或总锤击数超过 500 击的锤击桩，应符合桩体强度及 28d 龄期的两项条件才能锤击。

（2）质量验收标准。

1）预制桩钢筋骨架质量检验标准应符合表 6.1.3 的规定。

2）钢筋混凝土预制桩的质量检验标准应符合表 6.1.4 的规定。

表 6.1.3　　　　　　　　预制桩钢筋骨架质量检验标准

项	序	检查项目	允许偏差或允许值（mm）	检查方法
主控项目	1	主筋距桩顶距离	±5	用钢尺量
	2	多节桩锚固钢筋位置	±5	
	3	多节桩预埋铁件	±3	
	4	主筋保护层厚度	±5	
一般项目	1	主筋间距	±5	用钢尺量
	2	桩尖中心线	±10	
	3	箍筋间距	±20	
	4	桩顶钢筋网片	±10	
	5	多节桩锚固钢筋长度	±10	

表 6.1.4　　　　　　　　钢筋混凝土预制桩的质量检验标准

项	序	检 查 项 目	允许偏差或允许值 单位	允许偏差或允许值 数值	检 查 方 法
主控项目	1	桩体质量检验	按基桩检测技术规范		按基桩检测技术规范
	2	桩位偏差	见表 6.B.3		用钢尺量
	3	承载力	按基桩检测技术规范		按基桩检测技术规范
一般项目	1	砂、石、水泥、钢材等原材料（现场预制时）	符合设计要求		查出厂质保文件或抽样送检
	2	混凝土配合比及强度（现场预制时）	符合设计要求		检查称量及查试块记录
	3	成品桩外形	表面平整，颜色均匀，掉角深度小于 10mm，蜂窝面积小于总面积的 0.5%		直观
	4	成品桩裂缝（收缩裂缝或起吊、装运、堆放引起的裂缝）	深度小于 20mm，宽度小于 0.25mm，横向裂缝不超过边长的一半		裂缝测定仪，该项在地下水有侵蚀地区或锤击数超过 500 击的长桩不适用
	5	成品桩尺寸：横截面边长	mm	±5	用钢尺量
		桩顶对角线差	mm	<10	用钢尺量
		桩尖中心线	mm	<10	用钢尺量
		桩身弯曲矢高		<1/1000l	用钢尺量，l 为桩长
		桩顶平整度	mm	<2	用水平尺量
	6	电焊接桩：焊缝质量	见 GB 50202—2002 中表 5.5.4－2		见 GB 50202—2002 中表 5.5.4－2
		电焊结束后停歇时间	min	>1.0	秒表测定
		上下节平面偏差	mm	<10	用钢尺量
		节点弯曲矢高		<1/1000l	用钢尺量，l 为两节桩长
	7	硫磺胶泥接桩：胶泥浇筑时间	min	<2	秒表测定
		浇筑后停歇时间	min	>7	秒表测定
	8	桩顶标高	mm	±50	水准仪
	9	停锤标准	设计要求		现场实测或查沉桩记录

3）先张法预应力管桩的质量检验标准应符合表 6.1.5 的规定。

2. 验收要求

（1）混凝土预制桩（钢筋骨架）工程。

混凝土预制桩钢筋骨架质量验收要求与方法见表 6.1.3。

（2）混凝土预制桩工程。

1）主控项目验收。

a. 桩体质量检验。其包括桩完整性、裂缝、断桩等。对设计甲级或地质条件复杂，抽检数量不少于总桩数 30%，且不少于 20 根；其他桩应不少于 20%，且不少于 10 根。对预制桩及地下水位以上的桩，检查总数的 10%，且不少于 10 根。每个柱子承台不少于一根。

b. 桩位偏差。项目如表 6.B.3 所示，尺量检查，根据桩位放线检查。

c. 承载力。设计等级为甲级或地质条件复杂，成桩质量可靠性低的灌注桩，应采用静载荷试验，数量不少于总桩数的 1%，且不少于 3 根；总桩数少于 50 根时，为 2 根。其他桩应用高应变动力检测。对地质条件、桩型、成桩机具和工艺相同、同一单位施工的桩基，检验桩数不少于总桩数的 2%，且不少于 5 根。检查检测报告。

2）一般项目验收。一般项目验收要求与方法参见表 6.1.4。

表 6.1.5　　　　　　　　　　先张法预应力管桩的质量检验标准

项目	序	检查项目		允许偏差或允许值		检查方法
				单位	数值	
主控项目	1	桩体质量检验		按基桩检测技术规范		按基桩检测技术规范
	2	桩位偏差		见表 6.B.3		用钢尺量
	3	承载力		按基桩检测技术规范		按基桩检测技术规范
一般项目	1	成品桩质量	外观	无蜂窝、露筋、裂缝、色感均匀、桩顶处无孔隙		直观
			桩径	mm	±5	用钢尺量
			管壁厚度	mm	±5	用钢尺量
			桩尖中心线	mm	<2	用钢尺量
			顶面平整度		10	用水平尺量
			桩体弯曲	mm	<1/1000l	用钢尺量，l 为桩长
	2	接桩：焊缝质量		见 GB 50202—2002 中表 5.5.4-2		见 GB 50202—2002 中表 5.5.4-2
		电焊结束后停歇时间		min	>1.0	秒表测定
		上下节平面偏差		mm	<10	用钢尺量
		节点弯曲矢高			<1/1000l	用钢尺量，l 为两节桩长
	3	桩顶标高		mm	±50	水准仪
	4	停锤标准		设计要求		现场实测或查沉桩记录

（3）预应力管桩工程。

1）主控项目验收。

a. 质量检验。其包括桩完整性、裂缝、断桩等。对设计甲级或地质条件复杂，抽检数量不少于总桩数的 30%，且不少于 20 根；其他桩应不少于 20%，且不少于 10 根。对预制桩及地下水位以上的桩，检查总数的 10%，且不少于 10 根。每个柱子承台不少于一根。

b. 桩位偏差。项目如表 6.B.3 所示，尺量检查，根据桩位放线检查。

c. 承载力。设计等级为甲级或地质条件复杂，成桩质量可靠性低的灌注桩，应采用静载荷试验，数量不少于总桩数的 1%，且不少于 3 根；总桩数少于 50 根时，为 2 根。其他桩应用高应变动力检测。对地质条件、桩型、成桩机具和工艺相同、同一单位施工的桩基，检验桩数不少于总桩数的 2%，且不少于 5 根。检查检测报告。

2）一般项目验收。一般项目监理验收要求与方法参见表 6.1.5。

3. 验收资料

(1) 工程地质勘察报告；桩位施工图。

(2) 桩位测量放线图和工程测量复核单。

(3) 成品桩的出厂合格证、产品质量检验报告、试验报告。

(4) 现场预制桩的检验记录。

(5) 钢筋混凝土预制桩施工记录；桩位中间验收记录。

(6) 打（压）桩每一验收批记录。

6.1.1.5　成品保护

(1) 桩应达到设计强度的 70% 方可起吊，达到 100% 才能运输，以防出现裂缝或断裂。

(2) 桩起吊和搬运时吊点应符合设计要求，并应平稳，不得损伤。

(3) 桩的堆放场地应平整、坚实，不得产生不均匀沉降；垫木应放在靠近吊点处，并应保持在同一平面内；同规格的桩应堆放在一起，桩尖应向一端；桩重叠堆放时，上下层垫木应对齐，堆放层数一般不宜超过 4 层。

(4) 妥善保护桩基的轴线桩和水平基点桩，不得因为碰撞和振动而造成位移。

(5) 在软土地基中打桩完毕，基坑开挖应制定合理的开挖顺序和采取一定的技术措施，防止桩倾斜或位移。

(6) 在凿除高出设计标高的桩顶混凝土时，应自上而下进行，不允许横向凿打，以免桩受水平冲击力而受到破坏或松动。

6.1.1.6　安全环保措施

(1) 打桩前应对邻近施工范围内的原有建筑物、地下管线等进行检查，对有影响的工程应采取有效的加固防火措施或隔振措施，施工时加强观测，以确保施工安全。

(2) 打桩机行走道路必须平整、坚实，必要时宜铺设道渣，经压路机碾压密实。场地四周应挖排水沟以利排水，保证移动桩机时的安全。

(3) 打桩前应先全面检查机械各个部件运行情况，发现问题应及时解决。检查后要进行试作业，严禁带病工作。打桩机械设备应由专人操作，并经常检查机架部分有无脱焊和螺栓松动，注意机械的运转情况。加强机械的维护与保养，以保证机械正常使用。

(4) 打桩机架安设应铺垫平稳、牢固。吊桩就位时，起吊要慢并拉住溜绳，防止桩头冲击桩架，撞坏桩身。吊立后要加强检查，发现不安全情况，应及时处理。

(5) 在打桩过程中遇有地坪隆起或下陷时，应随时对机架及路轨调平或垫平。

（6）现场操作人员要戴安全帽，高空作业佩戴安全带。高空检修桩机，不得向下乱丢物件。

（7）操作机械的司机在打桩操作时，须精力集中，服从指挥信号，并应经常注意机械运转情况。发现异常情况，立即检查处理，以防止机械倾斜、倾倒，或桩锤不工作时突然下落等事故的发生。

（8）打桩时桩头垫料严禁用手拨正，不得在桩锤未打到桩顶就起锤或过早刹车，以免损坏桩机设备。

（9）夜间施工，必须有足够的照明设施；雷雨天、大风、大雾天，应停止打桩作业。

6.1.1.7　常见质量问题及处理

打（沉）桩施工中常见质量问题及处理方法见表6.1.6。

表6.1.6　　　　　　　　打（沉）桩施工中的常见问题及处理方法

现　象	原　因　分　析	防止措施及处理方法
桩身断裂	桩身有较大弯矩；接桩不在同一直线上；桩长细比过大，沉桩遇坚硬土层；桩身局部混凝土强度不足或不密实；桩在堆放、起吊、运输中操作不当	桩制作时，应保证质量；桩在吊运时，应严格按操作规程操作；弯曲桩不得使用；每节桩长细比不大于40；上下节桩应在同一轴线上；沉桩过程中应保持垂直；发生断桩现象，可在一旁补桩（由设计单位确定）
桩头击碎	桩头质量不合格（混凝土强度低、顶部钢筋网片不足等）；桩顶面不平；保护层过厚；落锤与桩不垂直；落锤过高；锤击过久；遇坚硬土层	合理设计桩头，保证制作质量；经常检查桩帽垫木是否平整、完好，并应及时更换缓冲垫；桩顶已破碎时，应更换桩垫，严重时可把桩顶剔平补强，或加钢板箍，再重新沉桩
桩身偏移或倾斜过大	桩头不平，桩尖倾斜过大；桩接头破坏；一侧遇石块等障碍物；土层有陡的倾斜角；桩帽与桩不在同一直线上；钻孔倾斜度过大；桩距太近；基坑土方开挖方法不当	沉桩前应检查桩身是否弯曲；桩架、打桩机械应安放平稳；偏差过大，应拔出填实后再打；偏差不大时，可利用木架顶正，再慢慢打入；障碍物不深，可挖出回填后再打
接桩处拉脱开裂	接头表面有杂物，不干净；接头材料质量不合格或接头施工质量不合格；接桩时上下节桩不在同一直线上	接桩前应清理接头；接头材料质量和接头施工质量应保证；控制接桩上下中心线在同一直线上
沉桩达不到设计深度	桩锤选择不当；地基勘察不充分；打桩间歇时间长，摩阻力增大；遇地下障碍物；桩接头过多，质量不好	合理选择施工机械、桩锤大小；正确选择桩尖标高，必要时补勘；合理安排打桩顺序；探明地下障碍物，清除或钻透；桩制作、施工严格按规范要求执行
桩顶上涌	在软土地基施工较密实的群桩或遇到流砂	饱和软黏土土基施工群桩时，应合理确定打桩顺序，控制打桩速度；将浮起量大的桩重新打入
桩急剧下沉	遇软土层、土洞；接头破裂或桩尖劈裂；桩身弯曲或有严重横向荷载；落锤过高、接桩不垂直	将桩拔起检查，改正重打，或在靠近原桩位做补桩处理（由设计单位确定）
桩身颤动、桩锤回弹	桩尖遇树根或坚硬土层，桩身弯曲过大；接桩过长；落锤过高	检查原因，采取措施穿过或避开障碍物，如入土不深，应拔起避开或换桩重打（改变设计位置须经设计单位同意）

6.1.2　静力压桩施工

钢筋混凝土预制桩采用打入式施工时，常常产生较大噪声而扰民，因此，在城市闹市区、居民区以及工作、学习的场所，一般采用静力压桩方法（静压法）施工。静力压桩机的工作原理是在预制桩的压入过程中，以桩机重力（自重和配重）作为作用力，克服压桩过程中桩身周围的摩擦力和桩尖阻力，将桩逐节压入土中，如图 6.1.9 所示。

静压法沉桩的优点是桩机采用液压装置驱动，静压力大，自动化程度高，移动方便，运转灵活；桩定位准确，不易产生偏心，提高桩基础施工质量；施工无噪声、无振动、无污染；沉桩采用全液压夹持桩身向下施加压力的方式，可避免桩顶破碎和桩身开裂。另外，静力压桩施工对桩身产生的应力小，可以减少混凝土桩的钢筋用量，因而降低了工程造价。压桩力能自动记录，能在沉桩施工中测定沉桩阻力，为设计、施工提供参数，并预估和验证桩承载力，施工安全可靠。但存在压桩设备较笨重、要求边桩中心到已有建筑物间距较大、压桩力受一定限制、挤土效应仍然存在等问题。

图 6.1.9　静压沉桩施工图

静压法适用于在软土、填土及一般黏性土层中应用，特别适合于居民稠密及危房附近环境要求严格的地区沉桩，但不宜用于地下有较多孤石、障碍物或有厚度大于 2m 的中密以上砂夹层的情况，以及单桩承载力超过 1600kN 的情况。

6.1.2.1　材料要求

（1）预制钢筋混凝土桩。规格、质量必须符合设计要求和施工规范的规定，并有出厂合格证。

（2）焊条（接桩用）。型号、性能必须符合设计要求和有关标准规定，宜用 E43 型。

（3）钢板（接桩用）。材质、规格符合设计要求，一般宜用低碳钢。

（4）法兰盘。钢板和螺栓宜用低碳钢。

（5）硫磺胶泥。配合比要通过试验确定。

6.1.2.2　施工准备

1. 技术准备

（1）认真熟悉图纸，理解设计意图，做好图纸会审及设计交底工作。

（2）编制施工组织设计或施工方案，确定施工工艺标准。

（3）针对工程基本情况，收集工程所需的相关规定、标准、图集及技术资料；收集工程相关的水文地质资料及场区地下障碍物、管网等其他资料。

（4）对现场施工人员进行图纸和施工方案交底，专业工种应进行短期专业技术培训。

（5）组织现场管理人员和施工人员学习有关安全、文明施工和环保的有关文件和规定。

（6）进场测量基准交底、复测及验收工作。

（7）其他技术准备工作。

2. 机具准备

（1）全液压静力桩机及轮胎式起重机、运输载重汽车。图 6.1.10 所示为液压桩机示

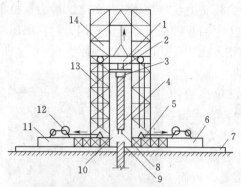

图 6.1.10　液压桩机构造示意图

1—活动压梁；2—油压表；3—桩帽；4—上段桩；
5—加重物仓；6—底盘；7—轨道；8—上段接
桩锚筋；9—下段桩；10—桩架；11—底盘；
12—卷扬机；13—加压钢绳滑轮组；
14—桩架导向笼

意图。

（2）其他机具。包括吊车、经纬仪、水准仪、钢卷尺、点焊机。

3. 作业条件

（1）已排除桩机范围内的高空、地面和地下障碍物。场地已平整压实，能保证沉桩机械在场内正常运行。雨期施工已做好排水措施。

（2）测量基准已交底，复测、验收完毕。

（3）已选择和确定打桩设备进出路线和打桩顺序。

（4）检查桩的质量，将需用的桩按平面布置图堆放在沉桩机附近，不合格的桩另行堆放。

（5）施工人员到位，机械设备已进场完毕。

（6）已准备好桩基工程沉桩记录和隐蔽工程验收记录表格，并做好记录。

6.1.2.3　施工工艺

1. 工艺流程

静力压桩在一般情况下桩分段预制，分段压入，逐段接长。每节桩长度取决于桩架高度，通常为 6m 左右。压桩桩长可达 30m 以上。其工艺流程如图 6.1.11 所示。

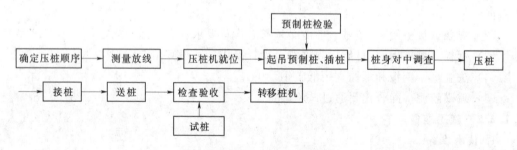

图 6.1.11　施工工艺流程

2. 操作工艺

（1）确定压桩顺序。压桩的顺序根据地质及地形桩基的设计布置密度进行，在亚黏土及黏土地基施工，应尽量避免沿单一方向进行，以避免其向一边挤压造成压入深度不一、地基挤密程度不均。

（2）测量放线。在打桩施工区域附近设置控制桩与水准点，不少于 2 个，其位置以不受打桩的影响为原则（距操作地点 40m 以外），轴线控制桩应设置在距外墙桩 5~10m 处，以控制桩基轴线和标高。

施工前，样桩的控制应按设计原图，并以轴线为基准对样桩逐根复核，做好测量记录，复核无误后方可试桩、压桩施工。

（3）压桩机就位。压桩机的安装，必须按有关程序及说明书进行。按照打桩顺序将静压桩机移至桩位上面并对准桩位，启动平台支腿油缸，校正平台使其处于水平状态。

（4）起吊预制桩。用索具捆绑住桩上部 50cm 处，启动机器起吊预制桩，将预制桩吊至静压桩机夹具中，对准桩位中心，夹紧并缓慢放下插入土中。

（5）桩身对中调直。预制桩吊入静压桩夹具中，夹持油缸将桩从侧面夹紧，即可开动压桩油缸，当桩入土 1m 时停止，调正桩在两个方向的垂直度和平台的水平度，符合要求后将静压桩机调至水平并稳定。

（6）压桩。启动压桩油缸，压桩油缸继续伸程把桩缓慢下压，同时控制压桩速度，一般不宜超过 2m/min。压桩时注意压力表变化并记录，当压力表读数突然上升或下降时，要停机对照地质资料进行分析，判断是否遇到障碍物或产生断桩现象等。下压完成后，夹持回程松夹，压桩油缸回程。重复上述动作可实现连续压桩操作，直至把桩压入预定深度土层中。

（7）接桩。待桩顶压至距地面 0.8～1.0m 时接桩，接桩一般采用焊接、法兰盘、硫磺砂浆锚接等方法。采用硫磺砂浆锚接时，一般在下部装留 $\phi50mm$ 锚孔，上部桩顶伸出锚筋，长 15～20d。硫磺砂浆接桩材料和锚接方法同锤击法，但接桩时避免桩端顶在砂土层上，以免再压桩时阻力增大压入困难。

（8）送桩。如设计要求送桩时，应保证桩与送桩尽量在同一垂直轴线上。送桩深度一般不宜超过 2m，应将桩送至设计标高。单排桩的轴线误差应控制在 10mm 以内，待桩压平于地面时，须对每根桩的轴线进行中间验收，符合允许标准偏差范围的方可送桩到位。

（9）检查验收。压桩应控制好终止条件：

1）对纯摩擦桩，终压以设计桩长为控制条件。

2）对长度大于 21m 的端承摩擦型静压桩，应以设计桩长控制为主，终压力值作对照。

3）对设计承载力较高的桩，终压力值宜尽量接近压桩机满载值。

4）对桩长为 14～21m 的静压桩，应以终压力达满载值为终压控制条件。

5）对桩周土质较差且设计承载力较高的，宜复压 1～2 次为佳；对长度小于 14m 的桩，宜连续多次复压，特别对长度小于 8m 的短桩，连续复压的次数应适当增加。

（10）移机至下一根桩位处，重复以上操作。

3. 施工要点

（1）压桩机自重大，行驶路基必须有足够的承载力，必要时应对路基进行加固处理。

（2）压桩施工前，应了解施工现场土层土质情况，检查桩机设备，以免压桩时中途中断，造成土层固结，使压桩困难。如果压桩过程原定需要停歇，则应考虑桩尖应停歇在软弱土层中，以使压桩启动阻力不致过大。压桩机自重大，行驶路基必须有足够承载力，必要时应加固处理。

（3）压桩时，应始终保持桩轴心受压，若有偏移应立即纠正。接桩应保证上下节桩轴线一致，并应尽量减少每根桩的接头个数，一般不宜超过 4 个接头。施工中，若压阻力超过压桩能力使桩架上抬或倾斜时，应立即停压，查明原因，有可能桩尖遇到厚砂层等使阻力增大。这时可以用最大压桩力作用于桩顶，采用忽停忽开的办法，使桩有可能缓慢下沉，穿过砂层。

（4）当桩压至接近设计标高时，不可过早停压，应使压桩一次成功，以免发生压不下去或超压现象。若工程中有少数桩不能压至设计标高，可采取截去桩顶的办法。

（5）压桩施工应连续进行，同一根桩的中间停歇时间不宜超过 30min。压桩施工时，应有专人或开启自动记录仪作好施工记录。

6.1.2.4 质量控制及检验

1. 工程质量标准

（1）基本规定。

1）静力压桩包括锚杆静压桩及其他各种非冲击力沉桩。

2）施工前应对成品桩（锚杆静压成品桩一般均由工厂制造，运至现场堆放）做外观及强度检验；接桩用焊条或半成品硫磺胶泥应有产品合格证书，或送有关部门检验；压桩用压力表、锚杆规格及质量也应进行检查。硫磺胶泥半成品应每 100kg 做一组试体（3件），进行强度试验。

3）压桩过程中应检查压力、桩垂直度、接桩间歇时间、桩的连接质量及压入深度。重要工程应对电焊接桩的接头做 10％的焊缝探伤检查。对承受反力的结构（对锚杆静压桩）应加强观测。

4）施工结束后，应做桩的承载力及桩体质量检验。

（2）质量验收标准。

静力压桩质量检验标准应符合表 6.1.7 的规定。

表 6.1.7　　　　　　　　　　静力压桩质量检验标准

项目	序	检 查 项 目	允许偏差或允许值		检 查 方 法
			单位	数值	
主控项目	1	桩体质量检验	按基桩检测技术规范		按基桩检测技术规范
	2	桩位偏差	见表 6.B.3（按 GB 50202—2002 中表 5.1.3）		用钢尺量
	3	承载力	按基桩检测技术规范		按基桩检测技术规范
一般项目	1	成品桩质量：外观	表面平整，颜色均匀，掉角深度小于 10mm，蜂窝面积小于总面积的 0.5％		直观
		外形尺寸	见表 6.1.4		见表 6.1.4
		强度	满足设计要求		查产品合格证或钻芯试压
	2	硫磺胶泥质量（半成品）	设计要求		查产品合格证或抽样送检
	3 接桩	电焊接桩：焊缝质量	见 GB 50202—2002 中表 5.5.4-2		见 GB 50202—2002 中表 5.5.4-2
		电焊结束后停歇时间	min	＞1.0	秒表测定
		硫磺胶泥接桩：胶泥浇筑时间	min	＜2	秒表测定
		浇筑后停歇时间		＞7	
	4	电焊条质量	设计要求		查成品合格证书
	5	压桩压力（设计有要求时）	％	±5	查压力表读数
	6	接桩时上下节平面偏差	mm	＜10	用钢尺量，l 为两节桩长
		接桩时节点弯曲矢高		＜1/1000l	
	7	桩顶标高	mm	±50	水准仪

2. 验收要求

(1) 主控项目验收。

1) 桩体质量检验。包括桩完整性、裂缝、断桩等。对设计甲级或地质条件复杂，抽检数量不少于总桩数的 30%，且不少于 20 根；其他桩应不少于总数的 20%，且不少于 10 根。对预制桩及地下水位以上的桩，检查总数的 10%，且不少于 10 根。每个柱子承台不少于一根。

2) 桩位偏差。承台或底板开挖到设计标高后，放测好轴线，逐桩检查压入的桩中心和设计桩位的偏差，偏差的允许范围见表 6.B.3。斜桩倾斜度的偏差不得大于倾斜角正切值的 15%（倾斜角系桩的纵向中心线与铅垂线间夹角）。

3) 承载力。对于地基基础设计等级为甲级或地质条件复杂，应采用静载荷试验的方法进行检验，检验数量不少于总桩数的 1%，且不少于 3 根；总桩数少于 50 根时，为 2 根。对于地基基础设计等级为乙级（含乙级）以下的桩可按《建筑工程基桩检测技术规范》（JGJ/T 106—2002）选用检测方法，但检测方法和数量必须得到设计单位的同意。

(2) 一般项目验收。

1) 成品桩质量。外观：表面平整、掉角深度小于 10mm，蜂窝面积小于总面积的 0.5%，观察检查。外形尺寸桩横截面边长偏差在 ±5mm 内，桩顶对角线差小于 10mm；桩尖中心线小于 10mm。桩身弯曲矢高小于 $1/1000l$，尺量检查。桩顶平整度小于 2mm，水平尺检查，强度满足设计要求，混凝土试块 $28d$ 强度，检查试验报告。

2) 硫磺胶泥质量。符合设计要求。检查产品合格证或抽样检验报告。

3) 接桩。电焊接桩，焊缝质量按钢桩电焊接桩焊缝检查，焊后停歇时间大于 1min。硫磺胶泥接桩，胶泥浇筑时间小于 2min；浇后停歇时间大于 7min，秒表检查。

4) 电焊条质量。电焊条的规格、型号应符合设计要求，查产品合格证书，产品合格证书中注明电焊条需烘焙后使用的，必须提供烘焙记录。

5) 压桩压力。当压桩到设计标高时，读取并记录最终压桩力，与设计要求压桩力相比允许偏差控制在 ±5% 以内，如 -5% 以上，应向设计单位提出，确定处置与否。

6) 接桩平面偏差与节点弯曲矢高。接桩时上下节平面偏差，每节桩用钢尺量，允许偏差值应控制在 10mm 以内。接桩时节点弯曲矢高，每次接桩时用钢尺量，允许偏差控制在 $1/1000l$（l 为两节桩长）之内。

7) 桩顶标高。当压桩达到设计标高时（桩顶标高不大于自然地面标高），直接用水准仪测量桩顶标高，控制在允许偏差 ±50mm 范围内；如桩顶标高低于自然地面标高，则在桩顶标高与自然地面齐平时，先测定好桩顶标高，再送桩至设计标高，用水准仪测量送桩深度，标出桩顶标高，标高控制要求同上。

3. 验收资料

(1) 工程地质勘察报告。

(2) 桩位施工图。

(3) 桩位测量放线图和工程测量复核单。

(4) 静力压桩施工记录。

(5) 桩位中间验收记录、每根桩每节桩的接桩记录和硫磺胶泥试件试验报告或焊接桩的探伤报告。

（6）成品桩的出厂合格证和每张合格证的桩，进场后对该批成品桩的检验记录。

（7）桩位竣工平面图（包括桩位偏差、桩顶标高、桩身垂直度）。

（8）压桩每一验收批记录。

6.1.2.5　成品保护

（1）现场测量预制桩、控制网的保护工作。

（2）已进场的预制桩堆放整齐，注意防止施工机械碰撞。

（3）送桩后的孔洞应及时回填，以免发生意外伤人事件。

6.1.2.6　安全环保措施

（1）从事电工、焊工、钻机、起重作业人员，必须经过有关部门的安全技术培训，并经考试合格，取得特殊工种证件后方可上岗作业。

（2）电动机具控制闸箱必须安装漏电保护器，发现问题立即修理。

（3）起重机械必须经有关部门进行安全性能的检验，取得安全检验证方可使用。

（4）全液压静力压桩机安装、拆卸和迁移必须由施工负责人统一指挥，其施工现场应设置安全防护区域，设专人监护，严禁非工作人员进入施工范围，遇6级以上大风应停止工作。

（5）吊桩前应将桩身上的附着物清除干净，钢丝绳按规定吊点捆扎，棱角处应垫麻袋或草包；桩身应绑扎牢固并系好溜绳，不得偏吊或远距离起吊桩身。起吊时应使桩身两端同时离开地面，溜绳应由专人控制。起吊速度应均匀，桩身应平稳，吊起后严禁在桩身下通过。

（6）压桩指挥者应站在能顾及全面并能与操作人员直接联系的位置，指挥信号必须明确。压桩机操作人员应经培训并考试合格。

（7）桩帽与衬垫必须与桩型、桩架、桩锤相适应。如有损坏，则应及时整修或更换。

（8）移动桩架和停止作业时应将桩锤放至最低位置。移动桩架应缓慢，统一指挥，并应有防止倾倒的措施。

（9）硫磺胶泥应存放在专用库房内，并配备消防器材，使用场所严禁烟火。

（10）施工现场的强噪声机械，尽量减少强噪声的扩散。

6.1.2.7　常见质量问题及处理

静力压桩施工中常见质量问题及处理方法见表6.1.6。

任务2　混 凝 土 灌 注 桩 施 工

【工作任务】

编制混凝土灌注桩的施工技术交底，对灌注桩施工进行质量验收。

混凝土灌注桩是直接在桩位上就地成孔，然后在孔内灌注混凝土（或放入钢筋笼再灌注混凝土）的一种成桩方法。和预制桩相比，灌注桩的优点是施工振动小，噪声低，对环境影响小，而且能适应地层的变化，无需接桩和截桩，承载力远大于预制桩，且完全按照使用要求设计，应用广泛。缺点是操作严格，工程质量较难控制，容易发生颈缩断裂等现象，技术间歇时间长，不能立即承受荷载，冬期施工困难较多等。

混凝土灌注桩施工主要有泥浆护壁成孔灌注桩、沉管成孔灌注桩、人工挖孔灌注桩及螺旋钻成孔灌注桩等施工方法。灌注桩的适用范围如表 6.2.1 所示。

表 6.2.1   灌注桩适用范围

序 号	项 目		适 用 范 围
1	泥浆护壁成孔	冲 击 冲 抓 回转钻	碎石土、砂土、黏性土及风化岩
		潜水钻	黏性土、淤泥、淤泥质土及砂土
2	干作业成孔	螺旋钻	地下水位以上的黏性土、砂土及人工填土
		钻孔扩底	地下水位以上的坚硬、硬塑的黏性土及中密以上的砂土
		机动洛阳铲（人工）	地下水位以上的黏性土、黄土及人工填土
		人工挖孔	黏土、粉质黏土及含少量砂、石黏土层，且地下水位低
3	套管成孔	锤击 振动	可塑、软塑、流塑的黏性土，稍密及松散的砂土
4	爆扩成孔		地下水位以上的黏性土、黄土、碎石土及风化岩

6.2.1 泥浆护壁成孔灌注桩

泥浆护壁成孔是指在成孔过程中，为防止孔壁发生坍塌，在孔内注入制备的泥浆或利用钻削的黏土与水混合自造而成的泥浆。同时泥浆与钻击出来的土屑混合，制造出新的泥浆循环进行，用以护壁。当钻孔达到规定深度后，清除孔底泥渣，夯击松动土层，然后吊放钢筋笼，灌注成桩。

6.2.1.1 材料要求

（1）泥浆护壁用土。应选用塑性指数 $I_p \geqslant 17$ 的黏性土，且泥浆的相对密度应大于 1。

（2）水泥。宜用 32.5～42.5 级普通硅酸盐水泥、火山灰水泥、粉煤灰水泥、硅酸盐水泥、使用矿渣硅酸盐水泥时应采用防离析措施。水泥的初凝时间不宜早于 2.5h，水泥必须具有出厂合格证且经复试合格。

（3）石子。宜优先选用卵石，如采用碎石宜适当增加混凝土的含砂率。最大粒径不应大于导管内径的 1/8～1/6 和钢筋最小净距的 1/4，且不宜大于 40mm。含泥量、有害物质含量、针片状颗粒含量、压碎指标等均应符合相应规范要求。

（4）砂。宜采用级配良好的中砂。含泥量、有害物质含量均应符合有关规范规定。

（5）水。宜采用应用水，当采用其他水源时应注意水中不得含有影响水泥正常凝结与硬化的有害物质及油脂、糖类、游离酸类等。不得使用海水。

（6）外加剂。采用水下灌注混凝土时需要添加减水缓凝剂，用于延长混凝土的初凝时间，提高混凝土的和易性。外加剂掺量应通过试验确定。

（7）钢筋。钢筋的级别、直径必须符合设计要求，有出厂证明书和复试报告。

6.2.1.2　施工准备

1. 技术准备

(1) 收集场地工程地质资料和水文地质资料。

(2) 熟悉桩基工程施工图纸，理解设计意图，消除技术疑问，做好图纸会审记录及设计交底工作。

(3) 收集建筑场地和邻近区域内地下管线（管道、电缆）、地下构筑物等的调查资料。

(4) 编制桩基施工方案，经审批后进行技术交底。

(5) 根据图纸定好桩位点、编号、钻孔顺序、钻孔机的进出路线、水电线路和临时设施位置。

(6) 收集水泥、砂子、石子、钢筋等原材料及制品的质检报告。

2. 机具准备

(1) 钻孔机具。泥浆护壁成孔灌注桩有回转钻成孔、潜水钻成孔、冲击钻成孔、冲抓锥成孔等不同的成孔方法。各成孔机具的适用范围如表 6.2.2 所示。

表 6.2.2　　　　　　　　　　钻（冲）孔机具的适用范围

成 孔 机 具	适 用 范 围
回转钻（正反循环）	碎石类土、砂土、黏性土、粉土、强风化岩、软质与硬质岩
潜水钻	黏性土、粉土、淤泥、淤泥质土、砂土、强风化岩、软质岩
冲抓钻	碎石类土、砂土、砂卵石、黏性土、粉土、强风化岩
冲击钻	适用于各类土层及风化岩、软质岩

1) 回转钻机。

a. 正循环钻机。其主要由动力机、泥浆泵、卷扬机、转盘、钻架、钻杆、水龙头和钻头等组成。

b. 反循环钻机。其主要由钻头、加压装置、回转装置、扬水装置、接续装置和升降装置等组成。

2) 潜水钻机。其主要由潜水电机、齿轮减速器、钻杆、钻头、密封装置绝缘橡皮电缆，加上配套机具设备如机架、卷扬机、泥浆制备系统设备、砂浆泵等组成（图 6.2.1）。这种钻机的钻头有多种形式，以适应不同桩径和不同土层的需要。

3) 冲击钻机。其主要由桩架（包括卷扬机）、冲击钻头、掏渣筒、转向装置和打捞装置等组成，简易冲击钻机如图 6.2.2 所示。

(2) 浇筑混凝土机具。

1) 混凝土导管。一般用无缝钢管制作或钢板卷制焊成。导管壁厚不宜小于 3mm，直径宜为 200～250mm；直径制作偏差不应超过 2mm，导管的分节长度视工艺要求确定，底管长度不宜小于 4m，接头宜用法兰或双螺纹方扣快速接头。导管使用前应进行水密承压和接头抗拉试验。

2) 漏斗。可用 4～6mm 钢板制作，要求不漏浆、不挂浆、漏泄顺畅彻底。漏斗设置高度应适应操作需要，并应在灌注到最后阶段，特别是灌注接近到桩顶部位时，能满足对导管内混凝土柱高度的需要，保证上部桩身的灌注质量。

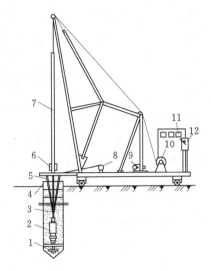

图 6.2.1　潜水钻机示意图

1—钻头；2—潜水钻机；3—电缆；4—护筒；5—水管；
6—滚轮（支点）；7—钻杆；8—电缆盘；9—5kN
卷扬机；10—10kN 卷扬机；11—电流电压表；
12—启动开关

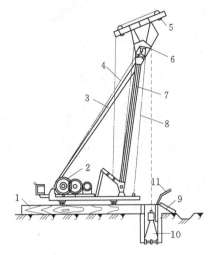

图 6.2.2　冲击钻机示意图

1—枕木；2—卷扬机；3—斜撑；4—后拉索；
5—副滑轮；6—主滑轮；7—主杆；
8—前拉索；9—泥浆渡槽；
10—钻头；11—供浆管

3）隔水栓。一般采用强度等级 C20 的混凝土制作，宜制成圆柱形，其直径宜比导管内径小 20mm，其高度宜比直径大 50mm；采用 4mm 厚的橡胶垫圈密封。使用的隔水栓应有良好的隔水性能，保证顺利出水。

（3）其他机具：其包括翻斗车或手推车、套管、水泵、水箱、混凝土搅拌机等。

3．作业条件

（1）钻桩前，首先对地下进行普探，了解桩位是否有障碍物等情况，然后对土层进行人工挖孔深 2m。用钢筋钎进行探测。

（2）地上、地下障碍物都处理完毕，达到"三通一平"。施工用的临时设施准备就绪。

（3）进行测量定位放线工作，设置桩基轴线定位点和水准点。根据桩位平面布置图，定出每根桩的位置，施工前，桩位还要检查复核。

（4）钻机就位前，应对各项准备工作进行检查。钻机就位后，用枕木作机座，要使底座和顶端平稳，在钻进和运行中不应产生位移和沉陷，否则应及时找出原因，及时处理。

6.2.1.3　施工工艺

1．工艺流程

工艺流程如图 6.2.3 所示。

2．操作工艺

（1）确定成孔顺序。确定桩的成孔顺序时应注意下列各点：

1）成孔时对土没有挤密作用（如机械钻孔灌注桩、干作业成孔灌注桩等）时，一般按现场条件和桩机行走最方便的原则确定成孔顺序。

2）成孔时对土有挤密作用和振动影响（如冲孔灌注桩、振动灌注桩、爆扩桩等），一般可结合现场施工条件，采用下列方法确定成孔顺序：①间隔 1～2 个桩位成孔；②在邻

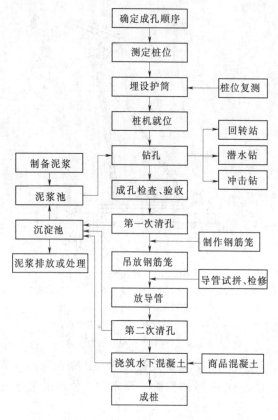

图 6.2.3 泥浆护壁成孔灌注桩施工工艺流程

桩混凝土初凝前或终凝后再成孔;③5根单桩以上的群桩基础,位于中间的桩先成孔,周围的桩后成孔;④同一个承台下的爆扩桩,可根据不同的桩距采用单爆或联爆法成孔。

（2）测定桩位。

在场地"三通一平"的基础上,依据建筑物测量控制网的资料和基础平面布置图,测定桩位轴线方格控制网和高程基准点。依次确定桩位中心,以中心为圆心,以桩身半径加护壁厚度为半径画出上部（即第一步）的圆周,撒石灰线作为桩孔开挖尺寸线。桩位线定好之后,必须经有关部门进行复查,办好预检手续后开挖。

（3）埋设护筒。

桩位放线定位后在桩位上埋设护筒,如图 6.2.4 所示。护筒的作用是固定桩位、保护孔口、防止地面水流入孔内、保持孔内水压力、防止塌孔以及成孔时引导钻头的方向等。

护筒钢板厚度视孔径大小采用 4～8mm,内径应比设计桩径大 100mm,上部设 1～2 个溢浆孔。护筒埋设应准确、稳定,护筒埋设好后,周围用黏土回填夯实,并复核护筒的位置（中心与桩定位中心重合,误差不大于 50mm）,并在护筒周围打好护桩（根据桩中心拉条十字交叉线,在合适的位置打入钢筋并保护好,以便随时核对桩锤钢丝绳的偏差）。护筒的埋置深度:黏土中不小于 1m,砂土中不小于 1.5m,软弱土层宜进一步增加埋深。护筒顶面宜高出地面 300mm。

（4）桩机就位。

护筒埋设后根据护桩的十字线进行桩机就位,用桩锤钢丝绳对准护桩十字线交叉点,保证桩锤中心和护筒中心重合,调平桩机,保证在成孔过程中不产生位移和摇晃。

（5）制备泥浆。

制备泥浆的方法根据土质确定。在黏性土中成孔时可在孔中注入清水,钻机旋转时,切削土屑与水旋拌,用原土造浆;在其他土中成孔时,泥浆制备应选用高塑性黏土或膨润土。

图 6.2.4 护筒埋设

泥浆的浓度应控制适当，注入干净泥浆的相对密度应控制在1.1左右；排出泥浆相对密度宜为1.2~1.4；当穿过砂类卵石层等容易塌孔的土层时，泥浆的相对密度可增大至1.3~1.5。在施工过程中，应勤测泥浆密度，并应定期测定黏度、含砂量和胶体率。

1）泥浆的作用。在钻孔时，泥浆将钻孔内不同土层中的空隙渗填密实，使孔内漏水减少到最低程度，以保护护筒内较稳定的水压。泥浆产生的液柱压力可平衡地下水压力，并对孔壁有一定侧压力，成为孔壁的一种液态支撑。同时泥浆中胶质颗粒的分子，在泥浆的压力下渗入孔壁表层的孔隙中，形成一层泥皮，促使孔壁胶结，从而起到防止塌孔、保护孔壁的作用。此外，泥浆循环排土时，还有携渣、润滑钻头、降低钻头发热、减少钻进阻力等作用。因此，除能自行造浆的黏性土层外，均应制备泥浆。制浆一般采用泥浆搅拌机，制成的泥浆可储藏在泥浆池或钢制泥浆箱内备用。

2）泥浆的性能指标。拌制泥浆应根据施工机械、工艺及穿越土层进行配合比设计。膨润土泥浆可按表6.2.3的性能指标制备。

表6.2.3　　　　　　　　　　　　制备泥浆的性能指标

项 次	项 目	性能指标	检验方法
1	相对容重	1.1~1.15	泥浆容重计
2	黏 度	10~25Pa·s	50000/70000漏斗法
3	含砂率	<6%	
4	胶体率	>95%	量杯法
5	失水量	<3mL/30min	失水量仪
6	泥皮厚度	1~3mm/30min	失水量仪
7	静切力	1min 20~30mg/cm² 10min 50~100mg/cm²	静切力计
8	稳定性	<0.03g/cm²	
9	pH值	7~9	pH试纸

3）泥浆护壁的要求。① 施工期间护筒内的泥浆面应高出地下水位1.0m以上，在受水位涨落影响时，泥浆面应高出最高水位1.5m以上；② 清孔过程中应不断置换泥浆，直至浇筑水下混凝土；③ 浇筑混凝土前，孔底500mm以内的泥浆相对容重应小于1.25，含砂率不大于8%，黏度不大于28s；④ 在容易产生泥浆渗漏的土层中应采取维持孔壁稳定的措施。

（6）钻机成孔。

1）回转钻机成孔。回转钻机是由动力装置带动钻机回转装置转动，由其带动装有钻头的钻杆转动，钻头切削土壤而形成桩孔。根据泥浆循环方式的不同，可分为正循环回转钻机和反循环回转钻机。

a. 成孔工艺。正、反循环钻成孔灌注桩是目前最常用的泥浆护壁成孔灌注桩，根据桩型、钻孔深度、土层情况、泥浆排放条件、允许沉渣厚度等进行选择，但对孔深大于30m的端承型桩，宜采用反循环。

正循环回转钻机成孔工艺为：利用泥浆泵使泥浆或高压水通过空心钻杆内部空腔、钻

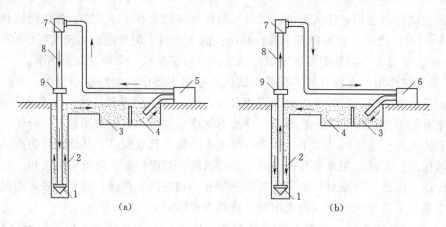

图 6.2.5　正、反循环回转钻机成孔工艺

(a) 正循环；(b) 反循环

1—钻头；2—泥浆循环方向；3—沉淀池；4—泥浆池；5—泥浆泵；

6—砂石泵；7—水龙头；8—钻杆；9—钻机回转装置

头而压入孔底，再从孔底裹携钻削出的土渣沿钻杆与孔壁之间的环状间隙回流到地面，由孔口排出后流入沉淀池，经沉淀的泥浆流入泥浆池再注入钻杆，由此进行循环 ［图 6.2.5 (a)］。反循环回转钻机成孔工艺为：泥浆或清水由钻杆与孔壁间的环状间隙流入钻孔，利用砂石泵在钻杆内形成真空，使钻头下裹携土渣的泥浆由钻杆内腔返回地面而流向沉淀池，沉淀后再流入泥浆池 ［图 6.2.5 (b)］。反循环工艺的泥浆上流的速度较高，能携带较大的土渣。

b. 施工注意事项。

ⅰ. 在松软土层中钻进，应根据泥浆补给情况控制钻进速度；在硬层或岩层中的钻进速度以钻机不发生跳动为准。

ⅱ. 为了保证钻孔的垂直度，钻机设置的导向装置应符合下列规定：

• 潜水钻的钻头上应有不小于 3 倍直径长度的导向装置。

• 利用钻杆加压的正循环回转钻机，在钻具中应加设扶正器。

ⅲ. 加接钻杆时，应先停止钻进，将钻具提离孔底 80～100mm，维持冲洗液循环 1～2min，以清洗孔底，并将管道内的钻渣携出排净，然后停泵加接钻杆。钻杆连接应拧紧上牢，防止螺栓、螺母、拧卸工具等掉入坑内。

ⅳ. 钻进过程中如发生斜孔、塌孔和护筒周围冒浆时，应停钻，待采取相应措施后再行钻进。

2) 潜水钻机成孔。

a. 施工方法。潜水钻机是一种体积小而轻的旋转式钻孔机，其动力装置、变速机构密封后和钻头连在一起，共同潜入水下工作，在泥浆中 （或地下水位以下） 旋转削土，同时用泥浆泵 （或用水泵） 采取正循环工艺输入泥浆 （或清水），进行护壁和将钻下的土渣排除孔外成孔 ［图 6.2.6 (a)］；也可用砂石泵或空气吸泥机以反循环方式排除泥渣成孔 ［图 6.2.6 (b)］。

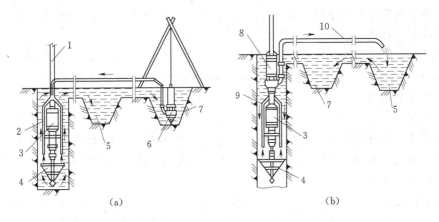

图 6.2.6　潜水钻机排渣方法

(a) 正循环；(b) 泵举反循环

1—钻杆；2—送水管；3—主机；4—钻头；5—沉淀池；6—潜水泥浆泵；

7—泥浆池；8—砂石泵；9—抽渣管；10—排渣胶管

　　b. 施工注意事项。

　　ⅰ. 将电钻吊入护筒内，应管好钻架底层的铁门。启动砂石泵，使电钻空钻，待泥浆输入钻孔后开始钻进。

　　ⅱ. 钻进速度应根据土层类别、孔径大小、钻孔深度和供水量等确定；钻进速度还要与制浆、排泥能力相适应，一般钻进速度要低于供泥浆和排泥速度，以免造成埋钻。

　　ⅲ. 随时注意钻机操作有无异常情况，如发现电流值异常升高、钻机摇晃、跳动或钻进困难时，要放慢进尺，待穿过硬层或不均匀土层后方可正常钻进。

　　ⅳ. 钻孔过程中应严格控制护筒内外水位差，必须使孔内水位高于地下水位，以防塌孔。

　　潜水钻机成孔直径为 500～1500mm，深 20～30m，最深可达 50m，适用于地下水位较高的软硬土层，也可钻入岩层。潜水钻机设备定型、体积小、移动灵活、维修方便、无噪声、无振动、钻孔深、成孔精度和效率高、劳动强度低，钻孔时钻杆不旋转，仅钻头部分旋转削土，可大大避免因钻杆折断而发生的工程事故。

　　3）冲击钻成孔。

　　a. 施工方法。冲击钻机通过机架、卷扬机把带刃的重钻头（冲击锤）提高到一定高度，利用自由下落的冲击力切削破碎岩层或冲击土层成孔，再用掏渣筒或泥浆循环法将钻渣岩屑排出。冲击钻主要用于岩土层中成孔。冲击钻头的形式有十字形、工字形、人字形等，一般宜用十字形。在钻头锥顶和提升钢丝绳之间，设有自动转向装置，每次冲击之后冲击钻头在钢丝绳转向装置带动下转动一定的角度，从而使桩孔得到规则的圆形断面。

　　b. 施工注意事项。

　　ⅰ. 冲孔桩的孔口应设置护筒，其内径应比钻头直径大 200mm。然后使冲孔机就位，冲锤对准护筒中心。

　　ⅱ. 冲击开孔时，应低锤密击（落距 0.4～0.6m）。若表土为淤泥等软弱土层，可加黏土块、小片石反复冲击造壁，使孔壁挤压密实，直到护筒以下 3～4m 后，才可加大冲击钻头的冲程，提高钻进效率。

ⅲ．进入基岩后应低锤冲击或间断冲击，每钻进 100～500mm 应清孔取样一次，每钻进 4～5m 深度验孔一次，已备终孔验收。如冲孔发生倾斜，应回填片石（厚 300～500mm）后重新冲孔。

（7）清孔。

当钻孔达到设计深度后，应进行验孔和清孔，清除孔隙沉渣和淤泥。验孔是用探测器检查桩位、孔深、孔径和孔的垂直度；清孔即清除孔底沉渣、淤泥浮土，以减少桩基的沉降量，提高承载能力。

清孔分两次进行，当验孔符合要求后进行第一次清孔；钢筋骨架、导管安放完毕，浇筑混凝土之前，进行第二次清孔。第一次清孔时利用施工机械，采用换浆、抽浆、掏渣等方法进行；第二次清孔采用正循环、泵吸反循环、泵举反循环等方法进行。不管采用何种方式进行清孔排渣，清孔时必须保证孔内水头高度，防止塌孔。不许采取加深钻孔的方式代替清孔。

清孔完成后孔底沉渣厚度应符合：纯摩擦桩不大于 300mm，端承桩不大于 50mm，摩擦端承桩、端承摩擦桩不大于 100mm；泥浆性能指标在浇筑混凝土前，孔底 500mm 以内的相对密度不大于 1.25，黏度不大于 28s，含砂率不大于 8%。

☎ 沉渣厚度应在钢筋笼放入后，混凝土浇筑前测定，成孔结束后，放钢筋笼、混凝土导管都会造成土体跌落，增加沉渣厚度。因此，沉渣厚度应是二次清孔后的结果。

沉渣厚度可用重锤法或沉渣仪进行检测。重锤法是依据手感来判断沉渣表面位置，然后依靠测锤重夯入沉渣的厚度作为测量值。沉渣仪是利用测试探头和仪表测量，如图 6.2.7 所示。

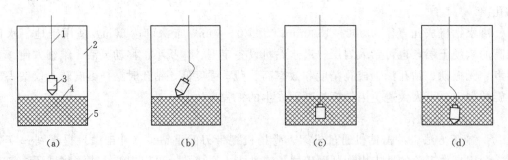

图 6.2.7　沉渣厚度测定示意图

（a）探头在沉渣面；（b）探头在沉渣面倾斜；（c）探头在孔底；（d）探头在孔底倾斜

1—导线；2—泥浆；3—探头；4—沉渣面；5—孔底

（8）吊放钢筋笼。

1）钢筋笼制作。钢筋的种类、钢号及规格尺寸应符合设计要求。考虑加工、控制变形、搬运、吊装等因素，钢筋笼不宜过长，宜分段制作。一般为 8m 左右。钢筋笼的绑扎顺序是先将主筋间距布置好，待固定住架立筋后，再按规定间距绑扎箍筋。钢筋笼的内径应比导管接头处外径大 100mm 以上。对于直径在 1.2m 以上或长度大的钢筋笼，为防止钢筋笼在搬运、吊装和安放时变形，每隔 2.0～2.5m 设置加劲箍一道，加劲箍宜设置在主筋外侧，在钢筋笼内每隔 3～4m 装设一个十字形加劲架（图 6.2.8）。为保护保护层厚度，钢筋笼上可设置定位钢筋环或混凝土垫块，如图 6.2.9 所示。

图 6.2.8　钢筋笼制作　　　　　　　　图 6.2.9　钢筋笼上定位钢筋耳环设置

2）钢筋笼安放。钢筋笼的堆放、搬运和起吊应严格执行规程。对在堆放、搬运和起吊过程中已经发生变形的钢筋笼，应进行修理后再使用。堆放时，支垫数量要足够、位置要准确，以堆放两层为宜。

钢筋笼安放要对准孔位，避免碰撞孔壁；按要求就位后，应立即采取措施固定好位置。分段制作的钢筋笼，逐段放入孔内接长，其接头宜采用焊接接头。钢筋笼接长时，先将第一段钢筋笼放入孔中，利用其上部架立筋暂时固定在护筒或套管等上部，然后吊起第二段钢筋笼对准后焊接。钢筋笼安放完毕后，检测确认钢筋笼顶端的高度。主筋混凝土保护层厚度应符合：水下浇筑混凝土桩 50mm；非水下浇筑混凝土桩 30mm。

（9）灌注水下混凝土。

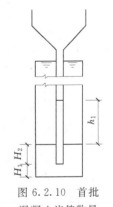

1）水下混凝土的配制。水下混凝土应有良好的和易性，在运输、浇筑过程中无明显离析、泌水等现象。配合比通过试验确定，在选择施工配合比时，混凝土的试配强度应比设计强度提高 10%～15%，塌落度宜为 180～220mm。混凝土配合比的含砂率宜采用 0.4～0.5，水灰比宜采用 0.5～0.6。水泥用量不少于 360kg/m³，当掺有适量缓凝剂或粉煤灰时可不小于 300kg/m³。

图 6.2.10　首批混凝土浇筑数量

首批混凝土灌注数量的确定：首批混凝土浇筑数量应满足导管埋入混凝土中 0.8m 以上的要求，见图 6.2.10。

按以下公式进行计算，即

$$V \geqslant \pi R^2 (H_1 + H_2) + \pi r^2 h_1 \qquad (6.2.1)$$

式中　V——灌注首批混凝土所需数量，m³；

　　　R——桩孔半径，m；

　　　H_1——桩孔底至导管底端间距，一般为 0.3～0.5m；

H_2——导管初次埋入混凝土深度，不小于 0.8m；

　r——导管半径；

h_1——桩孔内混凝土达到埋置深度 H_2 时，导管内混凝土柱平衡导管外泥浆压力所需的高度。根据泥浆相对密度、泥浆高度、混凝土拌合物重度进行计算。

2）灌注水下混凝土。泥浆护壁成孔灌注桩混凝土的浇筑是在泥浆中进行的，所以属于水下浇筑混凝土，如图 6.2.11 所示。孔内水下混凝土浇筑最常用的方法是导管法，它是将密封连接的钢管作为混凝土水下灌注的通道，混凝土沿竖向导管下落至孔底，置换泥浆而成桩，如图 6.2.12 所示。

首次灌注混凝土插入导管时，导管内应设隔水栓。隔水栓用 8 号铁丝吊在导管口，待导管内混凝土达到一定量后，剪断铁丝，混凝土栓埋入底部混凝土。

3）施工注意事项。

a. 第一次浇筑混凝土时。导管底部至孔底的距离宜为 300～500mm，桩直径小于 600mm 时，可适当加大导管底部至孔底距离，以便隔水栓能顺利排出。

b. 导管埋深。为防止导管拔出混凝土面造成断桩事故，导管应始终埋入混凝土 0.8～1.3m，同时也要防止埋管太深造成埋管事故。

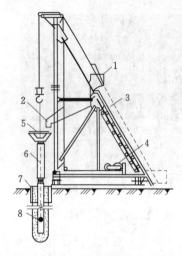

图 6.2.11　水下混凝土灌注示意图

1—进料斗；2—储料斗；3—滑道；
4—卷扬机；5—漏斗；6—导管；
7—护筒；8—隔水栓

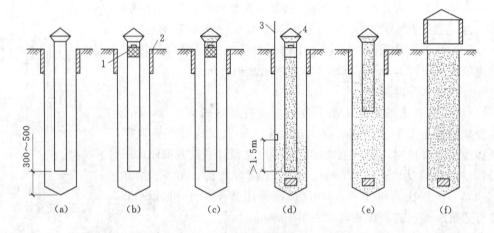

图 6.2.12　导管法施工顺序示意图

(a) 安设导管；(b) 悬挂隔水栓；(c) 灌入首批混凝土；(d) 剪断钢丝；
(e) 灌注混凝土并上提导管；(f) 混凝土灌注完毕后，拔出护筒
1—隔水栓；2—护筒；3—测绳；4—漏斗

c. 连续浇筑混凝土。检查成孔质量合格后应尽快浇筑混凝土，每根桩的灌注混凝土应连续进行，且灌注时间不得长于首批混凝土初凝时间。

d. 控制桩顶标高。混凝土灌注充盈系数：一般土质为 1.1～1.2，软土为 1.2～1.3。

混凝土灌注应适当超过桩顶设计标高。一般桩顶的浇筑标高高出设计标高 0.5～0.8m，以便凿除桩顶的泛浆层后达到设计标高的要求。

📞 混凝土充盈系数为每根桩的实际灌注量与桩体积之比。

e. 施工记录与检测。灌注混凝土时，严禁导管拔出混凝土面，应由专人测量导管埋深及管内、外混凝土面的高差，填写水下混凝土浇筑记录。桩身混凝土必须留有试件，直径大于 1m 的桩，每根桩应有一组试块，且每个浇筑台班不得少于一组，每组 3 件。

6.2.1.4　质量控制及检验

1. 工程质量标准

（1）基本规定。

1）施工前应对水泥、砂、石子（如现场搅拌）、钢材等原材料进行检查，对施工组织设计中制定的施工顺序、监测手段（包括仪器、方法）也应检查。

📞 混凝土灌注桩的质量检验应较其他桩种严格，这是工艺本身要求，再则工程事故也较多，因此，对监测手段要事先落实。

2）施工中应对成孔、清渣、放置钢筋笼、灌注混凝土等进行全过程检查，人工挖孔桩尚应复验孔底持力层土（岩）性。嵌岩桩必须有桩端持力层的岩性报告。

3）施工结束后，应检查混凝土强度，并应做桩体质量及承载力的检验。

（2）质量验收标准。

混凝土灌注桩的质量检验包括钢筋笼和混凝土桩身两部分，各自形成一个检验批。

1）混凝土灌注桩钢筋笼检验批质量检验标准应符合表 6.2.4 的规定。

表 6.2.4　　　　　　　　混凝土灌注桩钢筋笼质量检验标准

项	序	检 查 项 目	允许偏差或允许值（mm）	检 验 方 法
主控项目	1	主筋间距	±10	用钢尺量
	2	钢筋骨架长度	±100	
一般项目	1	钢筋材质检验	设计要求	抽样送检
	2	箍筋间距	±20	用钢尺量
	3	钢筋笼直径	±10	

注　第一项可随机抽查两端及中间，取值平均值，并和设计值比较。

2）泥浆护壁成孔灌注桩质量检验标准应符合表 6.2.5 的规定。

2. 验收要求

（1）混凝土灌注桩（钢筋笼）工程检验。

1）主控项目验收。

a. 主筋间距。钢筋笼预制加工后用钢尺量测笼顶、笼中、笼底 3 个断面，允许偏差值控制在 ±10mm 内，每个笼全数检查。

b. 钢筋笼长度。每个桩全数检查，每节笼长度（以最短一根主筋为准）相加减去（$n-1$）×主筋搭接长度，其总长度的允许偏差值控制在 ±100mm 范围内。

表 6.2.5 泥浆护壁成孔灌注桩质量检验标准

项	序	检 查 项 目	允许偏差或允许值		检 查 方 法
			单 位	数 值	
主控项目	1	桩位	见表 6.B.4		基坑开挖前量护筒，开挖后量桩中心
	2	孔深	mm	+300	只深不浅，用重锤测或测钻杆、套管长度，嵌岩桩应确保进入设计要求的嵌岩深度
	3	桩体质量检验	按基桩检测技术规范。如钻芯取样，大直径嵌岩桩应钻至桩尖下 50cm		按基桩检测技术规范
	4	混凝土强度	设计要求		试验报告或钻芯取样送检
	5	承载力	按基桩检测技术规范		按基桩检测技术规范
一般项目	1	垂直度	不大于 1%		测套管或钻杆，或用超声波探测，干施工时吊垂球
	2	桩径	mm	±50	井径仪或超声波检测，干施工时用钢尺量，人工挖孔桩不包括内衬厚度
	3	泥浆相对密度（黏土或砂性土中）	1.15～1.2		用比重计测，清孔后在距孔底 50cm 处取样
	4	泥浆面标高（高于地下水位）	m	0.5～1.0	目测
	5	沉渣厚度：端承桩 摩擦桩	mm mm	≤50 ≤150	用沉渣仪或重锤测量
	6	混凝土塌落度：水下灌注 干施工	mm mm	160～220 70～100	塌落度仪
	7	钢筋笼安装深度	mm	±100	用钢尺量
	8	混凝土充盈系数	>1		检查每根桩的实际灌注量
	9	桩顶标高	mm	+30 -50	水准仪，需扣除桩顶浮浆层及劣质桩体

2）一般项目验收。

a. 钢筋材质检验。进场钢筋按规格按批进行检查和验收，每批应由同一牌号、同一炉罐号、同一规格、同一交货状态的钢筋组成，每批重量不大于 60t；冷拉钢筋应分批进行验收，每批由重量不大于 20t 的同级别、同直径的冷拉钢筋组成。钢筋笼根据设计要求的规格在现场按批进行验收，由见证员会同随机取样，送有资质、对外检验的试验室复试，合格后才准加工使用。

b. 箍筋间距。用钢尺量连续接 3 挡，取最大值，每个钢筋笼抽检笼顶、底 1m 范围和笼中部 3 处，其最大值超过允许偏差值不大于±20mm 为合格。

c. 钢筋笼直径。每个笼量测笼顶、笼中、笼底 3 个断面，每个断面用钢尺量两个垂直相交直径，其允许偏差值控制在±10mm 内为合格。

（2）混凝土灌注桩工程检验。

1）主控项目验收。

a. 桩位。桩位允许偏差随桩的位置及成孔方法不同而异；采用尺量检查（表6. B. 4）。

b. 孔深。全数测量。检测方法用钻杆或套管成孔长度，在一次清孔前用钻杆或套管入孔长度来量测计算，在两次清孔后用重锤测，孔深要求只深不浅，允许偏差值是+300mm。若设计要求有规定嵌岩深度的嵌岩桩，要按地质剖面走向选择岩层埋藏深的部位钻芯取岩芯检测嵌岩深度和嵌芯强度，如嵌岩深度已满足，岩芯显示有严重风化的应请设计和勘察单位确认。

c. 桩体质量检验。检验数量和方法根据设计规定。

检查方法：采用（低应变）动测法等方法。

检查数量：对甲级设计等级和地质条件复杂的检验数量不应少于总数30%，且不应少于20根；其他桩基工程的抽验数不应少于总数20%，且不少于10根。每根柱子承台下不少于1根。当桩身完整性差的比例较高时，应扩大检验比例甚至100%检验。

d. 桩身混凝土强度。单桩混凝土灌注量小于50m³，每桩一组试件，大于50m³的每50m³留置一组试件，全数检查混凝土试件报告；对桩体质量检验中有缺陷的桩可用钻芯取样送检的方法检验，可对桩身强度和桩体完整性有一个全面的评价。

e. 承载力。检验方法和检验标准按《建筑工程基桩检测技术规范》（JGJ/T 106—2002）规定进行，检测数量和检测方法设计有要求时按设计要求实施。如设计没有规定时，应采用静载荷或大应变试验方法，检验桩数不少于总数的1%，且不应少于3根，当桩总数少于50根时，不应少于2根。

2）一般项目验收。

a. 垂直度。除人工挖孔混凝土护壁桩小于0.5%；其他桩小于1%。检查套筒、钻杆的垂直度或吊锤球检查。

b. 桩径。套管成孔、干作业成孔的桩径为-20mm；泥浆护壁钻孔为±50mm；人工挖孔为+50mm。用井径仪、尺量检查。

c. 泥浆相对密度（黏土、砂性土中）。为1.15~1.20。用比重计测量。

d. 泥浆面标高（高于地下水位）。为0.5~1.0m。观察检查。

e. 沉渣厚度。沉渣厚度的检查目前均用重锤，但因人为因素影响很大，应专人负责，用专一的重锤，有些地方用较先进的沉渣仪，这种仪器应预先做标定。

全数检查。水下混凝土灌注桩记录在两次清孔后隐蔽工程验收记录中，干作业成孔灌注桩记录在沉放钢筋笼隐蔽工程验收记录中。

f. 混凝土塌落度。每根桩最少检测一次，塌落度有变化时重测，数据应按混凝土灌注深度记录在水下混凝土灌注记录或混凝土灌注记录表中。

g. 钢筋笼安装深度。±100mm，尺量检查。

h. 混凝土充盈系数大于1。计量检查每根桩的实际灌注量，查施工记录。

i. 桩顶标高。应在挖土完成后，把桩顶浮浆层和劣质桩体凿除后，用水准仪对每根桩的桩顶标高进行测量，桩顶标高偏差应控制在+30~-50mm范围内，不允许桩顶标高比混凝土垫层面低，每根桩的桩顶标高记录在桩位竣工平面图中。

3. 验收资料

(1) 桩设计图纸、施工说明和地质资料。

(2) 当地无成熟经验时必须提供试成孔资料。

(3) 材料合格证和到施工现场后复试试验报告。

(4) 灌注桩从开孔至混凝土灌注的各工序施工记录。

(5) 隐蔽工程验收记录。

(6) 混凝土试块 28d 标准养护抗压强度试验报告。

(7) 桩体完整性测试报告。

(8) 桩承载力测试报告。

(9) 混凝土灌注桩（钢筋笼）工程检验批质量验收记录表。

(10) 混凝土灌注桩工程检验批质量验收记录表。

(11) 灌注桩平面位置和垂直度检验记录。

(12) 混凝土灌注桩竣工桩位平面图。

6.2.1.5　成品保护

(1) 钢筋笼在制作、运输和安装过程中，应采取措施防止变形。吊入桩孔后，应牢固确定其位置，防止上浮。

(2) 灌注桩施工完毕进行基础开挖时，应制定合理的施工顺序和技术措施，防止桩的位移和倾斜，并应检查每根桩的纵横水平偏差。

(3) 在钻孔机安装、钢筋笼运输及混凝土浇筑时，均应注意保护好现场的轴线定位桩和高层定位桩，并经常予以校核。

(4) 桩头预留的插筋要注意保护，不得任意弯折和压断。

(5) 桩头的混凝土强度没有达到 5MPa 时，不得碾压，以防桩头损坏。

(6) 混凝土灌注完成后 24h 内，5m 范围内的桩禁止进行成孔施工。

6.2.1.6　安全环保措施

(1) 施工准备阶段，一定要对邻近施工范围内的地下管线进行调查了解和检查。

(2) 易于引起粉尘的细料或松散料在运输和使用时应采取措施避免扬尘污染。

(3) 施工废水、生活污水不得直接排入农田、耕地、灌溉渠或其他饮用用水源。

(4) 使用机械设备时，应尽量减少噪声、废气污染；施工场地的噪声应符合《建筑施工场地噪声限值》（GB 12523—1990）的规定。

(5) 机具进场要注意危桥、陡坡、陷地以免造成事故。

(6) 机械司机在施工操作时要思想集中，并时刻注意机械运转情况以及钻机的倾斜和沉陷情况，发现异常即及时处理。

(7) 桩孔未浇筑混凝土前，必须用盖板封严，以免发生人身伤亡事故。

(8) 挖出的土方应及时运离孔口，不得堆放在孔口 1m 范围以内，机动车辆的行驶不得对井壁的安全造成影响。

(9) 施工现场所有电力设施必须由电工负责安装和拆除，所有电器必须严格接地，并使用漏电保护器。各桩孔用电分闸使用。

6.2.1.7 常见质量问题及处理

泥浆护壁成孔灌注桩施工中常见质量问题及处理方法见表 6.2.6。

表 6.2.6　　　泥浆护壁成孔灌注桩施工中的常见问题及处理方法

现　象	原　因　分　析	防止措施及处理方法
塌孔壁（在成孔过程中孔壁的土不同程度地坍塌）	（1）提升、下落冲锤、掏渣筒和放钢筋骨架时碰撞孔壁 （2）护筒周围未用黏土填封紧密而漏水或埋置太浅 （3）未及时向孔内加清水或泥浆，孔内泥浆面低于孔外水位，或泥浆相对密度偏低 （4）遇流砂、软淤泥、破碎地层；在松软砂层钻进时，进尺太快	（1）提升、下落冲锤和掏渣筒、钢筋骨架时保持垂直上下 （2）用冲孔机时，开孔阶段保持低锤密击，造成坚固孔壁后再恢复正常冲击 （3）清孔完立即灌注混凝土轻度塌孔，加大泥浆相对密度和提高水位；严重塌孔，用黏土、泥膏投入，待孔壁稳定后采用低速重新钻进
钻孔偏移倾斜（在钻孔过程中出现孔位偏移或孔身倾斜）	（1）桩架不稳，钻杆导架不垂直，钻机磨损，部件松动 （2）土层软硬不均 （3）冲孔机成孔时遇探头石或基岩倾斜未处理	（1）将桩架重新安装牢固，并对导架进行水平和垂直校正，检修钻孔设备 （2）如有探头石，宜用钻机钻透，用冲孔机时，用低锤密击，把石打碎，基岩倾斜时，投入块石使表面略平，用锤密打；偏斜过大时，填入石子黏土，重新钻进，控制钻速，慢速提升下降往复扫孔纠正
钻孔漏浆（在成孔过程中或成孔后，泥浆向孔外漏失）	（1）护筒埋设太残，回填土不密实或护筒接缝不严密，在护筒刃脚或接缝处偏浆 （2）遇到透水性强或有地下水流动的土层 （3）水头过高、压力过大使孔壁渗浆	（1）根据土质情况决定护筒的埋置深度 （2）将护筒外壁与孔洞间的缝隙用土填密实，必要时由潜水员用旧棉絮将护筒底端外部与孔洞间的接缝堵塞 （3）加稠泥浆或倒入黏土，慢速转动，或在回填土内掺片石、卵石，反复冲击，增强护壁
吊脚桩（桩成孔后，桩身下部局部没有混凝土或夹有泥土）	（1）清孔后泥浆密度过低，造成孔壁塌落或孔底漏进泥沙 （2）安放钢筋笼或导管时碰撞孔壁，使孔壁泥土坍塌 （3）清渣未净、残留沉渣过厚	（1）做好清孔工作，清孔应符合设计要求，并立即浇筑混凝土 （2）安放钢筋笼和浇筑混凝土时，注意不要碰撞孔壁 （3）注意泥浆浓度，及时清渣
梅花孔（冲孔成型时，孔型不圆呈梅花瓣形状）	（1）冲孔机转向环失灵，冲锤不能自由转动 （2）泥浆太稠，阻力太大 （3）提锤太低，冲锤得不到转动时间，换不了方向	（1）经常检查吊环，保持灵活 （2）勤掏渣，适当降低泥浆稠度 （3）保持适当的提锤高度，必要时辅以人工转动
流砂（冲孔时大量流砂涌塞桩底）	孔外水压力比孔内大，孔壁松散，使大量流砂涌塞桩底	流砂严重时，可抛入碎砖石、黏土，用锤冲入流砂层，做成泥浆结块，使成坚厚孔壁，阻止流砂涌入
卡锤（在采用冲锤成孔时，有时冲锤会被卡在孔内，不能上下运动）	（1）孔内遇到探头石或冲锤磨损过甚，孔呈梅花形，提锤时，锤的大径被孔的小径卡住 （2）石块落入孔内，夹在锤与孔壁之间使冲锤难以上下	施工时，如遇到探头石，可用一个半截冲锤冲打几下，使锤脱落卡点，锤落孔底，然后吊出；如因为梅花孔产生卡锤，可用小钢轨焊成 T 形，将锤一侧拉紧后吊起；被石块卡住时，亦可用上法提出冲锤

续表

现　象	原　因　分　析	防止措施及处理方法
不进尺（在黏性土层钻进时，有时泥浆块抱住钻头，难以钻进）	钻头粘满黏土块（糊钻头），排渣不畅，钻头周围堆积土块使钻头难以钻动；或钻头合金刀具安装角度不适当，刀具切土过浅，泥浆密度过大，钻头配置过轻引起	（1）在钻进时应加强排渣，调整刀具角度、形状、排列方向 （2）降低泥浆密度，加大配重 （3）糊钻时，可提出钻头，清除泥块后再施钻

6.2.2　干作业成孔灌注桩

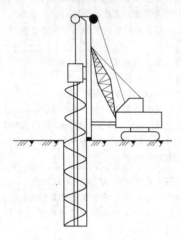

图 6.2.13　螺旋钻孔法

干作业成孔灌注桩是用钻机在桩位上成孔，在孔中吊放钢筋笼，再浇筑混凝土的成桩工艺。适用于地下水位较低，在成孔深度范围内无地下水的土质，无需护壁直接成孔。目前常用的钻孔机械是螺旋钻机。

螺旋钻机是利用动力旋转钻杆，使钻头的螺旋叶片旋转削土，土渣沿螺旋叶片上升排出孔外，如图 6.2.13 所示。螺旋钻机成孔直径一般为 300～600mm，钻孔深度为 8～12m。

6.2.2.1　材料要求

（1）钢筋。钢筋的级别、直径必须符合设计要求，有出厂证明书和复试报告。

（2）水泥。宜用 32.5 级以上普通硅酸盐水泥或矿渣硅酸盐水泥。

（3）水。应用自来水或不含有害物质的洁净水。

（4）砂。中砂或粗砂，含泥量不大于 5%。

（5）石子。粒径为 0.5～3.2cm 的卵石或碎石，含泥量不大于 2%。

（6）垫块。用 1∶3 水泥砂浆埋 22 号火烧丝提前预制或用塑料卡。

（7）火烧丝。由 18～20 号铁丝烧制而成。

（8）外加剂。掺和料，根据施工需要通过试验确定。

6.2.2.2　施工准备

1. 技术准备

同泥浆护壁成孔灌注桩。

2. 机具准备

（1）螺旋钻孔机。其由主机、滑轮组、螺旋钻杆、钻头、滑动支架、出土装置等组成，如图 6.2.14 所示。

钻头的形式有多种，不同类型的土层宜选用不同形式的钻头。常用的类型有平底钻头、耙式钻头、筒式钻头和锥底钻头 4 种。平底钻头适用于松散土层；耙式钻头适用于含有大量砖块、瓦砾的杂填土层；锥底钻头适用于黏性土层；筒式钻头适用于钻混凝土块、条石等障碍物。

钻杆按叶片螺距的不同，可分为密螺纹叶片和疏螺纹叶片，密螺纹叶片适用于可塑或硬塑黏土或含水量较小的砂土，钻进时速度缓慢均匀；疏螺纹叶片适用于含水量大的软塑土层，由于钻杆在相同转速时，疏螺纹叶片较密螺纹叶片向上推进快，所以可取得较快的钻进速度。

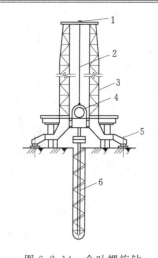

（2）其他设备。其包括翻斗车或手推车、混凝土导管、套管、振动棒、混凝土搅拌机、串筒、盖板、测绳和手电筒等。

3. 作业条件

（1）施工现场具备"三通一平"，临建工程搭设完毕。

（2）场地标高一般应为承台梁的上皮标高，并经过夯实或碾压。

（3）测量基准已交底、复测、验收完毕。

（4）分段制作好钢筋笼，其长度以 5～8m 为宜。

（5）施工前应作成孔试验，数量不少于 2 根。

（6）要选择和确定钻孔机的进出线路和钻孔顺序，制定施工方案，做好技术交底。

图 6.2.14　全叶螺旋钻
机示意图

1—导向滑轮；2—钢丝绳；3—龙门导架；4—动力箱；5—千斤顶支腿；6—螺旋钻杆

6.2.2.3　施工工艺

1. 工艺流程

施工工艺流程 6.2.15 所示。

图 6.2.15　工艺流程

2. 操作工艺

（1）钻孔机就位。

钻孔机就位时，必须保持平稳，不发生倾斜、位移。为准确控制钻孔深度，应在机架上作出控制标尺，以便在施工中进行观测、记录。

（2）钻孔。

调直机架挺杆，对好桩位，开动机器钻进，出土，达到控制深度后停钻，提钻。

（3）孔底清理。

当钻孔达到设计深度后，于孔底处空转清土，然后停止转动，提钻杆卸土。应注意在空转清土时不得加深钻进，提钻时不得回转钻杆。

（4）检查成孔质量。

提钻后应检查成孔质量：用测绳（锤）或手提灯测量孔深垂直度及钻孔深度（即虚土顶面深度）。虚土厚度（实际钻深减去测量深度）一般不应超过 10cm。

经过成孔检查后，应按规定进行验收，填好桩孔施工记录。然后盖好孔口盖板，并要防止在盖板上行车或走人。最后再移走钻机到下一桩位。

（5）安放钢筋笼。

开始安放钢筋笼时，先移走钻孔盖板，再次复查孔深、孔径、孔壁、垂直度及孔底虚土厚度。有不符合质量标准要求时，应处理合格后，再进行下道工序。钢筋笼放入前应先绑好砂浆垫块或塑料卡，吊放钢筋笼时要对准孔位，吊直扶稳，缓慢下沉，避免碰撞孔壁。钢筋笼放到设计位置时，应立即固定。遇有两端钢筋笼连接时，应采取焊接，以确保钢筋的位置正确，保护层厚度符合要求。

（6）浇筑混凝土。

1）放置护孔漏斗浇筑混凝土。浇筑混凝土前，应先放置孔口护孔漏斗，并再次检查和测量钻孔内的虚土厚度。浇筑混凝土时应连续进行，分层振捣密实，分层高度视捣固机具的性能确定，一般不超过 1.5m。混凝土浇筑到桩顶部时，应适当超过桩顶设计标高，以保证在凿除浮浆后，桩顶标高符合设计要求。

2）拔出护孔漏斗并进行桩顶插筋。混凝土浇至距桩顶 1.5m 时，可拔出护孔漏斗，直接浇筑混凝土。桩顶上的插筋应垂直插入，有足够保护层和锚固长度，防止插偏和插斜。

3．施工注意事项

（1）钻进时要求钻杆垂直，钻孔过程中如发现钻杆摇晃或进钻困难时，可能是遇到石块等硬物，应立即停钻检查，及时处理，以免损坏钻具或导致桩孔倾斜。

（2）钻进过程中，应随时清理孔口积土并及时检查桩位及垂直度，遇到地下水、塌孔、缩孔等异常情况时，应及时处理。

（3）钻杆钻进速度，应根据电流值变化及时调整。

（4）成孔达设计深度后，孔口应予以保护，并按规定进行验收，做好记录。

（5）若为扩底桩，需于桩底部用扩孔刀片切削扩孔，孔底虚土厚度：以摩擦力为主的桩，虚土厚度不得大于 300mm；以端承力为主的桩，虚土厚度不得大于 100mm。

（6）混凝土的塌落度一般宜为 8～10cm。同一配合比的试块，每班不得少于一组。

（7）冬雨期施工。

1）冬期当温度低于 0℃以下浇筑混凝土时，应采取加热保温措施。在桩顶强度未达设计标号 50% 以前不得受冻。气温高于 30℃时应对混凝土采取缓凝措施。

2）雨期施工时，应严格坚持成孔后及时浇筑混凝土的原则，施工现场必修做好排水，严防地面雨水流入桩孔内，要防止桩机移动，以免造成桩孔歪斜。

6.2.2.4　质量控制及检验

干作业成孔灌注桩的质量标准与验收要求见"泥浆护壁成孔灌注桩"。

6.2.2.5　成品保护

（1）钢筋笼在制作、运输和安装过程中，应采取措施防止变形。吊入桩孔时，应有保护垫块或塑料卡。

（2）钢筋笼吊入钻孔时，不得碰撞孔壁。灌注混凝土时应有保护措施固定其位置。

（3）灌注桩施工完毕进行基础开挖时，应制定合理的施工顺序和技术措施，防止桩的位移和倾斜，并应检查每根桩的纵、横水平偏差。

（4）成孔内放入钢筋笼后，要在 4h 内浇筑混凝土。浇筑时应有防止钢筋笼上浮和钢筋污染的措施。

（5）在钻孔机安装、钢筋笼运输及混凝土浇筑时，均应注意保护好现场的轴线定位桩和高层定位桩，并经常予以校核。

(6) 桩头预留的插筋要注意保护，不得任意弯折和压断。

(7) 桩头的混凝土强度没有达到 5MPa 时，不得碾压，以防桩头损坏。

6.2.2.6　安全环保措施

(1) 施工准备阶段，一定要对邻近施工范围内的地下管线进行调查了解和检查。

(2) 易于引起粉尘的细料或松散料在运输和使用时应采取措施避免扬尘污染。

(3) 施工废水、生活污水不得直接排入农田、耕地、灌溉渠或其他饮用用水源。

(4) 使用机械设备时，应尽量减少噪声、废气污染；施工场地的噪声应符合《建筑施工场地噪声限值》(GB 12523—1990) 的规定。

(5) 机具进场要注意危桥、陡坡、陷地以免造成事故。

(6) 机械司机在施工操作时要思想集中，并时刻注意机械运转情况以及钻机的倾斜和沉陷情况，发现异常即及时处理。

(7) 桩孔未浇筑混凝土前，必须用盖板封严，以免发生人身伤亡事故。

6.2.2.7　常见质量问题及处理

干作业成孔灌注桩施工中常见质量问题及处理方法见表 6.2.7。

表 6.2.7　　　　　　　干作业成孔灌注桩施工中的常见问题及处理方法

现　象	原　因　分　析	防止措施及处理方法
孔底虚土多（桩成孔后，孔底积存虚土过厚，超过规范规定）	(1) 桩位于松散杂填土层或流塑淤泥松散砂、砂卵石等土层中，成孔中或成孔后桩孔塌落 (2) 清底时不彻底 (3) 成孔后孔口盖板未盖好以至孔口上的土掉入孔内 (4) 成孔后没有及时浇筑混凝土，孔壁长时间暴露	(1) 探察时，应尽量避开可能引起大量塌孔的土层中开孔，否则应采取补救方法 (2) 钻出口应及时清理，不得堆在孔口 (3) 清理后控制虚土厚度 (4) 成孔后及时浇筑，否则应保护好孔口 (5) 孔底虚土是砂或砂卵石，可先在孔底灌浆拌和，再浇混凝土
桩孔倾斜（桩孔垂直偏差不符合要求，偏差大于孔深的 1/100 就属于斜孔）	(1) 地下有坚硬大块的障碍物，如孤石、混凝土等 (2) 地面不平，桩架导向杆不直 (3) 钻杆弯曲或两节钻杆不在同一轴线上，或钻头定位尖与钻杆不在同一轴线上	(1) 如发现钻孔偏斜时，应提起钻头上下反复扫钻数次，以便削去硬土，如纠正无效，应在孔中回填黏土至偏孔处以上 0.5m，再重新钻进 (2) 平整好场地，保持导向杆稳定，不符合要求的钻杆应及时更换
塌孔	(1) 在有砂卵石、卵石或流塑淤泥中成孔，因为这些土不能直立 (2) 局部土层中有上层滞水存在，在地下水渗漏作用下，孔壁土坍塌 (3) 成孔后没有及时浇筑混凝土桩孔暴露时间太长而坍塌 (4) 钻孔底部有砂卵石、卵石	(1) 尽量不采用干作业法，而换用泥浆护壁或套管成孔的方法 (2) 可在上层滞水区用电渗井点降水，或在正式钻孔前一周左右，在有上层滞水区域内，钻若干个孔，孔深超过下层隔水层进入砂层，在孔内填级配卵石，让上层水渗漏到地下去 (3) 成孔后及时浇筑混凝土 (4) 加大钻孔深度

续表

现　象	原　因　分　析	防止措施及处理方法
钻进困难	（1）遇到坚硬土层，如硬塑亚黏土、灰土等，或遇地下障碍物，如石块、砌体、混凝土块等 （2）钻机功率不足，钻头倾角，钻速选择不当 （3）钻进速度选择太快或钻杆倾斜太大，造成卡钻	（1）如果遇到障碍物应事先清除，或采用爆破技术炸碎或避开 （2）选择钻机时，应根据工程地质条件选择合适的设备，并注意在施工时钻杆、导架要垂直且注意控制钻进速度
桩身质量缺陷（包括表面蜂窝、空洞、夹层或分段级配不均）	（1）拌制原材料不符合要求，混凝土配合不当，混凝土桩身强度不够 （2）混凝土浇筑后没有及时振捣，或振捣不均，出现蜂窝、空洞 （3）浇筑时，孔壁土受到振动而塌落造成桩身夹土 （4）放钢筋笼时，碰撞混凝土 （5）搅拌混凝土时加水量或搅拌时间不一致，造成塌落度不均匀，和易性不好，造成桩身强度不均	（1）严格按照混凝土操作规范施工 （2）为确保和易性，可掺入外加剂 （3）严禁把土和杂物与混凝土一起浇入孔内 （4）注意钢筋笼的安放 （5）如果质量不太严重，可采取加大承台梁办法解决 （6）如果桩身质量缺陷严重，应补桩

A. 相 关 知 识

6.A.1　桩基础的基本知识

6.A.1.1　桩的分类

桩基础的分类，随着桩的材料、构造形式和施工技术的发展而名目繁多，可按多种方法分类，如图 6.A.1 所示。

1. 按承载性状分类

（1）摩擦型桩。

1）摩擦桩。在极限承载力状态下，桩顶荷载由桩侧阻力承受，即纯摩擦桩，桩端阻力可忽略不计，如图 6.A.2（a）所示。

2）摩擦端承桩。在极限承载力状态下，桩顶荷载主要由桩侧阻力承受，桩端阻力占少量比例，但并非忽略不计。此种桩应用较多，如图 6.A.2（b）所示。

（2）端承型桩。

1）端承桩。在极限承载力状态下，桩顶荷载由桩端阻力承受，桩的长径比较小，桩端进入坚硬土层或岩层时为典型端承桩，此时桩侧阻力可忽略不计，如图 6.A.2（c）所示。

2）端承摩擦桩。在极限承载力状态下，桩顶荷载主要由桩端阻力承受，桩侧摩擦阻力占比例较小（约占单桩承载力的 20%），但并非忽略不计，如图 6.A.2（d）所示。

2. 按施工方法分类

（1）预制桩。预制桩是在工厂或施工现场制成后，再用沉桩设备采用打入、压力、旋

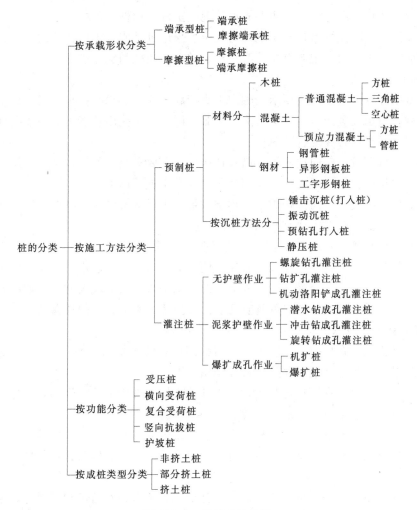

图 6.A.1 桩基础的分类

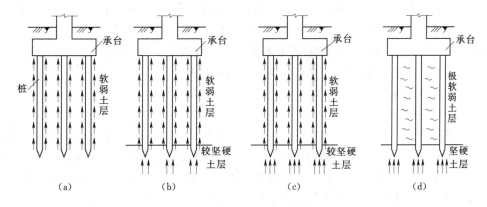

图 6.A.2 桩按承载性状分类

(a) 摩擦桩；(b) 摩擦端承桩；(c) 端承桩；(d) 端承摩擦桩

入、振入等方法将其沉入土中。主要有钢筋混凝土桩、钢桩、木桩等。

（2）灌注桩。灌注桩是在施工现场的桩位上采用机械或人工成孔，然后在孔内灌注混凝土或钢筋混凝土而成。主要有挖孔灌注桩、钻孔灌注桩和沉管灌注桩。

3. 按桩的功能分类

桩在基础工程中，可能主要承受轴向垂直荷载，或主要承受拉拔荷载，或主要承受横向水平荷载，或承受竖向、水平均较大的荷载。因此，按使用功能可分为竖向抗压桩、竖向抗拔桩、水平受荷桩和复合受荷桩。

（1）竖向抗压桩。竖向抗压桩，简称抗压桩。主要承受上部结构竖向下压荷载，即承受垂直荷载的桩。它是一般工业与民用建筑物的常用桩基础类型。

（2）竖向抗拔桩。竖向抗拔桩，简称抗拔桩。主要抵抗作用在桩上的拉拔荷载，如板桩墙后的锚桩。抗拔荷载主要靠桩侧摩阻力承受。

（3）水平受荷桩。水平受荷桩是主要承受水平荷载的桩，如港口、码头工程用的板桩。桩身要承受弯矩力，其整体稳定则靠桩侧土的被动土压力或水平支撑和拉锚来平衡。

（4）复合受荷桩。复合受荷桩是承受竖向、水平向荷载均较大的桩，如高耸建筑物的桩基础，既要承受上部结构传来的垂直荷载，又要承受水平方向的风荷载。

4. 按成桩方法和挤土效应分类

（1）非挤土桩。在桩施工过程中，将与桩同体积的土挖出，而桩周土很少受到扰动。如钻孔灌注桩、人工挖孔桩、井筒管桩和预钻孔埋桩。

（2）部分挤土桩。在成桩过程中，挖出部分土体，桩周围的土受到轻微扰动。这类桩主要有敞口钢管桩、部分挤土灌注桩等。

（3）挤土桩。在成桩过程中，桩周围的土被挤密或挤开，使桩周围的土产生挤压后的影响，一般用于软土地区。这类桩主要有挤土灌注桩、打入或压入式预制桩。

5. 按桩的截面形状分类

（1）实腹型桩。实腹型桩有三角形、正方形、六角形、八角形和圆形等。这类桩多由钢筋混凝土制成，具有桩身整体刚度大、重量大等特点，沉桩时挤土效果明显。

（2）空腹型桩。空腹型桩有空心三角形、空心正方形、圆环形等。这类桩有较大的横截面积，重量轻，节省材料，且具有必需的刚度。环形（管形）、工字形和 H 形的钢桩，截面面积小，又呈空腹形，沉桩时挤土影响更小。此类桩可减少对邻近既有建筑物的影响。因此，适合在饱和软黏土地区或建筑物密集的情况下采用。

6. A. 1. 2 桩的选择

1. 预制桩类型及选择

（1）钢筋混凝土桩（简称 RC 桩）。钢筋混凝土预制桩制作方便（可按所需长度、断面形状和尺寸进行制作），桩身质量易于保证，材料强度高、承载力大，故应用最为广泛。但由于钢筋混凝土预制桩多为挤土桩，成桩时有显著的挤土效应，不宜穿透较厚的坚硬土层，截桩头困难，桩的截面由于受到施工特点的限制，一般尺寸有限。

（2）预应力钢筋混凝土桩。目前国内工程中常用的预应力钢筋混凝土桩有预应力混凝土方桩（PRC 桩）、预应力混凝土管桩（PC 桩）、预应力混凝土薄壁管桩（PTC 桩）和预应力高强混凝土管桩（PHC 桩）。PC 管桩是指混凝土强度低于 C80、且不低于 C60 的桩；

PHC 管桩是指混凝土强度等级不低于 C80 的桩。在相同型号的条件下，PHC 管桩的单桩承载力比 PC 桩高出 40％以上，可以满足对单桩承载力有较高要求的工程需要。预应力钢筋混凝土桩材料强度高，桩身混凝土容重大，耐腐蚀性强，桩的单位面积承载力高，桩身质量易于保证，节省钢材。但制作工艺复杂，需专门的设备和高强度预应力钢筋。

 我国于 1968 年开始批量生产预应力混凝土管桩，目前应用数量较大的首推珠三角和长三角地区。预应力混凝土管桩生产工厂化、桩身质量可靠；施工沉桩机械化、静力压桩无噪声、进度快；承载力高；综合价格较低，在建筑基础工程中应用的空间较大，是具有发展前景的建筑技术之一，将越来越广泛地应用于房建、桥梁、铁路、电力、水利等土木工程建设。

综上所述，预制混凝土桩适用于：对噪声污染、挤土和振动影响没有严格限制的地区；穿透的中间层较弱或没有坚硬的夹层，且持力层埋置深度和变化不大的地区；地下水位较高或水下工程；大面积打桩工程。

2. 灌注桩类型及选择

（1）钢筋混凝土桩。钢筋混凝土灌注桩与预制桩相比，用钢量少，比预制桩经济。钢筋混凝土灌注桩工序简便，使用机具较少、场地小、工期短。根据成孔机械的能力，可做成大直径和大深度的桩，没有接头，具有很大的单桩承载能力。不仅可以承压，而且抗拔、抗弯性很好，在工程中应用广泛。

目前我国灌注桩直径已达 2.5m，深度逾 80m。一般不受土质条件限制，适用于各种地层。但桩的质量不易控制和保证，检测工作麻烦，桩身强度不易保证。一般情况下，不宜用于水下工程。

（2）素混凝土桩。素混凝土桩是指在现场先开孔至所需深度，随即在孔内浇筑混凝土，捣实后成桩。

素混凝土桩常用桩径为 300～500mm，长度不超过 25m。桩内不配受力筋，必要时可配构造钢筋。素混凝土桩施工设备简单，操作方便，节约钢材，较经济。但单桩承载力不高，不能做抗拔桩或承受较大的弯矩，桩身质量也不易保证，可能出现缩颈、断桩、局部夹土等质量事故。综上所述，此桩只适合桩基础承载力要求较低的中、小型工程承压桩。

3. 钢桩类型及选择

（1）钢板桩。钢板桩的形式很多，成本较高，但可多次使用，且较易打入各类土层，对地层扰动、邻近建筑物的影响小，因而常被用作临时支档。

（2）型钢桩。最常用的型钢桩截面形状是工字形和 H 形。型钢桩贯入各类土层的能力强，且属部分挤土桩，对地层扰动小，可用于承受水平荷载或垂直荷载。为避免在打桩过程中引起地面隆起和侧向移动，可采用 H 型钢代替预制混凝土桩。

（3）钢管桩。与其他两类钢桩相比，钢管桩的贯入能力、抗弯曲刚度、单桩承载能力和加长焊接等方面都有较大优越性。

综上所述，钢桩材料强度高，贯入土层能力强，沉桩挤土影响最小，桩长接截方便。但价格昂贵，耐腐蚀性差，锤击沉桩时噪声很大。

钢桩的适用范围：严格限制沉桩挤土影响的地区；地下无腐蚀性液体或气体的地区；

持力层起伏较大的地区；桩基投资较大的工程。

桩型与工艺选择应根据建筑结构类型、荷载性质、桩的使用功能、穿越土层、桩端持力层土类、地下水位、施工设备、环境、经验、制桩材料供应条件等，选择经济合理、安全适用的桩型和成桩工艺。

6.A.1.3　桩基础构造

1. 桩的构造要求

（1）桩的混凝土强度等级。预制桩的混凝土强度等级不小于 C30，灌注桩不小于C20，预应力桩不小于 C40。

（2）桩的配筋率。灌注桩最小配筋率不小于 0.2%～0.65%（小直径桩取高值）；打入式预制桩不小于 0.8%；静压预制桩不小于 0.6%。

（3）桩身构造配筋。纵向主筋应该沿桩身周边均匀布置，其净距不应小于 60mm，并且尽量减少钢筋接头。

（4）桩的配筋长度。灌注桩主筋配筋长度应满足以下几点：

1）桩基承台下存在淤泥、淤泥质土或液化土层时，配筋长度应穿过这些软弱土层。

2）坡地岸边的桩、8 度及 8 度以上地震区的桩、抗拔桩、嵌岩端承桩应通长配筋。

3）桩径大于 600mm 的钻孔灌注桩，构造钢筋的长度不宜小于 2/3 桩长。

（5）桩身主筋混凝土保护层厚度。灌注桩：不应小于 35mm（水下灌注混凝土时，不应小于 50mm）；预制桩：不宜小于 30mm。

（6）桩端全断面进入持力层深度。一般应该选择较硬土层作为桩端持力层，当桩端持力层以下存在软弱下卧层时，桩端以下持力层厚度不宜小于 $4d$（d 为圆形桩直径或方桩边长）。桩端全断面进入持力层的深度应该符合表 6.A.1 的要求。

表 6.A.1　　　　　　　　　桩底进入持力层的深度

序 号	土 类	桩底进入持力层深度
1	黏性土	不宜小于 2.0d
2	粉土	不宜小于 2.0d
3	砂土	不宜小于 1.5d
4	碎石类土	不宜小于 1.0d
5	完整和较完整未风化、微风化、中风化的硬质岩体	不宜小于 0.5m

（7）灌注桩的桩身主筋。净距必须大于混凝土粗骨料粒径 3 倍以上，当因设计含钢量大而不能满足时，应通过设计调整钢筋直径加大主筋之间净距，以确保混凝土灌注时达到密实的要求；主筋不设弯钩，必须设弯钩时，弯钩不得向内圆伸露，以免钩住灌注导管，妨碍导管正常工作。

箍筋采用 $\phi6$～8mm@200～300mm，宜采用螺旋式箍筋；受水平荷载较大的桩基和抗震桩基，桩顶 3～5d 范围内箍筋应适当加密；当钢筋笼长度超过 4m 时应每隔 2m 左右设一道 $\phi12$～18mm 焊接加劲箍筋，加劲箍宜设在主筋外侧。

（8）混凝土预制桩的截面边长 d 不应小于 200mm；预应力混凝土预制桩的截面边长 b

不宜小于 350mm；预应力混凝土离心管桩的外径 d 不宜小于 300mm。

（9）预制桩的分节长度应该根据施工条件和运输条件确定，接头数量不宜超过 2 个；预应力混凝土管桩的接头数量不宜超过 4 个。

2. 承台的构造要求

（1）承台的混凝土强度等级不应低于 C20，纵向钢筋的混凝土保护层厚度不应小于 70mm，当有混凝土垫层时不应小于 40mm；垫层的混凝土强度等级宜为 C10，垫层的厚度宜为 100mm。

（2）承台的最小厚度不应小于 300mm；承台的宽度不应小于 500mm，边桩中心至承台边缘的距离不宜小于桩的直径 d 或者边长 b，并且桩的外边缘至承台边缘的距离不小于 150mm；条形承台梁桩的外边缘至承台梁边缘的距离不小于 75mm。

（3）承台的配筋。矩形承台的钢筋应该双向均匀通长布置，如图 6.A.3（a）所示，钢筋的直径不宜小于 ϕ10mm，间距不宜大于 200mm；对于 3 桩承台，钢筋应按 3 向板带均匀布置，且最里面的 3 根钢筋围成的三角形应在柱截面范围内，如图 6.A.3（b）所示。承台梁的主筋除满足计算要求外，尚应符合现行《混凝土结构设计规范》（GB 50010—2010）关于最小配筋率的规定，主筋直径不宜小于 12mm，架立筋不宜小于 10mm，箍筋直径不宜小于 ϕ6mm，如图 6.A.3（c）所示。

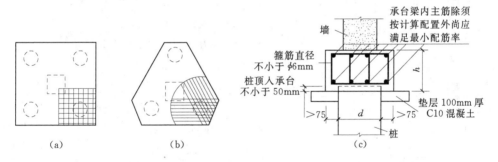

图 6.A.3　承台配筋示意
（a）矩形承台配筋；（b）三桩承台配筋；（c）承台梁

（4）承台的埋深应该不小于 600mm，在季节性冻土及膨胀土地区应该考虑防冻胀或者防膨胀的措施。

（5）承台埋深内的回填土施工应该满足填土密实性要求。

3. 桩与承台连接构造

（1）桩顶嵌入承台的长度不宜小于 50mm，大直径桩的桩顶嵌入承台的长度不宜小于 100mm；桩身主筋伸入承台的长度应该符合表 6.A.2 的要求；预应力混凝土桩采用桩头钢板与钢筋焊接的连接方法。

（2）承台之间的连接应该符合下列要求：

1）柱下单桩宜在桩顶两个互相垂直的方向上设置连系梁，当桩柱截面直径之比较大（＞2），并且柱底剪力和弯矩较小时可以不设连系梁。

2）两桩桩基的承台宜在其短向设置连系梁，当短向的柱底剪力和弯矩较小时可以不设连系梁。

表 6.A.2　　　　　　　　　　　　桩身主筋伸入承台的长度

序号	桩身主筋级别、桩的受力特点、桩型	桩身主筋伸入承台长度
1	Ⅰ级钢筋	不宜小于 30d
2	Ⅱ级钢筋	不宜小于 35d
3	抗拔桩基	40d
4	一柱一大径桩	柱子纵筋插入桩身不小于锚固长度

注　表中 d 为桩身主筋直径。

3）有抗震要求的柱下独立桩基承台，纵、横方向宜设置连系梁。

4）连系梁的顶面宜与承台顶面位于同一标高，连系梁的宽度不宜小于 200mm，高度取承台中心距的 1/10～1/15；连系梁的配筋不宜小于 4 根直径 ϕ12mm。

6.A.2　混凝土预制桩的制作、起吊、运输和堆放

6.A.2.1　桩的制作

1. 钢筋混凝土预制方桩制作

钢筋混凝土预制方桩制作工艺流程见图 6.A.4。工厂预制钢筋混凝土桩与现场制作不同的是，一般在工厂内有条件采用蒸汽养护，生产周期缩短。另外，由于是工程生产，故产品质量比较稳定、可靠。

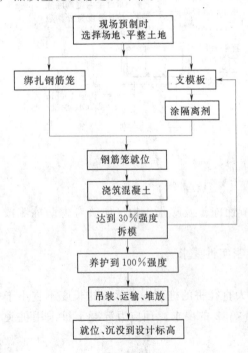

图 6.A.4　钢筋混凝土预制方桩
制作工艺流程

（1）预制方桩的规格。

预制方桩的边长通常为 250～500mm，模数为 50mm。桩长不大于 12m。

（2）预制方桩的构造要求。

1）混凝土强度等级不小于 C30。采用静压桩可适当降低，但不小于 C20。保护层厚度不宜小于 30mm。

2）桩身受力钢筋按建筑承受荷载、吊运、打桩等受力条件计算确定。根据桩截面大小，选用 4～8 根钢筋，直径为 14～25mm。

3）配筋率通常为 1%～3%。最小配筋率：打入式预制桩的最小配筋率不宜小于 0.8%；静压预制桩的最小配筋率不宜小于 0.6%；主筋直径不宜小于 ϕ14mm，打入桩桩顶 2～3d（d 为桩的直径或边长）长度范围内箍筋应加密，并设置 3 层钢筋网片。

4）箍筋采用 ϕ6～8mm，间距为 200mm。桩顶 3～5d 范围内箍筋适当加密。

5）预制桩的分节长度应根据施工及运输条件确定。接头不宜超过 2 个。

6）桩尖处放一根 ϕ22mm 或 ϕ25mm 的粗钢筋以保证桩准确就位和顺利进桩；可将主

筋合拢焊在桩尖辅助钢筋上呈锥形，以利沉桩，如图 6.A.5 所示。在密实砂质土和碎石类土中，可在桩尖处包以钢板桩靴。

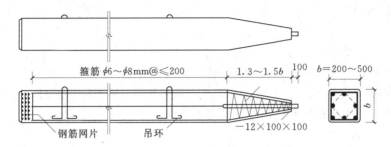

图 6.A.5　钢筋混凝土预制桩

（3）预制方桩制作时应注意的问题。

1）材料要求。水泥和钢材进场，应有质量保证书，现场应对其品种、出厂日期等进行验收。水泥的保持期不宜超过 3 个月。原材料使用前均应抽样送至有关单位检验，合格后方可使用。值得一提的是：水泥的安定性必须化验，当安定性不合格时，这批水泥只能报废。

2）支模。支模必须保证桩身及桩尖部分的形状尺寸和相互位置正确，尤其要注意桩尖位置与桩身纵轴线对准。模板接缝应严密，不得漏浆。

3）绑扎钢筋。

a. 钢筋骨架的主筋，接头宜用闪光对焊或气压焊对接，如用双面搭接焊时，搭接长度不得小于 5d（d 为主筋直径）。

b. 在桩的同一截面内，焊接接头的截面面积不得超过主筋截面面积的 50%；同一根钢筋两个接头的距离应大于 30d（d 为主筋直径），同时不小于 500mm；相邻主筋接头截面的距离应大于 35d，并不小于 500mm；桩顶 1m 范围内主筋不准有接头。

c. 纵向钢筋和钢箍应扎牢，连接位置不应偏斜，桩顶钢筋网片应按设计要求位置与间距设置，且不偏斜，整体扎牢制成钢筋笼。桩尖应与钢筋笼的中心纵轴线一致。

d. 安放钢筋笼时，定位要准确，并要防止扭曲变形。

e. 钢筋或钢筋笼在运输和储存过程中，要避免锈蚀和污染。使用前，应将不洁表面进行清刷。带有颗粒状或片状老锈的钢筋不得使用。

4）混凝土浇筑。

a. 混凝土浇筑前，应清除模板内的垃圾、杂物，检查各部位的保护层应符合设计要求的厚度，主筋顶端保护层不宜过厚，以防锤击沉桩时桩顶破碎。

b. 灌注混凝土时应由桩顶往桩尖方向进行，确保顶部结构的密实性，以承受锤击沉桩时的锤击应力，并应连续浇灌，不得中断。在降雨雪时，不宜露天灌注混凝土，必须浇筑时，应采取有效的措施，确保混凝土质量。

5）现场采用重叠法浇筑预制桩时应遵守的规定。

a. 制桩场地必须坚实、平整，满足对地基承载力和由桩制作允许偏差所决定的地基变形的要求，并防止浸水沉陷。

b. 桩的底模应平整、坚实，宜选用水泥地坪或其他模板。

c. 桩与邻桩、桩与底模间的接触处必须做好隔离层，严防互相粘接。

d. 上层桩或邻桩的灌注，必须在上层桩或邻桩的混凝土达到设计强度的 30% 后方可进行。

e. 桩的重叠层数不宜超过 4 层。

f. 制作预制桩严禁采用拉模和翻模等快速脱模方法施工。

g. 桩的养护应自然养护一个月，即使采用蒸汽养护，只能提早拆模，仍需继续养护，以使混凝土的水化作用充分完成，方可供沉桩使用。

2. 预应力混凝土管桩的制作

(1) 先张法预应力混凝土离心管桩的规格。

先张法预应力混凝土离心管桩的外径为 300～800mm，壁厚为 60～130mm。一般来讲，管径大，管壁也厚；管径不同，设计承载能力的大小也不同。

(2) 先张法预应力混凝土离心管桩的构造。

先张法预应力混凝土离心管桩的构造如图 6.A.6 所示。预应力施加于轴向钢筋，并由螺旋形钢箍与主筋电焊成钢筋笼。螺旋筋间距：在 l_1 范围内为 40～50mm，在 l_2 范围内为 100～110mm。当 $D=300$mm 时，l_1 长度为 1200mm；当 $D \geqslant 400$mm 时，l_1 长度 $\geqslant 1500$mm。

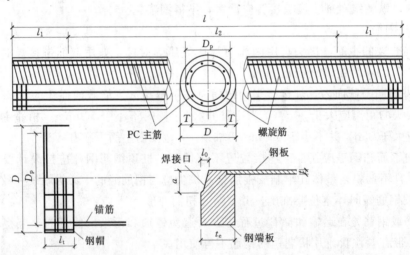

图 6.A.6　预应力管桩的构造及端部尺寸

管桩两端的端头板是桩顶端的一块圆环形钢板，既是预应力钢筋的锚板，也是管节之间的连接板。端板厚度一般为 18～22mm，端板外缘一周留有坡口，供对接时烧焊之用。端头板尺寸：t_e 为 18～22mm，t 为 1.5～2.0mm，坡口 $a \times l_0$ 为 10mm×(4～11)mm×4.5mm。

☏　管桩型号实例：PHC-500（70）A-C80-10。意义如下：PHC—预应力高强混凝土管桩；500—管桩外径（mm）；70—壁厚（mm）；A—按有效预应力大小，预应力管桩分为 A、AB、B 和 C 4 种型号，随着有效预应力增大，桩的抗裂弯矩相应提高；

C80—混凝土强度；10—管桩长度（m），常见长度为9～15m。

（3）预应力管桩的桩靴（尖）构造。

预应力混凝土管桩的底桩端部都要设置桩靴，桩靴有十字形、圆锥形和开口形等3种不同的形式，其构造如图6.A.7所示。各种桩靴分别适用于不同的地质条件和设计要求。开口形桩靴穿越砂层的能力比较强，挤土效应比其他桩靴低，但价格较高，一般用于桩径较大、桩长较长且布桩较密的场地。十字形和圆锥形桩靴均为封口，成桩后管桩内不进土，可通过低压照明用直观法检查成桩质量。圆锥形桩靴穿越砂层的能力也比较强，且加工容易，价格便宜，在我国广东地区，约90%以上的管桩工程采用圆锥形桩靴。

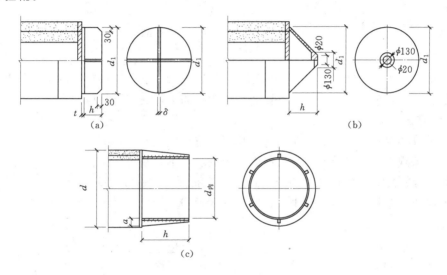

图6.A.7 管桩桩靴构造
（a）十字形桩靴；（b）圆锥形桩靴；（c）开口形桩靴

6.A.2.2 起吊

（1）钢筋混凝土预制桩的混凝土强度应达到设计强度的70%后方可起吊，若需提前吊运，必须采取措施并经验算合格后方可进行。

（2）起吊时，应用吊索按设计规定的吊点位置进行吊运。当吊点不多于3个时，其位置应按正负弯矩相等的原则计算确定；当吊点多于3个时，其位置则应按反力相等的原则计算确定。常见的集中吊点合理位置如图6.A.8所示。

（3）若预制桩上吊点处无吊环且设计又未作规定时，则起吊时可采用捆绑起吊，吊点的位置应满足起吊弯矩最小的原则。钢丝绳与桩之间应加衬垫，以免损坏棱角。起吊时应平稳提升，避免摇晃、撞击和振动。

6.A.2.3 运输

（1）当桩的混凝土强度达到设计强度的100%后方可运输。如需提前运输，必须采取必要的措施并经验算合格后方可进行。

（2）一般情况下，应根据打桩顺序和速度随打随运，以减少二次搬运。运到施工现场的桩或在施工现场预制的桩，应有质量合格证，并按规定进行检查编号。

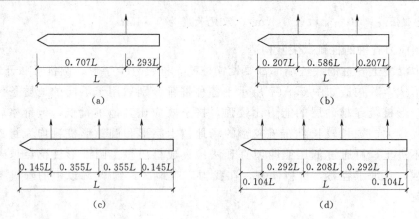

图 6. A. 8　预制桩（RC桩）吊点位置
(a) 1个吊点；(b) 2个吊点；(c) 3个吊点；(d) 4个吊点

（3）如要长距离运输，可采用平板拖车、轻轨平台运输车等，短桩运输可采用载重汽车。长桩搬运时，桩下要设置活动支座。经过搬运的桩，还应进行质量复查。

6. A. 2. 4　堆放

（1）堆放场地必须平整、坚实，排水良好，避免产生不均匀沉降。

（2）桩按规格、桩号分类、分层叠置，堆放层数不宜超过4层。

（3）支撑点应设在吊点处，并应在同一水平面上，如图6. A. 9所示。

（4）各垫木应在同一垂直线上，最下层垫木适当加宽。

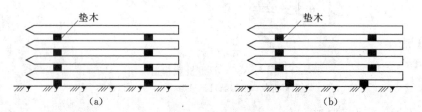

图 6. A. 9　桩的堆放示意图
(a) 正确堆放；(b) 不正确堆放法

B.　拓 展 知 识

6. B. 1　桩基础的检测与验收

6. B. 1. 1　桩基础的检测

1. 检测的内容及方法

桩基础属地下隐蔽工程，成桩的质量缺陷会影响桩身结构完整性和单桩承载力。因此成桩后必须根据设计等级对桩的承载力和完整性进行抽检。桩基础的基本检测方法有静载试验法（或称破损试验）和动测法（或称无破损试验），如图6. B. 1所示。检测单桩承载力的方法有静载荷试验和高应变动力试桩两种方法，其中高应变动力试桩还能给出桩身的完整性。常用的检测桩身完整性的方法是低应变动力试桩，它对轻微缺陷的判断优于高应变法。

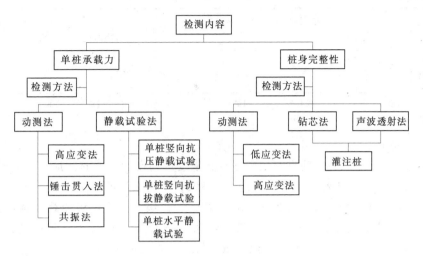

图 6.B.1　桩基的检测内容及检测方法

（1）静载荷试验法。

1）试验目的。采用接近于桩的实际工作条件，通过静载加压，确定单桩的极限承载力，作为设计依据，或对工程桩的承载力进行抽样检验和评价。

2）试验方法。模拟实际荷载情况，通过静载加压，得出一系列关系曲线，综合评定确定桩的容许承载力。该试验方法除了考虑到地基土的支承能力外，也计入了桩身材料强度对于承载力的影响，能较好地反映单桩的实际承载力。荷载试验有多种，通常采用的是单桩竖向抗压静载试验、单桩竖向抗拔静载试验和单桩水平静载试验。

3）试验装置。单桩竖向静载荷试验装置一般由加荷稳压系统、反力系统和观测系统3部分组成。加荷稳压系统包括油压千斤顶和稳压系统等；反力系统常用平台堆载或锚桩；观测系统包括百分表及固定支架等。图 6.B.2 所示的加载反力装置为压重平台反力装置。

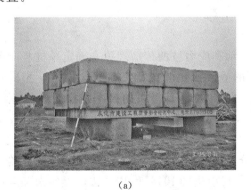

（a）

（b）

图 6.B.2　单桩竖向静载荷试验

（a）压重平台反力装置；（b）千斤顶及百分表设置

试桩、锚桩（压重平台支墩）和基准桩之间的中心距离应符合表 6.B.1 的规定。

表 6. B. 1　　　　　　　　　　试桩、锚桩和基准桩之间的中心距离

反力系统	试桩与锚桩（或与压重平台的支座墩边）	试桩与基准桩	基准桩与锚桩（或与压重平台支座墩边）
锚桩横梁反力装置	$\geqslant 4d$ 且大于 2.0m		
压重平台反力装置			

注　d 为试桩或锚桩的设计直径，取其较大者，如试桩或锚桩为扩底桩，试桩与锚桩的中心距离尚不应小于 2 倍扩大端直径。

4）试验要求。

a. 从成桩到开始试验的间歇时间。在桩身强度达到设计要求的前提下，对于砂类土，不应少于 10d；对于粉土和黏性土，不应少于 15d；对于淤泥或淤泥质土，不应少于 25d。

b. 加载方式与标准。采用慢速维持荷载法，即逐级加载，每级加载为预估极限荷载的 1/10～1/8，当每级荷载下桩顶沉降量小于 0.1mm/h 时，则认为已趋稳定，然后施加下一级荷载，直到试桩破坏，然后分级卸载到零。当考虑缩短试验时间，对于工程桩的检验性试验，可采用快速维持荷载法，即一般每隔 1h 加一级荷载。

c. 终止试验标准。某级荷载作用下，桩的沉降量为前一级荷载作用下沉降量的 5 倍；某级荷载作用下，桩的沉降量大于前一级荷载作用下沉降量的 2 倍，且经 24h 尚未达到相对稳定；已达到锚桩最大抗拔力或压重平台的最大重量时。

5）确定单桩承载力。

a. 每根试桩极限承载力 R_{ui} 的确定方法。根据沉降随荷载的变化特征确定极限承载力：对于陡降型 $Q-s$ 曲线取其发生明显陡降的起始点荷载值；根据沉降量确定极限承载力：对于缓变型 $Q-s$ 曲线一般可取 $s=40mm$ 对应的荷载；根据沉降随时间的变化特征确定极限承载力：取 $s-\lg t$ 曲线尾部出现明显向下弯曲的前一级荷载值。

b. 单桩竖向极限承载力 R_u 的确定标准。参加统计的试桩，当其极差不超过平均值的 30% 时，取其平均值；当柱下承台桩数不大于 3 根时，取最小值。

c. 单桩竖向承载力特征值 R_a 的确定标准。单桩竖向极限承载力除以安全系数 $K=2$，即为单桩竖向承载力特征值，$R_a=R_u/K$。

（2）动测法。

动测法又称动力无损检测法，是应用物体振动和应力波的传播理论来确定单桩竖向承载力以及检验桩身完整性的一种方法。与传统的静载荷试验相比，在试验设备、测试效率、工作条件及试验费用等方面，均具有明显的优越性。其最大的技术经济效益是速度快、成本低（单桩测试费约为静载试验的 1/30），可对工程桩进行大量的普查，及时找出工程桩的隐患，防止重大安全质量事故发生。

单桩承载力的动测方法种类较多，一般可分为高应变动测法和低应变动测法两大类。

高应变法由 20 世纪 70 年代的锤击法到 80 年代引进的 PDA 和 PID 法，近年来又自行研制成各种试桩分析仪，软件和硬件的功能都有很大的提高。目前，国际上普遍采用高应变法测定桩的极限承载力，用低应变法检测桩的质量和完整性。

低应变法在我国应用极为广泛，约有 90% 的检测单位采用低应变法，每年检测的桩数在 4 万根以上。由于低应变法具有软、硬件价格便宜、设备轻巧、测试过程简单等优

点，目前多用于桩身质量检测。

2. 检测数量

（1）竖向承载力检验。检验的方法和数量可根据地基基础设计等级和现场条件，结合当地可靠的经验和技术确定。

1）对于地基基础设计等级为甲级或地质条件复杂、成桩质量可靠性低的灌注桩，应采用静载荷试验方法进行检验，检验桩数不应少于总桩数的 1%，且不应少于 3 根，当总桩数少于 50 根时，不应少于 2 根。

2）大直径嵌岩桩的承载力可根据终孔时桩端持力层岩性报告结合桩身质量检验报告核验。

（2）桩身质量检验。

1）对柱下 3 桩或 3 桩以下的承台抽检桩数不少于 1 根。

2）对于设计等级为甲级或地质条件复杂、成桩质量可靠性低的灌注桩，抽检数量不应少于总桩数的 30%，且不应少于 20 根；其他桩基工程的抽检数量不应少于总桩数的 20%，且不应少于 10 根。

☎ 注：①对端承型大直径灌注桩，应在上述两款规定的抽检桩数范围内，选用钻芯法或声波透射法对部分受检桩进行桩身完整性检测。抽检数量不应少于总桩数的 10%；②地下水位以上且终孔后桩端持力层已通过核验的人工挖孔桩，以及单节混凝土预制桩，抽检数量可适当减少，但不应少于总桩数的 10%，且不应少于 10 根。

6.B.1.2 桩基的验收

1. 桩位放样允许偏差

桩位的放样允许偏差如下：群桩　　　　20mm

　　　　　　　　　　　　单排桩　　　　10mm

2. 桩位验收

桩基工程的桩位验收，除设计规定外，应按下述要求进行：

（1）当桩顶设计标高与施工场地标高相同时，或桩基施工结束后，有可能对桩位进行检查时，桩基工程的验收应在施工结束后进行。

（2）当桩顶设计标高低于施工场地标高，送桩后无法对桩位进行检查时，对打入桩可在每根桩桩顶沉至场地标高时，进行中间验收，待全部桩施工结束，承台或底板开挖到设计标高后，再做最终验收。对灌注桩可对护筒位置做中间验收。

3. 桩位偏差

（1）打（压）入桩（预制混凝土方桩、先张法预应力管桩、钢桩）的桩位偏差，必须符合表 6.B.2 的规定。斜桩倾斜度的偏差不得大于倾斜角正切值的 15%（倾斜角系桩的纵向中心线与铅垂线夹角）。

（2）灌注桩的桩位偏差必须符合表 6.B.3 的规定，桩顶标高至少要比设计标高高出 0.5m，桩底清孔质量按不同的成桩工艺有不同的要求，应按《建筑地基基础工程施工质量验收规范》（GB 50202—2002）的要求执行。每浇筑 50m³ 必须有一组试件，小于 50m³ 的桩，每根桩必须有一组试件。

表 6. B. 2　　　　　　　　　　　**预制桩（钢桩）桩位的允许偏差**

序 号	项 目	允 许 偏 差
1	盖有基础梁的桩： (1) 垂直基础梁的中心线 (2) 沿基础梁的中心线	$100+0.01H$ $150+0.01H$
2	桩数为 1～3 根桩基中的桩	100
3	桩数为 4～16 根桩基中的桩	1/2 桩径或边长
4	桩数大于 16 根桩基中的桩： (1) 最外边的桩 (2) 中间桩	1/3 桩径或边长 1/2 桩径或边长

注　H 为施工现场地面标高与桩顶设计标高的距离。

表 6. B. 3　　　　　　　　　　**灌注桩的平面位置和垂直度的允许偏差**

序号	成孔方法		桩径允许偏差（mm）	垂直度允许偏差（%）	桩位允许偏差（mm）	
					1～3 根、单排桩基垂直于中心线方向和群桩基础的边桩	条形桩基沿中心线方向和群桩基础的中心桩
1	泥浆护壁钻孔桩	$D\leqslant1000mm$	±50	<1	$D/6$ 且不大于 100	$D/4$ 且不大于 150
		$D>1000mm$	±50		$100+0.01H$	$150+0.01H$
2	套管成孔灌注桩	$D\leqslant500mm$	−20	<1	70	150
		$D>500mm$	−20		100	150
3	干成孔灌注桩		−20	<1	70	150
4	人工挖孔桩	混凝土护壁	+50	<0.5	50	150
		钢套管护壁	+50	<1	100	200

注　1. 桩径允许偏差的负值是指个别断面；
　　2. 采用复打、反插法施工的桩，其桩径允许偏差不受上表限制；
　　3. H 为施工现场地面标高与桩顶设计标高的距离，D 为设计桩径。

6. B. 2　桩基础施工方案编制要点

桩基础工程施工前，应根据工程的特点、规模、复杂程度、现场条件等，编制整个桩基础分部工程的施工作业计划。

1. 工程概况

其包括工程项目构成状况、规模、特点；建设项目的施工、承包单位；成本、工期、质量目标；施工场地的地质、地形、水文、气象条件；建设地区技术经济状况、环境条件等。

2. 确定施工方法

对预制桩，需考虑桩的预制、调运方案、设备、堆放方法、沉桩方法、沉桩顺序和接桩方法等；对灌注桩，需考虑成孔方法、泥浆制备、使用和排放、清孔、钢筋笼的安放、混凝土的灌注等。

3. 选择机械设备

桩基础施工机械设备应根据工程地质条件、工程规模、桩型、工期要求、动力与机械供应、施工现场情况、施工方法等条件进行综合选择。

4. 编制进度计划和劳动力计划

制定施工作业计划和劳动力组织计划。

5. 编制设备和材料供应计划

根据施工进度计划制定设备、工具、材料的供应计划。

6. 绘制桩基础施工平面图

根据施工要求在图上标明桩位、间距、编号、施工顺序；水电线路、道路等临时设施的位置，桩顶标高的要求；沉桩控制标准；材料及预制桩的堆放位置；若桩施工采用泥浆护壁时，应标明制浆设备及其循环系统的位置。

7. 制定各种技术措施

为保证施工质量、安全生产、文明施工、减少对周围邻近建筑物和构筑物影响而制定的技术措施。

8. 桩的载荷试验

在无试桩资料而设计单位要求试桩时，应制定试桩（静载与动测试桩）计划。

参 考 文 献

［1］ 朱星彬．地基与基础工程施工．北京：高等教育出版社，2008．

［2］ （GB 50202—2002）建筑地基基础工程施工质量验收规范．北京：中国计划出版社，2011．

［3］ （GB 50300—2001）建筑工程施工质量验收统一标准．北京：中国建筑工业出版社，2001．

［4］ （GB 50204—2002）混凝土结构工程施工质量验收规范．北京：中国计划出版社，2002．

［5］ （GB 50007—2011）建筑地基基础设计规范．北京：中国计划出版社，2011．

［6］ （JGJ 94—2008）建筑桩基技术规范．北京：中国建筑工业出版社，2008．

［7］ （JGJ 106—2003）建筑基桩检测技术规范．北京：中国建筑工业出版社，2003．

［8］ （JGJ 83—1991）软土地区工程地质勘察规范．北京：中国建筑工业出版社，2001．

［9］ （JGJ 79—2002）建筑地基处理技术规范．北京：中国建筑工业出版社，2002．

［10］ （GB/T 50123—1999）土工试验方法标准．北京：中国计划出版社，1999．

［11］ 张向群．建筑地基基础工程施工监理实用手册．北京：中国电力出版社，2005．

［12］ 冉瑞乾．建筑基础工程施工．北京：中国电力出版社，2011．

［13］ 丁宪良．基础工程施工．南京：东南大学出版社，2005．

［14］ 李洪军．建筑施工技术．北京：中国水利水电出版社，2009．

［15］ 危道军．建筑施工技术．北京：人民交通出版社，2009．

［16］ 鲁辉．建筑工程施工质量检查与验收．北京：人民交通出版社，2009．

［17］ 刘粤．地基与基础工程施工．北京：中国地质大学出版社，2009．

［18］ 张芳枝．土力学与地基基础．北京：中国水利水电出版社，2010．

［19］ 马宁．土力学与地基基础．北京：科学出版社，2010．